Excel
2013/2010/2007/2003
函数与公式查询宝典

吴祖珍　管文蔚　曹正松　编著

U0249346

北京希望电子出版社
Beijing Hope Electronic Press
www.bhp.com.cn

内 容 简 介

本书包含 Microsoft Office Excel 2013 提供的 14 大类 449 个函数，同时兼容 Excel 2010/2007/2003 版本的所有函数。

本书共 17 章。1~14 章介绍函数的案例应用，包括逻辑函数、数学和三角函数、文本函数、信息函数、日期和时间函数、统计函数、财务函数、查找和引用函数、数据库和列表函数、工程函数、加载项和自动化函数、多维数据集函数、兼容性函数、Web 函数；15~17 章介绍函数和公式的基础知识与条件设置，包括公式与函数基础、公式检测与返回错误值解决、函数在条件格式与数据有效性中的应用。讲解模拟逼真的场景展现函数在各领域的应用，全程配以图示来辅助用户学习和掌握。附录中给出了书中函数和实例的分类索引，方便读者使用。

本书内容全面、结构清晰、语言简练，适合各层次 Excel 初学者，也是 Excel 爱好者、Excel 中高级用户、企业行政管理人员、数据处理人员、数据分析人员、财务人员、统计人员和营销管理人员必备的函数查询用书。

本书配套 1 张 CD 光盘，其中包括书中案例的部分素材文件。

图书在版编目（CIP）数据

Excel 2013/2010/2007/2003 函数与公式查询宝典 / 吴祖珍，管文蔚，曹正松编著. —北京：北京希望电子出版社，2013.7
　ISBN 978-7-83002-107-8

Ⅰ. ①E… Ⅱ. ①吴…②管…③曹… Ⅲ. ①表处理软件 Ⅳ. ①TP391.13

中国版本图书馆 CIP 数据核字（2013）第 116617 号

出版：北京希望电子出版社　　　　　　封面：深度文化
地址：北京市海淀区上地 3 街 9 号　　　编辑：刘秀青
　　　金隅嘉华大厦 C 座 610　　　　　校对：刘 伟
邮编：100085　　　　　　　　　　　开本：889mm×1194mm 1/32
网址：www.bhp.com.cn　　　　　　　印张：20.5
电话：010-62978181（总机）转发行部　印数：1-3500
　　　010-82702675（邮购）　　　　　字数：988 千字
传真：010-82702698　　　　　　　　印刷：北京博图彩色印刷有限公司
经销：各地新华书店　　　　　　　　版次：2013 年 7 月 1 版 1 次印刷

定价：58.00 元（配 1 张 CD 光盘）

前 言

Microsoft Office Excel 2013是电子表格制作软件，它不但具有强大的表格制作能力，而且在数据运算与分析等方面的表现也是非常抢眼和灵活，这一切的功劳离不开函数与公式的使用。通过函数与公式，可以对数据进行整理、计算、汇总、判断、限定、查询、分析等处理，让复杂的数据处理工作变得快捷高效。

本书全面介绍Microsoft Office Excel 2013中提供的所有函数的运用，通过模拟逼真的场景应用案例来展现函数在各领域的应用，读者有了本书可以信手拿来直接应用于实际工作中。

读者对象

本书的写作基于Microsoft Office Excel 2013专业版，同时也兼容Excel 2010/2007/2003版本的所有函数。本书共有449个函数和615个案例（每个函数的兼容版本都在实例中标注明确），详尽地阐述和解释了Excel 函数与公式的应用技巧，适合不同函数应用水平的用户阅读。书中对常见问题有一个或者多个解决方案；对常用函数配有多个应用案例，读者可以对书中的现有案例进行拓展，解决更多的类似问题。如果您是较少使用函数与公式的用户，可以直接根据应用环境按部就班地将案例中的公式套用到您的表格中；如果您对函数与公式已经有一定的了解，则可以通过学习本书案例中的解决方案，掌握更多知识点和使用技巧，全方位地提升应用函数与公式解决实际问题的能力。

本书特点

本书与市场上其他Excel书籍有很大的不同，文体结构新颖，案例贴近实际，讲解深入透彻，表现为以下方面。

● 内容全面

本书包含Microsoft Office Excel 2013提供的14大类449个函数，同时也兼容Excel 2010/2007/2003版本的所有函数。每个函数都详细展示其功能、语法、参数及使用案例，每个函数通过多个案例由浅入深的方式来讲解。

- 开创式结构

本书案例中的"案例表述"环节是对问题场景的解说，结合"案例实现"环节中的步骤让人更容易理解。另外，还添加了"交叉引用"与"提示"体例。"交叉引用"环节提供当前案例中使用的除当前函数之外的函数的索引位置，便于读者参考学习。"提示"环节包含与案例相关的知识点补充及操作中应该要注意的相关问题。

- 多元化案例

本书从实际工作场景的描述开始，给出相应的解决思路和实现方法，并通过归纳整理，对常用函数配有多个应用案例，可拓展读者的视野，同时也有利于理解案例本身的解决思路。

- 增强式目录

本书提供3种目录查询方式，分别是函数分类目录（总目录）、函数字母排序索引目录和行业案例应用索引目录，更加方便读者根据需要翻阅和查找。

本书是由诺立文化策划，吴祖珍、管文蔚和曹正松编写。第1、2、3、4、5、6、7、8章是由吴祖珍编写；第9、10、11、12、13、14章是由管文蔚编写；第15、16、17章是由曹正松编写。除此之外，还要感谢彭志霞、彭丽、吴祖兵、李伟、潘明阳、鲁明辉、方明瑶、朱建军、张发明、赵开代、裴姗姗、马立涛、郭本兵、张万红、陈伟、杨国平、张发凌等参与本书的校对、整理与排版。

本书从策划到出版，倾注了出版社编辑们的大量心血，特在此表示衷心地感谢。尽管作者对书中的案例精益求精，但疏漏之处仍在所难免。如果您发现书中的错误或某个案例有更好的解决方案，敬请向作者反馈。我们将尽快回复，且在本书再次印刷时予以修正。

再次感谢您的支持！邮箱：bhpbangzhu@163.com。

编著者

CONTENTS 目录

第1章　逻辑函数

第2章 数学和三角函数

第3章　文本函数

第4章　信息函数

第5章 日期和时间函数

第6章　统计函数

第7章　财务函数

第8章　查找和引用函数

第9章 数据库和列表函数

第10章　工程函数

第11章　加载项和自动化函数

第12章 多维数据集函数

第13章　兼容性函数

第14章　Web函数

第15章　公式与函数基础

第16章　公式检测与返回错误值解决

第17章　函数在条件格式与数据有效性中的应用

第 *1* 章

逻辑函数

本章中部分素材文件在光盘中对应的章节下。

函数1 AND函数

🔲 函数功能

AND函数用于当所有的条件均为"真"（TRUE）时，返回的运算结果为"真"（TRUE）；反之，返回的运算结果为"假"（FALSE）。所以它一般用来检验一组数据是否都满足条件。

🔲 函数语法

AND(logical1,logical2,logical3...)

🔲 参数说明

● logical1,logical2,logical3...：表示测试条件值或表达式，不过最多有30个条件值或表达式。

实例 考评学生的各门课程是否全部及格 Excel 2013/2010/2007/2003

▶ 案例表述

在对学生成绩考核后，考评哪些学生3门课程的考试成绩全部及格。

▶ 案例实现

❶ 选中E2单元格，在公式编辑栏中输入公式：

```
=AND(B2>=60,C2>=60,D2>=60)
```

按Enter键即可根据学生3门考试成绩判断是否全部及格，如果学生的3门考试成绩全部及格显示为TRUE；反之，显示为FALSE。

❷ 将光标移到E2单元格的右下角，向下复制公式，即可考评其他学生的3门考试成绩是否全部及格，如图1-1所示。

E2	▼	:	✕	✔	*fx*	=AND(B2>=60,C2>=60,D2>=60)	
▲	A	B	C	D	E	F	G
1	学生姓名	语文成绩	数学成绩	英语成绩	成绩考评		
2	章杰	76	82	90	TRUE		
3	李敏	90	70	60	TRUE		
4	马晓明	56	63	70	FALSE		
5	徐平	60	75	50	FALSE		
6	陈果	74	66	67	TRUE		
7							

图1-1

提示

注意此处返回的值为TRUE或者FALSE逻辑值，要想返回比如"是"或"不是"等这样的文字，需要配合IF函数来实现。在IF函数的讲解中，将列举多个AND函数与IF函数配合实现某目的的实例。

函数2 NOT函数

函数功能

对参数值求反。当要确保一个值不等于某一特定值时，可以使用NOT函数。

函数语法

NOT(logical)

参数说明

- logical：表示一个计算结果可以为 TRUE 或 FALSE 的值或表达式。

实例　筛选掉小于某一年龄的应聘人员　Excel 2013/2010/2007/2003

案例表述

要从招聘名单中筛选掉"25岁以下"的应聘人员，可以利用NOT函数来进行判断。

案例实现

❶ 选中E2单元格，在公式编辑栏中输入公式：

=NOT(B2<25)

按Enter键，如果是"25岁以下"的应聘人员，显示为FALSE；反之，显示为TRUE。

❷ 将光标移到E2单元格的右下角，向下复制公式，即可筛选出其他应聘人员是否满足条件，如图1-2所示。

E2		fx	=NOT(B2<25)		
	A	B	C	D	E	F
1	姓名	年龄	学历	求职意向	筛选	
2	牛永	25	大专	财务总监	TRUE	
3	吴晓阳	26	硕士	财务总监	TRUE	
4	马梅	30	本科	财务总监	TRUE	
5	唐龙	21	本科	财务总监	FALSE	

图1-2

提 示

注意此处返回的值为TRUE或者FALSE逻辑值，要想返回比如“是”或“不是”等这样的文字，需要配合IF函数来实现。在IF函数的讲解中，我们将列举多个NOT函数与IF函数配合实现某目的的实例。

函数3 OR函数

函数功能

在其参数组中，任何一个参数逻辑值为 TRUE，即返回 TRUE；所有参数的逻辑值为 FALSE，即返回 FALSE。

函数语法

OR(logical1,[logical2],...)

参数说明

- logical1,logical2,...：Logical1是必需的，后续逻辑值是可选的。这些是1 ~ 255 个需要进行测试的条件，测试结果可以为 TRUE或FALSE。

实例 检测每项技能是否都达标 Excel 2013/2010/2007/2003

案例表述

在考核成绩表中，检测哪些员工每项技能都没有达标，这时可以使用OR函数来实现。

案例实现

1 选中F2单元格，在公式编辑栏中输入公式：

```
=OR(B2>=60,C2>=60,D2>=60)
```

按Enter键即可判断出员工每项技能考核是否都没有达标：都没有显示为FALSE；反之，显示为TRUE。

2 将光标移到F2单元格的右下角，向下复制公式，即可判断其他员工的每项技能考核是否都没有达标，如图1-3所示。

提 示

注意此处返回的值为TRUE或者FALSE逻辑值，要想返回比如“是”或“不是”等这样的文字，需要配合IF函数来实现。在IF函数的讲解中，我们将列举多个OR函数与IF函数配合实现某目的的实例。

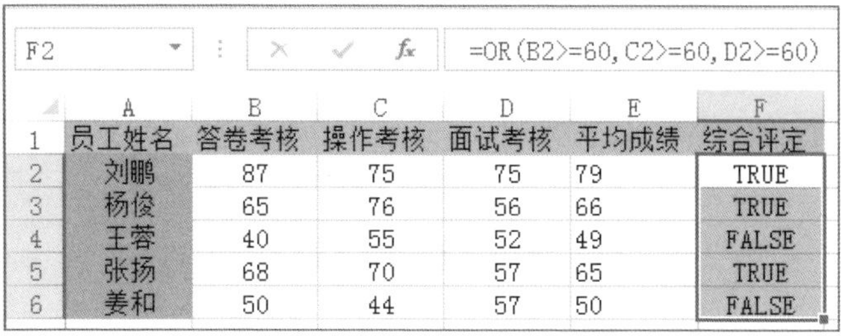

F2　=OR(B2>=60,C2>=60,D2>=60)

	A	B	C	D	E	F
1	员工姓名	答卷考核	操作考核	面试考核	平均成绩	综合评定
2	刘鹏	87	75	75	79	TRUE
3	杨俊	65	76	56	66	TRUE
4	王蓉	40	55	52	49	FALSE
5	张扬	68	70	57	65	TRUE
6	姜和	50	44	57	50	FALSE

图1-3

函数4　IF函数

函数功能

IF函数是根据指定的条件来判断其“真”（TRUE）、“假”（FALSE），从而返回其相对应的内容。

函数语法

IF(logical_test,value_if_true,value_if_false)

参数说明

IF函数可以嵌套7层关系式，这样可以构造复杂的判断条件，从而进行综合评测。

- logical_test：表示逻辑判断表达式。
- value_if_true：表示当判断条件为逻辑“真”（TRUE）时，显示该处给定的内容。如果忽略，返回TRUE。
- value_if_false：表示当判断条件为逻辑“假”（FALSE）时，显示该处给定的内容。如果忽略，返回FALSE。

实例1　考评员工考核成绩是否达标　Excel 2013/2010/2007/2003

案例表述

公司主管对员工进行技能考核后，根据结果可以对员工进行综合考评，即是否每位员工的平均成绩都达到60分以上，这时可以用IF函数来实现。

案例实现

① 选中F2单元格，在公式编辑栏中输入公式：

```
=IF(E2>60,"达标","没有达标")
```

按Enter键即可根据员工的平均成绩进行综合考评。

2 将光标移到F2单元格的右下角，光标变成十字形状后，按住鼠标左键向下拖动进行公式填充，即可考评出其他员工的成绩，如图1-4所示。

F2	▼	:	×	✓	fx	=IF(E2>60,"达标","没有达标")	
	A	B	C	D	E	F	G
1	员工姓名	答卷考核	操作考核	面试考核	平均成绩	综合评定	
2	刘鹏	87	75	75	79	达标	
3	杨俊	65	76	56	66	达标	
4	王蓉	40	55	52	49	没有达标	
5	张扬	68	70	57	65	达标	
6	姜和	50	44	57	50	没有达标	
7							

图1-4

实例2　IF函数配合AND函数考评学生成绩是否达标 Excel 2013/2010/2007/2003

案例表述

在对学生成绩统计表中，考评哪些学生3门课程的考试成绩全部及格。全部及格显示为"达标"，若有一门不及格显示为"未达标"。

案例实现

1 选中E2单元格，在公式编辑栏中输入公式：

> =IF(AND(B2>=60,C2>=60,D2>=60)=TRUE,"达标", IF(AND(B2<60,C2<60,D2<60)=FALSE,"未达标",""))

按Enter键即可根据学生3门考试成绩判断是否达标。

2 将光标移到E2单元格的右下角，向下复制公式，即可考评其他学生考试成绩是否达标，如图1-5所示。

E2	▼	:	×	✓	fx	=IF(AND(B2>=60,C2>=60,D2>=60)=TRUE,"达标", IF(AND(B2<60,C2<60,D2<60)=FALSE,"未达标",""))	
	A	B	C	D	E	F	G
1	学生姓名	语文成绩	数学成绩	英语成绩	成绩考评		
2	章杰	76	82	90	达标		
3	李敏	90	70	60	达标		
4	马晓明	56	63	70	未达标		
5	徐平	60	75	50	未达标		
6	陈果	74	66	67	达标		

图1-5

交叉使用

AND函数用于当所有的条件均为"真"（TRUE）时，返回的运算结果为"真"（TRUE）；反之，返回的运算结果为"假"（FALSE）。用法详见第1章函数1。

实例3　IF函数配合OR函数对员工的考核成绩进行综合评定

Excel 2013/2010/2007/2003

案例表述

在员工考核成绩统计表中，判断一组考评数据中是否有一个大于80，如果有就具备参与培训的资格，否则取消资格。

案例实现

❶ 选中E2单元格，在编辑栏中输入公式：

`=IF(OR(B2>80,C2>80,D2>80),"参与培训","取消资格")`

按Enter键，即可判断B2、C2、D2单元格中的值是否有一个大于80。如果有，利用IF函数显示"参与培训"；如果没有，利用IF函数显示"取消资格"。

❷ 选中E2单元格，向下拖动进行公式填充，可实现快速判断其他人员考评结果，如图1-6所示。

E2	▼	: × ✓ fx	=IF(OR(B2>80,C2>80,D2>80),"参与培训", "取消资格")		

	A	B	C	D	E	F	G
1	姓名	面试	理论知识	上机考试	考试结果		
2	周祥	85	90	85	参与培训		
3	李丽	58	55	75	取消资格		
4	苏天	70	74	75	取消资格		
5	刘飞	59	59	58	取消资格		

图1-6

交叉使用

OR函数用于在其参数组中，任何一个参数逻辑值为 TRUE，即返回 TRUE；所有参数的逻辑值为 FALSE，即返回 FALSE。用法详见第1章函数3。

实例4　根据消费卡类别与消费额派发赠品

Excel 2013/2010/2007/2003

案例表述

某商场元旦促销活动的规则为：凡当月消费满2888、3888、8888元，金卡会员可获赠电饭煲、电磁炉、微波炉，银卡会员可获赠雨伞、夜间灯、摄像头。如何设置公式使其根据销售记录派发赠品？

案例实现

❶ 选中D2单元格，在公式编辑栏中输入公式：

=IF(OR(B2="",C2<2888),"",IF(B2="金卡",IF(C2<2888,"电饭煲",IF(C2<3888,"电磁炉","微波炉")),IF(C2<2888,"雨伞",IF(C2<3888,"夜间灯","摄像头"))))

按Enter键即可得出第一位消费者所获得的赠品为"电磁炉"。

❷ 将光标移到D2单元格的右下角，向下复制公式，即可快速判断其他消费者所获得赠品，如图1-7所示。

D2				fx	=IF(OR(B2="",C2<2888),"",IF(B2="金卡",IF(C2<2888,"电饭煲",IF(C2<3888,"电磁炉","微波炉")),IF(C2<2888,"雨伞",IF(C2<3888,"夜间灯","摄像头"))				
	A	B	C	D	E	F	G	H	
1	用户ID	持卡种类	消费额	派发奖品					
2	00800166	金卡	2987	电磁炉					
3	00800266	银卡	3965	摄像头					
4	00800368		678						
5	00800469	银卡	3967	摄像头					
6	00800566	金卡	4056	微波炉					
7	00800666		2070						
8	00800766	银卡	3037	夜间灯					

图1-7

 交叉使用

OR函数用于在其参数组中，任何一个参数逻辑值为 TRUE，即返回 TRUE；所有参数的逻辑值为 FALSE，即返回 FALSE。用法详见第1章函数3。

实例5 配合LEFT函数根据代码返回部门名称 Excel 2013/2010/2007/2003

 案例表述

数据表A列中显示为员工编码，其中第一个字母代表其所在部门（为Y代表研发部、为X代表销售部、为S代表生产部），试配合LEFT函数来根据编码中的第一个字母自动返回其所属部门。

▶ 案例实现

❶ 选中D2单元格，在公式编辑栏中输入公式：

=IF(LEFT(A2,1)="Y","研发部",IF(LEFT(A2,1)="X","销售部",IF(LEFT(A2,1)="S","生产部","")))

按Enter键即可根据部门代码得出相应的部门名称。

❷ 将光标移到D2单元格的右下角，向下复制公式，即可得出其他员工所属的部门名称，如图1-8所示。

 交叉使用

LEFT根据所指定的字符数返回文本字符串中第一个字符或前几个字符。用法详见3.1小节函数2。

| D2 | : | × | ✓ | fx | =IF(LEFT(A2,1)="Y","研发部",IF(LEFT(A2,1)="X","销售部",IF(LEFT(A2,1)="S","生产部","")))|

	A	B	C	D	E	F	G	H
1	部门代码	员工姓名	职位	部门名称				
2	Y-001	刘鹏	经理	研发部				
3	S-001	杨俊	职员	生产部				
4	X-001	王蓉	主管	销售部				
5	S-002	张扬	职员	生产部				
6	Y-002	姜和	职员	研发部				

图1-8

实例6　根据职工性别和职务判断退休年龄　Excel 2013/2010/2007/2003

▶ 案例表述

某公司规定，男职工退休年龄为60岁，女职工退休年龄为55岁，如果是领导（总经理和副总经理），退休年龄可以延迟5岁。如何根据职工性别和职务判断退休年龄？

▶ 案例实现

❶ 选中E2单元格，在公式编辑栏中输入公式：

=IF(C2="男",60,55)+IF(OR(D2="总经理",D2="副总经理"),5,0)

按Enter键即可计算出第一个人员的退休年龄。

❷ 将光标移到E2单元格的右下角，向下复制公式，即可快速计算出其他人员的退休年龄，如图1-9所示。

| E2 | : | × | ✓ | fx | =IF(C2="男",60,55)+IF(OR(D2="总经理",D2="副总经理"),5,0)|

	A	B	C	D	E	F	G	H
1	序号	姓名	性别	职务	退休年龄			
2	1	张小明	男	副总经理	65			
3	2	李晓龙	男	部门经理	60			
4	3	赵楠	男	人资经理	60			
5	4	李梦	女	部门经理	55			
6	5	周宝贵	男	文员	60			
7	6	王芬	女	副总经理	60			
8	7	程雅安	女	财务经理	55			
9	8	吴军	男	销售员	60			
10								

图1-9

交叉使用

OR函数用于在其参数组中，任何一个参数逻辑值为 TRUE，即返回 TRUE；所有参数的逻辑值为 FALSE，即返回 FALSE。用法详见第1章函数3。

实例7　根据产品的名称与颜色进行一次性调价　Excel 2013/2010/2007/2003

案例表述

希望在表格的D列中返回满足以下条件的结果：

● 如果产品类别为"洗衣机"，且颜色为"白色"，其调整后价格为原来的单价加50元。

● 如果产品类别为"洗衣机"，且颜色为彩色，其调整后价格为原来的单价加200元。

● 其他产品类别价格不变。

案例实现

1 选中D2单元格，输入公式：

=IF(NOT(LEFT(A2,3)="洗衣机"),"原价",IF(AND(LEFT(A2,3)="洗衣机",
NOT(B2="白色")),C2+200,C2+50))

按Enter键，即可根据A1与B1单元格的值返回调整后的价格。

2 选中D2单元格，向下复制公式，可实现根据A列与B列中的数据返回调整后的价格，如图1-10所示。

D2	▼	× ✓ fx	=IF(NOT(LEFT(A2,3)="洗衣机"),"原价",IF(AND(LEFT(A2,3)="洗衣机",NOT(B2="白色")),C2+200,C2+ 50))				
	A	B	C	D	E	F	G	H
1	名称	颜色	单价	调价后				
2	洗衣机	白色	1980	2030				
3	洗衣机	银灰	1980	2180				
4	微波炉	红色	699	原价				
5	洗衣机	红色	2200	2400				
6								

图1-10

交叉使用

LEFT根据所指定的字符数返回文本字符串中第一个字符或前几个字符。用法详见3.1小节函数2。

AND函数用于当所有的条件均为"真"（TRUE）时，返回的运算结果为"真"（TRUE）；反之，返回的运算结果为"假"（FALSE）。用法详见第1章函数1。

NOT函数用于对参数值求反。用法详见第1章函数2。

实例8　使用IF函数计算个人所得税　Excel 2013/2010/2007/2003

案例表述

不同的工资额其应缴纳的个人所得税税率也各不相同，可以使用IF函数判断出当前员工工资应缴纳的税率，并自动计算出应缴纳的个人所得税。

个人所得税税率如表1-1所示。

表1-1

级数	全月应纳税所得额（含税）	税率（%）	速算扣除数
1	不超过1500元	5	0
2	超过1500元至4500元的部分	10	105
3	超过4500元至9000元的部分	20	555
4	超过9000元至35000元的部分	25	1005
5	超过35000元至55000元的部分	30	2755
6	超过55000元至80000元的部分	35	5505
7	超过80000元的部分	45	13505

▶ 案例实现

❶ 选中K2单元格，在编辑栏中输入公式：

=IF((I2-3500)<=1500,ROUND((I2-3500)*0.03,2),IF((I2-3500)<=4500,ROUND(((I2-3500)*0.1-105),2),IF((I2-3500)<=9000,ROUND((I2-3500)*0.2-555,2),IF((I2-3500)<=35000,ROUND((I2-3500)*0.25-1005,2),IF((I2-3500)<=55000,ROUND((I2-3500)*0.3-2755,2),IF((I2-3500)<=80000,ROUND((I2-3500)*0.35-5505,2),ROUND((I2-3500)*0.45-13505,2)))))))

按Enter键，即可计算出第一位员工的个人所得税。

❷ 选中K2单元格，向下拖动进行公式填充，可实现快速计算出其他员工应交的个人所得税，如图1-11所示。

编号	姓名	基本工资	工龄工资	福利补贴	提成	加班工资	满勤奖金	应发合计	保险\公积金扣款	个人所得税
001	郑立媛	800	700	800	9603.2	445.45	0	12348.65	330	1214.73
002	艾羽	2500	1200	500		577.27	500	5277.27	814	72.73
003	章晔	1800	900	550		427.27	0	3677.27	594	5.32
004	钟文	2500	500	550		879.55	0	4429.55	660	27.89
006	钟武	800	100	700	4480	0	500	6580	198	203

图1-11

实例9　比较各产品的两个部门的采购价格是否一致 Excel 2013/2010/2007/2003

▶ 案例表述

　　在产品采购价格统计表中（产品条目非常多），若想比较采购1部与采购2部对每种产品采购的价格是否一致，可以按如下方法来设置公式（为方便显示，本例中只比较了部分数据）。

▶ 案例实现

　❶ 选中D2:D8单元格区域（即要显示结果的单元格区域），在编辑栏中输入公式（如图1-12所示）：

　　=IF(NOT(B2:B8=C2:C8),"请核对","")

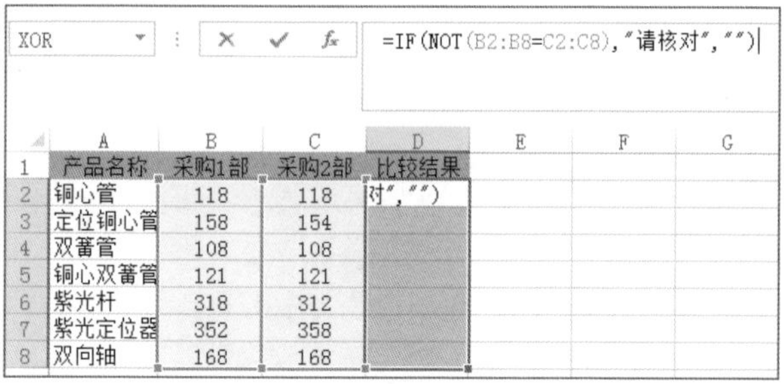

图1-12

　❷ 按Ctrl+Shift+Enter组合键，返回结果如图1-13所示。

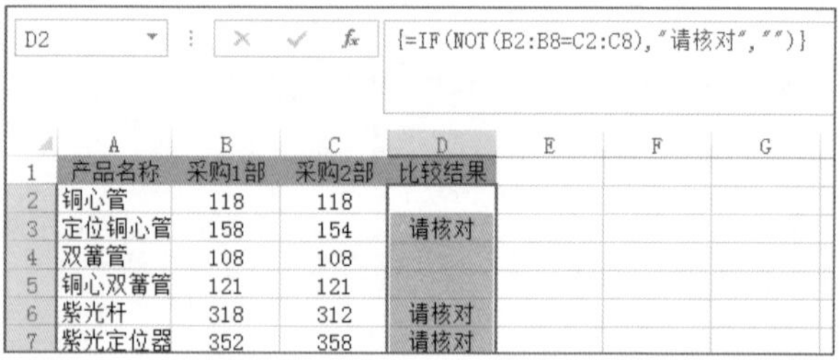

图1-13

交叉使用

　　NOT函数用于对参数值求反。用法详见第1章函数2。

实例10　使用逻辑函数判断未来年份是闰年还是平年 Excel 2013/2010/2007/2003

▶ 案例表述

　　如果要判断未来年份是闰年还是平年，可以配合几个逻辑函数，按如下方便来设置公式。

 案例实现

1 选中B2单元格，在公式编辑栏中输入公式：

> =IF(OR(AND(MOD(A2,4)=0,MOD(A2,100)<>0),MOD(A2,400)=0),"闰年",
> "平年")

按Enter键即可根据指定的未来年份判断是闰年还是平年。

2 将光标移到B2单元格的右下角，向下复制公式，即可判断其他未来年份是闰年还是平年，如图1-14所示。

| B2 | | × ✓ fx | =IF(OR(AND(MOD(A2,4)=0,MOD(A2,100)<>0),MOD(A2,400)=0),"闰年","平年") |

	A	B	C	D	E	F	G
1	未来年份	判断是闰年还是平年					
2	2014	平年					
3	2015	平年					
4	2016	闰年					
5	2017	平年					
6	2018	平年					
7	2019	平年					
8							

图1-14

交叉使用

OR函数用于在其参数组中，任何一个参数逻辑值为 TRUE，即返回 TRUE；所有参数的逻辑值为 FALSE，即返回 FALSE。用法详见第1章函数3。

AND函数用于当所有的条件均为"真"（TRUE）时，返回的运算结果为"真"（TRUE）；反之，返回的运算结果为"假"（FALSE）。用法详见第1章函数1。

MOD函数用于求两个数值相除后的余数，其结果的正负号与除数相同。用法详见2.1小节函数2。

函数5 IFERROR函数

函数功能

当公式的计算结果为错误，则返回指定的值；否则将返回公式的结果。使用IFERROR函数可以捕获和处理公式中的错误。

◉ 函数语法

IFERROR(value, value_if_error)

◉ 参数说明

- value：表示检查是否存在错误的参数。
- value_if_error：表示公式的计算结果为错误时要返回的值。计算得到的错误类型有#N/A、#VALUE!、#REF!、#DIV/0!、#NUM!、#NAME? 或 #NULL!。

实例　当被除数为空值（或0值）时返回"计算数据源有错误"文字

Excel 2013/2010/2007/2003

▶ 案例表述

当除数或被除数为空值（或0值）时，若要返回错误值相对应的计算结果，可以使用IFERROR函数来实现。

▶ 案例实现

❶ 选中C2单元格，在公式编辑栏中输入公式：

=IFERROR(A2/B2,"计算数据源有错误")

按Enter键可返回计算结果。当被除数为空值（或0值），返回"计算数据源有错误"文字。

❷ 将光标移到C2单元格的右下角，向下复制公式，即可返回其他两个数据相除的结果，如图1-15所示。

图1-15

函数6 IFNA函数

◉ 函数功能

当该表达式解析为#N/A，则返回指定值；否则返回该表达式的结果。

函数语法

IFNA(value,value_if_na)

参数说明

- value：表示用于检查错误值 #N/A的参数。
- value_if_na：表示公式计算结果为错误值 #N/A时要返回的值。

实例　检验VLOOKUP函数　Excel 2013

案例表述

IFNA检验VLOOKUP 函数的结果。因为在查找区域中找不到Seattle，VLOOKUP将返回错误值 #N/A。IFNA在单元格中返回字符串Not found，而不是标准 #N/A 错误值。

案例实现

❶ 选中B8单元格，在公式编辑栏中输入公式：

=IFNA(VLOOKUP("Seattle",$A$1:$B$6,0),"Not found")

❷ 按Enter键即可返回字符串Not found，如图1-16所示。

	A	B	C	D	E	F	G
		fx	=IFNA(VLOOKUP("Seattle",$A$1:$B$6,0),"Not found")				
1	亚特兰大	105					
2	波特兰	142					
3	芝加哥	175					
4	洛杉矶	251					
5	博伊西	266					
6	克里夫兰	275					
7							
8	检验VLOOKUP函数	Not found					

图1-16

函数7　FALSE函数

函数功能

FALSE函数用于返回参数的逻辑值，也可以直接在单元格或公式中使用，一般配合其他函数来运用。

函数语法

FALSE()

参数说明

该函数没有参数，并且可以在其他函数中被当做参数来使用。

函数8 TRUE函数

🖾 函数功能

　　TRUE函数用于返回参数的逻辑值，也可以直接在单元格或公式中使用，一般配合其他函数来运用。

🖾 函数语法

　　TRUE()

🖾 参数说明

　　该函数没有参数，并且可以在其他函数中被当做参数来使用。

函数9 XOR函数

🖾 函数功能

　　XOR函数用于返回所有参数的逻辑异或。

🖾 函数语法

　　XOR(logical1,[logical2],…)

🖾 参数说明

- logical1、 logical2等：logical1是必需的，后续逻辑值是可选的。这些是要检验的1~254个条件，可为TRUE或FALSE，且可为逻辑值、数组或引用。

实例　返回测试结果计算

Excel 2013

▶ 案例表述

　　若其中一个测试计算为 TRUE，则返回 TRUE。若所有测试结果计算为 False，则返回 FALSE。即必须至少其中一个测试结果计算为TRUE，才能返回 TRUE。

▶ 案例实现

　　❶ 选中B10单元格，在公式编辑栏中输入公式：

　　=XOR(A4>A2)

　　按Enter键即可返回TRUE，如图1-17所示。

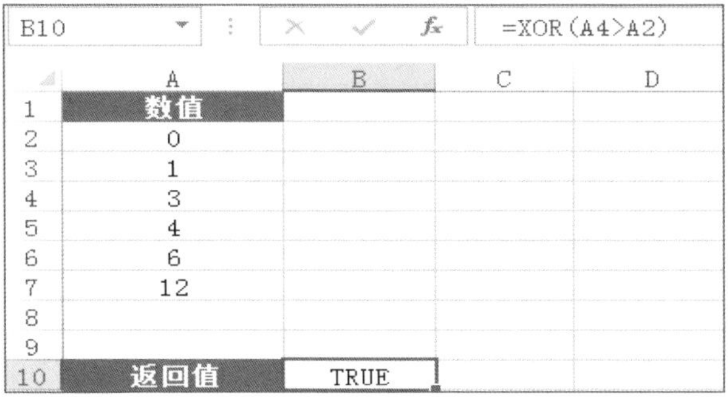
B10 =XOR(A4>A2)

	A	B	C	D
1	数值			
2	0			
3	1			
4	3			
5	4			
6	6			
7	12			
8				
9				
10	返回值	TRUE		

图1-17

❷ 选中B11单元格，在公式编辑栏中输入公式：

```
=XOR(A4>A7)
```

按Enter键即可返回FALSE，如图1-18所示。

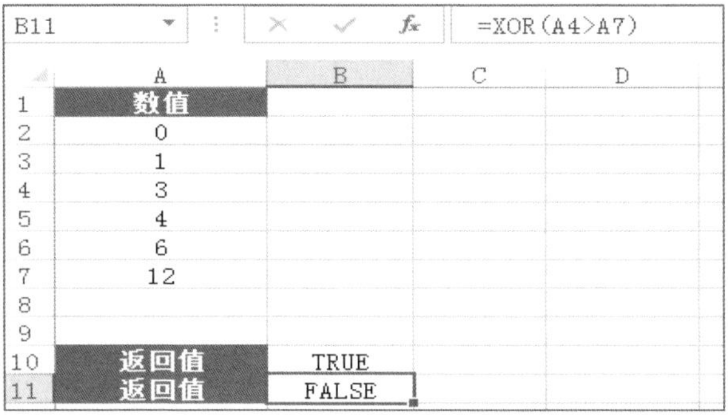
B11 =XOR(A4>A7)

	A	B	C	D
1	数值			
2	0			
3	1			
4	3			
5	4			
6	6			
7	12			
8				
9				
10	返回值	TRUE		
11	返回值	FALSE		

图1-18

第 2 章

数学和三角函数

本章中部分素材文件在光盘中对应的章节下。

2.1 常规计算函数

函数1 ABS函数

🔳 **函数功能**

ABS函数用于计算指定数值的绝对值。

🔳 **函数语法**

ABS(number)

🔳 **参数说明**

● number：表示要计算绝对值的数值。

实例1 比较两个销售点各月销售额 Excel 2013/2010/2007/2003 💿

▶ **案例表述**

当前表格中统计了两个专柜在上半年的销售金额。现在要比较两个专柜在各个月份的销售额，并在前面加上"增加"或"减少"字样。

▶ **案例实现**

❶ 选中D2单元格，在编辑栏中输入公式：

=IF(C2>B2,"增加","减少")&ABS(C2-B2)

按Enter键，即可比较出1月份中瑞景专柜相对于百大专柜增加或减少的金额。

❷ 选中D2单元格，向下复制公式，可以快速比较出各个月份中瑞景专柜相对于百大专柜增加或减少金额，如图2-1所示。

	A	B	C	D	E	F
D2	▼ : × ✓ fx	=IF(C2>B2,"增加","减少")&ABS(C2-B2)				
1	月份	百大专柜	瑞景专柜	瑞景专柜比较		
2	1月	12300	15565	增加3265		
3	2月	21755	20292	减少1463		
4	3月	22148	24345	增加2197		
5	4月	24458	21400	减少3058		
6	5月	19560	20956	增加1396		
7	6月	18465	17890	减少575		

图2-1

 交叉使用

　IF函数是根据指定的条件来判断其"真"（TRUE）、"假"（FALSE），从而返回其相对应的内容。用法详见第1章函数4。

实例2　各月主营业务收入与平均收入相比较 Excel 2013/2010/2007/2003

案例表述

当前表格中统计了上半年各个月份的主营业务收入。现在要将各个月份的收入与上半年平均收入进行比较，并在前面加上“增加”或“减少”字样。

案例实现

❶ 选中C2单元格，在编辑栏中输入公式：

```
=IF(B2>AVERAGE($B$2:$B$7),"高出"&ROUND(ABS(B2-AVERAGE($B$2:$B$7)),2),"低出"&ROUND(ABS(B2-AVERAGE($B$2:$B$7)),2))
```

按Enter键，即可得到1月份收入与上半年平均收入相比的高出或低出金额。

❷ 选中C2单元格，向下复制公式，可以快速比较出各个月份的收入与上半年平均收入相比的高出或低出金额，如图2-2所示。

C2　=IF(B2>AVERAGE($B$2:$B$7),"高出"&ROUND(ABS(B2-AVERAGE($B$2:$B$7)),2),"低出"&ROUND(ABS(B2-AVERAGE($B$2:$B$7)),2))

	A	B	C	D	E	F	G
1	月份	主营业务收入	与平均收入相比				
2	1月	30.21	低出13.67				
3	2月	45.22	高出1.35				
4	3月	48.34	高出4.47				
5	4月	36.42	低出7.46				
6	5月	56.5	高出12.63				
7	6月	46.56	高出2.69				

图2-2

交叉使用

IF函数是根据指定的条件来判断其“真”（TRUE）、“假”（FALSE），从而返回其相对应的内容。用法详见第1章函数4。

AVERAGE函数用于计算所有参数的算术平均值。用法详见6.1小节函数1。

ROUND函数用于按指定位数对其数值进行四舍五入。用法详见2.2小节函数32。

函数2　MOD函数

函数功能

MOD函数用于求两个数值相除后的余数，其结果的正负号与除数相同。

函数语法

MOD(number,divisor)

🔲 参数说明

- number：表示指定的被除数数值。
- divisor：表示指定的除数数值，并且不能为0值。

实例1 计算每位员工的加班时长   Excel 2013/2010/2007/2003 🌀

▶ 案例表述

当前表格中记录了每位员工的加班时间（上班时间与下班时间），现在计算每位员工的加班时长。

▶ 案例实现

① 选中D2单元格，在编辑栏中输入公式：

=TEXT(MOD(C2−B2,1),"h小时mm分")

按Enter键，即可得出第一位员工的加班时长，且显示为"*小时*分"的形式。

② 将光标移到D2单元格的右下角，光标变成十字形状后，向下复制公式，可快速得出每位员工的加班时长，如图2−3所示。

D2	▼	:	×	✓	fx	=TEXT(MOD(C2−B2,1),"h小时mm分")	
▲	A	B	C	D	E
1	姓名	上班时间	下班时间	加班时长	
2	于力	18:30	22:00	3小时30分	
3	杨文志	16:00	7:00	15小时00分	
4	蔡瑞平	17:40	22:00	4小时20分	

图2−3

⊙ **交叉使用**

TEXT函数是将数值转换为按指定数字格式表示的文本。此函数用法详见3.3小节函数32。

实例2 分别汇总奇数月与偶数月的销量   Excel 2013/2010/2007/2003 🌀

▶ 案例表述

当前表格中记录了各月份的销售数量，现在汇总奇数月与偶数月。

▶ 案例实现

① 选中E1单元格，在编辑栏中输入公式：

=SUM(IF(MOD(ROW($B$2:$B$13),2)=ROW()−1,$B$2:$B$13,0))

按Ctrl+Shift+Enter组合键，即可得出奇数月销量合计值，如图2−4所示。

E1　{=SUM(IF(MOD(ROW($B$2:$B$13),2)=ROW()-1,$B$2:$B$13,0))}

	A	B	C	D	E
1	月份	销售数量		奇数月销量	5308
2	2012年1月	800		偶数月销量	
3	2012年2月	325			
4	2012年3月	123			
5	2012年4月	125			
6	2012年5月	1432			
7	2012年6月	2000			
8	2012年7月	1500			
9	2012年8月	2000			
10	2012年9月	1000			
11	2012年10月	200			
12	2012年11月	453			
13	2012年12月	450			

图2-4

❷ 将光标移到E2单元格的右下角，光标变成十字形状后，向下复制公式到E3单元格中，可得出偶数月销量合计值，如图2-5所示。

E1　{=SUM(IF(MOD(ROW($B$2:$B$13),2)=ROW()-1,$B$2:$B$13,0))}

	A	B	C	D	E
1	月份	销售数量		奇数月销量	5308
2	2012年1月	800		偶数月销量	5100
3	2012年2月	325			
4	2012年3月	123			
5	2012年4月	125			
6	2012年5月	1432			
7	2012年6月	2000			
8	2012年7月	1500			
9	2012年8月	2000			
10	2012年9月	1000			
11	2012年10月	200			
12	2012年11月	453			
13	2012年12月	450			

图2-5

交叉使用

SUM函数用于返回某一单元格区域中所有数字之和。此函数用法详见2.1小节函数3。

IF函数是根据指定的条件来判断其“真”（TRUE）、“假”（FALSE），从而返回其相对应的内容。用法详见第1章函数4。

ROW函数用于返回引用的行号。该函数与COLUMN函数分别返回给定引用的行号与列标。此函数用法详见8.2小节函数12。

函数3 SUM函数

函数功能

SUM函数用于返回某一单元格区域中所有数字之和。

函数语法

SUM(number1,number2,...)

参数说明

- number1,number2,...：表示参加计算的1～30个参数，包括逻辑值、文本表达式、区域和区域引用。

实例1　用SUM函数计算各仓库总库存量

案例表述

当前表格中统计了各个商品在两个仓库的库存量，如果要统计出总库存量，可以使用SUM函数来设置公式。

案例实现

① 选中B8单元格，在编辑栏中输入公式：

`=SUM(B2:B6,C2:C6)`

② 按Enter键，即可计算出所有商品在两个仓库中库存量，如图2-6所示。

图2-6

实例2　用SUM函数计算其总销售额

案例表述

在统计了每种产品的销售数量与销售单价后，可以直接使用SUM函数统计出这一阶段的总销售额。

案例实现

① 选中B8单元格，在编辑栏中输入公式：

`=SUM(B2:B6*C2:C6)`

② 按Ctrl+Shift+Enter组合键（数组公式必须按此组合键才能得到正确结果），即可通过销售数量和销售单价计算出总销售额，如图2-7所示。

图2-7

实例3　统计某一经办人的总销售金额　Excel 2013/2010/2007/2003

▶ 案例表述

当前表格中统计了产品的销售记录（其中一位经办人有多条销售记录），现在要统计出某一位经办人的销售金额合计值。

▶ 案例实现

① 选中F2单元格，在编辑栏中输入公式：

=SUM((C2:C11="刘纪鹏")*D2:D11)

② 按Ctrl+Shift+Enter组合键，即可统计出"刘纪鹏"的销售金额合计值，如图2-8所示。

F2		×	✓	fx	{=SUM((C2:C11="刘纪鹏")*D2:D11)}
	A	B	C	D	E	F
1	序号	品名	经办人	销售金额		刘纪鹏的总销售金额
2	1	老百年	刘纪鹏	1300		6070
3	2	三星迎驾	张飞虎	1155		
4	3	五粮春	刘纪鹏	1149		
5	4	新月亮	李梅	192		
6	5	新地球	刘纪鹏	1387		
7	6	四国开缘	张飞虎	2358		
8	7	新品兰十	李梅	3122		
9	8	今世缘兰地球	张飞虎	2054		
10	9	珠江金小麦	刘纪鹏	2234		
11	10	张裕赤霞珠	李梅	1100		

图2-8

实例4　统计两位或多位经办人的总销售金额　Excel 2013/2010/2007/2003

▶ 案例表述

当前表格中统计了产品的销售记录（其中一位经办人有多条销售记录），现在要统计出某两位或多位经办人的销售金额合计值。

▶ 案例实现

① 选中F2单元格，在编辑栏中输入公式：

=SUM((C2:C11={"刘纪鹏","李梅"})*D2:D11)

② 按Ctrl+Shift+Enter组合键，即可统计出"刘纪鹏"与"李梅"的销售金额合计值，如图2-9所示。

F2		×	✓	fx	{=SUM((C2:C11={"刘纪鹏","李梅"})*D2:D11)}
	A	B	C	D	E	F
1	序号	品名	经办人	销售金额		刘纪鹏、李梅的总销售金额
2	1	老百年	刘纪鹏	1300		10484
3	2	三星迎驾	张飞虎	1155		
4	3	五粮春	刘纪鹏	1149		
5	4	新月亮	李梅	192		
6	5	新地球	刘纪鹏	1387		
7	6	四国开缘	张飞虎	2358		
8	7	新品兰十	李梅	3122		
9	8	今世缘兰地球	张飞虎	2054		
10	9	珠江金小麦	刘纪鹏	2234		
11	10	张裕赤霞珠	李梅	1100		

图2-9

实例5 统计销售部女员工人数

▶ 案例表述

当前表格中显示了员工姓名、所属部门及性别，现在需要统计出销售部女员工的人数，可以按如下方法来设置公式。

▶ 案例实现

❶ 选中E2单元格，在编辑栏中输入公式：

=SUM((B2:B14="销售部")*(C2:C14="女"))

❷ 按Ctrl+Shift+Enter组合键，即可统计销售部女员工的人数，如图2-10所示。

	A	B	C	D	E	F
				fx	{=SUM((B2:B14="销售部")*(C2:C14="女"))}	
1	姓名	部门	性别		销售部女员工人数	
2	邓颖成	销售部	男		1	
3	许德先	企划部	男			
4	陈杰雨	销售部	女			
5	林伟华	企划部	女			
6	黄珏晓	研发部	男			
7	韩伟	企划部	男			
8	胡佳欣	研发部	女			
9	刘辉贤	企划部	男			
10	邓敏杰	研发部	女			

图2-10

实例6 将出库数据按月份进行汇总

▶ 案例表述

表格中按日期统计了出库数据，并且出库日期分布在不同的月份中，此时想统计出各个月份中的出库总金额，可以使用SUM函数配合TEXT函数来设计公式。

▶ 案例实现

❶ 根据求解目的，在数据表中建立求解标识。选中E2单元格，输入公式：

=SUM((TEXT($A$2:$A$9,"yyyymm")=TEXT(D4,"yyyymm"))*$B$2:$B$9)

按Ctrl+Shift+Enter组合键，统计出09年1月份出库数量合计值。

❷ 选中E2单元格，向下复制公式，可以快速统计出各个月份中出库数量合计值，如图2-11所示。

	A	B	C	D	E	F	G
					fx	{=SUM((TEXT($A$2:$A$9,"yyyymm")=TEXT(D2,"yyyymm"))	
						*$B$2:$B$9)}	
1	日期	金额		月份	金额		
2	2012/1/1	234		2012年1月	388		
3	2012/1/20	122		2012年2月	325		
4	2012/1/30	32		2012年3月	227		
5	2012/2/10	200		2012年4月	200		
6	2012/2/25	125		2012年5月	0		
7	2012/3/5	132		2012年6月	0		
8	2012/3/26	95					
9	2012/4/15	200					

图2-11

交叉使用

　　TEXT函数是将数值转换为按指定数字格式表示的文本。此函数用法详见3.3小节函数34。

函数4　SUMIF函数

◎ 函数功能

　　SUMIF函数用于按照指定条件对若干单元格、区域或引用求和。

◎ 函数语法

　　SUMIF(range,criteria,sum_range)

◎ 参数说明

- range：表示用于条件判断的单元格区域。
- criteria：表示由数字、逻辑表达式等组成的判定条件。
- sum_range：表示需要求和的单元格、区域或引用。

实例1　统计各部门工资总额　　　　　Excel 2013/2010/2007/2003

▶ 案例表述

　　表格中统计了多位员工的工资额，而且员工属于不同的部门，现在要统计出每个部门的工资总额，此时可以SUMIF函数来实现。

▶ 案例实现

❶ 根据求解目的，在数据表中建立求解标识。选中F3单元格，在编辑栏中输入公式：

`=SUMIF(B2:B8,E3,C2:C8)`

按Enter键，即可统计第一个部门工资总额。

❷ 选中F3单元格，向下复制公式，可以快速统计出各个部门工资总额，如图2-12所示。

| F3 | ▼ | : | × | ✓ | fx | =SUMIF(B2:B8,E3,C2:C8) |

▲	A	B	C	D	E	F
1	姓名	所属部门	工资			
2	徐珊珊	财务部	1996		部门	工资总额
3	徐世宝	销售部	2555		财务部	4419.5
4	郭蓉	企划部	1396		销售部	9504
5	钟嘉	企划部	2666		企划部	4062
6	尹瑶	徐世宝	425.6			
7	李玉琢	财务部	2423.5			
8	罗军	销售部	6949			

图2-12

实例2 统计某个时段的销售总金额 Excel 2013/2010/2007/2003

案例表述

表格中按销售日期统计了产品的销售记录，现在要统计出前半月与后半月的销售总金额，此时可以使用SUMIF函数来设计公式。

案例实现

❶ 选中E2单元格，在编辑栏中输入公式：

```
=SUMIF(A2:A11,"<=12-1-15",C2:C11)
```

按Enter键，即可统计出前半月销售总金额，如图2-13所示。

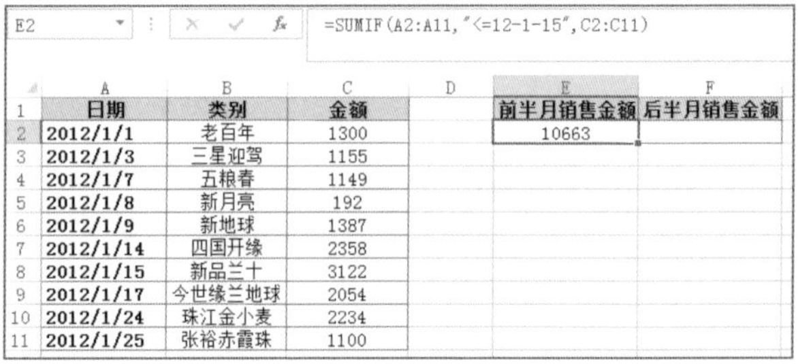

	A	B	C	D	E	F
1	日期	类别	金额		前半月销售金额	后半月销售金额
2	2012/1/1	老百年	1300		10663	
3	2012/1/3	三星迎驾	1155			
4	2012/1/7	五粮春	1149			
5	2012/1/8	新月亮	192			
6	2012/1/9	新地球	1387			
7	2012/1/14	四国开缘	2358			
8	2012/1/15	新品兰十	3122			
9	2012/1/17	今世缘兰地球	2054			
10	2012/1/24	珠江金小麦	2234			
11	2012/1/25	张裕赤霞珠	1100			

图2-13

❷ 选中F2单元格，在编辑栏中输入公式：

```
=SUMIF(A2:A11,">12-1-15",C2:C11)
```

按Enter键，即可统计出后月销售总金额，如图2-14所示。

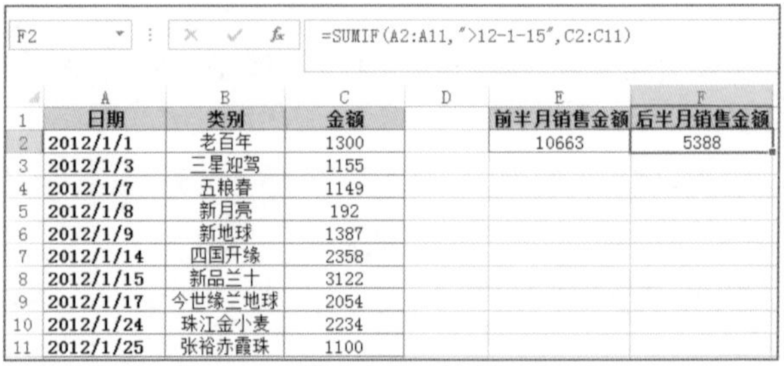

	A	B	C	D	E	F
1	日期	类别	金额		前半月销售金额	后半月销售金额
2	2012/1/1	老百年	1300		10663	5388
3	2012/1/3	三星迎驾	1155			
4	2012/1/7	五粮春	1149			
5	2012/1/8	新月亮	192			
6	2012/1/9	新地球	1387			
7	2012/1/14	四国开缘	2358			
8	2012/1/15	新品兰十	3122			
9	2012/1/17	今世缘兰地球	2054			
10	2012/1/24	珠江金小麦	2234			
11	2012/1/25	张裕赤霞珠	1100			

图2-14

实例3 统计“裙”类衣服的销售总金额 Excel 2013/2010/2007/2003

案例表述

使用SUMIF函数时，用于表示判定条件的Criteria参数中可以使用通配符。比如本例中要统计出所有“裙”类衣服的总金额，其公式设置方法如下。

▶ 案例实现

① 选中E2单元格，在编辑栏中输入公式：

=SUMIF(B2:B9,"*裙",C2:C9)

② 按Enter键，即可统计出"裙"类衣服的总金额，如图2-15所示。

	A	B	C	D	E
			fx		=SUMIF(B2:B9,"*裙",C2:C9)
1	日期	类别	金额		"裙"类衣服总金额
2	2012/1/1	男式毛衣	800		5382
3	2012/1/3	女式套裙	325		
4	2012/1/7	男式毛衣	123		
5	2012/1/8	女式连衣裙	125		
6	2012/1/9	女式套裙	1432		
7	2012/1/14	女式连衣裙	2000		
8	2012/1/15	女式套裙	1500		
9	2012/1/17	男式毛衣	2000		

图2-15

实例4　统计两种类别或多种类别商品总销售金额　Excel 2013/2010/2007/2003

▶ 案例表述

表格按类别统计了销售记录表，需要统计出某两种类别或多种类别品总销售金额，此时可配合使用SUM函数与SUMIF函数来设计公式。

▶ 案例实现

① 选中E2单元格，在编辑栏中输入公式：

=SUM(SUMIF(B2:B11,{"男式毛衣","女式毛衣"},C2:C11))

② 按Enter键，即可统计出"男式毛衣"与"女式毛衣"两种规格产品的总销售金额，如图2-16所示。

	A	B	C	D	E	F
			fx		=SUM(SUMIF(B2:B11,{"男式毛衣","女式毛衣"},C2:C11))	
1	日期	类别	金额		男（女）式毛衣总金额	
2	2012/1/1	男式毛衣	800		7048	
3	2012/1/3	男式夹克衫	325			
4	2012/1/7	女式毛衣	123			
5	2012/1/8	男式毛衣	125			
6	2012/1/9	女式连衣裙	1432			
7	2012/1/14	女式毛衣	2000			
8	2012/1/15	女式连衣裙	1500			
9	2012/1/17	女式毛衣	2000			
10	2012/1/24	男式毛衣	2000			
11	2012/1/25	女式连衣裙	968			

图2-16

实例5　计算销售金额前两名合计值　Excel 2013/2010/2007/2003

▶ 案例表述

表格中统计了产品的销售记录，现在要统计出销售金额前两名的合计金额，可以按如下方法来设置公式。

▶ 案例实现

① 选中F2单元格，在编辑栏中输入公式：

=SUMIF(D2:D11,">"&LARGE(D2:D11,3))

② 按Enter键，即可统计出D2:D11单元格区域中排名前两位的金额合计值，如图2-17所示。

	A	B	C	D	E	F
1	序号	品名	经办人	销售金额		销售金额前两名合计值
2	1	老百年	刘纪鹏	1300		5480
3	2	三星迎驾	张飞虎	1155		
4	3	五粮春	刘纪鹏	1149		
5	4	新月亮	李梅	192		
6	5	新地球	刘纪鹏	1387		
7	6	四国开缘	张飞虎	2358		
8	7	新品兰十	李梅	3122		
9	8	今世缘兰地球	张飞虎	2054		
10	9	珠江金小麦	刘纪鹏	2234		
11	10	张裕赤霞珠	李梅	1100		

图2-17

函数5 SUMIFS函数

▣ 函数功能

SUMIFS函数是对某一区域内满足多重条件的单元格求和。

▣ 函数语法

SUMIFS(sum_range,criteria_range1,criteria1,criteria_range2,criteria2,...)

▣ 参数说明

- sum_range：表示要求和的一个或多个单元格，其中包括数字或包含数字的名称、数组或引用。空值和文本值会被忽略。仅当sum_range中的每一单元格满足为其指定的所有关联条件时，才对这些单元格进行求和。sum_range中包含TRUE的单元格计算为"1"；sum_range中包含FALSE的单元格计算为"0"（零）。与SUMIF函数中的区域和条件参数不同，SUMIFS 中每个criteria_range的大小和形状必须与sum_range相同。

- criteria_range1,criteria_range2,....：表示计算关联条件的1~127个区域。

- criteria1,criteria2,...：表示数字、表达式、单元格引用或文本形式的1～127个条件，用于定义要对哪些单元格求和。例如：条件可以表示为32、"32"、">32"、"apples"或B4。
- 可在条件中使用通配符，即问号（？）和星号（＊）。问号匹配任一单个字符；星号匹配任一字符序列。如果要查找实际的问号或星号，请在字符前键入波形符（～）。

实例1 统计上半个月各类产品的销售合计值 Excel 2013/2010/2007/2003

▶ 案例表述

表格中按日期、类别统计了销售情况。现在要统计出各类别产品在上半个月的销售合计金额，可以使用SUMIFS函数来设置公式。

▶ 案例实现

① 在工作表中输入数据并建立好求解标识。选中G2单元格，在编辑栏中输入公式：

`=SUMIFS(D$2:D$9,A$2:A$9,"<=12-1-15",B$2:B$9,F2)`

按Enter键，即可统计出"圆钢"上半月销售金额。

② 选中G2单元格，向下复制公式，可以快速统计出各类别产品上半月销售金额，如图2-18所示。

图2-18

实例2 统计某一日期区间的销售金额 Excel 2013/2010/2007/2003

▶ 案例表述

表格中按日期、类别统计了销售记录。通过使用SUMIFS函数来设置公式，可以统计出本月中旬销售金额合计值。

▶ 案例实现

① 选中F2单元格，在编辑栏中输入公式：

=SUMIFS(D2:D9,A2:A9,">12-1-10",A2:A9,"<=12-1-20")

2 按Enter键，即可统计本月中旬销售总金额合计值，如图2-19所示。

	A	B	C	D	E	F	G
	F2			=SUMIFS(D2:D9,A2:A9,">12-1-10",A2:A9,"<=12-1-20")			
1	日期	名称	规格型号	金额		中旬销售金额	
2	2012/1/1	圆钢	8mm	2236		7534	
3	2012/1/3	圆钢	10mm	1155			
4	2012/1/7	角钢	40×40	1149			
5	2012/1/8	角钢	40×41	192			
6	2012/1/9	圆钢	20mm	1387			
7	2012/1/14	角钢	40×43	2358			
8	2012/1/15	角钢	40×40	3122			
9	2012/1/17	圆钢	10mm	2054			
10	2012/1/24	圆钢	20mm	2234			
11	2012/1/25	角钢	40×40	1100			

图2-19

函数6 SUMPRODUCT函数

函数功能
SUMPRODUCT函数用于在指定的几组数组中，将数组间对应的元素相乘，并返回乘积之和。

函数语法
SUMPRODUCT(array1,array2,array3,...)

参数说明
- array1,array2,array3,...：表示为要进行计算的2～30个数组。

实例1 根据销量与单价计算总销售额 Excel 2013/2010/2007/2003

案例表述
在统计了每种产品的销售数量与销售单价后，可以直接使用SUMPRODUCT函数统计出总销售额。

案例实现
1 选中B8单元格，在编辑栏中输入公式：

=SUMPRODUCT(B2:B6,C2:C6)

2 按Enter键即可计算出产品总销售额，如图2-20所示。

图2-20

实例2　统计出某两种商品的销售金额　Excel 2013/2010/2007/2003

案例表述

表格中按类别统计了销售记录表，若需要统计出某两种类别或多种类别商品总销售金额，可以直接使用SUMPRODUCT函数来实现。

案例实现

① 选中F2单元格，在编辑栏中输入公式：

=SUMPRODUCT(((B2:B11="圆钢")+(B2:B11="方钢")),$D$2:$D$11)

② 按Enter键，即可统计出"圆钢"与"方钢"两种类别商品总销售金额，如图2-21所示。

图2-21

实例3　统计出指定部门、指定职务的员工人数　Excel 2013/2010/2007/2003

案例表述

表格中统计了企业人员的所属部门与职务，现在需要统计出指定部门指定职务的员工人数，可以使用SUMPRODUCT函数来实现。

案例实现

① 根据求解目的在数据表中建立求解标识。

❷ 选中F4单元格，在编辑栏中输入公式：

```
=SUMPRODUCT(($B$2:$B$9=E4)*($C$2:$C$9="职员"))
```

按Enter键，即可统计出所属部门为“财务部”且职务为“职员”的人数。

❸ 选中F4单元格，向下复制公式，可以快速计统出其他指定部门、指定职务的员工人数，如图2-22所示。

F4 =SUMPRODUCT(($B$2:$B$9=E4)*($C$2:$C$9="职员"))

	A	B	C	D	E	F	G	H
1	姓名	所属部门	职务					
2	杨维玲	财务部	总监					
3	王祥	销售部	职员		部门	职员人数		
4	杨若愚	企划部	经理		财务部	1		
5	李亮	企划部	职员		销售部	3		
6	徐志恒	销售部	职员		企划部	2		
7	吴申德	财务部	职员					
8	李亮	企划部	职员					
9	丁浩	销售部	职员					

图2-22

实例4 统计出指定班级分数大于指定值的人数 Excel 2013/2010/2007/2003

案例表述

表格中统计了各个班级中各学生的分数。现在要统计出各个班级中分数大于500分的人数。

案例实现

❶ 根据求解目的在数据表中建立求解标识。

❷ 选中F4单元格，在编辑栏中输入公式：

```
=SUMPRODUCT((A$2:A$12=E4)*(C$2:C$12>500))
```

按Enter键，即可统计出1班分数大于500分的人数。

❸ 选中F4单元格，向下拖动进行公式填充，可以快速统计指定班级分数大于500分的人数，如图2-23所示。

F4 =SUMPRODUCT((A$2:A$12=E4)*(C$2:C$12>500))

	A	B	C	D	E	F
1	班级	姓名	分数			
2	1	甄艳梅	543			
3	2	钟月珍	600		班级	分数大于500的人数
4	1	谭林	520		1	2
5	1	农秀	453		2	2
6	3	于丽	600		3	1
7	1	杨文志	465			
8	3	蔡瑞平	500			
9	2	明雪花	400			
10	2	黄永明	515			
11	1	廖春	410			

图2-23

实例5 统计出指定部门获取奖金的人数（去除空值）

Excel 2013/2010/2007/2003

 案例表述

表格中统计了各个部门每位员工获取资金的记录（包含空值，即没有获取奖金的记录），现在要统计出各个部门获取奖金的人数。

案例实现

1 根据求解目的在数据表中建立求解标识。

2 选中F4单元格，在编辑栏中输入公式：

`=SUMPRODUCT((A$2:A$14=E4)*(C$2:C$14<>""))`

按Enter键，即可统计出"销售部"获取奖金的人数。

3 选中F4单元格，向下复制公式，可以快速统计其他指定部门获取奖金的人数，如图2-24所示。

| F4 | ▼ : × ✓ fx | =SUMPRODUCT((A$2:A$14=E4)*(C$2:C$14<>"")) |

	A	B	C	D	E	F
1	部门	姓名	奖金			
2	销售部	邓毅成				
3	企划部	许德先	600		部门	获取奖金的人数
4	销售部	陈杰雨	1520		销售部	4
5	企划部	林伟华	1200		企划部	2
6	研发部	黄珏晓	600		研发部	3
7	企划部	韩伟				
8	研发部	胡佳欣	500			
9	企划部	刘辉贤				
10	研发部	邓骏杰	500			
11	销售部	仲成	1600			

图2-24

实例6 统计指定店面指定类别产品的销售金额合计值

Excel 2013/2010/2007/2003

案例表述

数据表中统计了不同店面不同类别产品的销售金额，现在要统计出指定店面指定类别产品的合计金额，可以使用SUMPRODUCT函数来设计公式。

案例实现

1 选中C13单元格，在编辑栏中输入公式：

`=SUMPRODUCT((A2:A11=1)*(B2:B11="男式毛衣")*(C2:C11))`

2 按Enter键即可统计1店面"男式毛衣"产品销售金额合计值，如图2-25所示。

C13　　=SUMPRODUCT((A2:A11=1)*(B2:B11="男式毛衣")*(C2:C11))

	A	B	C
1	店面	品牌	金额
2	2	男式毛衣	110
3	1	男式毛衣	456
4	2	女式针织衫	325
5	1	男式毛衣	123
6	3	女式连衣裙	125
7	1	女式针织衫	1432
8	3	女式连衣裙	1482
9	1	女式针织衫	1500
10	3	男式毛衣	2000
11	1	女式连衣裙	968
12			
13	1店面"男式毛衣"		579

图2-25

实例7　从学生档案表中统计出某一出生日期区间中指定性别的人数

Excel 2013/2010/2007/2003

案例表述

数据表中统计了每位学生的出生日期与性别，现在要统计出指定出生日期区间中指定性别的人数。

案例实现

❶ 选中F5单元格，在编辑栏中输入公式：

```
=SUMPRODUCT(($D$2:$D$19>=19860901)*($D$2:$D$19<=19870831)*($C$2:$C$19="女"))
```

❷ 按Enter键即可统计出所有出生年月在19860901～19870831之间且性别为"女"的学生人数，如图2-26所示。

F5　　=SUMPRODUCT(($D$2:$D$19>=19860901)*($D$2:$D$19<=19870831)*($C$2:$C$19="女"))

	A	B	C	D	E	F
1	姓名	部门	性别	出生日期		
2	邓毅成	01	男	19881110		
3	许德先	03	男	19881002		出生年月19860901-19870831
4	陈杰雨	01	女	19870503		之间且性别为"女"的人数
5	林伟华	03	女	19861215		5
6	黄珏晓	05	男	19870901		
7	韩伟	03	男	19870828		
8	胡佳欣	03	女	19870215		
9	刘辉贤	03	男	19870918		
10	邓敏杰	03	女	19870201		
11	仲成	05	男	19870305		
12	李平	05	男	19871226		
13	卢惠萍	01	女	19871215		
14	李丽	01	女	19861001		
15	刘勇	02	男	19870315		
16	黄晓军	04	男	19870910		

图2-26

实例8　统计非工作日销售金额

Excel 2013/2010/2007/2003

案例表述

数据表中按日期显示了销售金额（包括周六、日），现在要计算出周六、日的总销售金额，可以使用SUMPRODUCT函数来设计公式。

▶ 案例实现

① 选中C15单元格，在编辑栏中输入公式：

=SUMPRODUCT((MOD(A2:A13,7)<2)*C2:C13)

② 按Enter键即可统计非工作日（即周六、日）销售金额之和，如图2-27所示。

| C15 | ▼ | : | × | ✓ | fx | =SUMPRODUCT((MOD(A2:A13,7)<2)*C2:C13) |

	A	B	C	D	E	F
1	日期	星期	金额			
2	2012/2/1	星期二	2236			
3	2012/2/2	星期三	1155			
4	2012/2/3	星期四	1149			
5	2012/2/4	星期五	192			
6	2012/2/5	星期六	1387			
7	2012/2/6	星期日	2358			
8	2012/2/7	星期一	3122			
9	2012/2/8	星期二	2054			
10	2012/2/9	星期三	2234			
11	2012/2/10	星期四	1100			
12	2012/2/11	星期五	800			
13	2012/2/12	星期六	3190			
14						
15	周六、日总销售金额		5569			

图2-27

交叉使用

MOD函数用于求两个数值相除后的余数，其结果的正负号与除数相同。用法详见2.1小节函数2。

实例9　计算各货物在运送路途中花费的天数　Excel 2013/2010/2007/2003 ●

▶ 案例表述

在货物出发和到达记录报表中，计算各货物在运送路途中花费的天数（不计双休日）。

▶ 案例实现

① 选中D2单元格，在编辑栏中输入公式：

=SUMPRODUCT(--(MOD(ROW(INDIRECT(A2&":"&B2-1)),7)>1))

按Enter键即可计算出第一批货物在运送路途中花费的天数（不计双休日）为3天。

② 将光标移到D2单元格的右下角，向下复制公式，即可计算出其他货物在运送路途中花费的天数（不计双休日），如图2-28所示。

	A	B	C	D	E	F
	出发日期	到达日期	花费天数	花费天数（不计双休日）		
2	2012/2/1	2012/2/4	3	3		
3	2012/2/1	2012/2/5	4	3		
4	2012/2/3	2012/2/8	5	3		
5	2012/2/5	2012/2/12	7	5		
6						

D2 列公式：`=SUMPRODUCT(--(MOD(ROW(INDIRECT(A2&":"&B2-1)),7)>1))`

图2-28

交叉使用

　　MOD函数用于求两个数值相除后的余数，其结果的正负号与除数相同。用法详见2.1小节函数2。

　　ROW函数用于返回引用的行号。该函数与COLUMN函数分别返回给定引用的行号与列标。此函数用法详见8.2小节函数12。

　　INDIRECT函数用于返回由文本字符串指定的引用。此函数立即对引用进行计算，并显示其内容。用法详见8.2小节函数14。

函数7 SUBTOTAL函数

函数功能

　　SUBTOTAL函数返回列表或数据库中的分类汇总。通常，使用"数据"选项卡"大纲"组中的"分类汇总"命令更便于创建带有分类汇总的列表。一旦创建了分类汇总，就可以通过编辑 SUBTOTAL 函数对该列表进行修改。

函数语法

　　SUBTOTAL(function_num,ref1,ref2,...)

参数说明

- function_num：表示1～11（包含隐藏值）或101～111（忽略隐藏值）之间的数字，指定使用何种函数在列表中进行分类汇总计算。
- ref1,ref2...：表示要进行分类汇总计算的1～254个区域或引用。

实例1　在销售记录汇总报表中统计平均销售额 Excel 2013/2010/2007/2003

案例表述

　　在销售员销售记录汇总报表中，计算所有销售员的平均销售额。

案例实现

　　❶ 选中J9单元格，在编辑栏中输入公式：

`=SUBTOTAL(1,F2:F22)`

2 按Enter键即可对分类汇总的数据重新进行平均值计算，如图2-29所示。

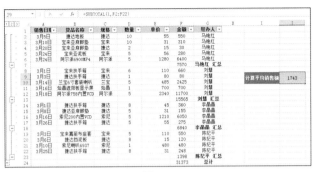

图2-29

实例2　在销售记录汇总报表中统计总记录条数　Excel 2013/2010/2007/2003

▶ 案例表述

　　在销售员销售记录汇总报表中，对销售记录条数进行统计。

▶ 案例实现

1 选中J12单元格，在编辑栏中输入公式：

=SUBTOTAL(3,F2:F22)

2 按Enter键即可对分类汇总的数据重新进行销售次数统计，如图2-30所示。

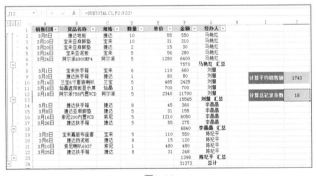

图2-30

实例3　在销售记录汇总报表中统计销售金额方差　Excel 2013/2010/2007/2003

▶ 案例表述

　　在销售员销售记录汇总报表中，计算销售金额方差。

案例实现

1 选中J15单元格，在编辑栏中输入公式：

```
=SUBTOTAL(10,F2:F22)
```

2 按Enter键即可对分类汇总的数据重新进行销售金额方差，如图2-31所示。

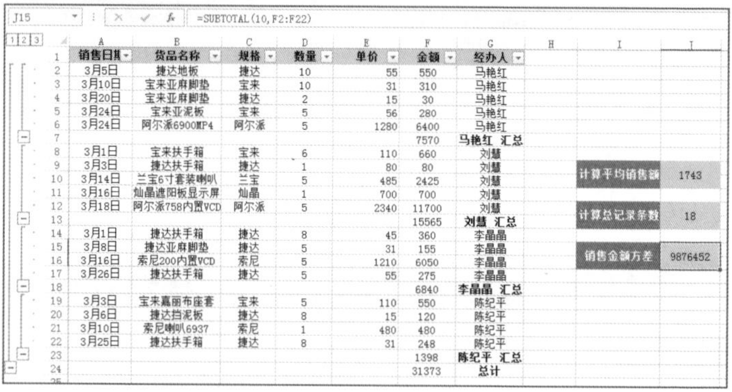

J15 =SUBTOTAL(10,F2:F22)

	A	B	C	D	E	F	G	H	I	J
1	销售日期	货品名称	规格	数量	单价	金额	经办人			
2	3月5日	捷达地板	捷达	10	55	550	马艳红			
3	3月10日	宝来亚麻脚垫	宝来	10	31	310	马艳红			
4	3月20日	宝来亚麻脚垫	捷达	2	15	30	马艳红			
5	3月24日	宝来亚泥板	宝来	5	56	280	马艳红			
6	3月24日	阿尔派6900MP4	阿尔派	5	1280	6400	马艳红			
7						7570	马艳红 汇总			
8	3月1日	宝来扶手箱	宝来	6	110	660	刘慧			
9	3月3日	捷达扶手箱	捷达	1	80	80	刘慧			
10	3月14日	兰宝6寸套装喇叭	兰宝	5	485	2425	刘慧		计算平均销售额	1743
11	3月16日	灿晶遮阳板显示屏	灿晶	1	700	700	刘慧			
12	3月18日	阿尔派758内置VCD	阿尔派	5	2340	11700	刘慧			
13						15565	刘慧 汇总		计算总记录条数	18
14	3月1日	捷达扶手箱	捷达	8	45	360	李晶晶			
15	3月8日	捷达亚麻脚垫	捷达	5	31	155	李晶晶		销售金额方差	9876452
16	3月16日	索尼200内置VCD	索尼	5	1210	6050	李晶晶			
17	3月26日	捷达扶手箱	捷达	5	55	275	李晶晶			
18						6840	李晶晶 汇总			
19	3月3日	宝来嘉丽布座套	宝来	5	110	550	陈纪平			
20	3月6日	捷达挡泥板	捷达	8	15	120	陈纪平			
21	3月10日	索尼喇叭6937	索尼	1	480	480	陈纪平			
22	3月25日	捷达扶手箱	捷达	8	31	248	陈纪平			
23						1398	陈纪平 汇总			
24						31373	总计			

图2-31

函数8 SQRT函数

函数功能

SQRT函数用于返回指定正数值的算术平方根。

函数语法

SQRT(number)

参数说明

- number：表示需要进行计算的正数值。

实例 计算指定数值对应的算术平方根 Excel 2013/2010/2007/2003

案例实现

1 选中B2单元格，在编辑栏中输入公式：

```
=SQRT(A2)
```

按Enter键即返回数值4的算术平方根为2。

2 将光标移到B2单元格的右下角，向下复制公式，即可返回其他数值的算术平方根，如图2-32所示。

图2-32

函数9 GCD函数

⊠ 函数功能

GCD函数用于返回两个或多个整数的最大公约数。

⊠ 函数语法

GCD(number1,number2,...)

⊠ 参数说明

● number1,number2,...：表示要参加计算的1~29个整数。

实例　返回两个或多个整数的最大公约数　　Excel 2013/2010/2007/2003

▶ 案例实现

❶ 选中D2单元格，在编辑栏中输入公式：

=GCD(A2,B2)

按Enter键即可返回整数4和6的最大公约数为2，如图2-33所示。

图2-33

❷ 选中D3单元格，在编辑栏中输入公式：

=GCD(A3,B3,C3)

按Enter键即可返回整数3、6和27的最大公约数为3，如图2-34所示。

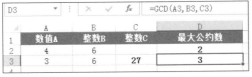

图2-34

函数10 LCM函数

函数功能

LCM函数用于求两个或多个整数的最小公倍数。

函数语法

LCM(number1,number2,...)

参数说明

● number1,number2,...: 表示要参加计算的1 ~ 29个整数。

实例 计算两个或多个整数的最小公倍数 Excel 2013/2010/2007/2003

案例实现

❶ 选中D2单元格，在编辑栏中输入公式：

`=LCM(A2,B2)`

按Enter键即可返回整数4和6的最小公倍数为12，如图2-35所示。

图2-35

❷ 选中D3单元格，在编辑栏中输入公式：

`=LCM(A3,B3,C3)`

按Enter键即可返回整数3、6和27的最小公倍数为54，如图2-36示。

图2-36

函数11 POWER函数

函数功能

POWER函数用于返回指定底数和指数的乘幂。

(x) 函数语法

POWER(number,power)

(x) 参数说明

- number：表示底数的数值。
- power：表示指数数值。

实例 根据指定的底数和指数计算出乘幂 Excel 2013/2010/2007/2003

▶ 案例实现

① 选中C2单元格，在编辑栏中输入公式：

=POWER(A2,B2)

按Enter键即可计算出底数为2指数为3的乘幂为8。

② 将光标移到C2单元格的右下角，向下复制公式，即可计算出其他指定底数和指数的幂值，如图2-37所示。

C2		:	✕	✓	f_x	=POWER(A2,B2)	
	A		B		C		D
1	底数		指数		方根值		
2	2		3		8		
3	3		5		243		
4							

图2-37

函数12 PRODUCT函数

(x) 函数功能

PRODUCT函数用于求指定的多个数值的乘积。

(x) 函数语法

PRODUCT(number1,number2,...)

(x) 参数说明

- number1,number2,...：表示指定的相乘的数值，数目为1～30个。

实例 计算出长方形的体积 Excel 2013/2010/2007/2003

▶ 案例实现

① 选中D2单元格，在编辑栏中输入公式：

```
=PRODUCT(A2,B2,C2)
```

按Enter键即可计算出长方形长为4.6米、宽为2.8米和高为1.8米的体积为23.184平方米。

❷ 将光标移到D2单元格的右下角，向下复制公式，即可计算出其他长方形的体积，如图2-38所示。

D2 =PRODUCT(A2,B2,C2)

	A	B	C	D
1	长（米）	宽（米）	高（米）	体积（平方米）
2	4.6	2.8	1.8	23.184
3	12	9	7	756
4				

图2-38

函数13 SQRTPI函数

函数功能

SQRTPI函数用于返回指定正数值与π的乘积的平方根值。

函数语法

SQRTPI(number)

参数说明

- number：表示是用来与π相乘的正实数。

实例 计算指定正数值与π的乘积的平方根值 Excel 2013/2010/2007/2003

案例实现

❶ 选中B2单元格，在编辑栏中输入公式：

```
=SQRTPI(A2)
```

按Enter键即可返回正数值4与π的乘积的平方根值为3.544907702。

❷ 将光标移到B2单元格的右下角，向下复制公式，即可返回其他正数值与π的乘积的平方根值，如图2-39所示。

B2 =SQRTPI(A2)

	A	B	C
1	正数值	与π的乘积的平方根	
2	4	3.544907702	
3	32	10.0265131	
4	144	21.26944621	
5			

图2-39

函数14 SIGN函数

函数功能

SIGN函数用于返回数值所对应的符号，正数返回1，零返回0，负数时返回-1。

函数语法

SIGN(number)

参数说明

● number：表示要进行计算的数值。

实例 返回指定数值对应的符号 Excel 2013/2010/2007/2003

案例实现

❶ 选中B2单元格，在编辑栏中输入公式：

=SIGN(A2)

按Enter键即返回数值-3对应符号为-1。

❷ 将光标移到B2单元格的右下角，向下复制公式，即可返回其他数值对应的符号，如图2-40所示。

图2-40

函数15 SUMSQ函数

函数功能

SUMSQ函数用于返回所有参数的平方和。

函数语法

SUMSQ(number1,number2,...)

参数说明

- number1,number2,…：表示要进行计算的1~30个参数，它可以是数值、区域、引用或数组。

实例 计算指定数值的平方和

Excel 2013/2010/2007/2003

案例实现

❶ 选中D2单元格，在编辑栏中输入公式：

```
=SUMSQ(A2,B2)
```

按Enter键即可计算出1和2数值的平方和，如图2-41所示。

D2 =SUMSQ(A2,B2)

	A	B	C	D
1	数值A	数值B	数值C	平方和
2	1	2		5
3	-1	3		
4	-1	-2	5	

图2-41

❷ 在D3和D4单元格中，分别输入公式：

```
=SUMSQ(A3,B3)
=SUMSQ(A4,B4,C4)
```

按Enter键即可计算出指定数值的平方和，如图2-42所示。

D4 =SUMSQ(A4,B4,C4)

	A	B	C	D
1	数值A	数值B	数值C	平方和
2	1	2		5
3	-1	3		10
4	-1	-2	5	30

图2-42

函数16 SUMXMY2函数

函数功能

SUMXMY2函数用于返回两个数组中对应数值之差的平方和。

函数语法

SUMXMY2(array_x,array_y)

参数说明

- array_x：表示第一个数组或数值区域。

● array_y：表示第二个数组或数值区域。

实例 计算两组数组对应数值之差的平方和　Excel 2013/2010/2007/2003

▶ 案例实现

1 选中E4单元格，在编辑栏中输入公式：

=SUMXMY2(A2:A7,B2:B7)

2 按Enter键即可计算出两组数组对应数值之差的平方和为47，如图2-43所示。

E4	▼	:	×	✓	fx	=SUMXMY2(A2:A7,B2:B7)	
▲	A	B	C		D		E
1	**数组A**	**数组B**					
2	2	3					
3	1	2					
4	5	3			**两数组之差的平方和：**		47
5	4	2					
6	8	2					
7	5	4					

图2-43

函数17 SUMX2MY2函数

▣ 函数功能

SUMX2MY2函数用于返回两个数组中对应数值的平方差之和。

▣ 函数语法

SUMX2MY2(array_x,array_y)

▣ 参数说明

● array_x：表示第一个数组或数值区域。
● array_y：表示第二个数组或数值区域。

实例 计算两组数组对应数值平方差之和　Excel 2013/2010/2007/2003

▶ 案例实现

1 选中E4单元格，在编辑栏中输入公式：

=SUMX2MY2(A2:A7,B2:B7)

2 按Enter键即可计算出两组数组对应数值平方差之和为89，如图2-44所示。

	A	B	C	D	E
	数组A	数组B			
2	2	3			
3	1	2			
4	5	3		平方差之和：	89
5	4	2			
6	8	2			
7	5	4			

E4 =SUMX2MY2(A2:A7,B2:B7)

图2-44

函数18 SUMX2PY2函数

函数功能
SUMX2PY2函数用于返回2数组中对应数值的平方和的总和，此类运算在统计中经常遇到。

函数语法
SUMX2PY2(array_x,array_y)

参数说明
- array_x：表示第一个数组或数值区域。
- array_y：表示第二个数组或数值区域。

实例　计算两组数组对应数值平方和之和　Excel 2013/2010/2007/2003

 案例实现

❶ 选中E4单元格，在编辑栏中输入公式：

=SUMX2PY2(A2:A7,B2:B7)

❷ 按Enter键即可计算出两组数组对应数值平方和之和为181，如图2-45所示。

E4 =SUMX2PY2(A2:A7,B2:B7)

	A	B	C	D	E
1	数组A	数组B			
2	2	3			
3	1	2			
4	5	3		平方和之和：	181
5	4	2			
6	8	2			
7	5	4			

图2-45

函数19 COMBIN函数

(⊠) 函数功能

COMBIN函数用于返回一组对象所有可能的组合数目。

(⊠) 函数语法

COMBIN(number,number_chosen)

(⊠) 参数说明

- number：表示某一对象的总数目。
- number_chosen：表示每一组合中对象的数目。

实例　计算一组对象所有可能的组合数目 Excel 2013/2010/2007/2003 ✎

▶ 案例表述

有6面红旗和4面黄旗，现在从10面旗中取出4面红旗和3面黄旗的组合数目是多少。

▶ 案例实现

❶ 选中D2单元格，在编辑栏中输入公式：

=COMBIN(A2,4)*COMBIN(B2,3)

❷ 按Enter键即可计算出从10面旗中取出4面红旗和3面黄旗的组合数目为60，如图2-46所示。

图2-46

函数20 COMBINA函数

(⊠) 函数功能

COMBINA函数用于返回给定数目的项的组合数（包含重复）。

(⊠) 函数语法

COMBINA (number,number_chosen)

参数说明

- number：必须大于或等于 0 并大于或等于 number_chosen，非整数值将被截尾取整。
- number_chosen：必须大于或等于 0。 非整数值将被截尾取整。如果任一参数的值超出其限制范围，则函数COMBINA 返回错误值 #NUM!；如果任一参数是非数值，则函数COMBINA 返回错误值 #VALUE!。

实例 计算一组对象所有可能的组合数目（有重复项） Excel 2013

案例实现

① 选中C2单元格，在编辑栏中输入公式：

=COMBINA(A2,B2)

② 按Enter键即可返回红旗和黄旗的组合数（有重复项），如图2-47所示。

	A	B	C	D
1	红旗	黄旗	混合旗取法的组合数	
2	4	3	20	
3	10	3	220	
4				

图2-47

函数21 ROMAN函数

函数功能

ROMAN函数用于将阿拉伯数字转换为文本形式的罗马数字。

函数语法

ROMAN(number,form)

参数说明

- number：表示需要转换的阿拉伯数字。
- form：表示指定要转换的罗马数字样式的数字参数。

实例 将阿拉伯数字转换为文本形式的罗马数字 Excel 2013/2010/2007/2003

案例实现

① 选中C2单元格，在编辑栏中输入公式：

=ROMAN(A2,0)

按Enter键将阿拉伯数字499转换为古罗马数字样式，如图2-48所示。

C2 =ROMAN(A2,0)

	A	B	C
1	阿拉伯数字	转换条件	对应的罗马数字
2	499	0	CDXCIX
3	499	1	
4	499	2	
5	499	3	
6	499	4	

图2-48

2 在C3、C4、C5和C6单元格中，分别输入公式：

```
=ROMAN(A3,1)
=ROMAN(A4,2)
=ROMAN(A5,3)
=ROMAN(A6,4)
```

即可转换为指定形式的罗马数字，如图2-49所示。

C6 =ROMAN(A6,4)

	A	B	C
1	阿拉伯数字	转换条件	对应的罗马数字
2	499	0	CDXCIX
3	499	1	LDVLIV
4	499	2	XDIX
5	499	3	VDIV
6	499	4	ID

图2-49

函数22 ARABIC函数

函数功能

ARABIC函数用于将罗马数字转换为阿拉伯数字。

函数语法

ARABIC (text)

参数说明

- text：表示用引号括起来的字符串、空字符串（""）或对包含文本的单元格的引用。当Text 为无效值时，函数ARABIC 返回错误值 #VALUE! 。

实例 将罗马数字转换为阿拉伯数字 Excel 2013

案例实现

1 选中B2单元格，在编辑栏中输入公式：

=ARABIC(A2)

2 按Enter键将罗马数字LVII转换为阿拉伯数字样式，向下复制公式即可将A列其他罗马数字转换为阿拉伯数字，如图2-50所示。

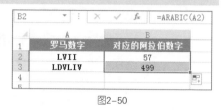

图2-50

函数23 AGGREGATE函数

函数功能

AGGREGATE函数用于返回列表或数据库中的合计。 AGGREGATE 函数可将不同的聚合函数应用于列表或数据库，并提供忽略隐藏行和错误值的选项。

函数语法

引用形式

AGGREGATE (function_num,options,ref1,[ref2],...)

数组形式

AGGREGATE(function_num,options,array,[k])

参数说明

- function_num：表示一个介于1～19之间的数字，指定要使用的函数，参见表2-1。

表2-1

Function_num	函数
1	AVERAGE
2	COUNT
3	COUNTA
4	MAX
5	MIN
6	PRODUCT
7	STDEV.S
8	STDEV.P
9	SUM
10	VAR.S

（续表）

Function_num	函数
11	VAR.P
12	MEDIAN
13	MODE.SNGL
14	LARGE
15	SMALL
16	PERCENTILE.INC
17	QUARTILE.INC
18	PERCENTILE.EXC
19	QUARTILE.EXC

- options：表示一个数值，决定在函数的计算区域内要忽略哪些值，具体参见表2-2。

表2-2

选项	行为
0或省略	忽略嵌套 SUBTOTAL 和 AGGREGATE 函数
1	忽略隐藏行、嵌套 SUBTOTAL 和 AGGREGATE 函数
2	忽略错误值、嵌套 SUBTOTAL 和 AGGREGATE 函数
3	忽略隐藏行、错误值、嵌套 SUBTOTAL 和 AGGREGATE 函数
4	忽略空值
5	忽略隐藏行
6	忽略错误值
7	忽略隐藏行和错误值

- ref1：表示函数的第一个数值参数，这些函数具有要计算聚合值的多个数值参数。对于使用数组的函数，ref1可以是一个数组或数组公式，也可以是对要为其计算聚合值的单元格区域的引用。

- ref2,...：可选。表示要计算聚合值的2~253个数值参数。ref2是某些函数必须的第二个参数。

实例 计算区域中最大值（忽略错误值）

Excel 2013

▶ 案例实现

❶ 选中B2单元格，在编辑栏中输入公式：

=AGGREGATE (4,6,A1:A11)

❷ 按Enter键，即可在忽略错误值的同时计算出区域中最大值为96，如图2-51所示。

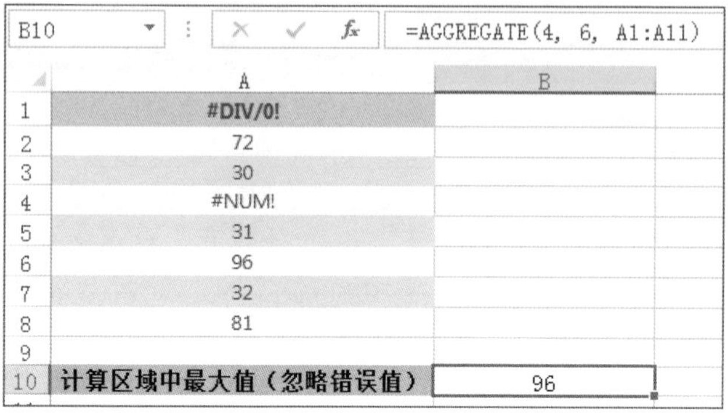

B10 =AGGREGATE(4, 6, A1:A11)

	A	B
1	#DIV/0!	
2	72	
3	30	
4	#NUM!	
5	31	
6	96	
7	32	
8	81	
9		
10	计算区域中最大值（忽略错误值）	96

图2-51

函数24 BASE函数

函数功能

BASE函数用于将数字转换为具备给定基数的文本表示。

函数语法

BASE (Number,Radix [Min_length])

参数说明

- Number：表示要转换的数字，必须为大于或等于0并小于253 的整数。
- Radix：表示要将数字转换成的基本基数，必须为大于或等于2且小于或等于36 的整数。
- Min_length：可选。 表示返回字符串的最小长度，必须为大于或等于0的整数。

实例 将十进制数7转换为以2为基数的数字（二进制数） Excel 2013

案例实现

❶ 选中C2单元格，在编辑栏中输入公式：

```
=BASE(A2,B2)
```

❷ 按Enter键，即可将十进制数7转换为二进制形式，如图2-52所示。

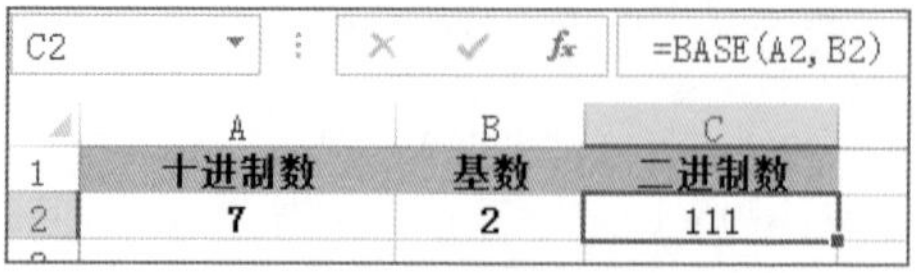

C2 =BASE(A2,B2)

	A	B	C
1	十进制数	基数	二进制数
2	7	2	111

图2-52

函数25 DECIMAL函数

（图）函数功能

DECIMAL函数用于按给定基数将数字的文本表示形式转换成十进制数。

（图）函数语法

DECIMAL (text, radix)

（图）参数说明

- text：字符串长度必须小于或等于 255 个字符，可以是对于基数有效的字母数字字符的任意组合，并且不区分大小写。
- radix：必须是整数。

实例 按给定基数将数字的文本表示形式转换成十进制数 Excel 2013

（▶）**案例实现**

①选中B2单元格，在编辑栏中输入公式：

=DECIMAL(A2,B2)

②按Enter键，即可将十六进制数FF转换成十进制数，向下复制公式将二进制数111转换成十进制数，如图2-53所示。

图2-53

2.2 舍入计算函数

函数26 CEILING函数

（图）函数功能

CEILING函数用于将指定的数值按条件进行舍入计算。

（图）函数语法

CEILING(number,significance)

参数说明

- number：表示进行舍入计算的数值。
- significance：表示需要进行舍入的倍数。

实例 计算每次通话费用
Excel 2013/2010/2007/2003

案例表述

在计算长途话费时，一般以7秒为单位，不足7秒按7秒计算。表格中按序号统计了每次通话的秒数和计费单价，现在要计算出每次通话的费用。

案例实现

1 选中D2单元格，在编辑栏中输入公式：

=CEILING(B2/7,1)*C2

按Enter键即可计算出第1次通话费用。

2 选中D2单元格，向下拖动进行公式填充，可以快速计算出其他通话时间的通话费用，如图2-54所示。

D2			f_x	=CEILING(B2/7,1)*C2		
	A	B	C	D	E	F
1	序号	通话秒数	计费单价	通话费用		
2	1	550	0.04	3.16		
3	2	256	0.04	1.48		
4	3	1100	0.04	6.32		
5	4	220	0.04	1.28		
6	5	252	0.04	1.44		
7	6	2010	0.04	11.52		
8						

图2-54

函数27 CEILING.MATH函数

函数功能

CEILING.MATH函数用于将数字向上舍入为最接近的整数或最接近的指定基数的倍数。

函数语法

CEILING.MATH(number,[significance],[mode])

参数说明

- number：数字必须小于9.99E+307并大于-2.229E-308。
- significance：表示要将number舍入的倍数。

- mode：可选。对于负数，用于控制number是按朝向0还是远离0的方向
  舍入。

实例　将数字向上舍入到最接近的指定基数的倍数的整数 Excel 2013

▶ 案例实现

❶ 选中C2单元格，在编辑栏中输入公式：

=CEILING.MATH(A2,B2)

按Enter键即可将 24.3 向上舍入到最接近的 5 的倍数的整数。

❷ 选中C2单元格，向下拖动进行公式填充，可以分别快速将−8.1和−5.5向
上舍入到最接近的2的倍数的整数，如图2-55所示。

C2	▼ : ✕ ✓ *fx*	=CEILING.MATH(A2,B2)	
	A	B	C	D
1	数值	基数	整数	
2	24.3	5	25	
3	−8.1	2	−8	
4	−5.5	2	−4	
5				

图2-55

函数28 CEILING.PRECISE函数

🔲 函数功能

　　CEILING.PRECISE函数用于返回一个数字，该数字向上舍入为最接近的整
数或最接近的有效位的倍数。无论该数字的符号如何，该数字都向上舍入。但是
如果该数字或有效位为 0，则返回 0。

🔲 函数语法

　　CEILING.PRECISE(number,[significance])

🔲 参数说明

- number：表示要进行舍入的值。
- significance：可选。表示要将数字舍入的倍数。如果省略 significance，
  则其默认值为 1。

实例　将数值向上舍入为最接近的有效位的倍数 Excel 2013

▶ 案例实现

❶ 选中C2单元格，在编辑栏中输入公式：

=CEILING.PRECISE(A2,B2)

按Enter键即可将 4.3 向上舍入为最接近的 1 的倍数。

② 选中C2单元格，向下拖动进行公式填充，可以快速将A列的其他数值向上舍入为最接近的有效位的倍数，如图2-56所示。

	A	B	C	D
	C2		fx	=CEILING.PRECISE(A2,B2)
1	数值	有效位	倍数	
2	4.3	1	5	
3	-4.3	1	-4	
4	4.3	2	6	
5	4.3	-2	6	
6	-4.3	2	-4	
7	-4.3	-2	-4	
8				

图2-56

函数29 INT函数

⊠ 函数功能

INT函数用于将指定数值向下取整为最接近的整数。

⊠ 函数语法

INT(number)

⊠ 参数说明

- number：表示要进行计算的数值。

实例 计算产品平均销售量
Excel 2013/2010/2007/2003

▶ 案例表述

计算出平均销售数量后，一般需要舍去其小数部分。此时可以利用INT函数来进行取整。

▶ 案例实现

① 选中B6单元格，在编辑栏中输入公式：

=INT(AVERAGE(B2:B5))

② 按Enter键即可对计算出的产品平均销售数量进行取整，如图2-57所示。

交叉使用

AVERAGE函数用于计算所有参数的算术平均值。用法详见6.1小节函数1。

B6	▼	:	✕	✓	fx	=INT(AVERAGE(B2:B5))		

	A	B	C	D	E
1	部门	销售数量			
2	市场1部	1500			
3	市场2部	2680			
4	市场3部	3054			
5	市场4部	1681			
6	平均销量	2228			

图2-57

函数30 ISO.CEILING函数

📊 函数功能

ISO.CEILING函数用于返回一个数字，该数字向上舍入为最接近的整数或最接近的有效位的倍数。无论该数字的符号如何，该数字都向上舍入。但是如果该数字或有效位为 0，则返回 0。

📊 函数语法

ISO.CEILING(number,[significance])

📊 参数说明

- number：表示要进行舍入的值。
- significance：可选。表示要将数字舍入的可选倍数。如果省略，则其默认值为 1。

 提 示

此函数的使用方法与CEILING.PRECISE函数相同。

函数31 TRUNC函数

📊 函数功能

TRUNC函数用于将数字的小数部分截去，返回整数。

📊 函数语法

TRUNC(number,num_digits)

📊 参数说明

- number：表示是要进行舍取小数部分的数值。

● num_digits：表示要保留小数的数字。

实例 计算销售金额时取整或保留指定位数小数 Excel 2013/2010/2007/2003

▶ 案例表述

在产品销售金额统计报表中，可以利用TRUNC函数将计算结果取整或保留指定位数的小数。

▶ 案例实现

❶ 选中E2单元格，在编辑栏中输入公式：

`=TRUNC(C2*D2)`

按Enter键，可以将计算的销售金额取整（不进行四舍五入）。

❷ 将光标移到E2单元格的右下角，向下复制公式，即可将其他各条计算的销售金额取整（不进行四舍五入），如图2-58所示。

	A	B	C	D	E
1	材料名称	规格型号	单价	数量	金额
2	圆钢	8mm	1.52	20,098.00	30,548.00
3	圆钢	10mm	1.53	4,555.00	6,969.00
4	圆钢	12mm	1.67	2,021.00	3,375.00
5	角钢	40×40	1.75	1,583.00	2,770.00
6	角钢	40×41	1.81	3,089.00	5,591.00
7	角钢	40×42	1.82	4,002.00	7,283.00
8	方钢	2×4	2.33	4,504.00	10,494.00
9	方钢	2×5	3.98	7,812.00	31,091.00
10	方钢	2×6	4.67	16,011.00	74,771.00
11	方钢	2×7	5.50	18,500.00	101,750.00

图2-58

❸ 选中E2单元格，在编辑栏中输入公式：

`=TRUNC(C2*D2,1)`

按Enter键，可以将计算的销售金额保留1位小数（不进行四舍五入）。

❹ 将光标移到E2单元格的右下角，向下复制公式，即可将其他各条计算的销售金额保留1位小数（不进行四舍五入），如图2-59所示。

	A	B	C	D	E	F
1	材料名称	规格型号	单价	数量	金额	
2	圆钢	8mm	1.52	20,098.00	30548.9	
3	圆钢	10mm	1.53	4,555.00	6969.1	
4	圆钢	12mm	1.67	2,021.00	3375	
5	角钢	40×40	1.75	1,583.00	2770.2	
6	角钢	40×41	1.81	3,089.00	5591	
7	角钢	40×42	1.82	4,002.00	7283.6	
8	方钢	2×4	2.33	4,504.00	10494.3	
9	方钢	2×5	3.98	7,812.00	31091.7	
10	方钢	2×6	4.67	16,011.00	74771.3	
11	方钢	2×7	5.50	18,500.00	101750	

图2-59

提 示

在使用CEILING函数进行整数取舍时，函数TRUNC和函数INT类似，它们都返回整数。注意，在对正数进行取整时，两个函数返回结果完全相同；而对于负数取整，函数TRUNC直接去除数字的小数部分，而函数INT则是依照给定数的小数部分的值，将其四舍五入到最接近的整数。

比如TRUNC(-7.875)返回-7，而 INT(-7.875)返回-8，因为-8是较小的数。

函数32 ROUND函数

函数功能

ROUND函数用于按指定位数对其数值进行四舍五入。

函数语法

ROUND(number,num_digits)

参数说明

- number：表示需要进行四舍五入的数值。
- num_digits：表示舍入的位数。

实例1　计算销售金额并按指定位数进行四舍五入 Excel 2013/2010/2007/2003

案例表述

在产品销售金额统计报表中，如果想保留指定位数的小数，并自动进行四舍五入，则可以使用ROUND函数。

案例实现

❶ 选中E2单元格，在编辑栏中输入公式：

=ROUND(C2*D2,1)

按Enter键，可以计算出销售金额，且保留一位小数并自动进行四舍五入计算。

❷ 将光标移到E2单元格的右下角，向下复制公式，即可将其他各条计算的销售金额保留一位小数并自动进行四舍五入计算，如图2-60所示（可与上一实例的计算结果比较）。

图2-60

提 示

根据B列中的舍取条件，在C列单元格中输入公式以分别对A列中的数据进行舍取，其求得的值及对应公式如图2-61所示。

	A	B	C	D
1	数值	舍入条件	公式	舍入后值
2	32.264	按0位小数进行四舍五入	=ROUND(A2,0)	32
3	32.264	按1位小数进行四舍五入	=ROUND(A3,1)	32.3
4	32.264	按2位小数进行四舍五入	=ROUND(A4,2)	32.26
5	32.264	按-1位小数进行四舍五入	=ROUND(A5,-1)	30
6	32.264	按-2位小数进行四舍五入	=ROUND(A6,-2)	0
7	-32.264	按1位小数进行四舍五入	=ROUND(A7,1)	-32.3

图2-61

实例2 解决浮点运算造成ROUND函数计算不准确的问题

Excel 2013/2010/2007/2003

 案例表述

在使用ROUND函数保留指定的小数位进行四舍五入时，出现了不能进行自动舍入的问题。如图2-62所示，B列显示的是不使用ROUND函数的结果，C列显示的是使用ROUND函数保留两位小数的结果；B列中值的第3位小数都为5，而使用ROUND函数保留两位小数时，并未向前进位。

	A	B	C
1	数据	(A2-2000)*0.05 计算结果	ROUND((A2-2000)*0.05,2) 计算结果
2	2049.7	2.485	2.48
3	2119.7	5.985	5.98
4	2092.7	4.635	4.63

图2-62

这个错误来源于浮点运算的错误。

选中C2单元格，在编辑栏中按下面所示选择表达式：

=ROUND((A2-2000)*0.05,2)

按F9键计算，A2-2000的结果不是等于49.7，而是：

=ROUND(49.6999999999998*0.05,2)

所以才会出现如上面所描述的情况。

▶ 案例实现

解决办法通常是使用ROUND函数。

❶ 选中C2单元格，在公式编辑栏中输入公式：

=ROUND(ROUND((A2-2000),1)*0.05,2)

❷ 按Enter键，即可返回正确结果，如图2-63所示。

C2	▼ : × ✓ fx	=ROUND(ROUND((A2-2000),1)*0.05,2)	
	A	B	C
1	数据	(A2-2000)*0.05 计算结果	ROUND (A2-2000)*0.05, 2) 计算结果
2	2049.7	2.485	2.49
3	2119.7	5.985	5.99
4	2092.7	4.635	4.64
5			

图2-63

函数33　ROUNDUP函数

▣ 函数功能

ROUNDUP函数用于以远离0的方向向上舍入数字。所谓向上舍入，即是指以绝对值增大的方向舍入。

▣ 函数语法

ROUNDUP(number,num_digits)

▣ 参数说明

- number：表示要进行向上舍入的数值。
- num_digits：表示计算的小数位数。

实例1　计算销售金额向上舍入　　　　Excel 2013/2010/2007/2003 ☁

▶ 案例表述

在产品销售金额统计报表中，销售金额向上舍入达到的效果是始终向上进一位。

案例实现

1 选中E2单元格，在编辑栏中输入公式：

=ROUNDUP(C2*D2,1)

按Enter键，可以计算出销售金额保留一位小数（第二位小数进位得到）。

2 将光标移到E2单元格的右下角，向下复制公式，即可将其他各条计算的销售金额保留一位小数（第二位小数进位得到），如图2-64所示。

	A	B	C	D	E
E2				=ROUNDUP(C2*D2,1)	
1	材料名称	规格型号	单价	数量	金额
2	圆钢	8mm	1.48	20,098.00	29745.1
3	圆钢	10mm	1.53	4,555.00	6969.2
4	圆钢	12mm	1.67	2,021.00	3375.1
5	角钢	40×40	1.75	1,583.00	2770.3
6	角钢	40×41	1.81	3,089.00	5591.1
7	角钢	40×42	1.82	4,002.00	7283.7
8	方钢	2×4	2.33	4,504.00	10494.4
9	方钢	2×5	3.98	7,812.00	31091.8
10	方钢	2×6	4.67	16,011.00	74771.4
11	方钢	2×7	5.50	18,500.00	101750

图2-64

提 示

根据B列中的舍取条件，在C列单元格中输入公式分别对A列中的数据进行舍取，其求得的值及对应公式如图2-65所示。

	A	B	C	D
1	数值	舍入条件	公式	舍入后值
2	12.138	按0位小数进行向上舍入	=ROUNDUP(A2,0)	13
3	12.138	按1位小数进行向上舍入	=ROUNDUP(A3,1)	12.2
4	12.138	按2位小数进行向上舍入	=ROUNDUP(A4,2)	12.14
5	12.138	按-2位小数进行向上舍入	=ROUNDUP(A5,-2)	100
6	-12.138	按2位小数进行向上舍入	=ROUNDUP(A6,2)	-12.14

图2-65

实例2 使用ROUNDUP函数计算物品的快递费用 Excel 2013/2010/2007/2003

案例表述

本例中物流公司向某一城市发件，首重2公斤为5元，续重每公斤为2元。当前表格中统计了各件物品的重量。现在要根据物件重量快速计算出运费。

案例实现

1 选中C2单元格，在编辑栏中输入公式：

=IF(B2<=2,5,5+ROUNDUP(B2-2,)*2)

按Enter键，即可根据B2单元格的重量计算出应收运费。

2 将光标移到C2单元格的右下角，光标变成十字形状后，向下复制公式，即可根据各项物品重量计算出应收运费，如图2-66所示。

| C2 | ▼ | ： | × | ✓ | *fx* | =IF(B2<=2, 5, 5+ROUNDUP(B2-2,)*2) |

	A	B	C	D	E	F
1	序号	物品重量	应收运费			
2	1	5.1	13			
3	2	2.2	7			
4	3	1.7	5			
5	4	10	21			
6	5	1.8	5			

图2-66

交叉使用

IF函数是根据指定的条件来判断其"真"（TRUE）、"假"（FALSE），从而返回其相对应的内容。用法详见第1章函数4。

实例3　计算上网费用　　　　　　　　　　　　Excel 2013/2010/2007/2003

▶ **案例表述**

表格中统计了某网吧各台机器的上机时间与下机时间，现在需要计算上网费用。其计费方式为：超过半小时按1小时计算，未超过半小时按半小时计算。计费标准为每小时2元。

▶ **案例实现**

1 选中D2单元格，在编辑栏中输入公式：

=ROUNDUP((HOUR(C2-B2)*60+MINUTE(C2-B2))/30,0)*1

按Enter键，即可根据第一条上机时间与下机时间，计算出上网费用。

2 将光标移到D2单元格的右下角，光标变成十字形状后，向下复制公式，即可计算出其他各条记录的上网费用，如图2-67所示。

| D2 | ▼ | ： | × | ✓ | *fx* | =ROUNDUP((HOUR(C2-B2)*60+MINUTE(C2-B2))/30,0)*1 |

	A	B	C	D	E	F	G
1	序号	上机时间	下机时间	费用结算			
2	1	8:00:00	10:15:00	5			
3	2	8:22:00	9:15:00	2			
4	3	10:00:00	11:22:00	3			
5	4	10:27:00	14:46:00	9			
6	5	11:12:00	12:56:00	4			
7	6	11:10:00	17:55:00	14			
8	7	14:45:00	16:12:00	3			
9	8	15:32:00	16:10:00	2			
10	9	16:27:00	17:55:00	3			
11	10	17:45:00	21:35:00	8			
12							

图2-67

第2章

交叉使用

HOUR函数表示返回时间值的小时数。此函数用法详见5.1小节函数9。
MINUTE函数表示返回时间值的分钟数。此函数用法详见5.1小节函数10。

函数34 **ROUNDDOWN函数**

 函数功能

ROUNDDOWN函数用于以接近0的方向向下舍入数字。所谓向下舍入，即是指以绝对值减小的方向舍入。

📧 **函数语法**

ROUNDDOWN(number,num_digits)

📧 **参数说明**

● number：表示要进行向下舍入的数值。
● num_digits：表示计算的小数位数。

实例 计算销售金额时向下舍入 Excel 2013/2010/2007/2003

▶ **案例表述**

在产品销售金额统计报表中，销售金额向下舍入达到的效果是只保留指定位数的小数，其他小数位直接舍去。

▶ **案例实现**

❶ 选中E2单元格，在编辑栏中输入公式：

=ROUNDDOWN(C2*D2,1)

按Enter键，可以计算出销售金额并保留一位小数（其他小数位直接舍去）。

❷ 将光标移到E2单元格的右下角，向下复制公式，即可将其他各条计算的销售金额保留一位小数（其他小数位直接舍去），如图2-68所示。

	A	B	C	D	E	F
	材料名称	规格型号	单价	数量	金额	
2	圆钢	8mm	1.48	20,098.00	29745	
3	圆钢	10mm	1.53	4,555.00	6969.1	
4	圆钢	12mm	1.67	2,021.00	3375	
5	角钢	40×40	1.75	1,583.00	2770.2	
6	角钢	40×41	1.81	3,089.00	5591	
7	角钢	40×42	1.82	4,002.00	7283.6	
8	方钢	2×4	2.33	4,504.00	10494.3	
9	方钢	2×5	3.98	7,812.00	31091.7	
10	方钢	2×6	4.67	16,011.00	74771.3	
11	方钢	2×7	5.50	18,500.00	101750	
12						

E2 = =ROUNDDOWN(C2*D2, 1)

图2-68

提示

根据B列中的舍取条件，在C列单元格中输入公式分别对A列中的数据进行舍取，其求得的值及对应公式如图2-69所示。

	A	B	C	D
1	数值	舍入条件	公式	舍入后值
2	12.138	按0位小数进行向下舍入	=ROUNDDOWN(A2,0)	12
3	12.138	按1位小数进行向下舍入	=ROUNDDOWN(A3,1)	12.1
4	12.138	按2位小数进行向下舍入	=ROUNDDOWN(A4,2)	12.13
5	12.138	按-2位小数进行向下舍入	=ROUNDDOWN(A5,-2)	0
6	-12.138	按2位小数进行向下舍入	=ROUNDDOWN(A6,2)	-12.13

图2-69

函数35 FLOOR函数

🔲 函数功能

FLOOR函数用于将指定的数值按绝对值减小的方向去尾舍入计算。

🔲 函数语法

FLOOR(number,significance)

🔲 参数说明

- number：表示要进行舍入计算的数值。
- significance：表示要舍入的倍数。

实例　将计算销售金额去尾舍入　　　　　　　Excel 2013/2010/2007/2003

▶ 案例表述

在产品销售金额统计报表中，销售金额去尾舍入与向下舍入相似，但其参数设置有区别。

▶ 案例实现

1 选中E2单元格，在编辑栏中输入公式：

`=FLOOR(C2*D2,0.1)`

按Enter键，可以计算出销售金额并保留一位小数（其他小数位直接舍去）。

2 将光标移到E2单元格的右下角，向下复制公式，即可将其他各条计算的销售金额保留一位小数（其他小数位直接舍去），如图2-70所示。

	A	B	C	D	E
1	材料名称	规格型号	单价	数量	金额
2	圆钢	8㎜	1.48	20,098.00	29745
3	圆钢	10㎜	1.53	4,555.00	6969.1
4	圆钢	12㎜	1.67	2,021.00	3375
5	角钢	40×40	1.75	1,583.00	2770.2
6	角钢	40×41	1.81	3,089.00	5591
7	角钢	40×42	1.82	4,002.00	7283.6
8	方钢	2×4	2.33	4,504.00	10494.3
9	方钢	2×5	3.98	7,812.00	31091.7
10	方钢	2×6	4.67	16,011.00	74771.3
11	方钢	2×7	5.50	18,500.00	101750

E2 =FLOOR(C2*D2,0.1)

图2-70

提示

根据B列中的舍取条件，在C列单元格中输入公式分别对A列中的数据进行取舍，其求得的值及对应公式如图2-71所示。

	A	B	C	D
1	数值	舍入条件	公式	舍取值
2	8.793	向下舍入到最接近1的倍数	=FLOOR(A2,1)	8
3	8.793	向下舍入到最接近0.1的倍数	=FLOOR(A3,0.1)	8.7
4	8.793	向下舍入到最接近2的倍数	=FLOOR(A4,2)	8
5	-8.793	向下舍入到最接近-1的倍数	=FLOOR(A5,-1)	-8
6	-8.793	向下舍入到最接近-0.1的倍数	=FLOOR(A6,-0.1)	-8.7
7	-8.793	向下舍入到最接近-3的倍数	=FLOOR(A7,-3)	-6

图2-71

函数36 FLOOR.MATH函数

函数功能

FLOOR.MATH函数用于将数字向下舍入为最接近的整数或最接近的指定基数的倍数。

函数语法

FLOOR.MATH(number,significance,mode)

参数说明

● number：表示要向下舍入的数字。

● significance：可选。表示要舍入到的倍数。significance参数将数字向下舍入到作为指定significance的倍数的最接近整数，当要舍入的数字为整数时，则为例外情况。

● mode：可选。舍入负数的方向（接近或远离 0 ）。

▶ 案例实现

① 选中C2单元格，在编辑栏中输入公式：

=FLOOR.MATH(A2,B2)

按Enter键，可以将 24.3 向下舍入为最接近的 5 的倍数。

② 将光标移到C2单元格的右下角，向下复制公式，即可将A列的其他数值向下舍入为最接近的指定基数的倍数，如图2-72所示。

	C2	▼	:	×	✓	fx	=FLOOR.MATH(A2,B2)	

	A	B	C	D
1	数值	基数	倍数	
2	24.3	5	20	
3	-8.1	2	-10	
4	-5.5	2	-6	
5				

图2-72

函数37 FLOOR.PRECISE函数

（图）函数功能

FLOOR.PRECISE函数用于返回一个数字，该数字向下舍入为最接近的整数或最接近的 significance 的倍数。无论该数字的符号如何，该数字都向下舍入。但是，如果该数字或有效位为 0，则返回 0。

（图）函数语法

FLOOR.PRECISE(number,[significance])

（图）参数说明

● number：表示要进行舍入的值。

● significance：可选。表示要将数字舍入的倍数。如果省略significance，则其默认值为1。

▶ 案例实现

① 选中C2单元格，在编辑栏中输入公式：

=FLOOR.PRECISE(A2,B2)

按Enter键，可以将 −3.2 向下舍入到最接近的 −1 的倍数。

2 将光标移到C2单元格的右下角，向下复制公式，即可将A列的其他数值向下舍入为最接近的significance的倍数，如图2−73所示。

C2	▼	:	×	✓	fx	=FLOOR.PRECISE(A2,B2)	
	A		B			C	D
1	**数值**		**significance**			**倍数**	
2	−3.2		−1			−4	
3	3.2		1			3	
4	−3.2		1			−4	
5	3.2		−1			3	
6	3.2		1			3	
7							

图2−73

函数38 MROUND函数

函数功能

MROUND函数用于按指定的倍数舍入到最接近的数字。

函数语法

MROUND(number,significance)

参数说明

- number：表示需要进行四舍五入的数值。
- significance：表示进行舍入运算的倍数。

实例　计算商品运送车次　　　　Excel 2013/2010/2007/2003

 案例表述

本例想计算出商品的运送车次。其规定为：每80箱商品装一辆车，如果最后剩余商品数量大于40箱，可以再装一车运送一次，否则剩余商品不使用车辆运送。

案例实现

1 选中B4单元格，在编辑栏中输入公式：

=MROUND(B1,B2)/B2

2 按Enter键，即可根据商品总箱数及每车可装箱数计算出需要运送的车次数，如图2−74所示。

| B4 | ▼ | : | × | ✓ | *fx* | =MROUND(B1,B2)/B2 |

	A	B	C
1	要运送的商品总箱数	922	
2	每车可装箱数	80	
3			
4	需要运送的车次	12	

图2-74

提示

根据B列中的舍取条件，在C列单元格中输入公式分别对A列中的数据进行舍取，其求得的值及对应公式如图2-75所示。

	A	B	C	D
1	数值	舍入条件	公式	舍入后值
2	35.577	舍入到最接近1的倍数	=MROUND(A2,1)	36
3	35.577	舍入到最接近0.1的倍数	=MROUND(A3,0.1)	35.6
4	35.577	舍入到最接近2的倍数	=MROUND(A4,2)	36
5	35.577	舍入到最接近0.2的倍数	=MROUND(A5,0.2)	35.6
6	-35.577	舍入到最接近-1的倍数	=MROUND(A6,-1)	-36
7	-35.577	舍入到最接近-0.1的倍数	=MROUND(A7,-0.1)	-35.6

图2-75

函数39 QUOTIENT函数

函数功能

QUOTIENT函数用于返回两个数值相除后的整数部分，即舍去商的小数部分。

函数语法

QUOTIENT(numerator,denominator)

参数说明

- numerator：表示被除数的数值。
- denominator：表示除数的数值。

实例 计算参加某活动的每组人数

Excel 2013/2010/2007/2003

案例表述

根据学生的总人数，计算出分成6组和11组时，每组的人数。

▶ 案例实现

① 选中C2单元格，在编辑栏中输入公式：

=QUOTIENT(A2,B2)

按Enter键即可计算出分成6组时每组的人数为83人。

② 将光标移到C2单元格的右下角，向下复制公式，即可计算出分成11组时每组的人数为45人，如图2-76所示。

C2	▼	:	× ✓ fx	=QUOTIENT(A2,B2)	
	A	B	C	D	
1	总人数	分组数	每组人数		
2	500	6	**83**		
3	500	11	**45**		

图2-76

函数40 **ODD函数**

⊠ 函数功能

ODD函数用于将指定的数值沿绝对值增大方向取整，并返回最接近的奇数。

⊠ 函数语法

ODD(number)

⊠ 参数说明

● number：表示要进行取整的数值。

实例 返回指定数值最接近的奇数 Excel 2013/2010/2007/2003

▶ 案例实现

① 选中B2单元格，在编辑栏中输入公式：

=ODD(A2)

按Enter键即可返回-3.78最接近的奇数。

② 将光标移到B2单元格的右下角，向下复制公式，即可返回其他数值最接近的奇数，如图2-77所示。

B2	▼	:	× ✓ fx	=ODD(A2)
	A	B	C	
1	数值	最接近的奇数		
2	-3.78	-5		
3	-1.12	-3		
4	0.24	1		
5	2.98	3		

图2-77

函数41 EVEN函数

⊠ 函数功能

EVEN函数用于将指定的数值沿绝对值增大方向取整，并返回最接近的偶数。

⊠ 函数语法

EVEN(number)

⊠ 参数说明

- number：表示要进行取整的数值。

实例 返回指定数值最接近的偶数 Excel 2013/2010/2007/2003

▶ 案例实现

① 选中B2单元格，在编辑栏中输入公式：

=EVEN(A2)

按Enter键即可返回-3.78最接近的偶数。

② 将光标移到B2单元格的右下角，向下复制公式，即可返回其他数值最接近的偶数，如图2-78所示。

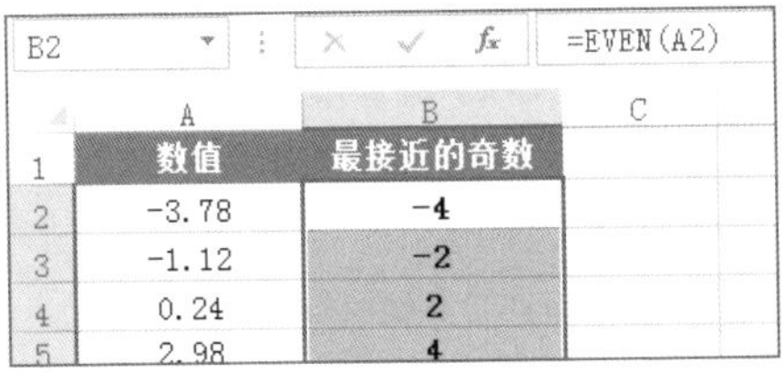

B2		:	×	✓	f_x	=EVEN(A2)
	A	B	C			
1	数值	最接近的奇数				
2	-3.78	-4				
3	-1.12	-2				
4	0.24	2				
5	2.98	4				

图2-78

2.3 阶乘、矩阵、随机数计算函数

函数42 FACT函数

⊠ 函数功能

FACT函数用于求指定正数值的阶乘。

⊠ 函数语法

FACT(number)

参数说明

● number：表示要进行计算阶乘的正数值。

实例　求指定正数值的阶乘值
Excel 2013/2010/2007/2003

案例实现

❶ 选中B2单元格，在编辑栏中输入公式：

=FACT(A2)

按Enter键即可求出正数值1的阶乘值为1。

❷ 将光标移到B2单元格的右下角，向下复制公式，即可求出其他正数值的阶乘值，如图2-79所示。

B2			fx	=FACT(A2)	
	A	B		C	
1	正数值	阶乘值			
2	1	1			
3	2	2			
4	3	6			
5	5	120			

图2-79

函数43 FACTDOUBLE函数

函数功能

FACTDOUBLE函数用于返回参数的半阶乘。

函数语法

FACTDOUBLE(number)

参数说明

● number：表示要计算其半阶乘的数值，如果参数number为非整数，则截尾取整。

实例　求指定正数值的半阶乘值
Excel 2013/2010/2007/2003

案例实现

❶ 选中B2单元格，在编辑栏中输入公式：

=FACTDOUBLE(A2)

按Enter键即可求出正数值1的半阶乘值为1。

2 将光标移到B2单元格的右下角，向下复制公式，即可求出其他正数值的半阶乘值，如图2-80所示。

B2	▼	:	×	✓	f_x	=FACTDOUBLE(A2)	
▲		A		B		C	D
1	正数值		半阶乘值				
2	1		1				
3	2		2				
4	3		3				
5	5		15				

图2-80

函数44　MULTINOMIAL函数

(図) **函数功能**

MULTINOMIAL函数用于返回参数和的阶乘与各参数阶乘乘积的比值。

(図) **函数语法**

MULTINOMIAL(number1,number2,...)

(図) **参数说明**

● number1,number2,...：表示是用于进行运算的1～29个数值参数。

实例　计算指定数值阶乘与各数值阶乘乘积的比值 Excel 2013/2010/2007/2003

▶ **案例实现**

1 选中D2单元格，在编辑栏中输入公式：

=MULTINOMIAL(A2,B2)

按Enter键即可求出数值1和2的阶乘与1和2阶乘乘积的比值，如图2-81所示。

D2	▼	:	×	✓	f_x	=MULTINOMIAL(A2,B2)
▲	A		B		C	D
1	数值A		数值B		数值C	比值
2	1		2			3
3	1		2		3	

图2-81

2 选中D3单元格，在编辑栏中输入公式：

=MULTINOMIAL(A3,B3,C3)

按Enter键即可求出数值1、2和3的阶乘与1、2和3阶乘乘积的比值，如图2-82所示。

	A	B	C	D	E
1	数值A	数值B	数值C	比值	
2	1	2		3	
3	1	2	3	60	

D3 | =MULTINOMIAL(A3,B3,C3)

图2-82

函数45 MDETERM函数

函数功能

MDETERM函数用于返回一个数组的矩阵行列式的值。

函数语法

MDETERM(array)

参数说明

- array：表示要进行计算的一个行列数相等的数值数组。array可以是单元格区域（如A1:D4），可以是1个数组常量（如{2,3,4,5;5,6,7,8;5,2,1,3;4,2,6,5}），也可以是区域或数组常量的名称。

实例 计算指定矩阵行列式的值 Excel 2013/2010/2007/2003

案例实现

1 选中C7单元格，在编辑栏中输入公式：

=MDETERM(A2:D5)

2 按Enter键即可计算出矩阵行列式的值为242，如图2-83所示。

	A	B	C	D	E
1	矩形行列式				
2	2	5	5	4	
3	4	7	3	3	
4	3	8	4	9	
5	5	7	5	7	
6					
7	行列式的值：		242		

C7 | =MDETERM(A2:D5)

图2-83

函数46 MINVERSE函数

(𝕩) 函数功能

MINVERSE函数用于返回数组矩阵的逆矩阵。

(𝕩) 函数语法

MINVERSE(array)

(𝕩) 参数说明

● array：表示是具有相等行列数的数值数组。array可以是单元格区域（如
A1:D4），可以是一个数组常量（如{2,3,2,5;3,6,4,8;1,2,1,3;4,1,6,1}），
也可以是区域或数组常量的名称。

实例　求指定矩阵行列式的逆矩阵行列式　　Excel 2013/2010/2007/2003 ☁

▶ 案例实现

① 选中F2单元格，在编辑栏中输入公式：

`=MINVERSE(A2:D5)`

② 按Ctrl+Shift+Enter组合键即可求出指定矩阵行列式的逆矩阵行列式，如
图2-84所示。

F2		⋮	×	✓	fx	{=MINVERSE(A2:D5)}		
▲	A	B	C	D	E	F	G	H	I
1		矩形行列式					逆矩阵行列式		
2	1	4	2	5		-4.5	8.5	2.5	-6
3	4	7	3	2		-4	10	2	-7
4	3	5	3	7		17	-38	-9	27
5	6	9	4	2		-2.5	5.5	1.5	-4

图2-84

函数47 MMULT函数

(𝕩) 函数功能

MMULT函数用于返回两个数组的矩阵乘积。

(𝕩) 函数语法

MMULT(array1,array2)

📧 参数说明

- array1：表示进行矩阵乘法运算的第1个数组。
- array2：表示进行矩阵乘法运算的第2个数组。array1的列数必须与array2的行数相同，而且两个数组中都只能包含数值。array1和array2可以是单元格区域、数组常数或引用。

实例　求两个指定矩阵行列式的乘积矩阵行列式 Excel 2013/2010/2007/2003

▶ 案例实现

❶ 选中J2单元格，在编辑栏中输入公式：

`=MMULT(A2:C5,E2:H4)`

❷ 按Ctrl+Shift+Enter组合键即可求出两个指定矩阵行列式的乘积矩阵行列式，如图2-85所示。

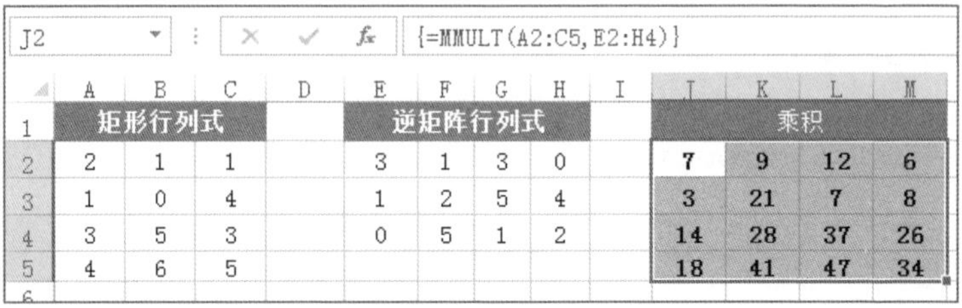

图2-85

函数48 RAND函数

📧 函数功能

RAND函数用于返回一个大于等于0小于1的随机数，每次计算工作表（按F9键）时将返回一个新的数值。

📧 函数语法

RAND()

📧 参数说明

- 没有任何参数。如果要生成a，b之间的随机实数，可以使用公式"=RAND()*(b-a)+a"。如果在某一单元格内应用公式"=RAND()"，然后在编辑状态下按F9键，将会产生一个变化的随机数。

实例1　随机自动生成1~100间的整数 　Excel 2013/2010/2007/2003

案例实现

1 选中C1单元格，在编辑栏中输入公式：

=ROUND(RAND()*99+1,0)

2 按Enter键即可随机自动生成1~100间的整数，如图2-86所示。

图2-86

交叉使用

　　ROUND函数用于按指定位数对其数值进行四舍五入。此函数用法详见2.2小节函数32。

实例2　自动生成彩票7位开奖号码 　Excel 2013/2010/2007/2003

案例实现

1 选中C2单元格，在编辑栏中输入公式：

=INT(RAND()*($B$2-$A$2)+$A$2)

按Enter键即可随机自动生存1~9间的整数作为7位彩票开奖号码第1位。

2 将光标移到C2单元格的右下角，光标变成十字形状后，按住鼠标左键向右拖动进行公式填充，即可随机自动生存第2、3、4、5、6和7位彩票开奖号码，如图2-87所示。

图2-87

交叉使用

　　INT函数用于将指定数值向下取整为最接近的整数。此函数用法详见2.2小节函数29。

函数49 RANDBETWEEN函数

◉ 函数功能

RANDBETWEEN函数用于返回位于两个指定数值之间的一个随机数，每次重新计算工作表（按F9键）时都将返回新的数值。

◉ 函数语法

RANDBETWEEN(bottom,top)

◉ 参数说明

- bottom：表示进行随机运算的最小随机数。
- top：表示进行随机运算的最大随机数。

实例1 随机自动生成1~100间的整数
Excel 2013/2010/2007/2003

▶ 案例实现

① 选中C1单元格，在编辑栏中输入公式：

=RANDBETWEEN(0,100)

② 按Enter键即可随机自动生成1~100间的整数，如图2-88所示。

图2-88

实例2 随机自动生成8位整数
Excel 2013/2010/2007/2003

▶ 案例实现

① 选中C1单元格，在编辑栏中输入公式：

=RANDBETWEEN(10^7,10^(7+1)−1)

② 按Enter键即可随机自动生成8位整数，如图2-89所示。

图2-89

2.4　对数和幂函数

函数50　EXP函数

(x) 函数功能

EXP函数用于返回以e为底数，指定指数的幂值，即e的n次幂。

(x) 函数语法

EXP(number)

(x) 参数说明

● number：表示为底数e的指数。EXP函数是计算自然对数的LN函数的反函数。

实例　求以e为底数给定指数的幂值 　　Excel 2013/2010/2007/2003 ✓

▶ 案例实现

❶ 选中B2单元格，在编辑栏中输入公式：

=EXP(A2)

　　按Enter键即可求出以e为底数、-5为指数的幂值为0.006737947。

❷ 将光标移到B2单元格的右下角，向下复制公式，即可求以e为底数，其他数值为指数的幂值，如图2-90所示。

| B2 | ▼ | : | × | ✓ | fx | =EXP(A2) |

	A	B
1	指数	次幂值
2	-5	0.006737947
3	0	1
4	1	2.718281828
5	5	148.4131591

图2-90

函数51　LN函数

(x) 函数功能

LN函数用于求自然底数的对数值，即以e（2.71828182845904）为底的对数。

(x) 函数语法

LN(number)

📵 参数说明

- number：表示要计算其自然对数的正数值。

实例 求以e为底的任意正数的对数值 Excel 2013/2010/2007/2003 🖐

▶ 案例实现

① 选中B2单元格，在编辑栏中输入公式：

```
=LN(A2)
```

按Enter键即可求出以e为底数的1的对数值为0。

② 将光标移到B2单元格的右下角，向下复制公式，即可求出以e为底数，其他正数值的对数值，如图2-91所示。

图2-91

函数52 LOG函数

📵 函数功能

LOG函数用于求指定底数的对数值。

📵 函数语法

LOG(number,base)

📵 参数说明

- number：表示要进行计算对数的正数值。
- base：表示指定对数的底数。如果省略底数，则默认值为10。

实例 求给定正数值和底数的对数值 Excel 2013/2010/2007/2003 🖐

▶ 案例实现

① 选中C2单元格，在编辑栏中输入公式：

```
=LOG(A2,B2)
```

按Enter键即可求出正数值5以2为底数的对数值为2.321928095。

② 将光标移到C2单元格的右下角，向下复制公式，即可求出其他指定正数值和底数的对数值，如图2-92所示。

C2		×	✓	fx	=LOG(A2, B2)	

	A	B	C	D
1	正数值	底数	对数值	
2	5	2	2.321928095	
3	7	3	1.771243749	
4	5	5	1	
5	45	10	1.653212514	
6				

图2-92

函数53　LOG10函数

(图) 函数功能

LOG10函数用于求以10为底数的对数值。

(图) 函数语法

LOG10(number)

(图) 参数说明

● number：表示要进行计算对数的正数值。

实例　求以10为底数的任意正数值对数值　　Excel 2013/2010/2007/2003

▶ 案例实现

① 选中B2单元格，在编辑栏中输入公式：

=LOG10(A2)

按Enter键即可求出正数值1以10为底数的对数值为0。

② 将光标移到B2单元格的右下角，向下复制公式，即可求出其他正数值以10为底数的对数值，如图2-93所示。

B2		×	✓	fx	=LOG10(A2)	

	A	B	C
1	正数值	对数值	
2	1	0	
3	2	0.301029996	
4	5	0.698970004	
5	10	1	
6	35	1.544068044	
7			

图2-93

函数54　SERIESSUM函数

(图) 函数功能

SERIESSUM函数是返回基于以下公式的幂级数之和。

$$SERIES(x,n,m,a) = a_1 x^n + a_2 x^{(n+m)} + a_3 x^{(n+2m)}$$
$$+ \ldots + a_i x^{(n+(i-1)m)}$$

函数语法

SERIESSUM(x,n,m,coefficients)

参数说明

- x：表示幂级数的输入值。
- n：表示x的首项乘幂。
- m：表示级数中每一项的乘幂n的步长增加值。
- coefficients：表示一系列与x各乘幂相乘的系数。coefficients 值的数目决定了幂级数的项数。例如：coefficients 中有3个值，幂级数中将有3项。如果任一参数为非数值型，函数返回错误值#VALUE!。

实例　给定数值、首项乘幂、增加值和系数，求幂级数之和

Excel 2013/2010/2007/2003

案例实现

① 选中E2单元格，在编辑栏中输入公式：

`=SERIESSUM(A2,B2,C2,B2:D2)`

按Enter键即可求出数值、首项乘幂、增加值和系数的幂级数之和。

② 将光标移到E2单元格的右下角，向下复制公式，即可求出其他指定数值、首项乘幂、增加值和系数的幂级数之和，如图2-94所示。

图2-94

2.5　三角函数

函数55 SIN函数

函数功能

SIN函数用于返回某一角度的正弦值。

函数语法

SIN(number)

⬛ 参数说明

● number：表示指定的一个角度（采用弧度单位）。如果它的单位是度，
则必须乘以"PI()/180"转换为弧度。

实例　求给定角度的正弦值

Excel 2013/2010/2007/2003

▶ 案例实现

❶ 选中B2单元格，在编辑栏中输入公式：

=RADIANS(A2)

按Enter键即可将30度转换为弧度值为0.523598776。

❷ 将光标移到B2单元格的右下角，向下复制公式，即可将其他角度转换为
弧度值，如图2-95所示。

B2	▼	:	×	✓	fx	=RADIANS(A2)

	A	B	C	D	E
1	角度	弧度	正弦值		
2	30	0.523598776			
3	45	0.785398163			
4	60	1.047197551			
5	90	1.570796327			
6	120	2.094395102			
7	180	3.141592654			

图2-95

❸ 选中C2单元格，在编辑栏中输入公式：

=SIN(B2)

按Enter键即可求出30度对应的正弦值为0.5。

❹ 将光标移到C2单元格的右下角，向下复制公式，即可求出其他角度对
应的正弦值，如图2-96所示。

C2	▼	:	×	✓	fx	=SIN(B2)

	A	B	C
1	角度	弧度	正弦值
2	30	0.523598776	0.5
3	45	0.785398163	0.707106781
4	60	1.047197551	0.866025404
5	90	1.570796327	1
6	120	2.094395102	0.866025404
7	180	3.141592654	1.22515E-16

图2-96

函数56 ASIN函数

(图) 函数功能

ASIN函数用于返回指定数值的反正弦值，即弧度。

(图) 函数语法

ASIN(number)

(图) 参数说明

● number：表示角度的正弦值，其大小介于−1～1之间。

实例 求指定数值的反正弦值
Excel 2013/2010/2007/2003

▶ 案例实现

❶ 选中B2单元格，在编辑栏中输入公式：

=ASIN(A2)

按Enter键即可求出−1正弦值的反正弦值为−1.570796327。

❷ 将光标移到B2单元格的右下角，向下复制公式，即可求出其他正弦值的反正弦值，如图2−97所示。

B2		:	✕ ✓	fx	=ASIN(A2)	
	A		B		C	D
1	正弦值		反正弦值			
2	−1		-1.570796327			
3	−0.5		-0.523598776			
4	0		0			
5	0.5		0.523598776			
6	1		1.570796327			
7						

图2−97

函数57 SINH函数

(图) 函数功能

SINH函数用于返回任意实数的双曲正弦值。

(图) 函数语法

SINH(number)

⊠ 参数说明

- number：表示任意实数。

实例　求任意实数的双曲正弦值

Excel 2013/2010/2007/2003

▶ 案例实现

1 选中B2单元格，在编辑栏中输入公式：

　=SINH(A2)

按Enter键即可求出−1的双曲正弦值为−1.175201194。

2 将光标移到B2单元格的右下角，向下复制公式，即可求出其他实数的双曲正弦值，如图2-98所示。

B2	▼	:	×	✓	*fx*	=SINH(A2)

	A	B	C
1	任意实数	双曲正弦值	
2	−1	−1.175201194	
3	−0.5	−0.521095305	
4	0	0	
5	0.5	0.521095305	
6	1	1.175201194	
7	2	3.626860408	
8			

图2-98

函数58　ASINH函数

⊠ 函数功能

ASINH函数用于返回指定实数的反双曲正弦值。

⊠ 函数语法

ASINH(number)

⊠ 参数说明

- number：表示任意实数。

实例　求任意实数的反双曲正弦值

Excel 2013/2010/2007/2003

▶ 案例实现

1 选中B2单元格，在编辑栏中输入公式：

　=ASINH(A2)

按Enter键即可求出−1实数的反双曲正弦值为−0.881373587。

❷ 将光标移到B2单元格的右下角，向下复制公式，即可求出其他实数的反双曲正弦值，如图2-99所示。

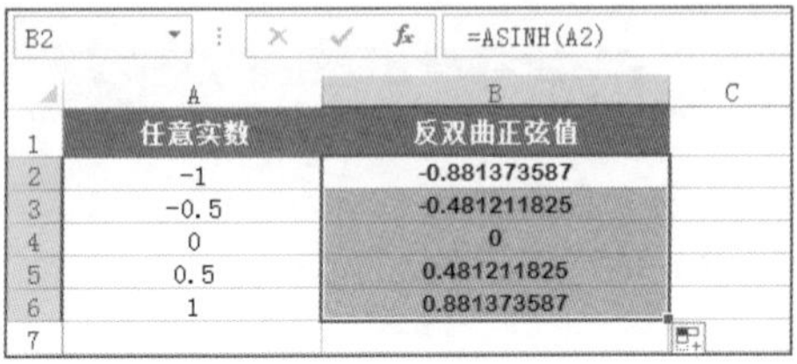

	A	B	C
1	任意实数	反双曲正弦值	
2	-1	-0.881373587	
3	-0.5	-0.481211825	
4	0	0	
5	0.5	0.481211825	
6	1	0.881373587	
7			

图2-99

函数59 COS函数

函数功能

COS函数用于返回某一角度的余弦值。

函数语法

COS(number)

参数说明

- number：表示指定的一个角度（采用弧度单位）。如果单位是度，可以乘以“PI()/180”转换为弧度。

实例 求指定角度对应的余弦值 Excel 2013/2010/2007/2003

案例实现

❶ 选中B2单元格，在编辑栏中输入公式：

```
=COS(RADIANS(A2))
```

按Enter键即可求出30度对应的余弦值为0.866025404。

❷ 将光标移到B2单元格的右下角，向下复制公式，即可求出其他角度对应的余弦值，如图2-100所示。

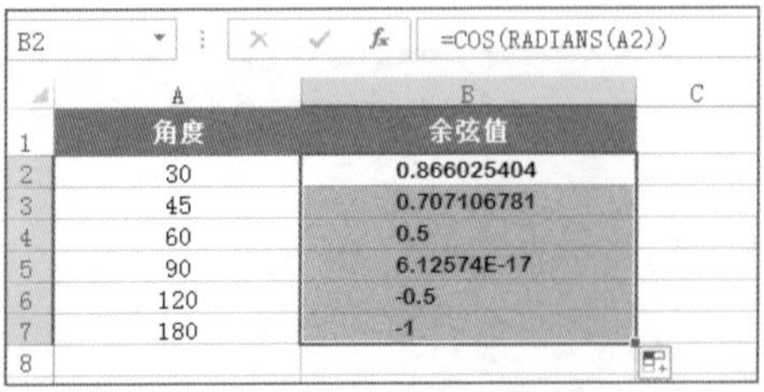

	A	B	C
1	角度	余弦值	
2	30	0.866025404	
3	45	0.707106781	
4	60	0.5	
5	90	6.12574E-17	
6	120	-0.5	
7	180	-1	
8			

图2-100

函数60　ACOS函数

函数功能

ACOS函数用于返回指定数值的反余弦值，即弧度。

函数语法

ACOS(number)

参数说明

- number：表示角度的正弦值，其大小介于–1～1之间。

实例　求指定数值的反余弦值　　Excel 2013/2010/2007/2003

案例实现

① 选中B2单元格，在编辑栏中输入公式：

=ACOS(A2)

按Enter键即可求出–1反余弦值为3.141592654。

② 将光标移到B2单元格的右下角，向下复制公式，即可求出其他数值的反余弦值，如图2–101所示。

	A	B
1	余弦值	反余弦值
2	-1	3.141592654
3	-0.5	2.094395102
4	0	1.570796327
5	0.5	1.047197551
6	1	0

图2–101

函数61　COSH函数

函数功能

COSH函数用于返回任意实数的双曲余弦值。

函数语法

COSH(number)

参数说明

● number：表示任意实数。

实例　求任意实数的双曲余弦值　　Excel 2013/2010/2007/2003

▶ 案例实现

① 选中B2单元格，在编辑栏中输入公式：

=COSH(A2)

按Enter键即可求出-1的双曲余弦值1.543080635。

② 将光标移到B2单元格的右下角，向下复制公式，即可求出其他实数的双曲余弦值，如图2-102所示。

B2	▼	⋮	×	✓	f_x	=COSH(A2)	
▲		A				B	
1		**任意实数**				**双曲余弦值**	
2		-1				1.543080635	
3		-0.5				1.127625965	
4		0				1	
5		0.5				1.127625965	
6		1				1.543080635	
7		2				3.762195691	

图2-102

函数62 ACOSH函数

函数功能

ACOSH函数用于返回指定数值的反双曲余弦值。

函数语法

ACOSH(number)

参数说明

● number：表示大于或等于1的实数。

实例　求任意大于1的实数的反双曲余弦值　　Excel 2013/2010/2007/2003

▶ 案例实现

① 选中B2单元格，在编辑栏中输入公式：

=ACOSH(A2)

按Enter键即可求出1的反双曲余弦值为0。

② 将光标移到B2单元格的右下角，向下复制公式，即可求出其他大于1的实数的反双曲余弦值，如图2-103所示。

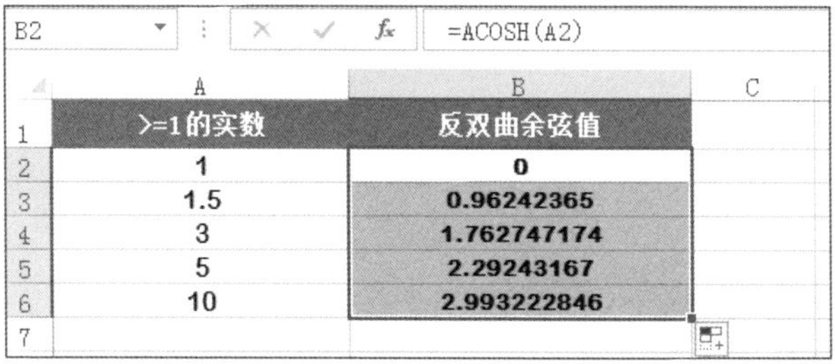

	A	B	C
1	>=1的实数	反双曲余弦值	
2	1	0	
3	1.5	0.96242365	
4	3	1.762747174	
5	5	2.29243167	
6	10	2.993222846	
7			

图2-103

函数63 COT函数

(⊠) 函数功能

COT函数用于返回以弧度表示的角度的余切值。

(⊠) 函数语法

COT (number)

(⊠) 参数说明

● number：表示要获得其余切值的角度，以弧度表示。number 的绝对值必须小于 2^{27}。若number超出其限制范围，函数会返回错误值 #NUM!；若number是非数值，函数会返回错误值 #VALUE!；COT(0) 返回错误值 #DIV/0! 。

实例　求指定角度对应的余切值   Excel 2013

▶ 案例实现

① 选中B2单元格，在编辑栏中输入公式：

=COT(A2)

按Enter键即可求出30度对应的余切值为-0.156119952。

② 将光标移到B2单元格的右下角，向下复制公式，即可求出其他角度对应的余切值，如图2-104所示。

B2			fx	=COT(A2)	
	A		B		C
1	角度		余切值		
2	30		-0.156119952		
3	45		0.617369624		
4	60		3.124605622		
5	90		-0.501202783		
6	120		1.402282616		
7	180		0.746998814		
8					

图2-104

函数64 COTH函数

函数功能

COTH函数用于返回一个双曲角度的双曲余切值。

函数语法

COTH(number)

参数说明

- number：number的绝对值必须小于 2^{27}。如果number超出其限制范围，则函数返回错误值#NUM!；如果number是非数值，则函数返回错误值 #VALUE!。

实例 求任意实数的双曲余切值

Excel 2013

案例实现

❶ 选中B2单元格，在编辑栏中输入公式：

=COTH(A2)

❷ 按Enter键即可求出数值2对应的双曲余切值为1.037314721，如图2-105所示。

B2		:	×	✓	fx	=COTH(A2)
	A			B		
1	任意实数			双曲余切值		
2	2			1.037314721		
3						

图2-105

函数65 ACOT函数

▣ 函数功能

ACOT函数用于返回数字的反余切值。

▣ 函数语法

ACOT (number)

▣ 参数说明

● number：表示所需的角度的余切值，它必须是一个实数。如果 number 为非数值，则函数返回错误值 #VALUE! 。

实例　求任意实数的反余切值　　　　　Excel 2013

▶ 案例实现

① 选中B2单元格，在编辑栏中输入公式：

=ACOT(A2)

② 按Enter键即可求出数值2对应的反余切值为0.463647609，如图2-106 所示。

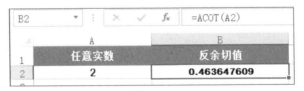

图2-106

函数66 ACOTH函数

▣ 函数功能

ACOTH函数用于返回数字的反双曲余切值。

▣ 函数语法

ACOTH(number)

▣ 参数说明

● number：number的绝对值必须大于1。如果number小于1，则函数返回

错误值 #NUM!；如果number的绝对值小于1，则返回错误值#VALUE!。

实例 求任意实数的反双曲余切值   Excel 2013

▶ 案例实现

1 选中B2单元格，在编辑栏中输入公式：

=ACOTH(A2)

2 按Enter键即可求出数值2对应的反双曲余切值为0.549306144，如图2-107所示。

	A	B
1	任意实数	反双曲余切值
2	2	0.549306144

B2 区域 公式 =ACOTH(A2)

图2-107

函数67 CSC函数

▣ 函数功能

CSC函数用于返回角度的余割值，以弧度表示。CSC(n)等于1/SIN(n)。

▣ 函数语法

CSC(number)

▣ 参数说明

- number：number的绝对值必须小于2^{27}。如果number超出其限制，函数返回#NUM!错误值；如果number是非数字值，函数返回#VALUE!错误值。

实例 求指定角度对应的的余割值   Excel 2013

▶ 案例实现

1 选中B2单元格，在编辑栏中输入公式：

=CSC(A2)

2 按Enter键即可返回30度角的余割值为-1.012113353，向下复制公式，即可求出其他角度对应的余割值，如图2-108所示。

B2　=CSC(A2)

角度	余割值
30	-1.012113353
45	1.175221363
60	-3.280725574
90	1.118572407
120	1.722323006
180	-1.248201598

图2-108

函数68 CSCH函数

函数功能

CSCH函数用于返回角度的双曲余割值，以弧度表示。

函数语法

CSCH(number)

参数说明

- number：number的绝对值必须小于2^{27}。如果number超出其限制，函数返回#NUM!错误值；如果number是非数字值，函数返回#VALUE!错误值。

实例　求指定角度对应的双曲余割值　Excel 2013

案例实现

① 选中B2单元格，在编辑栏中输入公式：

```
=CSCH(A2)
```

② 按Enter键即可返回30度角的余割值为1.87152E-13，向下复制公式，即可求出其他角度对应的双曲余割值，如图2-109所示。

B2　=CSCH(A2)

角度	双曲余割值
30	1.87152E-13
45	5.72504E-20
60	1.7513E-26
90	1.6388E-39
120	1.53353E-52
180	1.34284E-78

图2-109

函数69 SEC函数

(图) 函数功能

SEC函数用于返回角度的正割值。

(图) 函数语法

SEC (number)

(图) 参数说明

● number：表示要获得其正割值的角度，以弧度表示。其绝对值必须小于 2^{27}。

实例　求指定角度对应的正割值

Excel 2013

▶ 案例实现

① 选中B2单元格，在编辑栏中输入公式：

=SEC(A2)

② 按Enter键即可返回30度角的正割值为6.482921235，向下复制公式，即可求出其他角度对应的正割值，如图2-110所示。

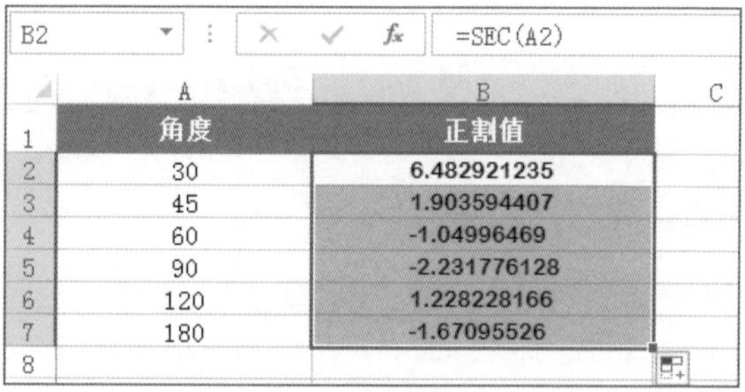

B2	▼	:	×	✓	fx	=SEC(A2)	
▲	A			B			C
1	角度			正割值			
2	30			6.482921235			
3	45			1.903594407			
4	60			-1.04996469			
5	90			-2.231776128			
6	120			1.228228166			
7	180			-1.67095526			
8							

图2-110

函数70 SECH函数

(图) 函数功能

SECH函数用于返回角度的双曲正割值。

(图) 函数语法

SECH(number)

⊠ 参数说明

● number：表示对应所需双曲正割值的角度，以弧度表示。

实例 求指定角度对应的双曲正割值 Excel 2013 📗

▶ 案例实现

❶ 选中B2单元格，在编辑栏中输入公式：

=SECH(A2)

❷ 按Enter键即可返回 30 度角的双曲正割值为1.87152E-13，向下复制公式，即可求出其他角度对应的双曲正割值，如图2-111所示。

| B2 | ▼ | ⋮ | × | ✓ | fx | =SECH(A2) |

△	A	B
1	角度	双曲正割值
2	30	1.87152E-13
3	45	5.72504E-20
4	60	1.7513E-26
5	90	1.6388E-39
6	120	1.53353E-52
7	180	1.34284E-78
8		

图2-111

函数71 TAN函数

⊠ 函数功能

TAN函数用于返回某一角度的正切值。

⊠ 函数语法

TAN(number)

⊠ 参数说明

● number：表示一个角度（采用弧度单位）。如果参数的单位是度，可以乘以 "PI()/180" 转换为弧度。

实例 求给定角度对应的正切值 Excel 2013/2010/2007/2003 📗

▶ 案例实现

❶ 选中B2单元格，在编辑栏中输入公式：

```
=TAN(RADIANS(A2))
```

按Enter键即可求出30度对应的正切值为0.577350269。

❷ 将光标移到B2单元格的右下角，向下复制公式，即可求出其他角度对应的正切值，如图2-112所示。

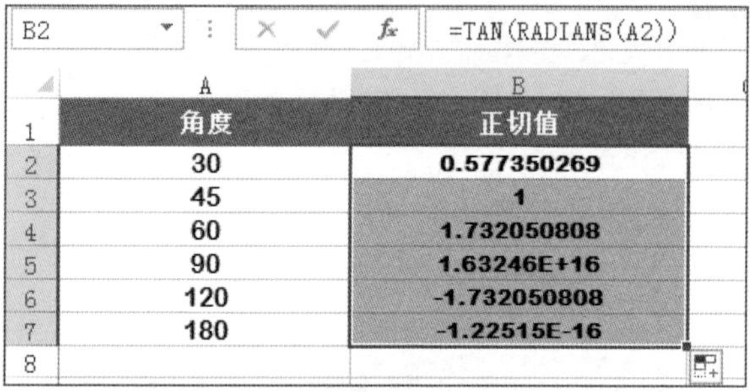
B2 =TAN(RADIANS(A2))

	A	B
1	角度	正切值
2	30	0.577350269
3	45	1
4	60	1.732050808
5	90	1.63246E+16
6	120	-1.732050808
7	180	-1.22515E-16
8		

图2-112

函数72 ATAN函数

函数功能

ATAN函数用于返回指定数值的反正切值，即弧度，大小在-π/2～π/2之间。

函数语法

ATAN(number)

参数说明

- number：表示某一角度的正切值。

实例 求指定数值的反正切值 Excel 2013/2010/2007/2003

案例实现

❶ 选中B2单元格，在编辑栏中输入公式：

```
=ATAN(A2)
```

按Enter键即可求出-1的反正切值为-0.785398163。

❷ 将光标移到B2单元格的右下角，向下复制公式，即可求出其他数值的反正切值，如图2-113所示。

	A	B
	任意数值	反正切值
2	-1	-0.785398163
3	-0.5	-0.463647609
4	0	0
5	0.5	0.463647609
6	1	0.785398163

B2　=ATAN(A2)

图2-113

函数73　TANH函数

函数功能

TANH函数用于返回任意实数的双曲正切值。

函数语法

TANH(number)

参数说明

● number：表示任意实数。

实例　求任意实数的双曲正切值　　Excel 2013/2010/2007/2003

案例实现

 选中B2单元格，在编辑栏中输入公式：

=TANH(A2)

按Enter键即可求出-1的双曲正切值为-0.761594156。

2 将光标移到B2单元格的右下角，向下复制公式，即可求出其他实数的双曲正切值，如图2-114所示。

	A	B	C
1	任意数值	双曲正切值	
2	-1	-0.785398163	
3	-0.5	-0.463647609	
4	0	0	
5	0.5	0.463647609	
6	1	0.785398163	
7	2	1.107148718	
8			

B2　=ATAN(A2)

图2-114

函数74 ATANH函数

▣ 函数功能

　　ATANH函数用于返回参数的反双曲正切值，参数必须在-1～1之间，而且不包括-1和1。

▣ 函数语法

　　ATANH(number)

▣ 参数说明

● number：表示-1～1之间的数值。

实例　求-1～1间任意实数的反双曲正切值 Excel 2013/2010/2007/2003

▶ 案例实现

① 选中B2单元格，在编辑栏中输入公式：

=ATANH(A2)

　　按Enter键即可求出-0.5的反双曲正切值为-0.549306144。

② 将光标移到B2单元格的右下角，向下复制公式，即可求出其他-1～1间任意实数的反双曲正切值，如图2-115所示。

B2		fx	=ATANH(A2)
	A		B
1	实数（-1至1范围）		反双曲正切值
2	-0.5		-0.549306144
3	-0.2		-0.202732554
4	0		0
5	0.1		0.100335348
6	0.5		0.549306144
7			

图2-115

函数75 ATAN2函数

▣ 函数功能

　　ATAN2函数用于返回直角坐标系中给定X及Y的反正切值。它等于X轴与过原点和给定点（x_num,y_num）的直线之间的夹角，并介于-π～π之间（以弧度表示，不包括-π）。

函数语法

ATAN2(x_num,y_num)

参数说明

- x_num：表示给定点的X坐标。
- y_num：表示给定点的Y坐标。

实例　求直角坐标系中给定X及Y的反正切值 Excel 2013/2010/2007/2003

案例实现

❶ 选中C2单元格，在编辑栏中输入公式：

```
=ATAN2(A2,B2)
```

按Enter键即可求出X坐标-2和Y坐标-1的反正切值为-2.677945045。

❷ 将光标移到C2单元格的右下角，向下复制公式，即可求出其他指定X坐标和Y坐标在-π～π间任意实数的反正切值，如图2-116所示。

C2　=ATAN2(A2,B2)

	A	B	C
1	X坐标	Y坐标	反正切值
2	-2	-1	-2.677945045
3	-1	0	3.141592654
4	-1	1	2.35619449
5	0	1	1.570796327
6	1	2	1.107148718

图2-116

函数76 DEGREES函数

函数功能

DEGREES函数用于将弧度转换为角度。

函数语法

DEGREES(angle)

参数说明

- angle：表示采用弧度单位的一个角度。

实例 将给定弧度值转换为角度

案例实现

① 选中B2单元格,在编辑栏中输入公式:

=DEGREES(A2)

按Enter键即可将弧度值0.523598776转换为角度为30度。

② 将光标移到B2单元格的右下角,向下复制公式,即可将其他弧度值转换为角度,如图2-117所示。

图2-117

函数77 RADIANS函数

函数功能

RADIANS函数用于将角度转换为弧度。

函数语法

RADIANS(angle)

参数说明

● angle:表示一个角度。

实例 将给定角度转换为弧度值

案例实现

① 选中B2单元格,在编辑栏中输入公式:

=RADIANS(A2)

按Enter键即可将30度转换为弧度值为0.523598776。

② 将光标移到B2单元格的右下角,向下复制公式,即可将其他角度转换为弧度值,如图2-118所示。

B2 =RADIANS(A2)

	A	B	C
1	角度	弧度	
2	30	0.523598776	
3	45	0.785398163	
4	60	1.047197551	
5	90	1.570796327	
6	120	2.094395102	
7	180	3.141592654	
8			

图2-118

函数78 PI函数

函数功能

PI函数是返回数字 3.14159265358979，即数学常量 pi，精确到小数点后14 位。

函数语法

PI()

参数说明

没有任何参数。

实例 将给定角度转换为弧度值 Excel 2013/2010/2007/2003

案例实现

❶ 选中B2单元格，在编辑栏中输入公式：

```
=A2*PI()/180
```

按Enter键即可将30度转换为弧度值为0.523598776。

❷ 将光标移到B2单元格的右下角，向下复制公式，即可将其他角度转换为弧度值，如图2-119所示。

B2 =A2*PI()/180

	A	B	C
1	角度	弧度	
2	30	0.523598776	
3	45	0.785398163	
4	60	1.047197551	
5	90	1.570796327	
6	120	2.094395102	
7	180	3.141592654	
8			

图2-119

读书笔记

第 3 章

文本函数

本章中部分素材文件在光盘中对应的章节下。

3.1 返回文本内容

函数1 CONCATENATE函数

函数功能

CONCATENATE函数是将两个或多个文本字符串合并为一个文本字符串。

函数语法

CONCATENATE(text1,text2,...)

参数说明

- text1,text2,...：表示2～255个将要合并成单个文本项的文本项。这些文本项可以为文本字符串、数字或对单个单元格的引用。

实例1 自动完成E-mail地址 Excel 2013/2010/2007/2003

案例表述

通过员工账号信息，自动生成其E-mail地址。

案例实现

① 选中C2单元格，在公式编辑栏中输入公式：

```
=CONCATENATE(B2,"@prtenpro.com.cn")
```

按Enter键即可在B2单元格账号后添加固定字符“@prtenpro.com.cn”。

② 将光标移到C2单元格的右下角，向下复制公式，可以实现为所有账号后添加固定字符形成完整的E-mail地址，如图3-1所示。

C2 =CONCATENATE(B2,"@prtenpro.com.cn")

	A	B	C	D	E
1	姓名	帐号	E-mail		
2	李丽	lili	lili@prtenpro.com.cn		
3	周军洋	zhoujunyang	zhoujunyang@prtenpro.com.cn		
4	苏田	sutian	sutian@prtenpro.com.cn		
5	刘飞虎	liufeihu	liufeihu@prtenpro.com.cn		
6	陈义	chenyi	chenyi@prtenpro.com.cn		
7	李祥	lixiang	lixiang@prtenpro.com.cn		

图3-1

实例2 实现随意提取有用数据并合并起来 Excel 2013/2010/2007/2003

案例表述

数据表A、B、C三列中分别显示了姓名、性别与地址。从三列中提取所在地+姓名，如果性别为"女"返回"女士"，如果性别为"男"返回"先生"，并将结果显示在D列中。

 案例实现

❶ 选中D2单元格，在公式编辑栏中输入公式：

=CONCATENATE(LEFT(C2,3),A2,"-",IF(B2="男","先生","女士"))

按Enter键，生成第一个收件人全称，如图3-2所示。

D2		:	× ✓	fx	=CONCATENATE(LEFT(C2,3),A2,"-",IF(B2="男","先生","女士"))

	A	B	C	D	E	F	G
1	姓名	性别	地址	收件人			
2	孙丽丽	女	杭州市 向阳路32号	杭州市孙丽丽-女士			
3	张敬	女	镇江市 春江西路8号				
4	何义	男	无锡市 东流路132号				
5	陈中	男	杭州市 美菱大道7号				

图3-2

❷ 选中D2单元格，向下复制公式，可快速生成对其他收件人的全称，如图3-3所示。

D2		:	× ✓	fx	=CONCATENATE(LEFT(C2,3),A2,"-",IF(B2="男","先生","女士"))

	A	B	C	D	E	F	G
1	姓名	性别	地址	收件人			
2	孙丽丽	女	杭州市 向阳路32号	杭州市孙丽丽-女士			
3	张敬	女	镇江市 春江西路8号	镇江市张敬-女士			
4	何义	男	无锡市 东流路132号	无锡市何义-先生			
5	陈中	男	杭州市 美菱大道7号	杭州市陈中-先生			

图3-3

交叉使用

LEFT根据所指定的字符数返回文本字符串中第一个字符或前几个字符。用法详见3.1小节函数2。

函数2 LEFT函数

函数功能

LEFT函数根据所指定的字符数返回文本字符串中第一个字符或前几个字符。

函数语法

LEFT(text,[num_chars])

参数说明

● text：表示包含要提取的字符的文本字符串。

- num_chars：可选。指定要由 LEFT 提取的字符的数量。

实例1 从E-mail地址中提取账号   Excel 2013/2010/2007/2003

▶ 案例表述

　　E-mail地址中包含用户的账号，但是账号长短不一，单独使用LEFT函数无法提取，此时需要配合FIND函数来实现。

▶ 案例实现

　　❶ 选中C2单元格，在编辑栏中输入公式：

　　=LEFT(B2,FIND("@",B2)-1)

按Enter键，得到第一个E-mail地址中包含用户的账号，如图3-4所示。

C2	▼	⋮	×	✓	*fx*	=LEFT(B2,FIND("@",B2)-1)

	A	B	C
1	姓名	E-mail	账号
2	李丽	lili@prtenpro.com.cn	lili
3	周军洋	zhoujunyang@prtenpro.com.cn	zhoujunyang
4	苏田	sutian@prtenpro.com.cn	sutian
5	刘飞虎	liufeihu@prtenpro.com.cn	liufeihu
6	陈义	chenyi@prtenpro.com.cn	chenyi
7	李祥	lixiang@prtenpro.com.cn	lixiang

图3-4

　　❷ 选中C2单元格，向下复制公式，可快速从B列E-mail地址中提取账号。

交叉使用

　　FIND用于在第二个文本串中定位第一个文本串，并返回第一个文本串的起始位置的值，该值从第二个文本串的第一个字符算起。用法详见3.2小节函数18。

实例2 从商品全称中提取其产地   Excel 2013/2010/2007/2003

▶ 案例表述

　　数据表"商品全称"列中显示了商品的产地和名称，且中间都以空格隔开，现在想从B列商品全称中提取其产地。

▶ 案例实现

　　❶ 选中C2单元格，在公式编辑栏中输入公式：

　　=LEFT(B2,(FIND(" ",B2)-1))

按Enter键，得到第一个商品全称中包含的产地，如图3-5所示。

图3-5

2 选中C2单元格，将光标定位到右下角，向下复制公式，从而快速从B列商品全称中提取其产地，如图3-6所示。

图3-6

FIND用于在第二个文本串中定位第一个文本串，并返回第一个文本串的起始位置的值，该值从第二个文本串的第一个字符算起。用法详见3.2小节函数18。

函数3 LEFTB函数

函数功能

LEFTB函数用于基于所指定的字节数返回文本字符串中的第一个或前几个字符。

函数语法

LEFTB(text,num_chars)

参数说明

- text：是包含要提取的字符的文本字符串。
- num_chars：指定要由LEFT提取的字符的数量。num_chars必须大于或等于零。如果num_chars大于文本长度，则LEFT返回全部文本；如果省略num_chars，则假设其值为1。

实例 根据员工姓名自动提取其姓氏 Excel 2013/2010/2007/2003

▶ 案例表述

在员工信息管理报表中，可以根据员工姓名自动提取其姓氏。

▶ 案例实现

① 选中B2单元格，在公式编辑栏中输入公式：

=LEFTB(A2,2)

按Enter键即可根据员工"彭国华"姓名提取出"姓"为"彭"。

② 将光标移到B2单元格的右下角，向下复制公式，即可快速提取其他员工的姓氏，如图3-7所示。

图3-7

函数4 MID函数

⊠ 函数功能

MID 返回文本字符串中从指定位置开始的特定数目的字符，该数目由用户指定。

⊠ 函数语法

MID(text, start_num, num_chars)

⊠ 参数说明

- text：表示包含要提取字符的文本字符串。
- start_num：表示文本中要提取的第一个字符的位置。文本中第一个字符的 start_num 为 1，依此类推。
- num_chars：表示指定希望 MID 从文本中返回字符的个数。

▶ 案例表述

一般而言，产品编号中包含产品的类别编码和序号，使用MID函数可以将它们分离出来。

▶ 案例实现

① 选中C2单元格，在公式编辑栏中输入公式：

=MID(A2,1,3)

按Enter键即可提取A2单元格中的类别编码。

② 将光标移到C2单元格的右下角，光标变成十字形状后，按住鼠标左键向下拖动进行公式填充，即可得出其他单元格中的类别编码，如图3-8所示。

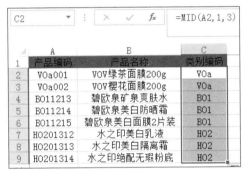

图3-8

函数5 MIDB函数

✒ 函数功能

MIDB函数是根据指定的字节数，返回文本字符串中从指定位置开始的特定数目的字符。

✒ 函数语法

MIDB(text,start_num,num_bytes)

✒ 参数说明

- text：包含要提取字符的文本字符串。
- start_num：文本中要提取的第一个字符的位置。文本中第一个字符的start_num为1，依此类推。

- num_bytes：指定希望 MIDB 从文本中返回字符的个数（按字节）。

实例　从文本字符串中提取指定位置的文本信息 Excel 2013/2010/2007/2003

▶ 案例表述

从文本字符串中提取指定位置的文本信息。

▶ 案例实现

❶ 选中B2单元格，在公式编辑栏中输入公式：

=MIDB(A2,1,4)

按Enter键即可从文本字符串"北京奥运会"的开始位置向后提取4个字符，如图3-9所示。

图3-9

❷ 选中B3单元格，在公式编辑栏中输入公式：

=MIDB(A3,9,4)

按Enter键即可从文本字符串"中国人在纽约"的第9位开始向后提取4个字符，如图3-10所示。

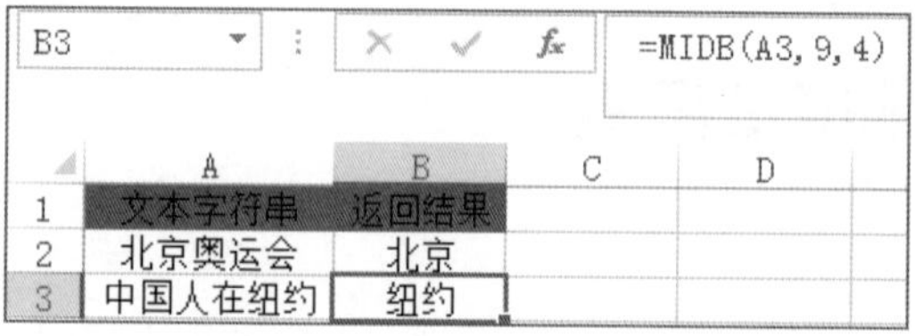

图3-10

函数6 LEN函数

▣ 函数功能

LEN函数用于返回文本字符串中的字符数。

▣ 函数语法

LEN(text)

参数说明

● text：表示要查找其长度的文本。空格将作为字符进行计数。

实例1　验证输入的身份证号码的位数是否正确　Excel 2013/2010/2007/2003

案例表述

在员工信息管理报表中，可以使用LEN函数来验证所输入的位数是否正确。

案例实现

1 选中C2单元格，在公式编辑栏中输入公式：

=IF(OR(LEN(B2)=15,LEN(B2)=18),"","错误")

按Enter键即可判断B2单元格中身份证号码的位数。如果为15位或18位，则返回空值。

2 将光标移到C2单元格的右下角，向下复制公式，即可对其他输入的身份证号码的位数进行验证，如图3-11所示。

	A	B	C	D	E
1	姓名	身份证号码	位数		
2	李丽	386301600518844			
3	周军洋	3863016508053830	错误		
4	苏田	386301198008058000			
5	刘飞虎	3863011990101820000	错误		

C2 的公式为 =IF(OR(LEN(B2)=15,LEN(B2)=18),"","错误")

图3-11

交叉使用

OR函数用于在其参数组中，任何一个参数逻辑值为 TRUE，即返回TRUE；所有参数的逻辑值为 FALSE，即返回 FALSE。用法详见第1章函数3。

IF函数是根据指定的条件来判断其"真"（TRUE）、"假"（FALSE），从而返回其相对应的内容。用法详见第1章函数4。

实例2　从E-mail地址中提取账号　Excel 2013/2010/2007/2003

案例表述

由于E-mail地址有位数之分，因此要从E-mail地址中提取账号，需要使用MID函数配合IF函数与LEN函数来实现。

案例实现

1 选中C2单元格，在公式编辑栏中输入公式：

=IF(LEN(B2)=16,MID(B2,1,7),MID(B2,1,4))

按Enter键即可得到第一位人员的账号。

2 将光标移到C2单元格的右下角，向下复制公式，即可快速得到其他人员的账号，如图3-12所示。

图3-12

MID函数返回文本字符串中从指定位置开始的特定数目的字符，该数目由用户指定。用法详见2.1小节函数4。

实例3 从身份证号码中提取出生年份

Excel 2013/2010/2007/2003

📷 案例表述

身份证号码中包含有持证人的出生年份信息，使用LEN、IF、MID等函数设置公式，可以实现自动判断当前身份证的位数并返回年份。

📷 案例实现

1 选中C2单元格，在公式编辑栏中输入公式：

=IF(LEN(B2)=15,"19"&MID(B2,7,2),MID(B2,7,4))

按Enter键即可从身份证号码中提取员工"王水"的出生年份。

2 将光标移到C2单元格的右下角，向下复制公式，即可从员工身份证号码中提取所有员工的出生年份，如图3-13所示。

图3-13

MID函数返回文本字符串中从指定位置开始的特定数目的字符，该数目由用户指定。用法详见3.1小节函数4。

实例4　从身份证号码中提取性别

Excel 2013/2010/2007/2003

案例表述

身份证号码中包含有持证人的性别信息，使用LEN、IF、MOD几个函数来设置公式，可以实现自动判断当前身份证的位数，并返回其性别。

案例实现

❶ 选中D2单元格，在公式编辑栏中输入公式：

```
=IF(LEN(B2)=15,IF(MOD(MID(B2,15,1),2)=1,"男","女"),IF(MOD(MID(B2,17,1),2)=1,"男","女"))
```

按Enter键即可从身份证号码中获取员工“王水”的性别。

❷ 将光标移到D2单元格的右下角，向下复制公式，即可从员工身份证号码中获取所有员工的性别，如图3-14所示。

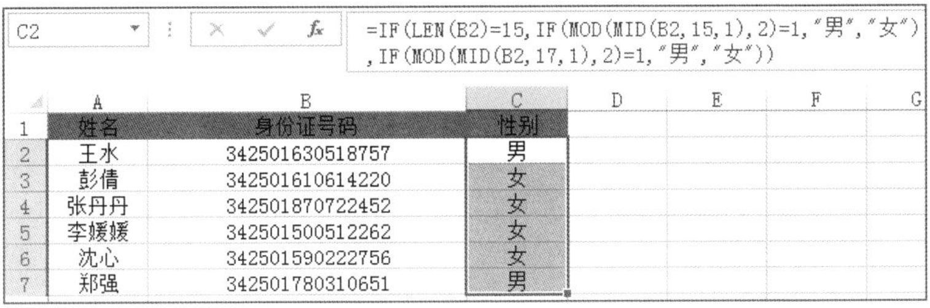

C2　=IF(LEN(B2)=15,IF(MOD(MID(B2,15,1),2)=1,"男","女"),IF(MOD(MID(B2,17,1),2)=1,"男","女"))

	A	B	C	D	E	F	G
1	姓名	身份证号码	性别				
2	王水	342501630518757	男				
3	彭倩	342501610614220	女				
4	张丹丹	342501870722452	女				
5	李媛媛	342501500512262	女				
6	沈心	342501590222756	女				
7	郑强	342501780310651	男				

图3-14

交叉使用

MOD函数用于求两个数值相除后的余数，其结果的正负号与除数相同。用法详见2.1小节函数2。

MID函数返回文本字符串中从指定位置开始的特定数目的字符，该数目由用户指定。用法详见3.1小节函数4。

实例5　配合多个函数从身份证号码中提取完整的出生年月日

Excel 2013/2010/2007/2003

案例表述

想从身份证号码中提取持证人完整的出生日期（2009年01月01日这种形式），可使用IF、LEN、CONCATENATE、MID等函数相配合来设置公式。

案例实现

❶ 选中C2单元格，在公式编辑栏中输入公式：

=IF(LEN(B2)=15,CONCATENATE("19",MID(B2,7,2),"年",MID(B2,9,2),"月",MID(B2,11,2),"日"),CONCATENATE(MID(B2,7,4),"年",MID(B2,11,2),"月",MID(B2,13,2),"日"))

按Enter键，即可根据B2单元格身份证号码得到完整的出生年月日，如图3-15所示。

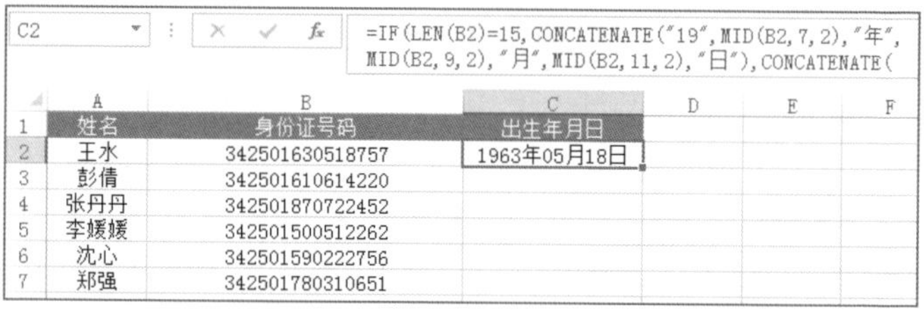

C2 =IF(LEN(B2)=15,CONCATENATE("19",MID(B2,7,2),"年",MID(B2,9,2),"月",MID(B2,11,2),"日"),CONCATENATE(

	A	B	C	D	E	F
1	姓名	身份证号码	出生年月日			
2	王水	342501630518757	1963年05月18日			
3	彭倩	342501610614220				
4	张丹丹	342501870722452				
5	李媛媛	342501500512262				
6	沈心	342501590222756				
7	郑强	342501780310651				

图3-15

❷ 选中C2单元格，向下复制公式，可快速根据B列中身份证号码一次性得到其出生年月日，如图3-16所示。

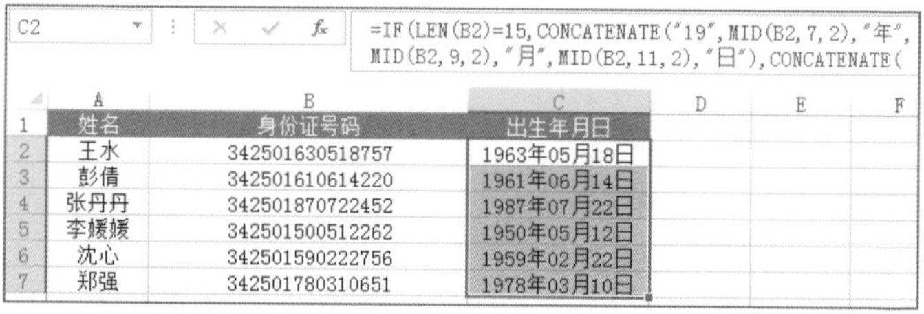

C2 =IF(LEN(B2)=15,CONCATENATE("19",MID(B2,7,2),"年",MID(B2,9,2),"月",MID(B2,11,2),"日"),CONCATENATE(

	A	B	C	D	E	F
1	姓名	身份证号码	出生年月日			
2	王水	342501630518757	1963年05月18日			
3	彭倩	342501610614220	1961年06月14日			
4	张丹丹	342501870722452	1987年07月22日			
5	李媛媛	342501500512262	1950年05月12日			
6	沈心	342501590222756	1959年02月22日			
7	郑强	342501780310651	1978年03月10日			

图3-16

交叉使用

CONCATENATE函数是将两个或多个文本字符串合并为一个文本字符串。用法详见3.1小节函数1。

MID函数返回文本字符串中从指定位置开始的特定数目的字符，该数目由用户指定。用法详见2.1小节函数4。

函数7 LENB函数

函数功能

LENB函数是返回文本字符串中字符的字节数。

函数语法

LENB(text)

(图) 参数说明

● text：表示要查找其长度的文本。空格将作为字符进行计数。

实例　返回文本字符串的字节数　Excel 2013/2010/2007/2003

▶ 案例表述

在员工信息管理报表中，可以使用LEN函数来验证所输入的位数是否正确。

▶ 案例实现

❶ 选中B2元格，在公式编辑栏中输入公式：

`=LENB(A2)`

按Enter键即可返回字符串的字节数为10。

❷ 将光标移到B2单元格的右下角，向下复制公式，即可返回其他字符串的字节数，如图3-17所示。

	A	B	C
		fx	=LENB(A2)
1	字符串	字节数	
2	北京奥运会	10	
3	中国人	6	
4	1234567890779	13	
5	2008/8/8	5	

图3-17

函数8　RIGHT函数

(图) 函数功能

RIGHT函数用于根据所指定的字符数返回文本字符串中最后一个或多个字符。

(图) 函数语法

RIGHT(text,num_chars)

(图) 参数说明

● text：表示包含要提取字符的文本字符串。
● num_chars：指定要由RIGHT提取的字符的数量。num_chars必须大于或等于零。如果num_chars大于文本长度，则RIGHT返回所有文本；如果省略num_chars，则假设其值为1。

实例　将电话号码的区号与号码分离开
Excel 2013/2010/2007/2003

▶ 案例表述

　　C列中电话号码的位数都为8位时（区号为3位或4位），此时可以通过设置公式分离出区号与号码两部分。

▶ 案例实现

① 选中B2单元格，在公式编辑栏中输入公式：

> =IF(LEN(A2)=12,LEFT(A2,3),LEFT(A2,4))

　　按Enter键先判断电话号码是否为12位。如果是12位，则提取A2单元格中的电话号码的前3位区号；反之，提取电话号码的前4位。

② 将光标移到B2单元格的右下角，向下复制公式，即可提取其他电话号码的区号部分，如图3-18所示。

B2		▼	⋮	×	✓	*fx*	=IF(LEN(A2)=12,LEFT(A2,3),LEFT(A2,4))	
▲	A			B		C		D
1	电话号码			区号		号码		
2	0510-63521234			0510				
3	010-36924488			010				
4	022-23635212			022				
5	0571-63524421			0571				
6	0574-23654136			0574				

图3-18

③ 选中C2单元格，在公式编辑栏中输入公式：

> =RIGHT(A2,8)

　　按Enter键提取A2单元格中的电话号码右起8个字符，即号码部分。

④ 将光标移到C2单元格的右下角，向下复制公式，即可提取其他电话号码的号码部分，如图3-19所示。

C2	▼	⋮	×	✓	*fx*	=RIGHT(A2,8)
▲	A		B		C	
1	电话号码		区号		号码	
2	0510-63521234		0510		63521234	
3	010-36924488		010		36924488	
4	022-23635212		022		23635212	
5	0571-63524421		0571		63524421	
6	0574-23654136		0574		23654136	

图3-19

交叉使用

　　IF函数是根据指定的条件来判断其"真"（TRUE）、"假"（FALSE），从而返回其相对应的内容。用法详见第1章函数4。

　　LEFT函数根据所指定的字符数返回文本字符串中第一个字符或前几个字符。用法详见3.1小节函数2。

函数9 RIGHTB函数

📧 函数功能

RIGHTB函数用于根据所指定的字节数返回文本字符串中最后一个或多个字符。

📧 函数语法

RIGHTB(text,num_bytes)

📧 参数说明

- text：包含要提取字符的文本字符串。
- num_bytes：按字节指定要由RIGHTB提取的字符的数量。num_bytes 必须大于或等于零。如果num_bytes大于文本长度，则RIGHT返回所有文本；如果省略num_bytes，则假设其值为1。

实例　返回文本字符串中最后指定的字符　Excel 2013/2010/2007/2003

▶ 案例表述

根据所指定的字节数返回文本字符串中最后一个或多个字符。

▶ 案例实现

① 选中B2单元格，在公式编辑栏中输入公式：

=RIGHTB(A2,6)

按Enter键即可返回字符串最后6个字符的文本为"奥运会"，如图3-20所示。

图3-20

② 选中B3单元格，在公式编辑栏中输入公式：

=RIGHTB(A3,8)

按Enter键即可返回字符串最后8个字符的文本为"可爱的人"，如图3-21所示。

图3-21

函数10 REPT函数

⊠ 函数功能

按照给定的次数重复显示文本。

⊠ 函数语法

REPT(text, number_times)

⊠ 参数说明

- text：表示需要重复显示的文本。
- number_times：用于指定文本重复次数的正数。

实例1 一次性输入多个相同符号

▶ 案例表述

要想一次性输入身份证号码的填写框，可以利用REPT函数来实现。

▶ 案例实现

❶ 选中B3单元格，在公式编辑栏中输入公式，如图3-22所示：

=REPT("□",18)

图3-22

❷ 按Enter键，即可一次性输入18个"□"，如图3-23所示。

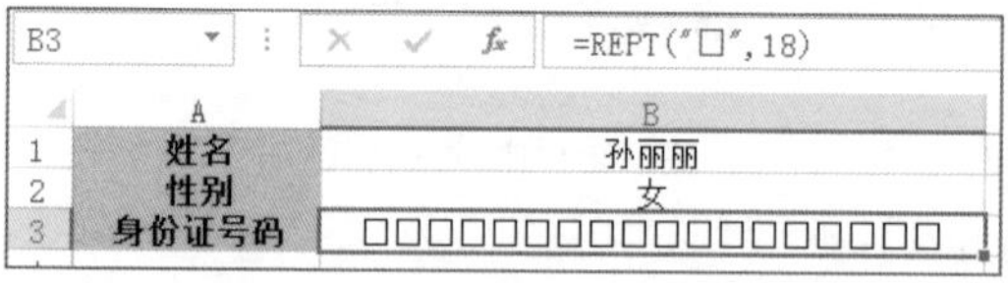

图3-23

实例2 根据销售额用"★"标明等级

▶ 案例表述

在销售统计表中，根据销售额用"★"标明等级，可以使用REPT函数配合IF函数来实现。

案例实现

❶ 选中C3单元格，在公式编辑栏中输入公式：

```
=IF(B3<5,REPT($C$1,3),IF(B3<10,REPT($C$1,5),REPT($C$1,8)))
```

按Enter键即可根据B3单元格中的销售额自动返回指定数目的“★”号。

❷ 将光标移到C3单元格的右下角，向下复制公式，即可根据B列中的销售额自动返回指定数目的“★”号，如图3-24所示。

C3　=IF(B3<5,REPT($C$1,3),IF(B3<10,REPT($C$1,5),REPT($C$1,8)))

	A	B	C	D	E	F
1			★			
2	姓名	销售额（万元）	等级			
3	王水	4.6	★★★			
4	彭倩	9.15	★★★★★			
5	张丹丹	14.2	★★★★★★★★			
6	李媛媛	13.7	★★★★★★★★			
7	沈心	7.8	★★★★★			
8	郑强	6.3	★★★★★			

图3-24

交叉使用

IF函数是根据指定的条件来判断其“真”（TRUE）、“假”（FALSE），从而返回其相对应的内容。用法详见第1章函数4。

函数11　CHAR函数

函数功能

用于返回对应于数字代码的字符。函数 CHAR 可将其他类型计算机文件中的代码转换为字符。

函数语法

CHAR(number)

参数说明

- number：表示介于1～255之间用于指定所需字符的数字。字符是计算机所用字符集中的字符。

实例　返回对应于数字代码的字符　Excel 2013/2010/2007/2003

案例实现

❶ 选中B2单元格，在公式编辑栏中输入公式：

```
=CHAR(A2)
```

按Enter键即可返回数字2对应的字符代码。

❷ 将光标移到B2单元格的右下角，向下复制公式，即可得到其他数字对应的字符代码，如图3-25所示。

B2	▼	:	×	✓	fx	=CHAR(A2)	
	A	B	C	D	E	F	
1	数字	字符代码	数字	字符代码	数字	字符代码	
2	2	☺					
3	5	♣					
4	50	2					
5	55	7					

图3-25

函数12 UNICHAR函数

🔲 **函数功能**

UNICHAR函数用于返回给定数值引用的 Unicode 字符。返回的 Unicode 字符可以是一个字符串，比如以 UTF-8 或 UTF-16 编码的字符串。

🔲 **函数语法**

UNICHAR (number)

🔲 **参数说明**

● number：必需。表示代表字符的Unicode数字。当Unicode数字为部分代理项且数据类型无效时，函数返回错误值#N/A；当数字的数值超出允许范围或数字为零(0)时，则函数返回错误值#VALUE!。

实例 返回数字对应的字符   Excel 2013 🔵

▶ 案例实现

❶ 选中B2单元格，在公式编辑栏中输入公式：

=UNICHAR(A2)

按Enter键即可返回数字66对应的字符代码B。

❷ 将光标移到B2单元格的右下角，向下复制公式，即可得到32对应的字符（空格字符）和数字0返回的错误值#VALUE!，如图3-26所示。

B2	▼	:	×	✓	fx	=UNICHAR(A2)
	A	B	C	D	
1	数字	字符			
2	66	B			
3	32				
4	0	#VALUE!			
5					

图3-26

函数13 CODE函数

(⊠) 函数功能

CODE函数用于返回文本字符串中第一个字符的数字代码。返回的代码对应于计算机当前使用的字符集。

(⊠) 函数语法

CODE(text)

(⊠) 参数说明

● text：表示需要得到其第一个字符代码的文本。

实例 返回文本字符串中第一个字符的数字代码 Excel 2013/2010/2007/2003 (●)

▶ 案例实现

① 选中B2单元格，在公式编辑栏中输入公式：

=CODE(A2)

按Enter键即可返回字符代码"{"对应的数字。

② 将光标移到B2单元格的右下角，向下复制公式，即可得到其他字符代码对应的数字，如图3-27所示。

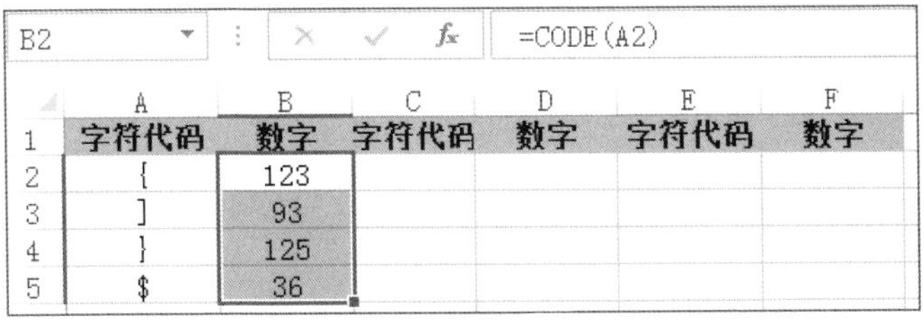

	A	B	C	D	E	F
1	字符代码	数字	字符代码	数字	字符代码	数字
2	{	123				
3	]	93				
4	}	125				
5	$	36				

图3-27

函数14 UNICODE函数

(⊠) 函数功能

UNICODE函数用于返回对应于文本第一个字符的数字（代码点）。

(⊠) 函数语法

UNICODE(text)

🖾 参数说明

● text：必需。表示要获得其 Unicode 值的字符。如果文本包含部分代理项或数据类型无效，则 函数UNICODE返回错误值 #VALUE! 。

实例　返回由空格字符和大写字母B表示的数字　Excel 2013

▶ 案例实现

❶ 选中B2单元格，在公式编辑栏中输入公式：

=UNICODE(A2)

按Enter键即可返回空格字符对应的数字。

❷ 将光标移到B2单元格的右下角，向下复制公式，即可得到大写字母B对应的数字，如图3-28所示。

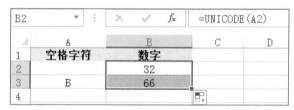

图3-28

函数15　CLEAN函数

🖾 函数功能

CLEAN函数用于删除文本中不能打印的字符。对从其他应用程序中输入的文本，使用CLEAN函数，将删除其中含有的当前操作系统无法打印的字符。CLEAN函数被设计为删除文本中7位ASCII码的前32个非打印字符（值为0~31）。

🖾 函数语法

CLEAN(text)

🖾 参数说明

● text：表示要从中删除非打印字符的任何工作表信息。

实例　删除文本字符串中的非打印字符　Excel 2013/2010/2007/2003

▶ 案例实现

❶ 选中B2单元格，在公式编辑栏中输入公式：

=CLEAN(A2)

按Enter键即可删除文本字符串中的非打印字符。

② 将光标移到B2单元格的右下角，向下复制公式，即可删除其他文本字符串中的非打印字符。如图3-29所示。

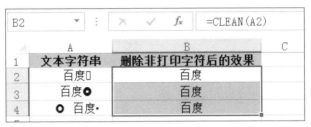

图3-29

函数16　TRIM函数

⊠ 函数功能

除了单词之间的单个空格外，清除文本中所有的空格。在从其他应用程序中获取带有不规则空格的文本时，可以使用函数 TRIM清除文本中的7位ASCII空格字符（值32）。在Unicode字符集中，有一个称为不间断空格字符的额外空格字符，其十进制值为160。该字符通常在网页中用作HTML实体 。TRIM函数本身不删除此不间断空格字符。

⊠ 函数语法

TRIM(text)

⊠ 参数说明

● text：表示需要删除其中空格的文本。

实例　删除文本单词中多余的空格　　Excel 2013/2010/2007/2003 🌐

▶ 案例实现

① 选中B2单元格，在公式编辑栏中输入公式：

=TRIM(A2)

按Enter键即可删除A2单元格中的多余空格。

② 将光标移到B2单元格的右下角，光标变成十字形状后，按住鼠标左键向下拖动进行公式填充，即可将A列中的多余空格都删除，如图3-30所示。

图3-30

3.2 查找与替换文本

函数17 EXACT函数

 函数功能

EXACT函数用于比较两个字符串：如果它们完全相同，则返回 TRUE；否则，返回 FALSE。函数 EXACT 区分大小写，但忽略格式上的差异。

 函数语法

EXACT(text1, text2)

 参数说明

- text1：表示第一个文本字符串。
- text2：表示第二个文本字符串。

实例　判断同类产品两个采购部门的采购价格是否相同

Excel 2013/2010/2007/2003

案例表述

在产品库存管理报表中，判断同类产品两个采购部门的采购价格是否相同。

案例实现

① 选中D2单元格，在公式编辑栏中输入公式：

=IF(EXACT(B2,C2)=FALSE,B2-C2,EXACT(B2,C2))

按Enter键即可比较出B2、C2单元格的值是否相同。如果相同，返回TRUE；反之，返回两个单元格数值的差值。

② 将光标移到D2单元格的右下角，向下复制公式，可以看到采购价格相同的返回TRUE，采购价格不同的返回价格差值，如图3-31所示。

D2		×	✓	f_x	=IF(EXACT(B2,C2)=FALSE,B2-C2,EXACT(B2,C2))	

⊿	A	B	C	D	E	F
1	产品名称	采购1部	采购2部	价格是否相同		
2	铜心管	118	118	TRUE		
3	定位铜心管	152	154	-2		
4	双簧管	108	108	TRUE		
5	铜心双簧管	121	121	TRUE		
6	紫光杆	318	312	6		
7	紫光定位器	358	358	TRUE		

图3-31

交叉使用

　　IF函数是根据指定的条件来判断其"真"（TRUE）、"假"（FALSE），从而返回其相对应的内容。用法详见第1章函数4。

函数18　FIND函数

函数功能

　　FIND函数用于在第二个文本串中定位第一个文本串，并返回第一个文本串的起始位置的值，该值从第二个文本串的第一个字符算起。

函数语法

　　FIND(find_text,within_text,start_num)

参数说明

- find_text：要查找的文本。
- within_text：包含要查找文本的文本。
- start_num：指定要从其开始搜索的字符。within_text中的首字符是编号为1的字符。如果省略start_num，则假设其值为1。

实例　分离7位、8位混合显示的电话号码的区号与号码

Excel 2013/2010/2007/2003

案例表述

　　C列中电话号码的位数有7位也有8位（区号为3位或4位），此时可以通过设置如下公式来分离出区号与号码两部分。

案例实现

　　❶ 选中D2单元格，在公式编辑栏中输入公式：

=MID(C2,1,FIND("-",C2)-1)

按Enter键。向下复制D2单元格的公式，即可一次性从C列电话号码中提取区号，如图3-32所示。

D2			× ✓ f_x	=MID(C2,1,FIND("-",C2)-1)		
	A	B	C	D	E
1	姓名	地址	电话	区号	号码
2	孙丽丽	杭州市 向阳路32号	0571-78565441	0571	
3	张敏	天津市 春江西路8号	022-89765566	022	
4	何义	芜湖市 关东路11号	0552-8976556	0552	
5	陈中	葛江市 丹霞路8号	0712-4545121	0712	

图3-32

② 选中E2单元格，在公式编辑栏中输入公式：

=RIGHT(C2,LEN(C2)-FIND("-",C2))

按Enter键。向下复制E2单元格的公式，即可一次性从C列电话号码中提取号码，如图3-33所示。

E2			× ✓ f_x	=RIGHT(C2,LEN(C2)-FIND("-",C2))		
	A	B	C	D	E
1	姓名	地址	电话	区号	号码
2	孙丽丽	杭州市 向阳路32号	0571-78565441	0571	78565441
3	张敏	天津市 春江西路8号	022-89765566	022	89765566
4	何义	芜湖市 关东路11号	0552-8976556	0552	8976556
5	陈中	葛江市 丹霞路8号	0712-4545121	0712	4545121

图3-33

交叉使用

MID函数返回文本字符串中从指定位置开始的特定数目的字符，该数目由用户指定。用法详见3.1小节函数4。

RIGHT函数是根据所指定的字符数返回文本字符串中最后一个或多个字符。用法详见3.1小节函数8。

LEN函数用于返回文本字符串中的字符数。用法详见3.1小节函数6。

函数19 FINDB函数

🔲 **函数功能**

FINDB函数用于在第二个文本串中定位第一个文本串，并返回第一个文本串的起始位置的值，该值从第二个文本串的第一个字符算起。

🔲 **函数语法**

FINDB(find_text,within_text,start_num)

🔲 **参数说明**

● find_text：要查找的文本。

- within_text：包含要查找文本的文本。
- start_num：指定要从其开始搜索的字符。within_text中的首字符是编号为1的字符。如果省略start_num，则假设其值为1。

实例　返回文本字符串中"人"字所在的位置 Excel 2013/2010/2007/2003 🌀

▶ **案例实现**

❶ 选中B2单元格，在公式编辑栏中输入公式：

=FINDB("人",A2)

按Enter键即可返回"人"字在"人民大会堂"字符串中所处位置为"1"。

❷ 将光标定位到B2单元格右下角，向下复制公式，即可快速判断出"人"字在其他文本字符串中所处位置，如图3-34所示。

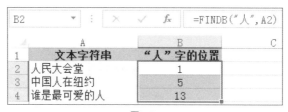

图3-34

函数20　REPLACE函数

🔲 函数功能

REPLACE 使用其他文本字符串并根据所指定的字符数替换某文本字符串中的部分文本。无论默认语言设置如何，函数 REPLACE 始终将每个字符（不管是单字节还是双字节）按 1 计数。

🔲 函数语法

REPLACE(old_text, start_num, num_chars, new_text)

🔲 参数说明

- old_text：表示要替换其部分字符的文本。
- start_num：表示要用new_text替换的old_text中字符的位置。
- num_chars：表示希望 REPLACE 使用new_text替换old_text中字符的个数。
- new_text：表示用于替换old_text中字符的文本。

实例　屏蔽中奖手机号码的后几位数　　　　Excel 2013/2010/2007/2003

▶ 案例表述

　　企业在举行一些抽奖活动时会屏蔽中奖号码的后几位数，此时可以使用REPLACE函数实现该效果。

▶ 案例实现

❶ 选中C2单元格，在公式编辑栏中输入公式：

　　=REPLACE(B2,8,4,"****")

按Enter键即可得到第一个屏蔽后的手机号码。

❷ 将光标移到C2单元格的右下角，向下复制公式，即可快速得到多个屏蔽后的手机号码，如图3-35所示。

	A	B	C
	C2 ▼ : × ✓ fx	=REPLACE(B2,8,4,"****")	
1	姓名	手机号码	屏蔽号码
2	王水	13926634566	1392663****
3	彭倩	13956963271	1395696****
4	李媛媛	13855673489	1385567****
5	沈心	13954562442	1395456****

图3-35

函数21　REPLACEB函数

▣ 函数功能

　　REPLACEB函数使用其他文本字符串并根据所指定的字节数替换某文本字符串中的部分文本。

▣ 函数语法

　　REPLACEB(old_text,start_num,num_bytes,new_text)

▣ 参数说明

● old_text：要替换其部分字符的文本。

● start_num：要用new_text替换的old_text中字符的位置。

● num_bytes：希望REPLACEB使用new_text替换old_text中字节的个数。

● new_text：要用于替换old_text中字符的文本。

实例 快速更改输入错误的姓名　　　Excel 2013/2010/2007/2003 🔥

▶ 案例表述

用正确的"姓"与"名"转换输入错误的"姓"与"名"。

▶ 案例实现

① 选中C2单元格，在公式编辑栏中输入公式：

=REPLACEB(A2,1,2,B2)

按Enter键即可用"彭"替换输入错误的"嘉"，并返回正确的姓名为"彭国华"，如图3-36所示。

图3-36

② 选中C3单元格，在公式编辑栏中输入公式：

=REPLACEB(A3,5,2,B3)

按Enter键即可用"锋"替换输入错误的"峰"，并返回正确的姓名为"徐锋"，如图3-37所示。

图3-37

函数22 SEARCH函数

🔲 函数功能

用于在第二个文本串中定位第一个文本串，并返回第一个文本串的起始位置的值，该值从第二个文本串的第一个字符算起。

🔲 函数语法

SEARCH(find_text,within_text,start_num)

🔲 参数说明

● find_text：要查找的文本。

- within_text：要在其中搜索find_text的文本。
- start_num：within_text中从之开始搜索的字符编号。

实例　从编码中提取合同号

Excel 2013/2010/2007/2003

案例表述

　　表格A列中的编码包含合同号，合同号以A开头，其长度不相等，此时想从编码中提取合同号，可以配合使用SEARCH、RIGHT、LEN等函数来设置公式。

案例实现

　　① 选中B2单元格，在编辑栏中输入公式：

=RIGHT(A2,LEN(A2)−SEARCH("A",A2,8)+1)

　　按Enter键，可以提取A2单元格中编码中的合同号。

　　② 选中B2单元格，向下复制公式，可以快速从其他编码中提取合同号，且合同号位数不同时也能准确提取，如图3-38所示。

B2		× ✓ fx	=RIGHT(A2,LEN(A2)-SEARCH("A",A2,8)+1)		
	A	B	C	D	
1	编码	合同号			
2	AIR***客户A001	A001			
3	AIR***客户A002	A002			
4	PAR***客户A0621	A0621			
5	TQR***客户A06	A06			

图3-38

交叉使用

　　RIGHT函数是根据所指定的字符数返回文本字符串中最后一个或多个字符。用法详见3.1小节函数8。
　　LEN函数是返回文本字符串中的字符数。用法详见3.1小节函数6。

函数23　SEARCHB函数

函数功能

　　用于在第二个文本串中定位第一个文本串，并返回第一个文本串的起始位置的值，该值从第二个文本串的第一个字符算起。

函数语法

　　SEARCHB(find_text,within_text,start_num)

🔲 参数说明
- find_text：要查找的文本。
- within_text：要在其中搜索find_text的文本。
- start_num：within_text中从之开始搜索的字符编号。

实例　返回指定字符在文本字符串中的位置　Excel 2013/2010/2007/2003 🌐

▶ 案例实现

1 选中B2单元格，在公式编辑栏中输入公式：

`=SEARCHB("树",A2,4)`

按Enter键即可返回"树"在文本字符串中具体的位置为15，如图3-39所示。

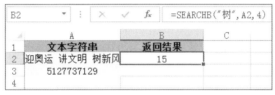

图3-39

2 选中B3单元格，在公式编辑栏中输入公式：

`=SEARCHB("2",A3,6)`

按Enter键即可返回2在文本字符串中第二次出现的位置为9，如图3-40所示。

| B3 | ▼ | : | × | ✓ | fx | =SEARCHB("2",A3,6) |

	A	B	C
1	文本字符串	返回结果	
2	迎奥运 讲文明 树新风	15	
3	5127737129	9	

图3-40

函数24　SUBSTITUTE函数

🔲 函数功能

用于在文本字符串中用new_text替代old_text。

🔲 函数语法

SUBSTITUTE(text,old_text,new_text,instance_num)

参数说明

- text：表示需要替换其中字符的文本，或对含有文本的单元格的引用。
- old_text：需要替换的旧文本。
- new_text：用于替换old_text的文本。

实例1　去掉产品编码统计报表中多余的空格 Excel 2013/2010/2007/2003

案例表述

在产品编码统计报表中，由于输入时缺乏规范，输入了很多不必要的空格，此时可以使用SUBSTITUTE函数设置公式以快速去除文本中多余的空格。

案例实现

① 选中C2单元格，在公式编辑栏中输入公式：

```
=SUBSTITUTE(B2," ","")
```

按Enter键，即可将B2单元格中编码中的所有空格都删除。

② 选中C2单元格，向下复制公式，即可快速将B列编码中的空格都删除，如图3-41所示。

C2　=SUBSTITUTE(B2," ","")

	A	B	C
1	类别编码	编码	检测编码
2	AAMC	AA MC305 5236	AAMC3055236
3	AAMC	AAMC4002085	AAMC4002085
4	AAMD	AAMD 3029047	AAMD3029047
5	AAMD	AAMD4 065623	AAMD4065623
6	AAMD	AAMD50 15074	AAMD5015074
7	AAME	AAME3083417	AAME3083417

图3-41

实例2　嵌套使用SUBSTITUTE函数返回公司名称简称 Excel 2013/2010/2007/2003

案例表述

对A列中的公司名称进行替换，满足要求如下：

- 要将公司名称中以“天津”、“天津市”开头的名称，省略掉前面内容，其他开头的则保留。
- 不论前面如何开头，只要最后以“有限公司”结尾的，将“有限公司”替换成“(有)”。

案例实现

① 选中B2单元格，在公式编辑栏中输入公式：

=SUBSTITUTE(SUBSTITUTE(SUBSTITUTE(A2,"天津市",""),"天津",""),"有限公司","(有)")

按Enter键，根据设定的条件返回替换后的名称。

❷ 选中B2单元格，向下复制公式，即可快速根据B列显示的公司名称，返回替换后的名称，如图3-42所示。

B2　=SUBSTITUTE(SUBSTITUTE(SUBSTITUTE(A2,"天津市",""),"天津",""),"有限公司","(有)")

	A	B	C	D
1	公司名称	替换后的名称		
2	天津市迅达科技有限公司	迅达科技(有)		
3	天津玖玖隆餐饮有限公司	玖玖隆餐饮(有)		
4	浙江杭州百大百货有限公司	浙江杭州百大百货(有)		
5	河北石家庄百大百货	河北石家庄百大百货		

图3-42

提 示

该公式的原理就是反复使用SUBSTITUTE进行替换，首先判断A2单元格是否含有“天津市”，如果有，将其替换为空白；如果没有，就判断其是否含有“天津”，如果有，将其替换为空白；再接着将前面返回的结果中的“有限公司”替换为“（有）”。

实例3　计算各项课程的实际参加人数

Excel 2013/2010/2007/2003

案例表述

根据B列中的数据统计出各个课程的实际参加人数，从而与预订人数进行比较。

案例实现

❶ 选中D2单元格，在公式编辑栏中输入公式：

=LEN(B2)-LEN(SUBSTITUTE(B2,",",""))+1

按Enter键，可统计出B2单元格中人员的数量，如图3-43所示。

D2　=LEN(B2)-LEN(SUBSTITUTE(B2,",",""))+1

	A	B	C	D
1	课程	人员	预订人数	实际人数
2	传统瑜珈	周丽,廖菲,朱旭,胡溪,钟荻,严志敏,胡琦,刘智智	8	8
3	静园瑜珈	朱静,方嘉欣,徐紫沁,曾斯斯,张兰	6	
4	动感单车	曾浩,周芷娴,龚梦莹,柯丽	5	

图3-43

❷ 选中D2单元格，向下复制公式，可快速统计出B列中人员的数量，如图3-44所示。

	A	B	C	D
	课程	人员	预订人数	实际人数
2	传统瑜珈	周丽,廖菲,朱旭,胡溪,钟荻,严志敏,胡琦,刘智智	8	8
3	静园瑜珈	朱静,王嘉欣,徐紫沁,曾斯斯,张兰	6	5
4	动感单车	曾洁,周芷娴,龚梦莹,柯丽	5	4

D2 ▼ : × ✓ fx =LEN(B2)-LEN(SUBSTITUTE(B2,",",""))+1

图3-44

提 示

如果需要在某一文本字符串中替换指定的文本,可使用函数SUBSTITUTE;如果需要在某一文本字符串中替换指定位置处的任意文本,可使用函数REPLACE。

交叉使用

LEN函数是返回文本字符串中的字符数。用法详见3.1小节函数6。

3.3 转换文本格式

函数25 ASC函数

函数功能

对于双字节字符集 (DBCS) 语言,ASC函数将全角(双字节)字符转换成半角(单字节)字符。该函数用于当所有的条件均为"真"(TRUE)时,返回的运算结果为"真"(TRUE);反之,返回的运算结果为"假"(FALSE)。所以它一般用来检验一组数据是否都满足条件。

函数语法

ASC(text)

参数说明

- text:表示文本或包含文本的单元格引用。如果文本中不包含任何全角字母,则文本不会更改。

函数26 BAHTTEXT函数

函数功能

BAHTTEXT函数是将数字转换为泰语文本。

函数语法

BAHTTEXT(number)

参数说明

- number：表示要转换成文本的数字、对包含数字的单元格的引用或结果为数字的公式。

实例 将销售金额转换为泰铢形式 Excel 2013/2010/2007/2003

案例实现

1 选中C2单元格，在编辑栏中输入公式：

```
=BAHTTEXT(B2)
```

按Enter键即可将B2单元格中的销售额转换为泰铢形式。

2 将光标移到C2单元格的右下角，向下复制公式，即可将其他员工的销售额转换为泰铢形式，如图3-45所示。

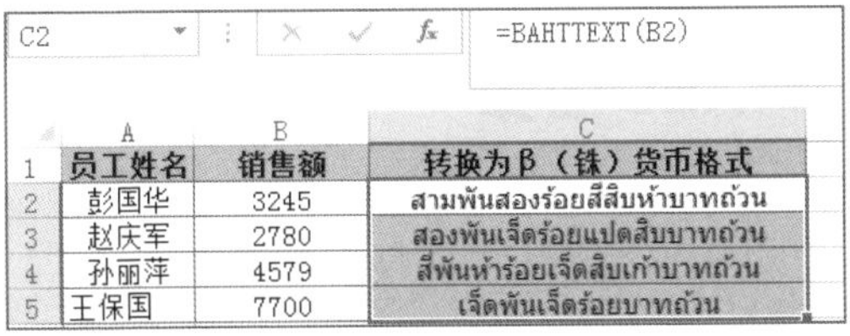
C2 =BAHTTEXT(B2)

	A	B	C
1	员工姓名	销售额	转换为β（铢）货币格式
2	彭国华	3245	สามพันสองร้อยสี่สิบห้าบาทถ้วน
3	赵庆军	2780	สองพันเจ็ดร้อยแปดสิบบาทถ้วน
4	孙丽萍	4579	สี่พันห้าร้อยเจ็ดสิบเก้าบาทถ้วน
5	王保国	7700	เจ็ดพันเจ็ดร้อยบาทถ้วน

图3-45

函数27 DOLLAR函数

函数功能

DOLLAR函数是依照货币格式将小数四舍五入到指定的位数并转换成美元货币格式文本。使用的格式为 ($#,##0.00_);($#,##0.00)。

函数语法

DOLLAR(number,decimals)

参数说明

- number：表示数字、包含数字的单元格引用，或是计算结果为数字的公式。
- decimals：表示十进制数的小数位数。如果decimals为负数，则number在小数点左侧进行舍入。如果省略decimals，则假设其值为2。

实例　将销售金额转换为美元货币格式 Excel 2013/2010/2007/2003

▶ 案例实现

❶ 选中C2单元格，在编辑栏中输入公式：

=DOLLAR(B2)

按Enter键即可将B2单元格中的销售额转换为美元货币格式。

❷ 将光标移到C2单元格的右下角，向下复制公式，即可将其他员工的销售额转换为美元货币格式，如图3-46所示。

C2		▼	⋮	×	✓	fx	=DOLLAR(B2)

	A	B	C
1	员工姓名	销售额	转换为β（铢）货币格式
2	彭国华	3245	$3,245.00
3	赵庆军	2780	$2,780.00
4	孙丽萍	4579	$4,579.00
5	王保国	7700	$7,700.00

图3-46

函数28　FIXED函数

▣ 函数功能

FIXED函数是将数字按指定的小数位数进行取整，利用句号和逗号，以小数格式对该数进行格式设置，并以文本形式返回结果。

▣ 函数语法

FIXED(number,decimals,no_commas)

▣ 参数说明

● number：要进行舍入并转换为文本的数字。

● decimals：表示十进制数的小数位数。

● no_commas：表示一个逻辑值，如果为TRUE，则会禁止FIXED在返回的文本中包含逗号。

实例　解决因四舍五入而造成的显示误差问题 Excel 2013/2010/2007/2003

▶ 案例表述

财务人员在进行数据计算时，小金额的误差也是不允许的。为了避免因数据的四舍五入而造成金额误差，可以使用FIXED函数来解决问题。如图3-47所示，金额与公式计算结果出现误差，其解决操作如下。

图3-47

▶ 案例实现

1️⃣ 选中D2单元格，在编辑栏中输入公式：

=FIXED(B2,2)+FIXED(C2,2)

2️⃣ 按Enter键，得到与显示相一致的计算结果，如图3-48所示。

图3-48

函数29　JIS函数

📵 函数功能

　　JIS函数将字符串中的半角（单字节）字母转换为全角（双字节）字符。对于日文，该函数将字符串中的半角（单字节）英文字母或片假名更改为全角（双字节）字符。

📵 函数语法

　　JIS(text)

📵 参数说明

● text：表示文本或包含文本的单元格引用。如果文本中不包含任何半角英文字母或片假名，则不会对文本进行转换。

函数30　LOWER函数

📵 函数功能

　　LOWER函数用于将一个文本字符串中的所有大写字母转换为小写字母。

📵 函数语法

　　LOWER(text)

⊠ 参数说明

● text：要转换为小写字母的文本。函数LOWER不改变文本中的非字母的字符。

实例　将大写字母转换为小写字母 Excel 2013/2010/2007/2003

▶ 案例实现

❶ 选中B2元格，在公式编辑栏中输入公式：

=LOWER(A2)

按Enter键即可将A2单元格中的大写字母转换为小写字母。

❷ 将光标移到B2单元格的右下角，向下复制公式，即可将其他大写字母转换为小写字母，如图3-49所示。

图3-49

函数31　**PROPER函数**

⊠ 函数功能

PROPER函数是将文本字符串的首字母及任何非字母字符之后的首字母转换成大写，将其余的字母转换成小写。

⊠ 函数语法

PROPER(text)

⊠ 参数说明

● text：包括在一组双引号中的文本字符串、返回文本值的公式或是对包含文本的单元格的引用。

实例　一次性将每个单词的首字母转换为大写 Excel 2013/2010/2007/2003

▶ 案例实现

❶ 选中B2单元格，在公式编辑栏中输入公式：

=PROPER(A2)

按Enter键，即可将A2单元格中所有单词的首字母转换为大写。

2 将光标移到B2单元格的右下角，复制公式到该列其他单元格中，可快速将A列中所有单词的首字母转换为大写，如图3-50所示。

B2	:	×	✓	*fx*	=PROPER(A2)	

	A	B
1	Item	Item
2	store locations are convenient	Store Locations Are Convenient
3	store hours are convenient	Store Hours Are Convenient
4	stores are well-maintained	Stores Are Well-Maintained
5	i like your book	I Like Your Book
6	employees are friendly	Employees Are Friendly
7	pricing is competitive	Pricing Is Competitive
8	i like your TV ads	I Like Your Tv Ads
9	you sell quality prouducts	You Sell Quality Prouducts
10	can you speak Chinese	Can You Speak Chinese

图3-50

函数32　RMB函数

▣ 函数功能

　　RMB函数用于依照货币格式将小数四舍五入到指定的位数并转换成人民币格式文本。使用的格式为 (¥#,##0.00_);(¥#,##0.00)。

▣ 函数语法

　　RMB (number,decimals)

▣ 参数说明

- number：表示数字、包含数字的单元格引用，或是计算结果为数字的公式。
- decimals：表示十进制数的小数位数。如果decimals为负数，则number在小数点左侧进行舍入。如果省略decimals，则假设其值为2。

实例　将销售额转换为人民币格式　　　　　Excel 2013/2010/2007/2003 🌑

▶ 案例实现

1 选中C2单元格，在公式编辑栏中输入公式：

`=RMB(B2,2)`

按Enter键，即可将B2单元格中的销售额转换为人民币格式。

2 将光标移到C2单元格的右下角，向下复制公式即可将B列中所有销售额都转换为人民币格式，如图3-51所示。

C2				f_x	=RMB(B2,2)
	A	B		C	
1	月份	销售额		销售额（人民币）	
2	JANUARY	10560.6592		¥10,560.66	
3	REBRUARY	12500.625		¥12,500.63	
4	MARCH	8500.2		¥8,500.20	
5	APRIL	8800.24		¥8,800.24	
6	MAY	9000		¥9,000.00	
7	JUNE	10400.265		¥10,400.27	

图3-51

函数33 T函数

函数功能

T函数检测引用值是否是文本。

函数语法

T(value)

参数说明

- value：要进行检验的值。如果值是文本或引用了文本，T将返回值。如果值未引用文本，T将返回空文本（""）。

实例　返回指定数值中的文本或引用文本　　　Excel 2013/2010/2007/2003

案例实现

1 选中B2单元格，在公式编辑栏中输入公式：

=T(A2)

按Enter键即可直接返回文本内容。

2 将光标移到B2单元格的右下角，向下复制公式即可返回A列中其他单元格中的文本内容，如图3-52所示。

B2				f_x	=T(A2)	
	A	B		C	D	
1	数据	返回结果				
2	北京奥运会	北京奥运会				
3	2008/8/8					
4	TRUE					
5	88					
6						

图3-52

提示

因为A2单元格的内容是文本格式，所以可以直接返回该内容，但是A3、A4与A5单元格中的内容不是文本格式，所以返回空值。

函数34 TEXT函数

函数功能

TEXT函数是将数值转换为按指定数字格式表示的文本。

函数语法

TEXT(value,format_text)

参数说明

- value：表示数值、计算结果为数字值的公式，或对包含数字值的单元格的引用。
- format_text：作为用引号括起的文本字符串的数字格式。通过单击"设置单元格格式"对话框中的"数字"选项卡"类别"列表框中的"数字"、"日期"、"时间"、"货币"或"自定义"并查看显示的格式，可以查看不同的数字格式。format_text不能包含星号 (*)。

实例　快速返回指定的日期格式　　　　　　Excel 2013/2010/2007/2003

▶ 案例表述

为了简化输入，在输入日期时，可以直接输入"20100101"这种形式，然后再使用TEXT函数将其转换为"2010-01-01"格式。

▶ 案例实现

① 选中B2单元格，在公式编辑栏中输入公式：

=TEXT(A2,"0-00-00")

按Enter键即可将日期转换为"2010-01-01"格式。

② 将光标移到B2单元格的右下角，向下复制公式，即可将其他日期转换为"2010-01-01"格式，如图3-53所示。

B2		:	× ✓	fx	=TEXT(A2,"0-00-00")	
	A	B	C	D	E	
1	日期	转换后日期				
2	20100101	2010-01-01				
3	20110102	2011-01-02				
4	20120103	2012-01-03				
5	20130104	2013-01-04				

图3-53

函数35 UPPER函数

📧 **函数功能**

UPPER函数是将文本转换为大写字母形式。

📧 **函数语法**

UPPER(text)

📧 **参数说明**

- text：要转换为大写字母的文本。可以为引用或文本字符串。

实例 将小写月份字母转换为大写月份字母形式 Excel 2013/2010/2007/2003

▶ **案例实现**

① 选中B2单元格，在公式编辑栏中输入公式：

=UPPER(A2)

按Enter键即可将A2单元格中的小写月份字母转换为大写月份字母。

② 将光标移到B2单元格的右下角，向下复制公式，即可将A列中其他小写月份字母转换为大写月份字母，如图3-54所示。

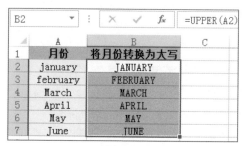

图3-54

函数36 VALUE函数

📧 **函数功能**

VALUE函数是将代表数字的文本字符串转换成数字。

📧 **函数语法**

VALUE(text)

(图) 参数说明

● text：表示带引号的文本，或对需要进行文本转换的单元格的引用。text 可以是Microsoft Excel中可识别的任意常数、日期或时间格式。如果text 不是这些格式，则函数返回错误值 #VALUE!。

实例　将代表数字的文本字符串转换为数字格式 Excel 2013/2010/2007/2003 ⊙

▶ 案例实现

① 选中B2单元格，在公式编辑栏中输入公式：

=VALUE(A2)

按Enter键即可将A2单元格中的数字文本字符串转换为数字格式。

② 将光标移到B2单元格的右下角，向下复制公式，即可将A列中其他数字文本字符串转换为数字格式，如图3-55所示。

B2				fx	=VALUE(A2)
	A		B		C
1	文本字符串		转换为数字格式		
2	¥　7,120.00		7120		
3	$　6,780.00		6780		
4	2008/8/8		39668		
5	12:30:30		0.521180556		

图3-55

函数37 NUMBERVALUE函数

(图) 函数功能

NUMBERVALUE函数用于以与区域设置无关的方式将文本转换为数字。

(图) 函数语法

NUMBERVALUE(text, [decimal_separator], [group_separator])

(图) 参数说明

● text：必需。是要转换为数字的文本。

● decimal_separator：用于分隔结果的整数和小数部分的字符。

● group_separator：用于分隔数字分组的字符，例如，千位与百位之间以及百万位与千位之间。

实例　将文本字符串转换为数字格式   Excel 2013

案例实现

① 选中B2单元格，在公式编辑栏中输入公式：

=NUMBERVALUE(A2)

按Enter键即可将A2单元格中的数字文本字符串转换为数字格式。

② 将光标移到B2单元格的右下角，向下复制公式，即可将A列中其他数字
文本字符串转换为数字格式，如图3–56所示。

	A	B	C	D
1	文本	返回数字		
2	2,500.27	2500.27		
3	3.5%	0.035		
4				

B2　　　　　　　fx　=NUMBERVALUE(A2)

图3–56

3.4　提取文本内容

函数38 PHONETIC函数

函数功能

PHONETIC函数用来提取文本字符串中的拼音 (furigana) 字符。该函数只适
用于日文版。

函数语法

PHONETIC (reference)

参数说明

● reference：必需。表示文本字符串或对单个单元格或包含furigana文本
字符串的单元格区域的引用。如果reference为单元格区域，则返回区域
左上角单元格中的furigana文本字符串；如果reference为不相邻单元格
的区域，将返回错误值#N/A。

第 4 章

信息函数

本章中部分素材文件在光盘中对应的章节下。

4.1 返回相关值

函数1 CELL函数

📧 **函数功能**

CELL函数用于返回有关单元格的格式、位置或内容的信息。

📧 **函数语法**

CELL(info_type, [reference])

📧 **参数说明**

- info_type：表示一个文本值，指定要返回的单元格信息的类型，见表4-1。
- reference：可选。需要其相关信息的单元格。

表4-1

info_type参数	CELL函数返回值
"address"	引用中第一个单元格的引用，文本类型
"col"	引用中单元格的列标
"color"	如果单元格中的负值以不同颜色显示，则为值 1；否则，返回 0（零）
"contents"	返回单元格中的内容
"filename"	包含引用的文件名（包括全部路径），文本类型。如果包含目标引用的工作表尚未保存，则返回空文本（""）
"format"	返回与单元格中不同的数字格式相对应的文本值。如果单元格中负值以不同颜色显示，则在返回的文本值的结尾处加 "–"；如果单元格中为正值或所有单元格均加括号，则在文本值的结尾处返回 "()"
"parentheses"	如果单元格中为正值或所有单元格均加括号，则为值 1；否则返回 0
"prefix"	与单元格中不同的"标志前缀"相对应的文本值。如果单元格文本左对齐，则返回单引号（'）；如果单元格文本右对齐，则返回双引号（"）；如果单元格文本居中，则返回插入字符（^）；如果单元格文本两端对齐，则返回反斜线（\）；如果是其他情况，则返回空文本（""）
"protect"	如果单元格没有锁定，返回值0；如果单元格锁定，则返回 1

（续表）

"row"	引用中单元格的行号
info_type参数	CELL函数返回值
"type"	与单元格中的数据类型相对应的文本值。如果单元格为空，则返回"b"。如果单元格包含文本常量，则返回"l"；如果单元格包含其他内容，则返回"v"
"width"	取整后的单元格的列宽。列宽以默认字号的一个字符的宽度为单位

实例　返回指定单元格的行号和列号　　Excel 2013/2010/2007/2003

案例实现

❶ 选中B2单元格，在公式编辑栏中输入公式：

=CELL("row",F15)

按Enter键即可返回F15单元格的行号，如图4-1所示。

图4-1

❷ 选中B3单元格，在公式编辑栏中输入公式：

=CELL("col",F15)

按Enter键即可返回F15单元格的列号，如图4-2所示。

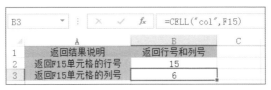

图4-2

函数2　ERROR.TYPE函数

函数功能

ERROR.TYPE函数用于返回对应于 Microsoft Excel 中某一错误值的数字；如果没有错误则返回 #N/A。

函数语法

ERROR.TYPE(error_val)

 参数说明

● error_val：表示需要查找其标号的一个错误值，见表4-2。

表4-2

error_val 参数	ERROR.TYPE函数返回值
#NULL!	1
#DIV/0!	2
#VALUE!	3
#REF!	4
#NAME?	5
#NUM!	6
#N/A	7
#GETTING_DATA	8
其他值	#N/A

实例　根据错误代码显示错误原因 Excel 2013/2010/2007/2003

▶ 案例表述

当计算结果返回错误值时，可以使用ERROR.TYPE函数返回各错误值对应的数字。

▶ 案例实现

① 选中C2单元格，在公式编辑栏中输入公式：

=ERROR.TYPE(A2/B2)

按Enter键即可返回#DIV/0! 错误值对应的数字 "2"，如图4-3所示。

C2		▼	：	×	✓	f_x	=ERROR.TYPE(A2/B2)

	A	B	C	D
1	数据		返回错误值对应的数字	返回结果说明
2	12	0	2	返回错误值#DIV/0!
3	abcd			返回错误值#VALUE!
4	190			返回错误值#NUM!
5	16	12		没有错误值

图4-3

② 选中C3、C4和C5单元格，分别在公式编辑栏中输入公式：

```
=ERROR.TYPE(INT(A3))
=ERROR.TYPE(FACT(A4))
=ERROR.TYPE(A5=B5)
```

按Enter键即可返回#VALUE!和#NUM!错误值，以及没有错误值情况下对应的数字，如图4-4所示。

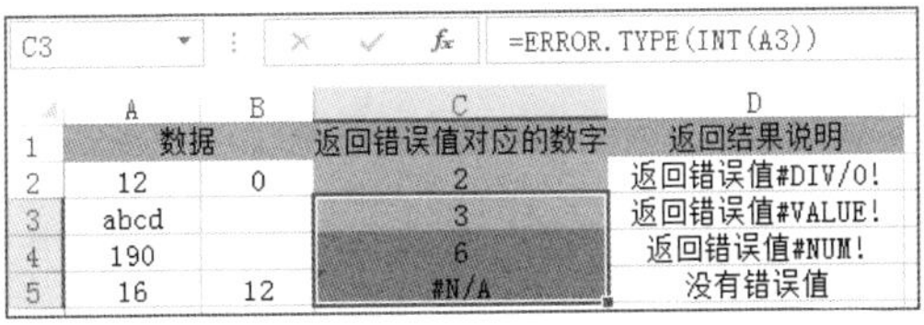

图4-4

函数3 INFO函数

（図）函数功能

INFO函数用于返回有关当前操作环境的信息。

（図）函数语法

INFO(type_text)

（図）参数说明

● type_text：表示用于指定要返回的信息类型的文本，见表4-3。

表4-3

type_text参数	INFO函数返回值
"directory"	当前目录或文件夹的路径
"numfile"	打开的工作簿中活动工作表的数目
"origin"	以当前滚动位置为基准，返回窗口中可见的左上角单元格的绝对单元格引用，如带前缀"$A:"的文本，此值与Lotus 1-2-3 3.x 版本兼容
"osversion"	当前操作系统的版本号，为文本值
"recalc"	当前的重新计算模式，返回"自动"或"手动"
"release"	Microsoft Excel 的版本号，为文本值
"system"	返回操作系统名称：mac 表示Macintosh 操作系统，pcdos表示Windows操作系统

实例 返回当前使用的Excel的版本号
Excel 2013/2010/2007/2003

▶ 案例实现

① 选中B1单元格，在公式编辑栏中输入公式：

=INFO("release")

② 按Enter键，即可返回当前使用的Excel的版本号，如图4-5所示。

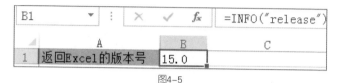

图4-5

函数4 N函数

☒ 函数功能

N函数用于返回转化为数值后的值。

☒ 函数语法

N(value)

☒ 参数说明

● value：表示要检验的值。参数 value 可以是空白（空单元格）、错误值、逻辑值、文本、数字、引用值，或者引用要检验的以上任意值的名称，参见表4-4。

表4-4

value参数	N函数返回值
数字	原数字
日期	日期对应的序列号
逻辑值TURE	1
逻辑值FALSE	0
错误值	错误值
数组	0

实例1　快速设定订单的编号

案例表述

在产品销售订单统计报表中，将产品签单日期对应的序号再加上特定编码来作为订单编码。

案例实现

① 选中A2单元格，在公式编辑栏中输入公式：

`=N(B2)&CELL("row",A1)`

按Enter键，即可将B列中的签单日期转换为序列号再加上行号成为本次产品订单编号。

② 将光标移到A2单元格的右下角，向下复制公式，即可通过其他签单日期得到对应的订单编码，如图4-6所示。

	A	B	C	D	E	F
	订单编号	签单日期	数量	总金额		
2	411331	2012/8/12	100	25000		
3	412472	2012/12/4	1180	121500		
4	413203	2013/2/15	50	6120		
5	413254	2013/2/20	200	49800		
6	413355	2013/3/2	150	17850		

A2 fx `=N(B2)&CELL("row",A1)`

图4-6

实例2　生成指定学生的成绩统计表

案例表述

N函数除了可以过滤数字值外，还可以将一些函数产生的多维引用提取出来成为可以直接输入到单元格区域的数据。例如在学生成绩统计表中，可以将部分学生的成绩提取出来以生成一个新的统计表。

案例实现

① 选中E2:E6单元格区域，在公式编辑栏中输入公式：

`=N(OFFSET($B$2,{1;3;5;7;9},0))`

② 按Ctrl+Shift+Enter组合键，即可一次性返回指定学生的成绩表，如图4-7所示。

交叉使用

OFFSET函数以单元格B2为起点，依次提取向下偏移1、3、5、7、9行的数据。此函数用法详见8.2小节函数15。

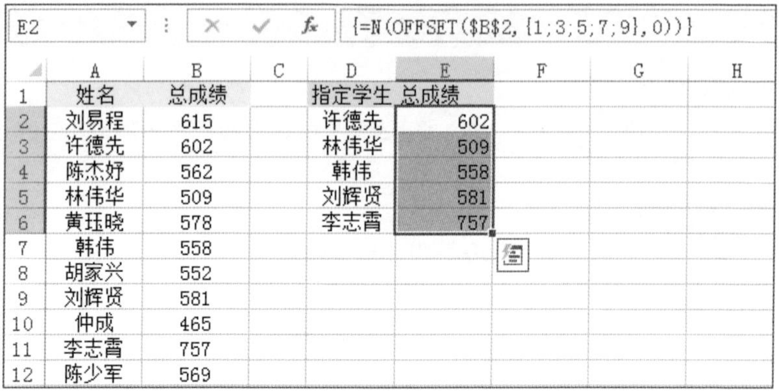
E2
{=N(OFFSET($B$2,{1;3;5;7;9},0))}

	A	B	C	D	E	F	G	H
1	姓名	总成绩		指定学生	总成绩			
2	刘易程	615		许德先	602			
3	许德先	602		林伟华	509			
4	陈杰妤	562		韩伟	558			
5	林伟华	509		刘辉贤	581			
6	黄珏晓	578		李志霄	757			
7	韩伟	558						
8	胡家兴	552						
9	刘辉贤	581						
10	仲成	465						
11	李志霄	757						
12	陈少军	569						

图4-7

函数5 NA函数

函数功能

NA函数返回错误值 #N/A。错误值 #N/A 表示“无法得到有效值”。

函数语法

NA( )

参数说明

NA函数语法没有参数。

函数6 TYPE函数

函数功能

TYPE函数用于返回数值的类型。

函数语法

TYPE(value)

参数说明

- value：可以为任意 Microsoft Excel 数值，如数字、文本以及逻辑值，等等，参见表4-5。

表4-5

value参数	TYPE函数返回值
数字	1
文本	2
逻辑值	4
错误值	16
数组	64

实例　返回数值对应的类型　　　　　　　　　　Excel 2013/2010/2007/2003

▶ 案例实现

① 选中B2单元格，在公式编辑栏中输入公式：

=TYPE(A2)

按Enter键即可根据A2单元格的文本字符串返回对应的类型。

② 将光标移到B2单元格的右下角，向下复制公式，即可根据其他数值返回对应的类型，如图4-8所示。

图4-8

4.2　使用IS函数进行判断

函数7　ISBLANK函数

(图) 函数功能

ISBLANK函数用于判断指定值是否为空值。

(图) 函数语法

ISBLANK(value)

📧 参数说明

● value：表示要检验的值。参数 value 可以是空白（空单元格）、错误值、
逻辑值、文本、数字、引用值，或者引用要检验的以上任意值的名称。

实例1　检验指定单元格中的数值是否为空　　　Excel 2013/2010/2007/2003 💧

▶ 案例实现

① 选中B2单元格，在公式编辑栏中输入公式：

=ISBLANK(A2)

按Enter键，即可检验A2单元格中的数值是否为空。若为空，返回TRUE；
反之，返回FALSE。

② 将光标移到B2单元格的右下角，向下复制公式，即可检验其他单元格中
的数值是否为空，如图4-9所示。

B2		:	×	✓	fx	=ISBLANK(A2)	
▲	A		B		C		D
1	数值		返回结果				
2	8		FALSE				
3			TRUE				
4	2012/10/1		FALSE				
5	abcd		FALSE				
6			TRUE				

图4-9

实例2　标注出缺考员工　　　Excel 2013/2010/2007/2003 💧

▶ 案例表述

利用IF函数和ISBLANK函数，可以返回员工缺考信息。

▶ 案例实现

① 选中C2单元格，在公式编辑栏中输入公式：

= IF(ISBLANK(B2),"缺考","")

按Enter键即可根据判断结果是否加上"缺考"标注字样。

② 将光标移到C2单元格的右下角，向下复制公式，可以根据B列是否为空
值从而返回"缺考"文字，如图4-10所示。

交叉使用

　　IF函数是根据指定的条件来判断其"真"（TRUE）、"假"（FALSE），
从而返回其相对应的内容。用法详见第1章函数4。

| C2 | | : | × | ✓ | fx | =IF(ISBLANK(B2),"缺考","") |

	A	B	C	D	E	F
1	员工姓名	上机考试	总成绩			
2	许德先	85				
3	陈杰妤		缺考			
4	林伟华		缺考			
5	黄珏晓	77				
6	韩伟	90				
7	胡家兴	88				
8	刘辉贤		缺考			

图4-10

函数8 ISTEXT函数

(图) 函数功能

ISTEXT函数用于判断指定数据是否为文本。

(图) 函数语法

ISTEXT(value)

(图) 参数说明

● value：表示要检验的值。参数 value 可以是空白（空单元格）、错误值、逻辑值、文本、数字、引用值，或者引用要检验的以上任意值的名称。

实例1 检验数据是否为文本　　　Excel 2013/2010/2007/2003

▶ 案例实现

❶ 选中B2单元格，在公式编辑栏中输入公式：

=ISTEXT(A2)

❷ 按Enter键，即可检验A2单元格中的数据是否为文本。若为文本，返回TRUE；反之，返回FALSE。向下复制公式，如图4-11所示。

| B2 | | : | × | ✓ | fx | =ISTEXT(A2) |

	A	B	C	D
1	数据	返回结果		
2	88	FALSE		
3	上海	TRUE		
4	2012/12/1	FALSE		
5	ABCD	TRUE		
6	abcd	TRUE		

图4-11

实例2 快速统计缺考人数

Excel 2013/2010/2007/2003

▶ 案例表述

在学生成绩统计表中，有部分缺考的学生，可以使用ISTEXT函数快带统计出缺考的人数。

▶ 案例实现

❶ 选中D2单元格，在公式编辑栏中输入公式：

=SUM(ISTEXT(B2:B12)*1)

❷ 按Ctrl+Shift+Enter组合键，即可根据B列中显示的"缺考"字样快速统计出缺考人数，如图4-12示。

	A	B	C	D	E	F	G
				D2			
1	姓名	总成绩		缺考人数			
2	刘易程	615		3			
3	许德先	缺考					
4	陈杰妤	562					
5	林伟华	缺考					
6	黄珏晓	578					
7	韩伟	558					
8	胡家兴	552					
9	刘辉贤	581					
10	仲成	缺考					
11	李志霄	757					
12	陈少军	569					

D2 　fx {=SUM(ISTEXT(B2:B12)*1)}

图4-12

 交叉使用

SUM函数用于返回某一单元格区域中所有数字之和。此函数用法详见2.1小节函数3。

函数9 ISNONTEXT函数

▣ 函数功能

ISNONTEXT函数用于判断指定数据是否为非文本。

▣ 函数语法

ISNONTEXT(value)

▣ 参数说明

● value：表示要检验的值。参数 value 可以是空白（空单元格）、错误值、逻辑值、文本、数字、引用值，或者引用要检验的以上任意值的名称。

实例 检验数据是否为非文本　　　　　Excel 2013/2010/2007/2003

▶ 案例实现

❶ 选中B2单元格，在公式编辑栏中输入公式：

=ISNONTEXT(A2)

❷ 按Enter键，即可检验A2单元格中的数据是否为非文本。若为非文本，返回TRUE；反之，返回FALSE。向下复制公式，如图4-13所示。

B2		⋮	×	✓	fx	=ISNONTEXT(A2)	
	A	B	C	D	E	F	
1	数据	返回结果					
2	TRUE	TRUE					
3	88	TRUE					
4	上海	FALSE					
5	2012/12/1	TRUE					
6	TRUE	TRUE					

图4-13

函数10 ISLOGICAL函数

▣ 函数功能

ISLOGICAL函数用于判断指定数据是否为逻辑值。

▣ 函数语法

ISLOGICAL(value)

▣ 参数说明

● value：表示要检验的值。参数 value 可以是空白（空单元格）、错误值、逻辑值、文本、数字、引用值，或者引用要检验的以上任意值的名称。

实例 检验数据是否为逻辑值　　　　　Excel 2013/2010/2007/2003

▶ 案例实现

❶ 选中B2单元格，在公式编辑栏中输入公式：

=ISLOGICAL(A2)

❷ 按Enter键，即可检验A2单元格中的数据是否为逻辑值。若为逻辑值，返回TRUE；反之，返回FALSE。向下复制公式，如图4-14所示。

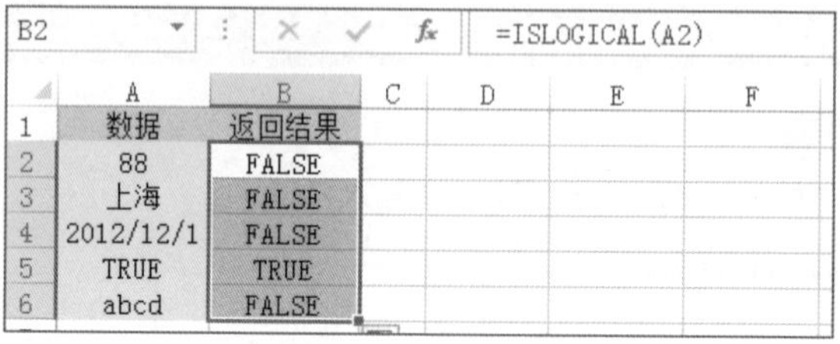

B2 =ISLOGICAL(A2)

	A	B	C	D	E	F
1	数据	返回结果				
2	88	FALSE				
3	上海	FALSE				
4	2012/12/1	FALSE				
5	TRUE	TRUE				
6	abcd	FALSE				

图4-14

函数11 ISNUMBER函数

函数功能

ISNUMBER函数用于判断指定数据是否为数字。

函数语法

ISNUMBER(value)

参数说明

- value：表示要检验的值。参数 value 可以是空白（空单元格）、错误值、逻辑值、文本、数字、引用值，或者引用要检验的以上任意值的名称。

实例 检验数据是否为数字 Excel 2013/2010/2007/2003

案例实现

❶ 选中B2单元格，在公式编辑栏中输入公式：

```
=ISNUMBER(A2)
```

❷ 按Enter键，即可检验A2单元格中的数据是否为数字。若为数字，返回TRUE；反之，返回FALSE。向下复制公式，如图4-15所示。

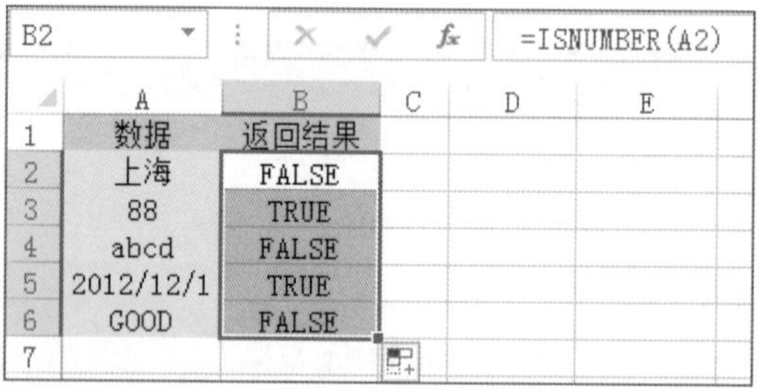

B2 =ISNUMBER(A2)

	A	B	C	D	E
1	数据	返回结果			
2	上海	FALSE			
3	88	TRUE			
4	abcd	FALSE			
5	2012/12/1	TRUE			
6	GOOD	FALSE			
7					

图4-15

函数12 ISERROR函数

函数功能

ISERROR函数用于判断指定数据是否为任何错误值。

函数语法

ISERROR(value)

参数说明

- value：表示要检验的值。参数 value 可以是空白（空单元格）、错误值、逻辑值、文本、数字、引用值，或者引用要检验的以上任意值的名称。

实例1　检验数据是否为任何错误值　Excel 2013/2010/2007/2003

案例实现

① 选中B2单元格，在公式编辑栏中输入公式：

```
=ISERROR(A2)
```

② 按Enter键，即可检验A2单元格中的数据是否为错误值。若为错误值，返回TRUE；反之，返回FALSE。向下复制公式，如图4-16所示。

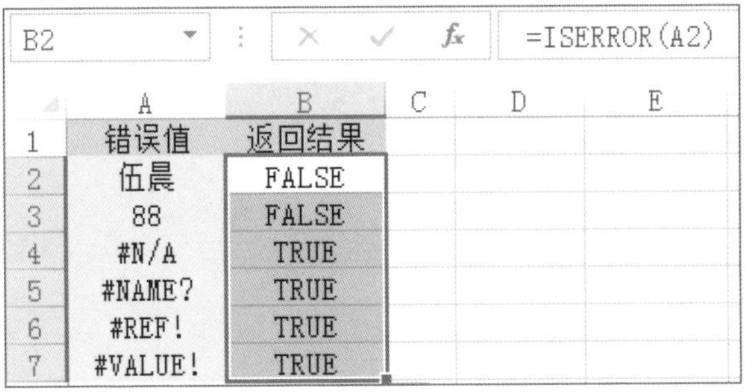

B2　=ISERROR(A2)

	A	B	C	D	E
1	错误值	返回结果			
2	伍晨	FALSE			
3	88	FALSE			
4	#N/A	TRUE			
5	#NAME?	TRUE			
6	#REF!	TRUE			
7	#VALUE!	TRUE			

图4-16

实例2　统计销售量总计值　Excel 2013/2010/2007/2003

案例表述

在销售数量统计表中，B列中包含#N/A错误值，表示该员工本月没有销售量。此时可以使用ISERROR函数检测求和区域中是否包含错误值，如果包含则返回0，否则返回单元格本身的内容。

案例实现

① 选中D2单元格，在公式编辑栏中输入公式：

=SUM(IF(ISERROR(B2:B10),0,B2:B10))

② 按Ctrl+Shift+Enter组合键，即可去除B列中的错误值，统计出销售量合计，如图4-17所示。

D2	▼	:	×	✓	fx	{=SUM(IF(ISERROR(B2:B10),0,B2:B10))}	
	A	B	C	D	E	F	G	H
1	销售员	销售量		销售总计				
2	韩伟	10		63				
3	胡佳欣	#N/A						
4	刘辉贤	12						
5	李梦	#N/A						
6	陶龙华	10						
7	仲成	#N/A						
8	李志霄	16						
9	李晓	11						
10	陈少军	4						

图4-17

交叉使用

SUM函数用于返回某一单元格区域中所有数字之和。此函数用法详见2.1小节函数3。

IF函数是根据指定的条件来判断其"真"（TRUE）、"假"（FALSE），从而返回其相对应的内容。用法详见第1章函数4。

函数13 ISNA函数

函数功能

ISNA函数用于判断指定数据是否为错误值#N/A。

函数语法

ISNA(value)

参数说明

● value：表示要检验的值。参数 value 可以是空白（空单元格）、错误值、逻辑值、文本、数字、引用值，或者引用要检验的以上任意值的名称。

实例　检验数据是否为#N/A错误值

案例实现

① 选中B2单元格，在公式编辑栏中输入公式：

=ISNA(A2)

2 按Enter键，即可检验A2单元格中的数据是否为#N/A错误值。若为#N/A错误值，返回TRUE；反之，返回FALSE。向下复制公式，如图4-18所示。

	E2	▼	:	×	✓	fx	=ISNA(A2)

▲	A	B	C	D	E
1	错误值	返回结果			
2	伍晨	FALSE			
3	88	FALSE			
4	#N/A	TRUE			
5	#NAME?	FALSE			
6	ABCD	FALSE			

图4-18

函数14 ISERR函数

📧 函数功能

ISERR函数用于判断指定数据是否为错误值#N/A之外的任何错误值。

📧 函数语法

ISERR(value)

📧 参数说明

● value：表示要检验的值。参数 value 可以是空白（空单元格）、错误值、逻辑值、文本、数字、引用值，或者引用要检验的以上任意值的名称。

实例　检验数据是否为#N/A之外的任何错误值 Excel 2013/2010/2007/2003 ⬡

▶ 案例实现

1 选中B2单元格，在公式编辑栏中输入公式：

=ISERR(A2)

2 按Enter键，即可检验A2单元格中的数据是否为#N/A之外的错误值。若为#N/A之外的错误值，返回TRUE；反之，返回FALSE。向下复制公式，如图4-19所示。

	B2	▼	:	×	✓	fx	=ISERR(A2)

▲	A	B	C	D	E
1	错误值	返回结果			
2	伍晨	FALSE			
3	88	FALSE			
4	#N/A	FALSE			
5	#NAME?	TRUE			
6	#REF!	TRUE			
7	#VALUE!	TRUE			
8					

图4-19

函数15 ISREF函数

📧 函数功能

ISREF函数用于判断指定数据是否为引用。

函数语法

ISREF(value)

参数说明

- value：表示要检验的值。参数 value 可以是空白（空单元格）、错误值、逻辑值、文本、数字、引用值，或者引用要检验的以上任意值的名称。

实例 检验数据是否为引用

Excel 2013/2010/2007/2003

案例实现

❶ 选中B2单元格，在公式编辑栏中输入公式：

```
=ISREF(A2)
```

按Enter键，即可检验A2单元格中的数据是否为引用数据。若为引用，返回TRUE；反之，返回FALSE，如图4-20所示。

B2 =ISREF(A2)

	A	B	C	D	E
1	数据	返回结果			
2	TRUE	TRUE			
3	北京				
4	29477				
5	abcd				
6	TRUE				

图4-20

❷ 选中B3、B4、B5和B6单元格，分别在公式编辑栏中输入公式：

```
=ISREF("88")
=ISREF("上海")
=ISREF("2012-12-1")
=ISREF("TRUE")
```

按Enter键，即可检验其他单元格中的数值是否为引用数据，如图4-21所示。

B6 =ISREF("TRUE")

	A	B	C	D	E
1	数据	返回结果			
2	TRUE	TRUE			
3	北京	FALSE			
4	29477	FALSE			
5	abcd	FALSE			
6	TRUE	FALSE			

图4-21

函数16 ISODD函数

☒ 函数功能

ISODD函数用于判断指定值是否为奇数。

☒ 函数语法

ISODD(number)

☒ 参数说明

- number：表示待检验的数值。如果number不是整数，则截尾取整。如果参数number不是数值型，函数ISODD返回错误值#VALUE!。

实例　判断指定数值是否为奇数　　　Excel 2013/2010/2007/2003

▶ 案例实现

❶ 选中B2单元格，在公式编辑栏中输入公式：

=ISODD(A2)

❷ 按Enter键，即可检验A2单元格中的数据是否为奇数。若为奇数，返回TRUE；反之，返回FALSE。向下复制公式，如图4-22所示。

B2		▼	⋮	✕	✓	f_x	=ISODD(A2)
	A	B	C	D	E		
1	数值	返回结果					
2	5	TRUE					
3	8	FALSE					
4	3.8	TRUE					
5	-7.5	TRUE					
6	14.7	FALSE					

图4-22

函数17 ISEVEN函数

☒ 函数功能

ISEVEN函数用于判断指定值是否为偶数。

☒ 函数语法

ISEVEN(number)

📧 参数说明

● number：为指定的数值，如果number为偶数，返回TRUE，否则返回FALSE。

实例　根据身份证号码判断其性别

▶ 案例表述

　　在15位和18位身份证中，前者最后一位如果为偶数表示性别为"女"，反之为"男"；后者第17位如果为偶数表示性别为"女"，反之为"男"。因此可以使用ISEVEN函数来判断持证人的性别。本例以对15位身份证号码的判断为例。

▶ 案例实现

① 选中C2单元格，在公式编辑栏中输入公式：

=IF(ISEVEN(RIGHT(B2,1)),"女","男")

按Enter键即可根据B2单元格中的身份证号码判断出性别。

② 将光标移到C2单元格的右下角，光标变成十字形状后，向下复制公式，即可对其他身份证号码判断出性别，如图4-23所示。

	A	B	C	D	E	F
1	姓名	身份证号码	性别			
2	葛丽	342701780912322	女			
3	王磊	342701820213853	男			
4	李霞	342701780314952	女			
5	伍晨	342701680228267	男			

图4-23

交叉使用

　　IF函数是根据指定的条件来判断其"真"（TRUE）、"假"（FALSE），从而返回其相对应的内容。用法详见第1章函数4。

　　RIGHT函数是根据所指定的字符数返回文本字符串中最后一个或多个字符。用法详见3.1小节函数8。

第 5 章

日期和时间函数

本章中部分素材文件在光盘中对应的章节下。

5.1　返回日期和时间

函数1　NOW函数

▣ **函数功能**

NOW函数用于返回当前日期和时间的序列号。

▣ **函数语法**

NOW()

▣ **参数说明**

NOW函数语法没有参数。

实例　计算员工在职天数　　　　　　Excel 2013/2010/2007/2003

▶ **案例表述**

在企业员工在职离职情况统计表中，可以按如下方法来统计出每位员工的在职天数（有离职的，也有目前还在职的）。

▶ **案例实现**

❶ 选中E2单元格，在公式编辑栏中输入公式：

`=ROUND(IF(D2<>"",D2-C2,NOW()-C2),0)`

按Enter键即可计算出第一位员工的在职天数。

❷ 将光标移到E2单元格的右下角，光标变成十字形状后，向下复制公式，即可快速计算出其他员工的在职天数，如图5-1所示。

E2			fx	=ROUND(IF(D2<>"",D2-C2,NOW()-C2),0)		
	A	B	C	D	E	F	G
1	编号	姓名	入职日期	离职日期	在职天数		
2	JX001	蔡瑞娜	2005/1/1	2008/1/10	1104		
3	JX002	陈家玉	2006/6/6		2469		
4	JX003	王丽	2007/2/4		2226		
5	JX004	吕从英	2008/2/11	2010/11/2	995		
6	JX005	邱路平	2008/6/1		1743		
7	JX006	岳书焕	2008/11/5		1586		
8	JX007	明雪花	2008/11/6		1585		

图5-1

交叉使用

ROUND函数用于按指定位数对其数值进行四舍五入。此函数用法详见2.2小节函数32。

IF函数是根据指定的条件来判断其"真"（TRUE）、"假"（FALSE），从而返回其相对应的内容。用法详见第1章函数4。

函数2 TODAY函数

 函数功能

TODAY函数用于返回当前日期的序列号。

 函数语法

TODAY()

 参数说明

TODAY函数语法没有参数。

实例　判断应收账款是否到期　　　　　　Excel 2013/2010/2007/2003

▶ 案例表述

在财务管理中，经常需要对应收账款的账龄进行分析，以及时催收账龄过长的账款。这时需要使用TODAY函数。

▶ 案例实现

❶ 选中E2单元格，在公式编辑栏中输入公式：

=IF(TODAY()-D2>90,B2-C2,"未到期")

按Enter键即可判断出第一笔应收账款是否到期（超过90天为到期）。如果到期则计算出应收的款项，如果未到期则显示出"未到期"字样。

❷ 将光标移到E2单元格的右下角，光标变成十字形状后，向下复制公式，即可快速判断出其他各笔应收账款是否到期，如图5-2所示。

| E2 | ▼ | : | × | ✓ | fx | =IF(TODAY()-D2>90,B2-C2,"未到期") |
	A	B	C	D	E	F	G
1	单位名称	应收金额	已收金额	到期日期	是否到期		
2	百信商务	25000	10000	2010/8/2	15000		
3	沈建科技	2900	0	2010/10/11	2900		
4	百合科技	10000	2000	2010/12/22	8000		
5	通达科技	22000	0	2013/5/20	未到期		
6	美程运输	18000	5000	2013/5/25	未到期		

图5-2

 交叉使用

IF函数是根据指定的条件来判断其"真"（TRUE）、"假"（FALSE），从而返回其相对应的内容。用法详见第1章函数4。

函数3 **DATE函数**

 函数功能

DATE 函数返回表示特定日期的序列号。

 函数语法

DATE(year,month,day)

 参数说明

- year：表示year 参数的值可以包含1～4位数字。
- month：表示一个正整数或负整数，表示一年中从1月至12月（一月到十二月）的各个月。
- day：表示一个正整数或负整数，表示一月中从1～31日的各天。

实例1　建立国庆倒计时显示牌　　　Excel 2013/2010/2007/2003

▶ 案例表述

要建立国庆倒计时显示牌，可以使用DATE和TODAY两个函数配合来实现。

▶ 案例实现

① 选中B3单元格，在公式编辑栏中输入公式：

`=DATE(2013,10,1)-TODAY()&"（天）"`

② 按Enter键即可计算出国庆倒计时的天数，如图5-3所示。

B3	▼	:	×	✓	fx	=DATE(2013,10,1)-TODAY()&"（天）"		
⊿	A	B	C	D	E	F	G
1							
2	国庆倒计时						
3	天数	206（天）					
4							

图5-3

 交叉使用

TODAY函数用于返回当前日期的序列号。此函数用法详见5.1小节函数2。

实例2　将非日期数据转换为标准的日期　　　Excel 2013/2010/2007/2003

▶ 案例表述

在Excel中输入数据时，为了快速输入，有时输入的日期可能不规范，此时可以配合DATE和MID函数将表格中非日期数据转化为标准的日期数据。

▶ 案例实现

❶ 选中B2单元格，在公式编辑栏中输入公式：

=DATE(MID(A2,1,4),MID(A2,5,2),MID(A2,7,2))

按Enter键即可将非日期数据转为标准的日期。

❷ 将光标移到B2单元格的右下角，向下复制公式，即可将其他的非日期数据转为标准的日期，如图5-4所示。

B2	▼	ⅰ	×	✓	fx	=DATE(MID(A2,1,4),MID(A2,5,2),MID(A2,7,2))

⊿	A	B	C	D	E	F	G
1	非日期数据	转化为标准日期					
2	20080516	2008/5/16					
3	2009105	2009/10/5					
4	2010108	2010/10/8					
5	20111008	2011/10/8					
6	20111102	2011/11/2					

图5-4

 交叉使用

　　MID 返回文本字符串中从指定位置开始的特定数目的字符，该数目由用户指定。此函数用法详见3.1小节函数4。

函数4　DAY函数

▣ 函数功能

　　DAY 函数返回以序列号表示的某日期的天数，用整数1～31表示。

▣ 函数语法

　　DAY(serial_number)

▣ 参数说明

● serial_number：表示要查找的那一天的日期。

实例1　判断一个月的最大天数　　　　　　　　Excel 2013/2010/2007/2003

▶ 案例表述

　　要求出2011年3月份的最大天数，可以求2011年4月0日的值，虽然0日不存在，但DATE函数也可以接受此值。根据此特性，便会自动返回 4月0日的前一天的日期。

▶ 案例实现

❶ 选中B1单元格，在公式编辑栏中输入公式：

=DAY(DATE(2011,4,0))

2 按Enter键即可计算3月份最大的天数,如图5-5所示。

B1		▼	:	×	✓	fx	=DAY(DATE(2011,4,0))	
▲	A	B	C	D	E	F		
1	3月份天数	31						
2								

图5-5

交叉使用

DATE 函数返回表示特定日期的序列号。此函数用法详见5.1小节函数3。

实例2 计算下旬的销售额总计   Excel 2013/2010/2007/2003

▶ 案例表述

当前销售统计表中统计了每天的销售金额,现在需要计算出本月下旬的销售金额总计值,可以按如下方法来设置公式。

▶ 案例实现

1 选中E2单元格,在公式编辑栏中输入公式:

=SUM(IF(DAY(A2:A10)>20,C2:C10))

2 按Ctrl+Shift+Enter组合键,即可计算出本月下旬的销售金额合计值,如图5-6所示。

E2		▼	:	×	✓	fx	{=SUM(IF(DAY(A2:A10)>20,C2:C10))}	
▲	A	B	C	D	E	F		
1	日期	全称	金额		下旬销售金额			
2	2011/1/1	立弗乒拍6007	3000		17370			
3	2011/1/3	立弗羽拍320A	7550					
4	2011/1/7	立弗乒拍4005	1480					
5	2011/1/9	立弗羽拍320A	4580					
6	2011/1/13	立弗乒拍4005	5600					
7	2011/1/16	立弗乒拍6007	4650					
8	2011/1/21	立弗乒拍6007	5650					
9	2011/1/22	立弗羽拍2211	2920					
10	2011/1/25	立弗乒拍4005	8800					

图5-6

交叉使用

SUM函数用于返回某一单元格区域中所有数字之和。此函数用法详见2.1小节函数3。

IF函数是根据指定的条件来判断其"真"(TRUE)、"假"(FALSE),从而返回其相对应的内容。用法详见第1章函数4。

函数5　MONTH函数

函数功能

MONTH函数表示返回以序列号表示的日期中的月份。月份是介于 1（一月）到 12（十二月）之间的整数。

函数语法

MONTH(serial_number)

参数说明

- serial_number：表示要查找的那一月的日期。需要使用DATE函数输入日期，或者将日期作为其他公式或函数的结果输入。

实例1　自动填写销售报表中的月份 　Excel 2013/2010/2007/2003

案例表述

产品销售报表需要每月建立且结构相似，对于表头信息需要更改月份值的情况，可以使用MONTH和TODAY函数来实现月份的自动填写。

案例实现

❶ 选中B1单元格，在公式编辑栏中输入公式：

=MONTH(TODAY())

❷ 按Enter键即可自动填写当前的销售月份，如图5-7所示。

| B1 | | ｜ | × | ✓ | ƒx | =MONTH(TODAY()) |

	A	B	C	D
1		3	月份销售情况	
2	品名	销售量	单价	销售金额
3	三星R428-DSOB	120	3599	431880
4	惠普CQ41-204TX	260	4199	1091740
5	富士通LH700	98	5800	568400
6	联想Y460A-ITH	350	5700	1995000

图5-7

交叉使用

TODAY函数用于返回当前日期的序列号。此函数用法详见5.1小节函数2。

实例2　计算本月账款金额总计 　Excel 2013/2010/2007/2003

案例表述

当前表格中统计了账款金额与借款日期，现在需要统计出本月账款合计值，可以按如下方法来设置公式。

▶ 案例实现

1 选中D2单元格，在公式编辑栏中输入公式：

=SUM(IF(MONTH(B2:B10)=MONTH(TODAY()),A2:A10))

2 按Ctrl+Shift+Enter组合键，即可计算出本月账款合计值，如图5-8所示。

	A	B	C	D	E	F	G	H
1	账款金额	借款日期		本月账款金额				
2	25800	2013/1/1		85000				
3	2200	2013/1/20						
4	8000	2013/2/3						
5	22000	2013/3/4						
6	20000	2013/3/15						
7	3000	2013/2/6						
8	8000	2013/2/12						
9	5000	2013/3/8						
10	38000	2013/3/14						

D2 公式栏：{=SUM(IF(MONTH(B2:B10)=MONTH(TODAY()),A2:A10))}

图5-8

交叉使用

SUM函数用于返回某一单元格区域中所有数字之和。此函数用法详见2.1小节函数3。

IF函数是根据指定的条件来判断其"真"（TRUE）、"假"（FALSE），从而返回其相对应的内容。用法详见第1章函数4。

TODAY函数用于返回当前日期的序列号。此函数用法详见5.1小节函数2。

函数6 **YEAR函数**

▣ 函数功能

YEAR函数表示某日期对应的年份。返回值为1900～9999之间的整数。

▣ 函数语法

YEAR(serial_number)

▣ 参数说明

● serial_number：表示一个日期值，其中包含要查找年份的日期。应使用 DATE 函数输入日期，或者将日期作为其他公式或函数的结果输入。

实例1　计算出员工年龄

Excel 2013/2010/2007/2003

案例表述

当统计了员工的出生日期之后，使用YEAR与TODAY函数可以计算出员工年龄。

案例实现

1 选中E2单元格，在公式编辑栏中输入公式：

`=YEAR(TODAY())-YEAR(C2)`

2 按Enter键返回日期值，将光标移到E2单元格的右下角，向下复制公式，如图5-9所示。

E2		× ✓ fx	=YEAR(TODAY())-YEAR(C2)		
	A	B	C	D	E
1	编号	姓名	出生日期	入公司时间	年龄
2	NL001	唐敏	1987/5/2	2010/5/13	1900/1/26
3	NL002	许普庆	1988/8/9	2010/8/19	1900/1/25
4	NL003	周伟	1987/5/12	2010/11/2	1900/1/26
5	NL004	殷玉琦	1987/5/20	2010/12/5	1900/1/26
6	NL005	王涛	1986/12/3	2011/2/17	1900/1/27

图5-9

3 选中"年龄"列函数返回的日期值，重新设置其单元格格式为"常规"格式，即可以根据出生日期返回员工年龄，如图5-10所示。

E2		× ✓ fx	=YEAR(TODAY())-YEAR(C2)		
	A	B	C	D	E
1	编号	姓名	出生日期	入公司时间	年龄
2	NL001	唐敏	1987/5/2	2010/5/13	26
3	NL002	许普庆	1988/8/9	2010/8/19	25
4	NL003	周伟	1987/5/12	2010/11/2	26
5	NL004	殷玉琦	1987/5/20	2010/12/5	26
6	NL005	王涛	1986/12/3	2011/2/17	27

图5-10

 交叉使用

TODAY函数返回当前日期的序列号。此函数用法详见5.1小节函数2。

实例2　计算出员工工龄

Excel 2013/2010/2007/2003

案例表述

当统计了员工进入公司的日期后，使用YEAR和ODAY函数可以计算出员工工龄。

案例实现

① 选中E2单元格，在公式编辑栏中输入公式：

=YEAR(TODAY())-YEAR(D2)

按Enter键返回日期值，将光标移到E2单元格的右下角，向下复制公式，如图5-11所示。

E2	▼	⋮	×	✓	fx	=YEAR(TODAY())-YEAR(D2)
▲	A	B	C	D	E	F
1	编号	姓名	出生日期	入公司时间	工龄	
2	NL001	唐敏	1987/5/2	2010/5/13	1900/1/3	
3	NL002	许普庆	1988/8/9	2010/8/19	1900/1/3	
4	NL003	周伟	1987/5/12	2010/11/2	1900/1/3	
5	NL004	殷玉琦	1987/5/20	2010/12/5	1900/1/3	
6	NL005	王涛	1986/12/3	2011/2/17	1900/1/2	

图5-11

② 选中"工龄"列函数返回的日期值，设置其单元格格式为"常规"，即可以根据入公司日期返回员工工龄，如图5-12所示。

E2	▼	⋮	×	✓	fx	=YEAR(TODAY())-YEAR(D2)
▲	A	B	C	D	E	F
1	编号	姓名	出生日期	入公司时间	工龄	
2	NL001	唐敏	1987/5/2	2010/5/13	3	
3	NL002	许普庆	1988/8/9	2010/8/19	3	
4	NL003	周伟	1987/5/12	2010/11/2	3	
5	NL004	殷玉琦	1987/5/20	2010/12/5	3	
6	NL005	王涛	1986/12/3	2011/2/17	2	

图5-12

交叉使用

TODAY返回当前日期的序列号。此函数用法详见5.1小节函数2。

函数7 WEEKDAY函数

🖾 函数功能

WEEKDAY函数表示返回某日期为星期几。默认情况下，其值为 1（星期天）到7（星期六）之间的整数。

🖾 函数语法

WEEKDAY(serial_number,[return_type])

(☒) 参数说明

- serial_number：表示一个序列号，代表尝试查找的那一天的日期。应使用 DATE 函数输入日期，或者将日期作为其他公式或函数的结果输入。
- return_type：可选。用于确定返回值类型的数字。

实例1　返回值班日期对应的星期数　　Excel 2013/2010/2007/2003 🌑

▶ 案例表述

建立了值班安排表后，可以使用WEEKDAY函数将各值班日期对应的星期数也显示出来。

▶ 案例实现

❶ 选中C2单元格，在公式编辑栏中输入公式：

=″星期″&WEEKDAY(B2,2)

按Enter键，返回第一个值班日期对应的星期数。

❷ 将光标移到C2单元格的右下角，光标变成十字形状后，向下复制公式，即可快速返回其他值班日期对应的星期数，如图5-13所示。

	A	B	C	D	E	F
			fx	=″星期″&WEEKDAY(B2,2)		
1	值班人员	值班日期	星期数			
2	王蓉	2012/1/25	星期3			
3	周春	2012/2/1	星期3			
4	刘飞	2012/2/10	星期5			
5	方凌	2012/3/1	星期4			
6	张伟	2012/10/2	星期2			

图5-13

实例2　快速返回日期对应的中文星期数　　Excel 2013/2010/2007/2003 🌑

▶ 案例表述

如果想让返回的星期数以中文文字显示，可以按如下方法设置公式。

▶ 案例实现

❶ 选中C2单元格，在公式编辑栏中输入公式：

=TEXT(WEEKDAY(B2,1),"aaaa")

按Enter键，返回第一个值班日期对应的中文星期数。

❷ 将光标移到C2单元格的右下角，向下复制公式，即可快速返回其他值班日期对应的中文星期数，如图5-14所示。

C2		⋮	×	✓	f_x	=TEXT(WEEKDAY(B2,1),"aaaa")	

◢	A	B	C	D	E	F
1	值班人员	值班日期	星期数			
2	王蓉	2012/1/25	星期三			
3	周春	2012/2/1	星期三			
4	刘飞	2012/2/10	星期五			
5	方凌	2012/3/1	星期四			
6	张伟	2012/10/2	星期二			

图5-14

交叉使用

　　TEXT函数是将数值转换为按指定数字格式表示的文本。此函数用法详见3.3小节函数34。

函数8　TIME函数

📧 **函数功能**

　　TIME函数表示返回某一特定时间的小数值。

📧 **函数语法**

　　TIME(hour, minute, second)

📧 **参数说明**

- hour：表示0~32767之间的数值，代表小时。
- minute：表示0~32767之间的数值，代表分钟。
- second：表示0~32767之间的数值，代表秒。

实例　显示指定的时间

Excel 2013/2010/2007/2003 🌀

▶ **案例表述**

　　要在单元格中显示出指定的时间，可以用TIME函数来实现。

▶ **案例实现**

❶ 选中B1单元格，在公式编辑栏中输入公式：

`=TIME(C1,D1,E1)`

按Enter键即可返回指定单元格数据所对应的时间，如图5-15所示。

❷ 选中B2单元格，在公式编辑栏中输入公式：

=TIME("21","30","44")

按Enter键即可返回指定单元格数据所对应的时间，如图5-16所示。

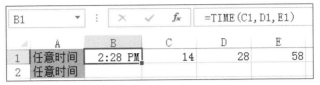

图5-15

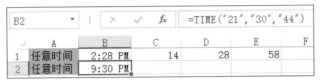

图5-16

函数9　HOUR函数

⊠ 函数功能

HOUR函数表示返回时间值的小时数。

⊠ 函数语法

HOUR(serial_number)

⊠ 参数说明

● serial_number：表示一个时间值，其中包含要查找的小时。

| 实例　计算通话小时数 | Excel 2013/2010/2007/2003 |

▶ 案例表述

根据通话的开始时间与结束时间，可以计算出通话小时数。

▶ 案例实现

❶ 选中D3单元格，在公式编辑栏中输入公式：

=HOUR(C3-B3)

按Enter键即可获取通话小时数。

❷ 将光标移到D3单元格的右下角，向下复制公式，即可快速计算其他各条通话记录的通话小时数，如图5-17所示。

图5-17

函数10 MINUTE函数

⊠ 函数功能

MINUTE函数表示返回时间值的分钟数。

⊠ 函数语法

MINUTE(serial_number)

⊠ 参数说明

● serial_number：表示一个时间值，其中包含要查找的分钟。

实例1 计算通话分钟数　　　　　　　　　Excel 2013/2010/2007/2003

▶ 案例表述

根据通话的开始时间与结束时间，可以计算出通话分钟数。

▶ 案例实现

❶ 选中E3单元格，在公式编辑栏中输入公式：

=MINUTE(C3-B3)

按Enter键即可获取通话分钟数。

❷ 将光标移到E3单元格的右下角，向下复制公式，即可快速计算其他各条通话记录的通话分钟数，如图5-18所示。

图5-18

实例2　计算精确的停车分钟数
Excel 2013/2010/2007/2003

案例表述

根据停车的开始时间与结束时间，可以计算出精确的停车分钟数，从而准确收费。

案例实现

1 选中D2单元格，在公式编辑栏中输入公式：

=(HOUR(C2)*60+MINUTE(C2)-HOUR(B2)*60-MINUTE(B2))

按Enter键即可得出第一条停车记录的停车分钟数。

2 将光标移到D2单元格的右下角，向下复制公式，即可快速其他各条停车记录的停车分钟数，如图5-19所示。

	A	B	C	D	E	F	G	H
1	车牌号	开始停车时间	停车结束时间	停车分钟数	应收费用			
2	**	08:30:20	10:45:35	135				
3	**	08:33:12	08:55:10	22				
4	**	08:38:56	16:42:12	484				
5	**	08:42:10	14:42:58	360				
6	**	08:55:20	09:58:56	63				

图5-19

函数11　SECOND函数

函数功能

SECOND函数表示返回时间值的秒数。

函数语法

SECOND(serial_number)

参数说明

● serial_number：表示表示一个时间值，其中包含要查找的秒数。

实例　计算通话秒数
Excel 2013/2010/2007/2003

案例表述

根据通话的开始时间与结束时间，可以计算出通话秒数。

案例实现

1 选中F3单元格，在公式编辑栏中输入公式：

=SECOND(C3-B3)

按Enter键即可获取通话秒数。

2 将光标移到F3单元格的右下角，向下复制公式，即可快速计算其他各条通话记录的通话秒数，如图5-20所示。

F3				fx	=SECOND(C3-B3)	

	A	B	C	D	E	F
1	序号	通话开始时间	通话结束时间	通话时间		
2				小时数	分数	秒数
3	1	08:30:20	10:45:35	2	15	15
4	2	08:33:12	08:35:10	0	1	58
5	3	08:38:56	08:42:12	0	3	16
6	4	08:42:10	08:42:58	0	0	48
7	5	08:55:20	09:58:56	1	3	36

图5-20

5.2 日期计算

函数12 DATEDIF函数

函数功能

DATEDIF函数用于计算两个日期之间的年数、月数和天数。

函数语法

DATEDIF(date1,date2,code)

参数说明

- date1：表示起始日期。
- date2：表示结束日期。
- code：表示要返回两个日期的参数代码，参见表5-1。

表5-1

code参数	DATEDIF函数返回值
Y	返回两个日期之间的年数
M	返回两个日期之间的月数
D	返回两个日期之间的天数
YM	忽略两个日期的年数和天数，返回之间的月数
YD	忽略两个日期的年数，返回之间的天数
MD	忽略两个日期的月数和天数，返回之间的年数

实例1　计算总借款天数　　　Excel 2013/2010/2007/2003

▶ 案例表述

使用DATEDIF函数可以根据借款日期与还款日期计算出总借款天数。

▶ 案例实现

❶ 选中E2单元格，在公式编辑栏中输入公式：

=DATEDIF(C2,D2,"D")

按Enter键即可计算出第一项借款的总借款天数。

❷ 将光标移到E2单元格的右下角，向下复制公式，即可计算出各项借款的总借款天数，如图5-21所示。

	A	B	C	D	E
1	借款人	账款金额	借款日期	应还日期	总借款天数
2	葛丽	20000	2010/10/2	2011/2/15	136
3	夏慧	15000	2010/11/5	2011/11/5	365
4	高龙宝	30000	2011/3/12	2012/3/12	366
5	王磊	5800	2011/3/1	2012/8/12	530

E2　fx =DATEDIF(C2,D2,"D")

图5-21

实例2　将总借款天数转化为"月数、天数"的形式　Excel 2013/2010/2007/2003

▶ 案例表述

上面的实例中计算出总借款天数，本例中将使用DATEDIF函数配合其他函数将总借款天数转化为"月数、天数"的形式来显示。

▶ 案例实现

❶ 选中D2单元格，在公式编辑栏中输入公式：

=CONCATENATE(DATEDIF(C2,TODAY(),"YM"),"个月",DATEDIF(C2,TODAY(),"MD"),"天")

按Enter键即可计算出借款人"葛丽"总借款的月数和天数。

❷ 将光标移到D2单元格的右下角，向下复制公式，即可计算出其他借款人借款的月数和天数，如图5-22所示。

	A	B	C	D	E	F	G
1	借款人	借款金额	借款日期	总借款天数			
2	葛丽	20000	2010/10/2	5个月7天			
3	夏慧	15000	2010/11/5	4个月4天			
4	高龙宝	30000	2011/3/12	11个月25天			
5	王磊	5800	2011/3/1	0个月8天			

图5-22

交叉使用

　　CONCATENATE函数是将两个或多个文本字符串合并为一个文本字符串。此函数用法详见3.1小节函数1。

　　TODAY函数用于返回当前日期的序列号。此函数用法详见5.1小节函数2。

实例3　用DATEDIF函数计算精确账龄　　Excel 2013/2010/2007/2003

案例表述

　　在计算账龄时，可以使用DATEDIF函数来计算精确的账龄（精确到天）。

案例实现

❶ 选中E2单元格，在公式编辑栏中输入公式：

　　=CONCATENATE(DATEDIF(D2,TODAY(),"Y"),"年",DATEDIF(D2,TODAY(),"YM"),"个月",DATEDIF(D2,TODAY(),"MD"),"日")

　　按Enter键即可计算出第一项应收账款的账龄。

❷ 将光标移到E2单元格的右下角，光标变成十字形状后，向下复制公式，即可快速计算出各项应收款的账龄，如图5-23所示。

	E2	▼	fx	=CONCATENATE(DATEDIF(D2,TODAY(),"Y"),"年",DATEDIF(D2,TODAY(),"YM"),"个月",DATEDIF(D2,TODAY(),"MD"),"日")			
▲	A	B	C	D	E	F	G	H
1	发票号码	应收金额	已收金额	到期日期	账龄计算			
2	12023	20850	1000	2010-10-5	0年4个月27日			
3	12584	1000	0	2010-11-5	0年3个月27日			
4	20596	5600	2000	2010-12-8	0年2个月24日			
5	23562	12000	5000	2011-1-24	0年1个月8日			
6	63001	15000	0	2011-2-1	0年1个月3日			

图5-23

交叉使用

　　CONCATENATE函数是将两个或多个文本字符串合并为一个文本字符串。此函数用法详见3.1小节函数1。

　　TODAY函数用于返回当前日期的序列号。此函数用法详见5.1小节函数2。

实例4　根据员工工龄自动追加工龄工资　　Excel 2013/2010/2007/2003

案例表述

　　财务部门在计算工龄工资时通常是以其工作年限来计算。本例将根据入职年龄，每满一年，工龄工资自动增加50元。

案例实现

❶ 选中B2单元格，在公式编辑栏中输入公式：

=DATEDIF(A2,TODAY(),"y")*50

按Enter键返回日期值，按住鼠标左键向下拖动进行公式填充，如图5-24所示。

| B2 | | | fx | =DATEDIF(A2,TODAY(),"y")*50 |

	A	B	C	D	E	F
1	入职时间	工龄工资				
2	2000/1/20	1901/10/11				
3	2005/5/20	1900/12/15				
4	2008/8/16	1900/7/18				
5	2009/12/1	1900/5/29				
6	2010/12/9	1900/4/9				

图5-24

② 选中"工龄工龄"列函数返回的日期值，重新设置其单元格格式为"常规"，即可以根据入职时间自动显示工龄工资，如图5-25所示。

	A	B
1	入职时间	工龄工资
2	2000/1/20	650
3	2005/5/20	350
4	2008/8/16	200
5	2009/12/1	150

图5-25

交叉使用

TODAY函数用于返回当前日期的序列号。此函数用法详见5.1小节函数2。

函数13 DAYS360函数

(图) 函数功能

DAYS360函数是按照一年360天的算法（每个月以30天计，一年共计12个月），返回两日期间相差的天数，这在一些会计计算中将会用到。

(图) 函数语法

DAYS360(start_date,end_date,[method])

(图) 参数说明

- start_date：表示计算期间天数的起始日期。
- end_date：表示计算的终止日期。如果 start_date 在 end_date 之后，则 DAYS360 将返回一个负数。应使用 DATE 函数来输入日期，或者将日期作为其他公式或函数的结果输入。
- method：可选。是一个逻辑值，指定在计算中是采用欧洲方法还是美国方法。

实例1 利用DAYS360函数计算总借款天数 Excel 2013/2010/2007/2003

▶ 案例表述

有了每项借款的借款日期与还款日期，也可以使用DAYS360函数来快速计算总借款天数。

▶ 案例实现

① 选中C2单元格，在公式编辑栏中输入公式：

    =DAYS360(A2,B2,FALSE)

按Enter键即可计算出借款天数。

② 将光标移到C2单元格的右下角，向下复制公式，即可计算出其他各项借款的借款天数，如图5-26所示。

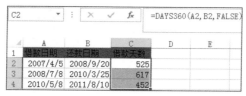

图5-26

实例2 计算还款剩余天数 Excel 2013/2010/2007/2003

▶ 案例表述

要根据借款日期和应还款日期来计算还款的剩余天数，需要使用DAYS360与TODAY函数。

▶ 案例实现

① 选中E2单元格，在公式编辑栏中输入公式：

    =DAYS360(TODAY(),D2)

按Enter键即可计算第一项借款的还款剩余天数。

② 将光标移到E2单元格的右下角，向下复制公式，即可计算出其他各项借款的还款剩余天数，如图5-27所示。

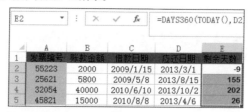

图5-27

交叉使用

　　TODAY函数用于返回当前日期的序列号。此函数用法详见5.1小节函数2。

实例3　计算固定资产已使用时间　　Excel 2013/2010/2007/2003

▶ 案例表述

　　要计算出固定资产已使用月份，可以先计算出固定资产已使用的天数，然后除以30。此时需要使用到DAYS360函数。

▶ 案例实现

❶ 选中E2单元格，在公式编辑栏中输入公式：

`=INT(DAYS360(D2,TODAY()/30)`

　　按Enter键即可根据第一项固定资产的增加日期计算出到目前为止已使用的月份。

❷ 选中E2单元格的右下角，向下复制公式，即可计算出其他固定资产已使用的月份，如图5-28所示。

图5-28

交叉使用

　　INT函数用于将指定数值向下取整为最接近的整数。此函数用法详见2.2小节函数29。
　　TODAY函数用于返回当前日期的序列号。此函数用法详见5.1小节函数2。

实例4　利用DAYS360函数判断借款是否逾期　Excel 2013/2010/2007/2003

▶ 案例表述

　　根据借款日期、应还日期来判断该项借款是否逾期，以及逾期天数。

▶ 案例实现

❶ 选中F2单元格，在公式编辑栏中输入公式：

`=IF(DAYS360(TODAY(),D2)<0,"已逾期"&-DAYS360(TODAY(),D2)&"天","未逾期")`

按Enter键，判断出第一项借款是否逾期。

❷ 选中F2单元格，向下拖动进行公式填充，即可快速判断出各项借款是否逾期，如图5-29所示。

	A	B	C	D	E	F
1	序号	账款金额	借款日期	到期日期	总借款天数	是否逾期
2	1	25800	2013/1/1	2013/4/1	90	未逾期
3	2	2200	2013/2/10	2013/3/10	30	未逾期
4	3	8000	2013/2/15	2013/3/5	25	已逾期5天
5	4	22000	2013/3/8	2013/5/1	53	未逾期

图5-29

交叉使用

IF函数是根据指定的条件来判断其"真"（TRUE）、"假"（FALSE），从而返回其相应的内容。用法详见第1章函数4。

TODAY函数用于返回当前日期的序列号。此函数用法详见5.1小节函数2。

函数14 EOMONTH函数

函数功能

EOMONTH函数表示返回某个月份最后一天的序列号，可以计算正好在特定月份中最后一天到期的到期日。

函数语法

EOMONTH(start_date, months)

参数说明

- start_date：表示一个代表开始日期的日期。应使用 DATE 函数输入日期，或者将日期作为其他公式或函数的结果输入。
- months：表示start_date 之前或之后的月份数。months 为正值将生成未来日期；为负值将生成过去日期。如果 months 不是整数，将截尾取整。

实例1 根据活动开始日期计算各月活动天数 Excel 2013/2010/2007/2003

案例表述

企业制定了半年的活动计划，从每月的15号开始某活动，到本月月底结束。此时可以使用EOMONTH函数来返回各月活动的天数。

案例实现

❶ 选中B2单元格，在公式编辑栏中输入公式：

```
=EOMONTH(A2,0)-A2
```

按Enter键，返回日期值。将光标移到B2单元格的右下角，向下复制公式，即可计算出指定日期到月末的天数（默认返回日期值），如图5-30所示。

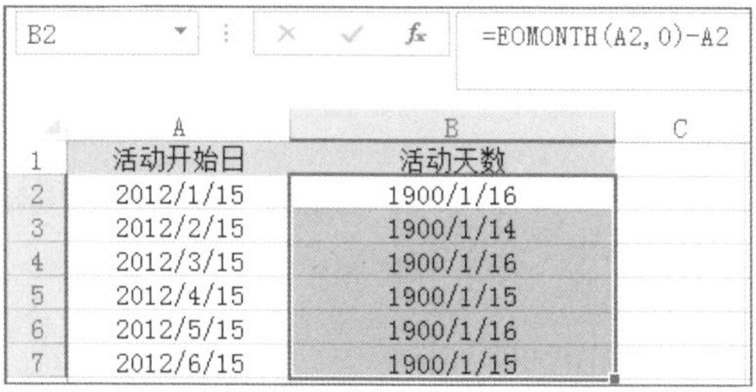

B2 =EOMONTH(A2,0)-A2

	A	B	C
1	活动开始日	活动天数	
2	2012/1/15	1900/1/16	
3	2012/2/15	1900/1/14	
4	2012/3/15	1900/1/16	
5	2012/4/15	1900/1/15	
6	2012/5/15	1900/1/16	
7	2012/6/15	1900/1/15	

图5-30

❷ 选中返回的结果，重新设置其单元格格式为“常规”，显示出天数，如图5-31所示。

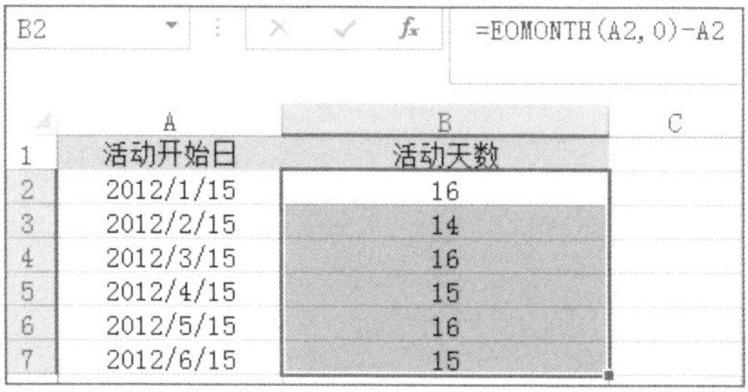

B2 =EOMONTH(A2,0)-A2

	A	B	C
1	活动开始日	活动天数	
2	2012/1/15	16	
3	2012/2/15	14	
4	2012/3/15	16	
5	2012/4/15	15	
6	2012/5/15	16	
7	2012/6/15	15	

图5-31

实例2　在考勤表中自动返回各月天数　Excel 2013/2010/2007/2003

案例表述

根据当前月份自动计算出本月日期在报表的制作中非常实用。例如，在考勤记录表中，要按日来对员工出勤情况进行记录，但不同月份的实际天数却不一定相同（如8月份有31天，而9月份有30天）。

案例实现

❶ 选中A4单元格，输入公式：

```
=IF(ROW(A1)<=DAY(EOMONTH($B$1,0)),DAY(DATE(YEAR($B$1),
MONTH($B$1),ROW(A1))),"")
```

按Enter键，即可根据B1单元格中的当前月份（注意B1单元格中使用了TODAY函数返回当前日期）自动判断本月应包含的天数，并返回本月的第1天序号，如图5-32所示。

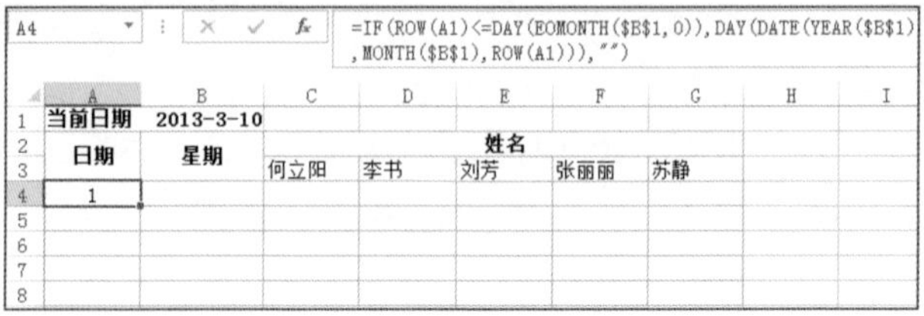

图5-32

② 将光标移到A4单元格右下角，向下拖动光标进行公式填充，即可自动获取本月对应的所有天数序号（最关键的是最后一天的数字），如图5-33所示。

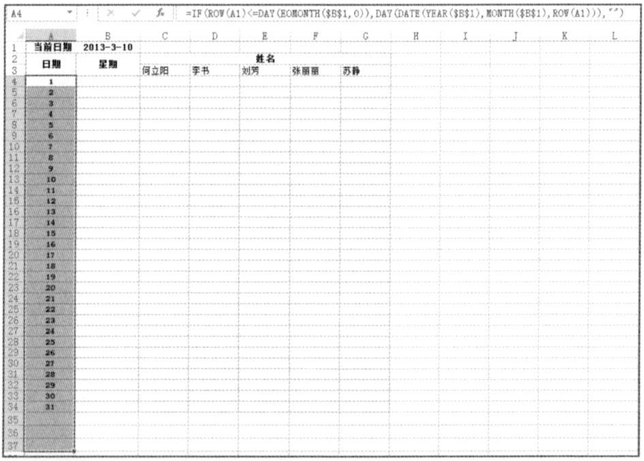

图5-33

③ 当进入到下一个月时，可以看到日期自动根据当月实际情况发生改变（最大天数为30），如图5-34所示（为方便读者对结果的查看，该图隐藏了8～19行的数据）。

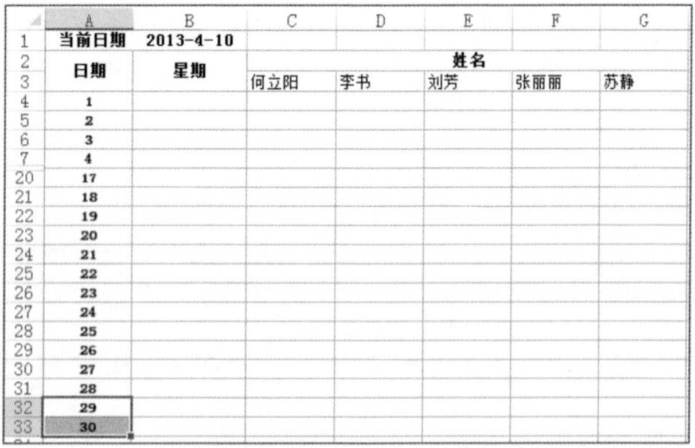

图5-34

交叉使用

　　IF函数是根据指定的条件来判断其"真"（TRUE）、"假"（FALSE），从而返回其相对应的内容。用法详见第1章函数4。

　　ROW函数用于返回引用的行号。该函数与COLUMN函数分别返回给定引用的行号与列标。此函数用法详见8.2小节函数12。

　　DAY 函数返回以序列号表示的某日期的天数，用整数1~31表示。此函数用法详见5.1小节函数4。

　　DATE 函数返回表示特定日期的序列号。用法详见5.1小节函数3。

　　YEAR函数表示某日期对应的年份。返回值为1900到9999之间的整数。用法详见5.1小节函数6。

　　MONTH函数表示返回以序列号表示的日期中的月份。月份是介于1（一月）到12（十二月）之间的整数。用法详见5.1小节函数5。

实例3　在考勤表中自动返回各日期对应的星期数　Excel 2013/2010/2007/2003

案例表述

　　在考勤表中除了需要根据当前月份自动返回各日期，同时还需要返回各日期对应的星期数，此时可以配合使用多个函数来达到这一目的。

案例实现

❶ 选中B4单元格，输入公式：

=IF(ROW(A1)<=DAY(EOMONTH($B$1,0)),WEEKDAY(DATE(YEAR($B$1),MONTH($B$1),A4),1),"")

按Enter键，即可判断出当前月份中第1天对应的星期数（默认返回值为序号），如图5-35所示。

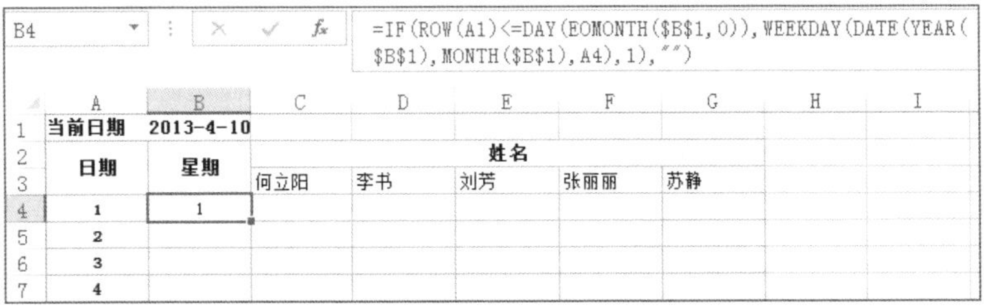

图5-35

❷ 选中B4单元格，打开"设置单元格格式"对话框，选择"分类"为"日期"，并选择"星期三"类型，如图5-36所示。

❸ 将光标移到B4单元格右下角，向下拖动光标进行公式填充，即可自动获取指定月份中每天对应的星期数，如图5-37所示。

图5-36

	A	B	C	D	E	F	G
1	当前日期	2013-4-10					
2	日期	星期			姓名		
3			何立阳	李书	刘芳	张丽丽	苏静
4	1	星期日					
5	2	星期一					
6	3	星期二					
7	4	星期三					
8	5	星期四					
9	6	星期五					
10	7	星期六					
11	8	星期日					
12	9	星期一					
13	10	星期二					
14	11	星期三					
15	12	星期四					
16	13	星期五					
17	14	星期六					
18	15	星期日					
19	16	星期一					
20	17	星期二					
21	18	星期三					
22	19	星期四					
23	20	星期五					
24	21	星期六					
25	22	星期日					
26	23	星期一					
27	24	星期二					
28	25	星期三					
29	26	星期四					
30	27	星期五					
31	28	星期六					
32	29	星期日					
33	30	星期一					

图5-37

④ 当进入到下一个月时，可以看到星期数自动根据当月实际情况改变。

IF函数是根据指定的条件来判断其"真"(TRUE)、"假"(FALSE),从而返回其相对应的内容。用法详见第1章函数4。

ROW函数用于返回引用的行号。该函数与COLUMN函数分别返回给定引用的行号与列标。此函数用法详见8.2小节函数12。

DAY 函数返回以序列号表示的某日期的天数,用整数1~31表示。此函数用法详见5.1小节函数4。

WEEKDAY函数表示返回某日期为星期几。默认情况下,其值为1(星期天)到7(星期六)之间的整数。此函数用法详见5.1小节函数7。

DATE 函数返回表示特定日期的序列号。用法详见5.1小节函数3。

YEAR函数表示某日期对应的年份。返回值为1900~9999之间的整数。用法详见5.1小节函数6。

MONTH函数表示返回以序列号表示的日期中的月份。月份是介于 1 (一月)到 12 (十二月)之间的整数。用法详见5.1小节函数5。

函数15 WORKDAY函数

函数功能

WORKDAY函数表示返回在某日期(起始日期)之前或之后、与该日期相隔指定工作日的某一日期的日期值。工作日不包括周末和专门指定的假日。

函数语法

WORKDAY(start_date, days,[holidays])

参数说明

● start_date:表示一个代表开始日期的日期。

● days:表示start_date之前或之后不含周末及节假日的天数。days为正值将生成未来日期;为负值生成过去日期。

● holidays:可选。一个可选列表,其中包含需要从工作日历中排除的一个或多个日期。

实例 计算某工程的完成日期

Excel 2013/2010/2007/2003

案例表述

某工程2013年2月8日开工,计划92天完工。公司规定除周末休息之外,每个月的最后一天也休息,如果最后一天也是周末则不补休。现需计算完工日期。

▶ 案例实现

① 选中C2单元格，在公式编辑栏中输入公式：

=WORKDAY(A2,B2,EOMONTH(A2,ROW(INDIRECT("1:"&INT(B2/30
*2)))))

按Ctrl+Shift+Enter组合键即可返回工程的完工日期序列号，如图5-38所示。

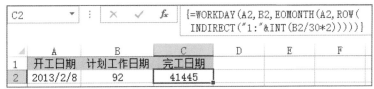

图5-38

② 将单元格的数值格式设置为"日期"后，效果如图5-39所示。

	A	B	C
1	开工日期	计划工作日期	完工日期
2	2013/2/8	92	2013/6/20

图5-39

● 交叉使用

INDIRECT函数用于返回由文本字符串指定的引用。此函数立即对引用进行计算，并显示其内容。此函数用法详见8.2小节函数14。

EOMONTH函数表示返回某个月份最后一天的序列号。此函数用法详见5.2小节函数14。

INT函数用于将指定数值向下取整为最接近的整数。此函数用法详见2.2小节函数29。

ROW函数用于返回引用的行号。该函数与COLUMN函数分别返回给定引用的行号与列标。此函数用法详见8.2小节函数12。

函数16 WORKDAY.INTL函数

▣ 函数功能

WORKDAY.INTL函数返回指定的若干个工作日之前或之后的日期的序列号（使用自定义周末参数）。周末参数指明周末有几天以及是哪几天。工作日不包括周末和专门指定的假日。

⊠ 函数语法

WORKDAY.INTL(start_date, days, [weekend], [holidays])

⊠ 参数说明

- start_date：表示开始日期（将被截尾取整）。
- days：表示Start_date 之前或之后的工作日的天数。 正值表示未来日期；负值表示过去日期；零值表示开始日期。days将被截尾取整。
- weekend：可选。指示一周中属于周末的日子和不作为工作日的日子。weekend是一个用于指定周末日的周末数字或字符串。
- holidays：可选。一组可选的日期，表示要从工作日日历中排除的一个或多个日期。holidays应是一个包含相关日期的单元格区域，或者是一个由表示这些日期的序列值构成的数组常量。holidays中的日期或序列值的顺序可以是任意的。

实例 查找距工作日的日期（仅将星期天作为周末进行计数） Excel 2013

▶ 案例表述

查找距离2012年1月1日有90个工作日的日期，仅将星期天作为周末进行计数（周末参数为 11）。使用 0 作为周末参数将导致一个 错误 #NUM!。

▶ 案例实现

1 选中单元格，在公式编辑栏中输入公式：

`= WORKDAY.INTL(DATE(2012,1,1),90,11)`

按Ctrl+Shift+Enter组合键即可返回工程的完工日期序列号，如图5-40所示。

	A	B	C	D	E	F
C2			=WORKDAY.INTL(DATE(2012,1,1),90,11)			
1	开工日期	计划工作日	完工日期			
2	2012/1/1	90	41013			

图5-40

2 将单元格的数值格式设置为"日期"后，如图5-41所示。

	A	B	C	D	E	F
C2			{=WORKDAY.INTL(DATE(2012,1,1),90,11)}			
1	开工日期	计划工作日	完工日期			
2	2012/1/1	90	2012/4/14			

图5-41

函数17 NETWORKDAYS函数

📊 函数功能

NETWORKDAYS函数表示返回参数 start_date 和 end_date 之间完整的工作日数值。工作日不包括周末和专门指定的假期。使用函数 NETWORKDAYS，可以根据某一特定时期内雇员的工作天数，计算其应计的报酬。

📊 函数语法

NETWORKDAYS(start_date, end_date, [holidays])

📊 参数说明

- start_date：表示一个代表开始日期的日期。
- end_date：表示一个代表终止日期的日期。
- holidays：可选。不在工作日历中的一个或多个日期所构成的可选区域。

实例1 计算国庆节到元旦之间的工作日 Excel 2013/2010/2007/2003

▶ 案例表述

要计算出2012年国庆节到2013年元旦之间的实际工作日，可以使用NETWORKDAYS函数来实现。

▶ 案例实现

① 选中C2单元格，在公式编辑栏中输入公式：

=NETWORKDAYS(A2,B2,B5:B7)

② 按Enter键，即可计算出2012年国庆节到2013年元旦期间的实际工作日（B5:B7单元格区域中显示的是除周六、周日之外还应去除的休息日），如图5-42所示。

	A	B	C	D	E	F
1	国庆	元旦	工作日			
2	2012/10/1	2013/1/1	64			
3						
4	假日	日期				
5		2012/10/1				
6	国庆	2012/10/2				
7		2012/10/3				

C2 fx =NETWORKDAYS(A2,B2,B5:B7)

图5-42

实例2 计算年假占全年工作日的百分比   Excel 2013/2010/2007/2003

案例表述

当企业员工在休年假时，可以根据休假的起始日、结束日来计算休假日期占全年工作日的百分比。

案例实现

① 选中D2单元格，在公式编辑栏中输入公式：

=NETWORKDAYS(B2,C2)/NETWORKDAYS("2012−01−01","2013−01−01")

按Enter键即可计算出第一位员工休假天数占全年工作日的百分比。

② 将光标移到D2单元格的右下角，向下复制公式，即可计算出其他员工休年假天数占全年工作日的百分比，如图5−43所示。

图5−43

函数18 NETWORKDAYS.INTL函数

函数功能

NETWORKDAYS.INTL函数表示返回两个日期之间的所有工作日数，使用参数指示哪些天是周末，以及有多少天是周末。工作日不包括周末和专门指定的假日。

函数语法

NETWORKDAYS.INTL(start_date, end_date, [weekend], [holidays])

参数说明

- start_date 和 end_date：表示要计算其差值的日期。 start_date 可以早于或晚于end_date，也可以与它相同。
- weekend：表示介于start_date和end_date之间但又不包括在所有工作日数中的周末日。weekend 是一个用于指定周末日的周末数字或字符串。
- holidays：可选。表示要从工作日日历中排除的一个或多个日期。holidays 应是一个包含相关日期的单元格区域，或者是一个由表示这些日期的序列值构成的数组常量。holidays中的日期或序列值的顺序可以是任意的。

Excel 2013

案例表述

　　从 2006 年 1 月 1 日和 2006 年 2 月 1 日之间的 32 天中减去非工作日（4 个星期五、4 个星期六和 2 个假日），使用 7 作为周末参数（星期五和星期六）。在该时间段中有两个假日。

案例实现

①　选中E2单元格，在公式编辑栏中输入公式：

= NETWORKDAYS.INTL(A2,B2,C2,{"2006/1/2","2006/1/16"})

②　按Enter键即可计算出将来工作日，如图5-44所示。

E2		⋮	×	✓	fx	=NETWORKDAYS. INTL(A2,B2,C2,{"2006/1/2","2006/1/16"})		
	A	B	C	D	E	F	G	H
1	开始日期	结束日期	周末参数	节假日	将来工作日			
2	2006/1/1	2006/2/1	7	2006/1/2	22			
3				2006/1/16				

图5-44

函数19 WEEKNUM函数

函数功能

　　WEEKNUM函数是返回一个数字，该数字代表一年中的第几周。

函数语法

　　WEEKNUM(serial_number,[return_type])

参数说明

● serial_number：表示代表一周中的日期。应使用 DATE 函数输入日期，或者将日期作为其他公式或函数的结果输入。

● return_type：可选。一数字，确定星期从哪一天开始。

Excel 2013/2010/2007/2003

案例实现

①　选中B2单元格，在公式编辑栏中输入公式：

="第"& WEEKNUM(A2)&"周"

按Enter键即可根据指定日期获取对应一年中的第几周。

② 将光标移到B2单元格的右下角，向下复制公式，即可根据其他指定的日期获取对应一年中的第几周，如图5-45所示。

| B2 | ▼ | : | × | ✓ | fx | ="第"& WEEKNUM(A2)&"周" |

	A	B	C	D
1	日期	对应一年中的第几周		
2	2010/8/8	第33周		
3	2011/3/6	第11周		
4	2012/10/5	第40周		

图5-45

函数20 YEARFRAC函数

(⊠) 函数功能

YEARFRAC函数表示返回 start_date 和 end_date 之间的天数占全年天数的百分比。

(⊠) 函数语法

YEARFRAC(start_date, end_date, [basis])

(⊠) 参数说明

- start_date：表示一个代表开始日期的日期.
- end_date：表示一个代表终止日期的日期。
- basis：可选。要使用的日计数基准类型。

实例　计算员工请假天数占全年天数的百分比　Excel 2013/2010/2007/2003

▶ 案例表述

在前面的实例中使用了NETWORKDAYS函数计算员工休假天数占全年工作日的百分比。本例中使用YEARFRAC函数可以计算出员工请假天数占全年天数的百分比。

▶ 案例实现

① 选中D2单元格，在公式编辑栏中输入公式：

=YEARFRAC(B2,C2,3)

按Enter键即可根据员工请假日期和请假结束日期计算出请假天数占全年天数的百分比。

② 将光标移到D2单元格的右下角，向下复制公式，即可根据其他员工请假日期和请假结束日期计算出请假天数占全年天数的百分比，如图5-46所示。

D2 =YEARFRAC(B2,C2,3)

	A	B	C	D
1	姓名	假期起始日	假期结算日	占全年工作日的百分比
2	葛丽	2012/1/10	2012/1/25	4%
3	夏慧	2012/2/10	2012/2/22	3%
4	张伟	2012/3/15	2012/4/15	8%

图5-46

函数21 EDATE函数

函数功能

EDATE函数返回表示某个日期的序列号，该日期与指定日期相隔指示的月份数。

函数语法

EDATE(start_date, months)

参数说明

- start_date：表示一个代表开始日期的日期。应使用 DATE 函数输入日期，或者将日期作为其他公式或函数的结果输入。
- months：表示start_date 之前或之后的月份数。months 为正值将生成未来日期；为负值将生成过去日期。

实例 计算2010年到2013年共有多少天 Excel 2013/2010/2007/2003

案例表述

计算2010年到2013年共有多少天，可以使用EDATE函数配合其他几个函数来实现。

案例实现

1 选中A2单元格，在公式编辑栏中输入公式：

```
=SUM(DAY(EDATE("2010-1-31",ROW(1:24)-1)))
```

2 按Ctrl+Shift+Enter组合键即可返回2010年到2013年共有多少天，如图5-47所示。

A2 {=SUM(DAY(EDATE("2010-1-31",ROW(1:24)-1)))}

	A	B	C	D	E	F	G
1	2010年到2013年共有多少天						
2	730						
3							

图5-47

交叉使用

SUM函数用于返回某一单元格区域中所有数字之和。此函数用法详见2.1
小节函数3。

ROW函数用于返回引用的行号。该函数与COLUMN函数分别返回给定
引用的行号与列标。此函数用法详见8.2小节函数12。

DAY 函数返回以序列号表示的某日期的天数，用整数1~31表示。此函
数用法详见5.1小节函数4。

5.3　文本与日期、时间格式间的转换

函数22　DATEVALUE函数

📐 函数功能

DATEVALUE函数可将存储为文本的日期转换为Excel识别为日期的序
列号。

📐 函数语法

DATEVALUE(date_text)

📐 参数说明

● date_text：表示Excel日期格式的日期的文本，或者是对Excel日期格式
的日期的文本所在单元格的单元格引用。

实例　计算借款天数　　　　　　　　　Excel 2013/2010/2007/2003 🎧

▶ 案例表述

根据本例中的数据表，计算出各项借款的借款天数，可以按如下方法来设
置公式。

▶ 案例实现

❶ 选中H3单元格，在公式编辑栏中输入公式：

=DATEVALUE(E3&F3&G3)−DATEVALUE(B3&C3&D3)

按Enter键即可根据借款日期和还款日期得到具体的借款天数。

❷ 将光标移到H3单元格的右下角，向下复制公式，即可计算出其他各项
借款的借款天数，如图5-48所示。

| H3 | | : | × | ✓ | fx | =DATEVALUE(E3&F3&G3)-DATEVALUE(B3&C3&D3) | |

▲	A	B	C	D	E	F	G	H
1	序号	借款日期			还款日期			借款日期
2		年	月	日	年	月	日	
3	1	2011年	1月	1日	2011年	4月	1日	90
4	2	2011年	2月	10日	2011年	3月	10日	28
5	3	2011年	2月	20日	2011年	3月	15日	23
6	4	2011年	3月	8日	2011年	5月	1日	54

图5-48

函数23 TIMEVALUE函数

▣ 函数功能

TIMEVALUE函数表示返回由文本字符串所代表的小数值。

▣ 函数语法

TIMEVALUE(time_text)

▣ 参数说明

● time_text：表示一个文本字符串，代表以任意一种 Microsoft Excel 时间格式表示的时间。

实例　将指定时间转换为时间小数值　　　Excel 2013/2010/2007/2003

▶ 案例实现

❶ 选中B2单元格，在编辑栏中输入公式：

=TIMEVALUE("9:30:35")

❷ 按Enter键即可将指定时间转换为时间小数值，如图5-49所示。

| B2 | | : | × | ✓ | fx | =TIMEVALUE("9:30:35") |

▲	A	B	C	D	E
1	时间	转换为小数值			
2	9:30:35	0.396238426			
3	14:28:00				

图5-49

第 6 章

统计函数

本章中部分素材文件在光盘中对应的章节下。

6.1 平均值计算函数

函数1 AVERAGE函数

⊠ 函数功能

AVERAGE函数用于计算所有参数的算术平均值。

⊠ 函数语法

AVERAGE(number1,number2,...)

⊠ 参数说明

● number1,number2,...: 表示要计算平均值的1~30个参数。

实例1 忽略0值求平均销售金额
Excel 2013/2010/2007/2003

▶ 案例表述

当需要求平均值的单元格区域中包含0值时,它们也将参与求平均值的运算。如果想排除运算区域中的0值,可以按如下方法设置公式。

▶ 案例实现

1 选中E4单元格,在公式编辑栏中输入公式:

=AVERAGE(IF(B2:B9<>0,B2:B9))

2 按Ctrl+Shift+Enter组合键,即可忽略0值求平均值,如图6-1所示。

E4	▼ : ✕ ✓ fx	{=AVERAGE(IF(E2:E9<>0,B2:B9))}				
⊿	A	B	C	D	E	F
1	**销售员**	**销售金额**				
2	郑燕媚	45800				
3	钟月珍	56000				
4	谭林	46500		平均销售金额	43275	
5	农秀色	0				
6	于淼	29200				
7	杨文芝	56500				
8	蔡瑞屏	0				
9	明雪花	25650				

图6-1

交叉使用

IF函数是根据指定的条件来判断其"真"(TRUE)、"假"(FALSE),从而返回其相对应的内容。用法详见第1章函数4。

实例2 统计各班级平均分

案例表述

当前表格中统计了各个班级中各学生的分数，可以利用AVERAGE函数统计出每个班级的平均分数。

案例实现

① 在工作表中输入数据并建立好求解标识。

② 选中F4单元格，在公式编辑栏中输入公式：

=AVERAGE(IF($A$2:$A$13=E4,$C$2:$C$13))

按Ctrl+Shift+Enter组合键，即可计算出1班的平均分数。

③ 选中F4单元格，向下复制公式到F6单元格，即可求出其他班级平均分数，如图6-2所示。

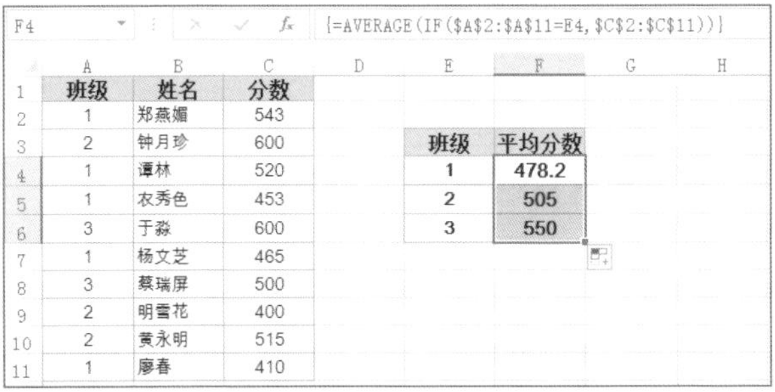

图6-2

交叉使用

IF函数是根据指定的条件来判断其"真"（TRUE）、"假"（FALSE），从而返回其相对应的内容。用法详见第1章函数4。

实例3 计算一车间女职工平均工资

案例表述

当前表格中统计了员工工资，其中包含"车间"列与"性别"列，现在要统计出指定车间指定性别员工的平均工资。

案例实现

① 选中F2单元格，在公式编辑栏中输入公式：

=AVERAGE(IF((B2:B12="一车间")*(C2:C12="女"),D2:D12))

② 按Ctrl+Shift+Enter组合键，即可计算出一车间女职工的平均工资，如

图6-3所示。

| F2 | ▼ | : | × | ✓ | fx | {=AVERAGE(IF((B2:B12="一车间")*(C2:C12="女"),D2:D12))} |

	A	B	C	D	E	F	G	H
1	姓名	车间	性别	工资		一车间女职工平均工资		
2	宋燕玲	一车间	女	2800		2160		
3	郑蕊	二车间	女	2540				
4	黄嘉俐	二车间	女	1600				
5	区菲娅	一车间	女	1520				
6	江小丽	二车间	女	2450				
7	麦子聪	一车间	男	3600				
8	叶雯静	二车间	女	1460				
9	钟璨	一车间	男	1500				
10	陆穆平	二车间	男	2400				
11	李霞	二车间	女	2510				
12	周成	一车间	男	3000				
13								

图6-3

交叉使用

IF函数是根据指定的条件来判断其"真"（TRUE）、"假"（FALSE），从而返回其相对应的内容。用法详见第1章函数4。

函数2 AVERAGEA函数

◻ **函数功能**

AVERAGEA函数返回其参数（包括数字、文本和逻辑值）的平均值。

◻ **函数语法**

AVERAGEA(value1,value2,...)

◻ **参数说明**

- value1,value2,...：表示需要计算平均值的1~30个单元格、单元格区域或数值。

实例　统计平均销售额（计算区域含文本值） Excel 2013/2010/2007/2003 🌐

▶ **案例表述**

使用AVERAGE函数求平均值，其参数必须为数字，它忽略文本和逻辑值。如果想求包含文本值的平均值，需要使用AVERAGEA函数。

▶ **案例实现**

❶ 选中E2单元格，在公式编辑栏中输入公式：

=AVERAGEA(B2:D2)

按Enter键，计出1月份平均销售额。

② 选中E2单元格，向下复制公式，可以看到当每个单元格中都包含数字时，使用AVERAGEA函数与AVERAGE函数计算结果相同。当单元格中包含文本型数据时，使用AVERAGEA函数将包含文本值求平均值，如图6-4所示的3月份销量。

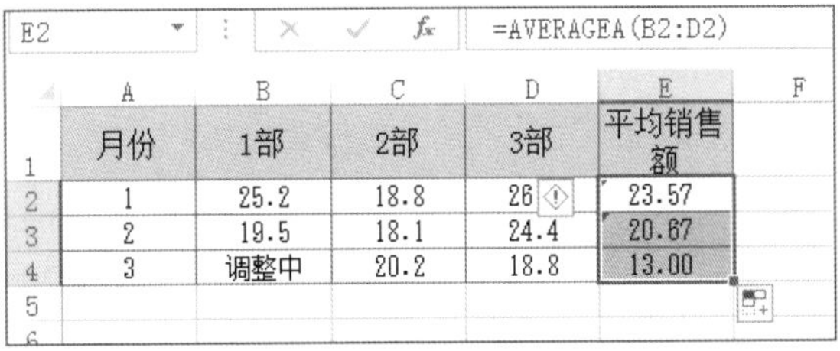
E2 =AVERAGEA(B2:D2)

	A	B	C	D	E	F
1	月份	1部	2部	3部	平均销售额	
2	1	25.2	18.8	26	23.57	
3	2	19.5	18.1	24.4	20.67	
4	3	调整中	20.2	18.8	13.00	
5						

图6-4

函数3 AVERAGEIF函数

函数功能

AVERAGEIF函数返回某个区域内满足给定条件的所有单元格的平均值（算术平均值）。

函数语法

AVERAGEIF(range,criteria,average_range)

参数说明

- range：要计算平均值的一个或多个单元格，其中包括数字或包含数字的名称、数组或引用。
- criteria：数字、表达式、单元格引用或文本形式的条件，用于定义要对哪些单元格计算平均值。例如：条件可以表示为32、"32"、">32"、"apples"或B4。
- average_range：要计算平均值的实际单元格集。如果忽略，则使用range。

实例1　计算每季度平均出库数量　Excel 2013/2010/2007/2003

案例表述

表格中统计了各个季度产品的入库与出库数量，现在要统计出每季度平均入库或出库数量，可以按如下方法来设置公式。

案例实现

1 选中E2单元格，在公式编辑栏中输入公式：

```
=AVERAGEIF(B2:B9,"出库",C2:C9)
```

2 按Enter键，即可计算出每季度平均出库数量，如图6-5所示。

E2 =AVERAGEIF(B2:B9,"出库",C2:C9)

	A	B	C	D	E	F
1	季度	出入库	数量		每季度平均出库数量	
2	一季度	入库	948		502	
3		出库	500			
4	二季度	入库	468			
5		出库	398			
6	三季度	入库	405			
7		出库	340			
8	四季度	入库	873			
9		出库	770			

图6-5

实例2 计算销售利润时使用通配符

Excel 2013/2010/2007/2003

案例表述

通过本例的学习，可以帮助读者学习如何使用通配符来设置AVERAGEIF函数的参数。

案例实现

1 在工作表中输入数据并建立好求解标识。选中B9单元格，在编辑栏中输入公式：

```
=AVERAGEIF(A2:A7,"=*西部",B2:B7)
```

按Enter键，即可计算出“地区”为“西部”或“中西部”的利润平均值，如图6-6所示。

B9 =AVERAGEIF(A2:A7,"=*西部",B2:B7)

	A	B	C	D
1	地区	利润(万元)		
2	东部(新售点)	150		
3	南部	98.2		
4	西部	112		
5	北部	108		
6	中西部	163.5		
7	中南部(新售点)	77		
8				
9	西部地区平均利润	137.75		
10	新售点以外地区平均利润			

图6-6

2 选中B10单元格，在公式编辑栏中输入公式：

=AVERAGEIF(A2:A7,"<>*(新售点)",B2:B7)

按Enter键，即可计算出“地区”列中不包含“新售点”文字的利润的平均值，如图6-7所示。

B10　fx　=AVERAGEIF(A2:A7,"<>*(新售点)",B2:B7)

	A	B	C	D	E
1	地区	利润(万元)			
2	东部(新售点)	150			
3	南部	98.2			
4	西部	112			
5	北部	108			
6	中西部	163.5			
7	中南部(新售点)	77			
8					
9	西部地区平均利润	137.75			
10	新售点以外地区平均利润	120.425			

图6-7

函数4　AVERAGEIFS函数

函数功能

AVERAGEIFS函数返回满足多重条件的所有单元格的平均值（算术平均值）。

函数语法

AVERAGEIFS(average_range,criteria_range1,criteria1,criteria_range2,criteria2...)

参数说明

- average_range：表示要计算平均值的一个或多个单元格，其中包括数字或包含数字的名称、数组或引用。
- criteria_range1,criteria_range2,...：表示要计算关联条件的1～127个区域；
- criteria1,criteria2,...：表示要数字、表达式、单元格引用或文本形式的1～127个条件，用于定义要对哪些单元格求平均值。例如：条件可以表示为32、"32"、">32"、"apples"或B4。

实例1　求有效测试的平均值　Excel 2013/2010/2007/2003

案例表述

表格中显示了电阻的有效范围，以及多次测试结果，现在要排除无效测试结果来计算平均电阻，此时可以使用AVERAGEIFS函数来设置求解公式。

案例实现

❶ 选中B13单元格，在编辑栏中输入公式：

=AVERAGEIFS(B4:B11,B4:B11,">=1.8",B4:B11,"<=3.1")

❷ 按Enter键，即可排除无效测试结果（不在标注的电阻范围内的）来计算平均电阻，如图6-8所示。

B13		:	×	✓	fx	=AVERAGEIFS(B4:B11,B4:B11,">= 1.8",B4:B11,"<=3.1")		
	A	B	C	D	E	F
1	电阻范围	1.8～3.1				
2						
3	次数	测试结果				
4	1	1.58				
5	2	1.95				
6	3	2.05				
7	4	1.87				
8	5	3.28				
9	6	3.02				
10	7	3.1				
11	8	3.42				
12						
13	平均电阻	2.53				

图6-8

实例2　忽略0值求指定班级的平均分　Excel 2013/2010/2007/2003

案例表述

表格中统计了各个班级学生成绩（其中包含0值），现在要计算指定班级的平均成绩且忽略0值，可以使用AVERAGEIFS函数来设置公式。

案例实现

❶ 选中F4单元格，在编辑栏中输入公式：

=AVERAGEIFS($C$2:$C$11,$A$2:$A$11,E4,$C$2:$C$11,"<>0")

按Enter键，即可计算出班级为1的平均成绩且忽略0值。

❷ 选中F4单元格，向下复制公式到F5单元格，即可计算出班级为2的平均成绩，如图6-9所示。

F4		:	×	✓	fx	=AVERAGEIFS($C$2:$C$11,$A$2:$A$11,E4,$C$2:$C$11,"<>0")			
	A	B	C	D	E	F	G	H	I
1	班级	姓名	成绩						
2	1	宋燕玲	0						
3	2	郑芸	494		班级	平均分			
4	1	黄嘉俐	536		1	548.25			
5	2	区菲娅	564		2	540			
6	1	江小丽	509						
7	1	麦子聪	550						
8	2	叶雯静	523						
9	2	钟琛	0						
10	1	陆博平	598						
11	2	李玉琢	579						

图6-9

函数5　AVEDEV函数

函数功能

AVEDEV函数用于返回一组数据与其均值的绝对偏差的平均值，该函数可以评测数据的离散度。

函数语法

AVEDEV(number1,number2,...)

参数说明

● number1,number2,...：表示用来计算绝对偏差平均值的一组参数，其个数可以在1～30个之间。

实例　求一组数据的绝对偏差的平均值　　Excel 2013/2010/2007/2003

案例表述

对学生成绩进行3次测试后，求这组数据与其均值的绝对偏差的平均值，可以使用AVEDEV函数来实现。

案例实现

❶ 选中E2单元格，在编辑栏中输入公式：

`=AVEDEV(B2:D2)`

按Enter键，即可计算出第一位学生成绩的绝对偏差平均值。

❷ 将光标移到E2单元格的右下角，光标变成十字形状后，向下复制公式，即可计算其他学生成绩的绝对偏差平均值，如图6-10所示。

E2	▼	⋮	×	✓	fx	=AVEDEV(B2:D2)	
▲	A	B	C	D	E	F
1	学生姓名	第1次测试	第2次测试	第3次测试	绝对偏差平均值	
2	葛丽	85	95	84	4.666666667	
3	徐莹	85	91	84	2.888888889	
4	唐柳云	94	85	68	9.555555556	
5	周国菊	85	84	92	3.333333333	
6						

图6-10

函数6　GEOMEAN函数

函数功能

GEOMEAN函数用于返回正数数组或数据区域的几何平均值。

⊠ 函数语法

　　GEOMEAN(number1,number2,...)

⊠ 参数说明

　　● number1,number2,...：表示需要计算其平均值的1～30个参数。

实例　计算出上半年销售量的几何平均销售量 Excel 2013/2010/2007/2003

▶ 案例表述

　　在上半年产品销售数量统计报表中，根据上半年各月的销售值返回上半年销售量几何平均销售量。

▶ 案例实现

❶ 选中B9单元格，在编辑栏中输入公式：

　　=GEOMEAN(B2:B7)

❷ 按Enter键即可返回上半年销售量几何平均销售量，如图6-11所示。

B9	▼ : × ✓ *fx*	=GEOMEAN(B2:B7)		
	A	B	C	D
1	月份	销售量（件）		
2	1	13176		
3	2	13287		
4	3	13366		
5	4	13517		
6	5	13600		
7	6	13697		
8				
9	上半年销售量几何平均值	13439.28331		

图6-11

函数7 **HARMEAN函数**

⊠ 函数功能

　　HARMEAN函数返回数据集合的调和平均值（调和平均值与倒数的算术平均值互为倒数）。

⊠ 函数语法

　　HARMEAN(number1,number2,...)

⊠ 参数说明

　　● number1,number2,...：表示需要计算其平均值的1～30个参数。

实例 计算上半年销售量调和平均销售量

Excel 2013/2010/2007/2003

▶ 案例表述

在上半年产品销售数量统计报表中，根据上半年各月的销售值返回上半年销售量调和平均销售量。

▶ 案例实现

1 选中B9单元格，在编辑栏中输入公式：

=HARMEAN(B2:B7)

2 按Enter键即可返回上半年销售量调和销售量，如图6-12所示。

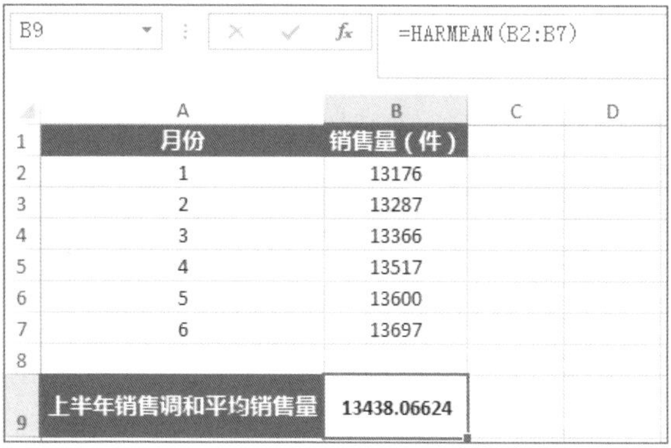

	A	B	C	D
	月份	销售量（件）		
1	1	13176		
2	2	13287		
3	3	13366		
4	4	13517		
5	5	13600		
6	6	13697		
9	上半年销售调和平均销售量	13438.06624		

B9 fx =HARMEAN(B2:B7)

图6-12

函数8 TRIMMEAN函数

函数功能

TRIMMEAN函数用于从数据集的头部和尾部除去一定百分比的数据点后，再求该数据集的平均值。

函数语法

TRIMMEAN(array,percent)

参数说明

- array：表示需要进行筛选，并求平均值的数组或数据区域。
- percent：表示计算时所要除去的数据点的比例。当percent=0.2时，在10个数据中去除2个数据点（10*0.2=2）、在20个数据中去除4个数据点（20*0.2=4）。

实例　通过10位评委打分计算选手的最后得分 Excel 2013/2010/2007/2003

▶ 案例表述

在进行技能比赛中，10位评委分别为进入决赛的3名选手进行打分，通过10位的打分结果计算出3名选手的最后得分。

▶ 案例实现

❶ 选中B13单元格，在编辑栏中输入公式：

=TRIMMEAN(B2:B11,0.2)

按Enter键即可实现在10个数据中去除2个数据点后再进行求平均值计算。

❷ 选中B13单元格，向右复制公式，即可计算出其他选手的最后得分，如图6-13所示。

B13	▼	⋮	✕ ✓	f_x	=TRIMMEAN(B2:B11,0.2)
▲	A	B	C	D	
1		彭国华	8.95	孙丽萍	
2	评委1	9.65	8.95	9.35	
3	评委2	9.10	8.78	9.25	
4	评委3	10.00	8.35	9.47	
5	评委4	8.35	8.95	9.04	
6	评委5	8.95	9.15	8.71	
7	评委6	8.78	9.35	8.85	
8	评委7	9.25	9.65	8.75	
9	评委8	9.45	8.93	8.95	
10	评委9	9.15	8.15	9.05	
11	评委10	9.25	8.35	9.15	
12					
13	最后得分	9.20	8.85	9.05	

图6-13

6.2　数目统计函数

函数9　COUNT函数

▣ 函数功能

COUNT函数用于返回数字参数的个数，即统计数组或单元格区域中含有数字的单元格个数。

▣ 函数语法

COUNT(value1,value2,...)

🖾 参数说明

- value1,value2,…：表示包含或引用各种类型数据的参数（1~30个），其中只有数字类型的数据才能被统计。

实例1　统计出故障的机器台数
Excel 2013/2010/2007/2003

▶ 案例表述

根据统计的每台机床的停机时间，可以使用COUNT函数来统计出故障机器的台数。

▶ 案例实现

❶ 选中F2单元格，在编辑栏中输入公式：

`=COUNT(C2:C9)`

❷ 按Enter键即可根据C2:C9单元格中显示数字的个数来判断出故障的机器台数，如图6-14所示。

F2		⋮	×	✓	fx	=COUNT(C2:C9)	
▲	A	B	C	D	E	F	
1	机床编号	生产量	停机时间（分）	停机原因		出故障的机器台数	
2	LP001	494	--	…		2	
3	LP002	536	--	…			
4	LP003	564	--	…			
5	LP004	509	50	…			
6	LP005	550	--	…			
7	LP006	523	30	…			
8	LP007	564	--	…			
9	LP008	509	--	…			

图6-14

实例2　统计学生成绩及格率
Excel 2013/2010/2007/2003

▶ 案例表述

当前表格中统计了学生的成绩，按如下方法设置公式可以统计出所有学生本次考试的及格率（大于60分为及格）。

▶ 案例实现

❶ 选中D2单元格，在编辑栏中输入公式：

`=TEXT(COUNT(0/(B2:B11>=60))/COUNT(B2:B11),"0.00%")`

❷ 按Ctrl+Shift+Enter组合键，即可统计出本次考试的及格率，如图6-15所示。

| D2 | | : | × | ✓ | f_x | {=TEXT(COUNT(0/(B2:B11)>=60))/COUNT(B2:B11),"0.00%")} | | |

	A	B	C	D	E	F	G	H	I
1	姓名	成绩		统计及格率					
2	宋燕玲	65		70.00%					
3	郑芸	94							
4	黄嘉俐	56							
5	区菲娅	64							
6	江小丽	59							
7	麦子聪	88							
8	叶雯静	97							
9	钟琛	54							
10	陆穗平	98							
11	李玉琢	100							

图6-15

交叉使用

TEXT函数是将数值转换为按指定数字格式表示的文本。此函数用法详见3.3小节函数34。

函数10 COUNTA函数

📩 **函数功能**

COUNTA函数返回包含任何值（包括数字、文本或逻辑数字）的参数列表中的单元格数或项数。

📩 **函数语法**

COUNTA(value1,value2,...)

📩 **参数说明**

- value1,value2,...：表示包含或引用各种类型数据的参数（1~30个），其中参数可以是任何类型，它们包括空格但不包括空白单元格。

实例　统计参与瑜伽课程的总人数　　　　　Excel 2013/2010/2007/2003 🌐

▶ **案例表述**

表格中统计了各个课程的参加名单，由于单元格中显示的是文本数据，因此需要使用COUNTA函数。

▶ **案例实现**

❶ 选中D1单元格，在编辑栏中输入公式：

="共计"&COUNTA(A3:C10)&"人"

② 按Enter键即可统计A3:C10单元格区域中包含文本值的数目，即统计了参加瑜伽课程的总人数，如图6-16所示。

	A	B	C	D	E	F
1	参与瑜伽课程的总人数			共计16人		
2	智瑜伽	业瑜伽	信仰瑜伽			
3	郑燕媚	于淼	卢惜莲			
4	钟月珍	杨文芝	陈明			
5	谭林	蔡瑞屏	张刚			
6	农秀色	明雪花	韦玲芳			
7		黄永明	邓晓兰			
8		廖春				
9		罗婷				
10						

D1 fx ="共计"&COUNTA(A3:C10)&"人"

图6-16

函数11 COUNTIF函数

(图) 函数功能

COUNTIF函数用于计算区域中满足给定条件的单元格的个数。

(图) 函数语法

COUNTIF(range,criteria)

(图) 参数说明

● range：表示需要计算其中满足条件的单元格数目的单元格区域。
● criteria：表示确定哪些单元格将被计算在内的条件，其形式可以为数字、表达式或文本。

实例1　统计出大于指定销售金额的人数　Excel 2013/2010/2007/2003

▶ 案例表述

当前表格中统计了每位销售人员的销售金额，现在要统计出销售金额大于50 000元的人数。

▶ 案例实现

① 选中D5单元格，在公式编辑栏中输入公式：

=COUNTIF(B2:B11,">=50000")

② 按Enter键统计出B2:B11单元格区域中金额大于50 000的人数，如图6-17所示。

图6-17

实例2　统计出大于平均分数的学生人数
Excel 2013/2010/2007/2003

▶ **案例表述**

当前表格中统计了每位学生的分数，现在要统计出大于平均值的记录数。

▶ **案例实现**

1 选中D5单元格，在编辑栏中输入公式：

=COUNTIF(B2:B11,">"&AVERAGE(B2:B11))

2 按Enter键，统计出大于平均值的记录条数，如图6-18所示。

图6-18

 交叉使用

AVERAGE函数用于计算所有参数的算术平均值。用法详见6.1小节函数1。

实例3　统计出某两门课程的报名人数
Excel 2013/2010/2007/2003

▶ **案例表述**

当前表格中统计了不同的学员所报的课程，现在要统计出某两门课程的报名人数。

▶ **案例实现**

1 选中D5单元格，在编辑栏中输入公式：

=SUM(COUNTIF(B2:B15,{"智瑜伽","业瑜伽"}))

2 按Enter键即可计算出B2:B15单元格区域中显示"智瑜伽"与"业瑜伽"的总次数，如图6-19所示。

D5 ｜ × ✓ fx =SUM(COUNTIF(B2:B15,{"智瑜伽","业瑜伽"}))

	A	B	C	D	E	F	G
1	姓名	课程					
2	郑燕媚	智瑜伽					
3	钟月珍	业瑜伽		智瑜伽与业瑜			
4	谭林	信仰瑜伽		伽的合计人数			
5	农秀色	智瑜伽		10			
6	于淼	信仰瑜伽					
7	杨文芝	业瑜伽					
8	蔡瑞屏	信仰瑜伽					
9	明雪花	智瑜伽					
10	廖春	智瑜伽					
11	罗婷	业瑜伽					
12	卢惜莲	信仰瑜伽					
13	陈明	业瑜伽					
14	韦玲芳	业瑜伽					
15	邓晓兰	业瑜伽					

图6-19

交叉使用

　　SUM函数用于返回某一单元格区域中所有数字之和。此函数用法详见2.1小节函数3。

实例4　统计是三好学生且参加数学竞赛的人数 Excel 2013/2010/2007/2003

▶ **案例表述**

　　当前表格中统计有三好学生与参加数学竞赛的名单，现在想统计出是三好学生且参加数学竞赛的人数。

▶ **案例实现**

1 选中D2单元格，在编辑栏中输入公式：

=SUM(COUNTIF(A2:A11,B2:B11))

2 按Enter键即可计算出A2:A11与B2:B11单元格区域中出现重复姓名的次数，即是三好学生且参加数学竞赛的人数，如图6-20所示。

D2 ｜ × ✓ fx {=SUM(COUNTIF(A2:A11,B2:B11))}

	A	B	C	D	E	F	G
1	三好学生	数学竞赛		是三好学生且参加数学竞赛的人数			
2	于淼	蔡瑞屏		6			
3	杨文芝	周瑞洋					
4	蔡瑞屏	于淼					
5	李丽	罗婷					
6	廖春	陆穗平					
7	罗婷	韦玲芳					
8	卢惜莲	李丽					
9	陈明	李霞					
10	韦玲芳	周成					
11	邓晓兰	陈明					

图6-20

实例5 统计连续3次考试都进入前10名的人数 Excel 2013/2010/2007/2003 🌐

▶ 案例表述

当前表格中统计了不同的学员所报的课程，现在要统计出某两门课程的报名人数。

▶ 案例实现

❶ 选中F2单元格，在编辑栏中输入公式：

=SUM(COUNTIF(D2:D11,IF(COUNTIF(B2:B11,C2:C11),C2:C11)))

❷ 按Enter键即可统计出3次都出现在B、C、D列中的姓名，即连续3次考试都进入前10名的人数，如图6-21所示。

F2	▼	:	×	✓	fx	{=SUM(COUNTIF(D2:D11,IF(COUNTIF(B2:B11,C2:C11),C2:C11)))}			
	A	B	C	D	E	F	G	H	I	J
1	名次	一次模底	二次模底	三次模底		连续3次考试都进入前10名的人数				
2	1	陈明	张金童	侯淑媛		4				
3	2	张刚	张刚	邓晓兰						
4	3	韦余强	蔡雪华	罗婷						
5	4	邓晓兰	郑燕媚	郑燕媚						
6	5	罗婷	邓晓兰	金树森						
7	6	杨增	黄永明	阳明文						
8	7	金树森	韦余强	张刚						
9	8	刘金辉	罗婷	陈春						
10	9	郑燕媚	丁瑞	曾利						
11	10	钟月珍	曾利	蔡雪华						

图6-21

函数12 COUNTIFS函数

🗙 函数功能

COUNTIFS函数计算某个区域中满足多重条件的单元格数目。

🗙 函数语法

COUNTIFS(range1,criteria1,range2,criteria2...)

🗙 参数说明

● range1,range2,...：表示计算关联条件的1～127个区域。每个区域中的单元格必须是数字或包含数字的名称、数组或引用。空值和文本值会被忽略。

● criteria1,criteria2,...：表示数字、表达式、单元格引用或文本形式的1～127个条件，用于定义要对哪些单元格进行计算。例如，条件可以表示为32、"32"、">32"、"apples"或B4。

实例1 统计指定时间指定类别商品的销售记录数 Excel 2013/2010/2007/2003

▶ 案例表述

数据表中按日期统计了销售记录，现在要统计出指定类别产品在上半个月的销售记录条数，可以使用COUNTIFS函数来设置多重条件。

▶ 案例实现

① 选中F2单元格，在编辑栏中输入公式：

=COUNTIFS($B$2:$B$11,E2,$A$2:$A$11,"<11-3-15")

按Enter键，即可统计出类别为"男式毛衣"的上半月的销售记录条数。

② 选中F2单元格，向下复制公式即可快速统计其他类别产品上半月的销售记录条数，如图6-22所示。

F2			fx	=COUNTIFS($B$2:$B$11,E2,$A$2:$A$11,"<11-3-15")		
	A	B	C	D	E	F	G
1	日期	类别	金额		类别	上半月销售记录条数
2	11/3/1	男式毛衣	110		男式毛衣	3
3	11/3/3	男式毛衣	456		女式针织衫	2
4	11/3/7	女式针织衫	325		女式连衣裙	2
5	11/3/8	男式毛衣	123			
6	11/3/9	女式连衣裙	125			
7	11/3/13	女式针织衫	1432			
8	11/3/14	女式连衣裙	1482			
9	11/3/16	女式针织衫	1500			
10	11/3/17	男式毛衣	2000			
11	11/3/24	女式连衣裙	968			

图6-22

实例2 统计指定类型指定影院指定时间的影片放映数量
Excel 2013/2010/2007/2003

▶ 案例表述

当前表格中统计了各个影院各个时间放映影片的类型，现在要统计出"2011-1-1"这一天"雄风剧场"放映的"喜剧片"数目。

▶ 案例实现

① 分别在E2、F2单元格中输入起始日期与结束日期。

② 选中G4单元格，在编辑栏中输入公式：

=COUNTIFS($C:$C,"雄风剧场",$B:$B,"喜剧片",$A:$A,">="&E2,$A:$A,"<"&F2)

按Enter键，即可统计出"2011-1-1"这一天"雄风剧场"放映的"喜剧片"数目，如图6-23所示。

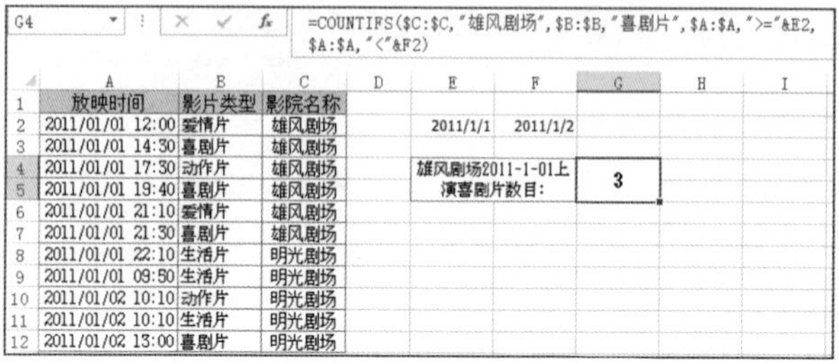

G4 =COUNTIFS($C:$C,"雄风剧场",$B:$B,"喜剧片",$A:$A,">="&E2,$A:$A,"<"&F2)

	A	B	C	D	E	F	G
1	放映时间	影片类型	影院名称				
2	2011/01/01 12:00	爱情片	雄风剧场		2011/1/1	2011/1/2	
3	2011/01/01 14:30	喜剧片	雄风剧场				
4	2011/01/01 17:30	动作片	雄风剧场		雄风剧场2011-1-01上演喜剧片数目:		3
5	2011/01/01 19:40	喜剧片	雄风剧场				
6	2011/01/01 21:10	爱情片	雄风剧场				
7	2011/01/01 21:30	喜剧片	雄风剧场				
8	2011/01/01 22:10	生活片	明光剧场				
9	2011/01/01 09:50	生活片	明光剧场				
10	2011/01/02 10:10	动作片	明光剧场				
11	2011/01/02 10:10	生活片	明光剧场				
12	2011/01/02 13:00	喜剧片	明光剧场				

图6-23

函数13 COUNTBLANK函数

函数功能

COUNTBLANK函数用于计算某个单元格区域中空白单元格的数目。

函数语法

COUNTBLANK(range)

参数说明

- range：表示需要计算其中空白单元格数目的区域。

实例 统计缺考人数

Excel 2013/2010/2007/2003

案例表述

表格中统计了各位学生的考试分数，缺考的显示为空值，现在要统计出缺考人数。

案例实现

❶ 选中D5单元格，在公式编辑栏中输入公式：

=COUNTBLANK(B3:B13)

❷ 按Enter键统计出本次会议的缺席人数，如图6-24所示。

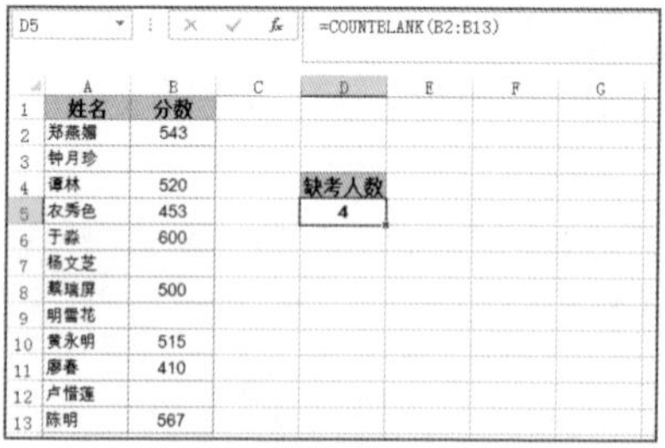

D5 =COUNTBLANK(B2:B13)

	A	B	C	D
1	姓名	分数		
2	郑燕媚	543		
3	钟月珍			
4	谭林	520		缺考人数
5	农秀色	453		4
6	于淼	600		
7	杨文芝			
8	蔡瑞屏	500		
9	明雪花			
10	黄永明	515		
11	廖春	410		
12	卢惜莲			
13	陈明	567		

图6-24

6.3 最大值与最小值统计函数

函数14 MAX函数

函数功能

MAX函数用于返回数据集中的最大数值。

函数语法

MAX(number1,number2,...)

参数说明

- number1,number2,...：表示要找出最大数值的1～30个数值。

实例1 返回上半个月的最高销售金额　Excel 2013/2010/2007/2003

▶ **案例表述**

表格中按日期统计了销售金额记录，现在要统计前半个月的最高金额。

▶ **案例实现**

① 在工作表E2单元格内输入一个日期分界点，本例中为月中日期（2011-9-15）。

② 选中E5单元格，在公式编辑栏中输入公式：

`=MAX(IF(A2:A12>=E2,0,C2:C12))`

按Ctrl+Shift+Enter组合键，即可求取销售记录表中上半月的最高销售金额，如图6-25所示。

E5		× ✓ fx	{=MAX(IF(A2:A12>=E2,0,C2:C12))}				
▲	A	B	C	D	E	F	G
1	日期	类别	金额				
2	2011/9/1	电视	1800		2011/9/15		
3	2011/9/2	空调	2500				
4	2011/9/4	空调	1780		上半月最高金额		
5	2011/9/8	洗衣机	1450		2500		
6	2010/9/12	空调	1680				
7	2011/9/14	电视	1200				
8	2011/9/16	电视	1510				
9	2011/9/18	洗衣机	1700				
10	2011/9/19	空调	2080				
11	2011/9/20	电视	1200				
12	2011/9/28	空调	2800				

图6-25

交叉使用

IF函数是根据指定的条件来判断其"真"（TRUE）、"假"（FALSE），从而返回其相对应的内容。用法详见第1章函数4。

实例2 返回企业女性员工的最大年龄
Excel 2013/2010/2007/2003

▶ 案例表述

当前表格为员工档案管理表，现在需要查询女性职工的最大年龄，可以按如下方法设置公式。

▶ 案例实现

① 选中F2单元格，在公式编辑栏中输入公式：

=MAX((B2:B14="女")*C2:C14)

② 按Enter键即可显示出女性职工中的最大年龄，如图6-26所示。

F2		:	×	✓	fx	{=MAX((B2:B14="女")*C2:C14)}		
	A	B	C	D	E	F	G	H
1	姓名	性别	年龄	所在部门		女职工最大年龄		
2	蔡瑞暖	女	31	销售部		44		
3	陈家玉	女	44	财务部				
4	王莉	女	31	企划部				
5	吕从英	女	30	企划部				
6	邱路平	男	39	网络安全部				
7	岳书焕	男	30	销售部				
8	明雪花	女	33	网络安全部				
9	陈惠婵	女	35	客服部				
10	廖春	女	31	销售部				
11	张金童	男	39	财务部				
12	蔡雪华	男	46	人事部				
13	黄永明	男	29	企划部				
14	丁瑞	男	28	销售部				

图6-26

实例3 计算单日最高销售金额
Excel 2013/2010/2007/2003

▶ 案例表述

表格中统计的是产品的销售记录（其中一天有多笔销售记录），通过如下方法设置公式可以统计出单日最高销售金额。

▶ 案例实现

① 选中E2单元格，在公式编辑栏中输入公式：

=MAX(SUMIF(A2:A15,A2:A15,C2:C15))

② 按Enter键即可判断出哪一天的销售金额最大，并返回金额值，如图6-27所示。

| E2 | | : | × | ✓ | f_x | {=MAX(SUMIF(A2:A15,A2:A15,C2:C15))} |

	A	B	C	D	E
1	日期	商品	金额		单日最大销售金额
2	2011/3/1	宝来扶手箱	429		10350
3	2011/3/1	捷达扶手箱	234		
4	2011/3/2	捷达扶手箱	72		
5	2011/3/2	宝来嘉丽布座套	357		
6	2011/3/2	捷达地板	357		
7	2011/3/3	捷达亚麻脚垫	100		
8	2011/3/3	宝来亚麻脚垫	201.5		
9	2011/3/3	索尼喇叭6937	432		
10	2011/3/4	索尼喇叭S-60	1482		
11	2011/3/4	兰宝6寸套装喇叭	1576		
12	2011/3/4	灿晶800伸缩彩显	837		
13	2011/3/5	灿晶遮阳板显示屏	630		
14	2011/3/5	索尼2500MP3	2115		
15	2011/3/5	阿尔派758内置VCD	7605		

图6-27

交叉使用

SUMIF函数用于按照指定条件对若干单元格、区域或引用求和。用法详见2.1小节函数4。

实例4　显示成绩最高的学生姓名　　　　　　Excel 2013/2010/2007/2003

▶ 案例表述

表格中统计的是学生的成绩，通过如下方法设置公式可以返回成绩最高的学生的姓名。

▶ 案例实现

❶ 选中D2单元格，在公式编辑栏中输入公式：

=INDEX(A2:A11,MATCH(MAX(B2:B11),B2:B11,))

❷ 按Enter键即可判断出哪位学生的成绩最高，并返回其姓名，如图6-28所示。

D2		:	×	✓	f_x	=INDEX(A2:A11,MATCH(MAX(B2:B11),B2:B11,))		

	A	B	C	D	E	F	G	H
1	姓名	成绩		成绩最高的学生				
2	傅钰雯	87		熊其纯				
3	龚买鑫	91						
4	陈颖冰	88						
5	朱海敏	67						
6	吴捷	99						
7	熊其纯	100						
8	李嘉源	97						
9	陈思诚	90						
10	葛旸俊	98						
11	黄群	98						

图6-28

交叉使用

MATCH函数用于返回在指定方式下与指定数值匹配的数组中元素的相应位置。用法详见8.1小节函数6。

INDEX函数用于返回表格或区域中的值或值的引用。用法详见8.1小节函数7。

函数15 MIN函数

函数功能

MIN函数用于返回数据集中的最小值。

函数语法

MIN(number1,number2,...)

参数说明

- number1,number2,...：表示要找出最小数值的1～30个数值。

实例1　快速判断某项测试的最佳成绩　　　Excel 2013/2010/2007/2003

案例表述

表格中统计了某项测试的人员及测试用时，现在要从这组数据中快速判断出哪个人测试用时最少。

案例实现

① 选中D2单元格，在公式编辑栏中输入公式：

="第"&MATCH(MIN(B2:B11),B2:B11,0)&"次"

② 按Enter键即可显示出用时最少的是谁，如图6-29所示。

D2		:	×	✓	fx	=INDEX(A2:A11,MATCH(MAX(B2:B11),B2:B11,))		
▲	A	B	C	D	E	F	G	H
1	姓名	成绩		成绩最高的学生				
2	傅钰雯	87		熊其纯				
3	龚奕鑫	91						
4	陈颖水	88						
5	朱海敏	87						
6	吴捷	99						
7	熊其纯	100						
8	李嘉源	97						
9	陈思诚	90						
10	葛旸俊	98						
11	黄群	99						

图6-29

交叉使用

MATCH函数用于返回在指定方式下与指定数值匹配的数组中元素的相应位置。用法详见8.1小节函数6。

实例2　忽略0值求最低分数　　　　　　　　　Excel 2013/2010/2007/2003

▶ **案例表述**

当参与运算的区域中包含0值时，使用MIN函数统计最小值，得到的结果则为0。现在想忽略0值统计出最小值，可以按如下方法来设置公式。

▶ **案例实现**

❶ 选中C10单元格，在公式编辑栏中输入公式：

`=MIN(IF(C2:C8<>0,C2:C8))`

❷ 按Ctrl+Shift+Enter组合键，即可忽略0值统计出C2:C8单元格区域中的最小值，如图6-30所示。

C10	▼	:	×	✓	fx	{=MIN(IF(C2:C8<>0,C2:C8))}

▲	A	B	C	D	E	F	G
1	班级	姓名	分数				
2	1	葛丽	650				
3	2	高龙宝	498				
4	1	夏慧	548				
5	2	王磊	482				
6	1	周国菊	0				
7	1	徐莹	540				
8	2	唐刘云	528				
9							
10	最低分		482				

图6-30

交叉使用

IF函数是根据指定的条件来判断其"真"（TRUE）、"假"（FALSE），从而返回其相对应的内容。用法详见第1章函数4。

函数16　MAXA函数

▣ 函数功能

MAXA函数返回参数列表（包括数字、文本和逻辑值）中的最大值。

▣ 函数语法

MAXA(value1,value2,...)

参数说明

● value1,value2,...：表示需要从中查找最大数值的1～30个参数。

实例　返回成绩表中的最高分数（包含文本） Excel 2013/2010/2007/2003

案例表述

在学生考试成绩统计报表中存在缺考的情况，对于缺考的学生，在单元格中记录了"缺考"文字，那么要统计考试成绩中最高分数，需要使用MAXA函数。

案例实现

❶ 选中F6单元格，在编辑栏中输入公式：

=MAXA(B2:D12)

❷ 按Enter键即可返回所有学生3门课程考试成绩中最高分数为99分，如图6-31所示。

F6	▼	:	×	✓	fx	=MAXA(B2:D12)		
	A	B	C	D	E	F	G	
1	学生姓名	语文	数学	英语				
2	彭国华	93	72	79				
3	赵庆军	76	87	99				
4	孙丽萍	89	79	85				
5	王保国	缺考	71	76		最高分	最低分	
6	王子君	75	85	缺考		99		
7	王丽丽	90	89	72				
8	杨继忠	77	91	87				
9	郭晶晶	82	缺考	90				
10	方俊	79	87	88				
11	邓敬杰	99	90	90				
12	李志鹃	85	88	77				

图6-31

函数17 **MINA函数**

函数功能

MINA函数返回参数列表（包括数字、文本和逻辑值）中的最小值。

函数语法

MINA(value1,value2,...)

参数说明

● value1,value2,...：表示需要从中查找最小数值的1～30个参数。

实例　返回成绩表中的最低分数（包含文本）Excel 2013/2010/2007/2003

案例表述

　　在学生考试成绩统计报表中存在缺考的情况，对于缺考的学生，在单元格中记录了"缺考"文字，那么要统计考试成绩中最高分数，需要使用MINA函数。

案例实现

1 选中G6单元格，在编辑栏中输入公式：

`=MINA(B2:D12)`

2 按Enter键即可返回所有学生3门课程考试成绩中最低分数为0分，如图6-32所示。

	A	B	C	D	E	F	G
1	学生姓名	语文	数学	英语			
2	彭国华	93	72	79			
3	赵庆军	76	87	99			
4	孙丽萍	89	79	85			
5	王保国	缺考	71	76		最高分	最低分
6	王子君	75	85	缺考		99	0
7	王丽丽	90	89	72			
8	杨继忠	77	91	87			
9	郭晶晶	82	缺考	90			
10	方俊	79	87	88			
11	邓敬杰	99	90	90			
12	李志霄	85	88	77			

图6-32

函数18 LARGE函数

函数功能

LARGE函数返回某一数据集中的某个最大值。

函数语法

LARGE(array,k)

参数说明

● array：表示需要从中查询第k个最大值的数组或数据区域。
● k：表示返回值在数组或数据单元格区域里的位置，即名次。

实例1　返回前3名的销售金额　Excel 2013/2010/2007/2003

案例表述

　　本例销售统计数据表中，想统计出一季度中前3名的销售量分别为多少，可以使用LARGE函数来统计。

▶ 案例实现

❶ 选中C7单元格，在公式编辑栏中输入公式：

=LARGE($B$2:$E$4,B7)

按Enter键即可返回B2:E4单元格区域中的最大值，如图6-33所示。

❷ 选中C7单元格，向下复制公式，可以快速返回第2名、第3名的销售数量。

C7		▼	:	×	✓	f_x	=LARGE($B$2:$E$4, B7)	
▲	A	B	C	D	E	F		
1	月份	1店	2店	3店	4店			
2	1月	210	456	325	193			
3	2月	220	200	368	429			
4	3月	200	388	200	325			
5								
6		销量名次	销量					
7		1	456					
8		2	429					
9		3	388					
10								
11								

图6-33

实例2　统计成绩表中前5名的平均值 Excel 2013/2010/2007/2003

▶ 案例表述

数据表中统计了学生成绩，现在要计算成绩表中前5名的平均值，可以使用LARGE函数配合AVERAGE函数来实现。

▶ 案例实现

❶ 选中E2单元格，在公式编辑栏中输入公式：

=AVERAGE(LARGE(C2:C12,{1,2,3,4,5}))

❷ 按Enter键即可统计出C2:C12单元格区域中排名前5位的数据平均值，如图6-34所示。

E2		▼	:	×	✓	f_x	=AVERAGE(LARGE(C2:C12, {1, 2, 3, 4, 5}))	
▲	A	B	C	D	E	F	G	
1	班级	姓名	成绩		前5名平均分			
2	1	宋燕玲	85		128			
3	2	郑芸	120					
4	1	黄嘉俐	95					
5	2	区菲娅	112					
6	1	江小丽	145					
7	1	麦子聪	132					
8	2	叶晨静	60					
9	2	钟瑛	77					
10	1	陆穗平	121					
11	2	李霏	105					
12	1	周成	122					

图6-34

交叉使用

AVERAGE函数用于计算所有参数的算术平均值。用法详见6.1小节函数1。

实例3 分别统计各班级第一名成绩 Excel 2013/2010/2007/2003 🐾

📖 **案例表述**

表格中按班级统计了学生成绩，现在要统计各班级的最高分，可以按如下方法来设置公式。

▶ **案例实现**

1 选中F5单元格，在公式编辑栏中输入公式：

=LARGE(IF($A$2:$A$12=E5,$C$2:$C$12),1)

按Ctrl+Shift+Enter组合键，返回1班最高分，如图6-35所示。

2 选中F5单元格，向下复制公式到F6单元格中，可以快速返回2班级最高分。

| F5 | ▼ : × ✓ *fx* | {=LARGE(IF($A$2:$A$12=E5,$C$2:$C$12),1)} |

	A	B	C	D	E	F	G	H
1	班级	姓名	成绩					
2	1	宋燕玲	85					
3	2	郑芸	120					
4	1	黄嘉俐	95		班级	最高分		
5	2	区菲娅	112		1	**145**		
6	1	江小丽	145		2	**120**		
7	1	麦子聪	132					
8	2	叶曼静	80					
9	2	钟琛	77					
10	1	陆穗平	121					
11	2	李霞	105					
12	1	周成	122					

图6-35

交叉使用

IF函数是根据指定的条件来判断其"真"（TRUE）、"假"（FALSE），从而返回其相对应的内容。用法详见第1章函数4。

函数19 SMALL函数

🔳 **函数功能**

SMALL函数返回某一数据集中的某个最小值。

🔳 **函数语法**

SMALL (array,k)

参数说明

- array：表示需要从中查询第k个最小值的数组或数据区域。
- k：表示返回值在数组或数据单元格区域里的位置，即名次。

实例 统计成绩表中后5名的平均成绩

Excel 2013/2010/2007/2003

案例表述

本例数据表中统计了学生成绩，现在要计算成绩表中后5名的平均值，可以使用LARGE函数配合AVERAGE函数来实现。

案例实现

① 选中E2单元格，在公式编辑栏中输入公式：

=AVERAGE(SMALL(C2:C12,{1,2,3,4,5}))

② 按Enter键即可统计出C2:C12单元格区域中排名后5位数据的平均值，如图6-36所示。

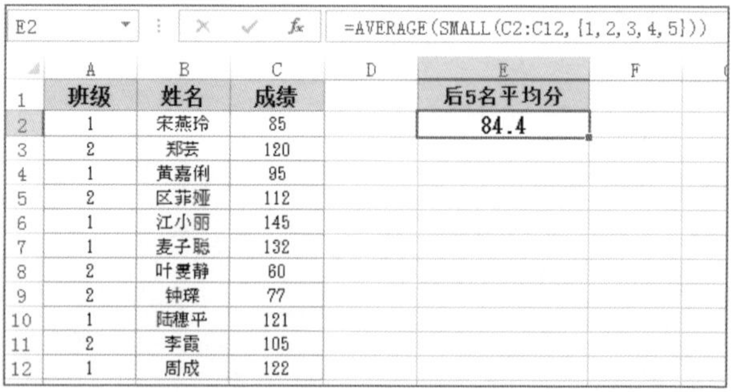

图6-36

交叉使用

AVERAGE函数用于计算所有参数的算术平均值。用法详见6.1小节函数1。

6.4 排位统计函数

函数20 RANK.EQ函数

函数功能

RANK.EQ函数表示返回一个数字在数字列表中的排位，其大小与列表中的其他值相关。如果多个值具有相同的排位，则返回该组数值的最高排位。

(图) 函数语法

RANK.EQ(number,ref,[order])

(图) 参数说明

- number：表示要查找其排位的数字。
- ref：表示数字列表数组或对数字列表的引用。ref 中的非数值型值将被忽略。
- order: 可选。表示一个指定数字的排位方式的数字。

实例1　为学生考试成绩排名次　　　　　　　　Excel 2013/2010

▶ 案例表述

当前表格中统计了学生考试成绩，现在需要对学生成绩排名次，可以使用RANK.EQ函数来实现。

▶ 案例实现

① 选中C2单元格，在公式编辑栏中输入公式：

=RANK.EQ(B2,$B$2:$B$11,0)

按Enter键，返回第一位学生的成绩排名。

② 选中C2单元格，向下复制公式，可以返回每位学生的成绩排名，如图6-37所示。

	A	B	C	D	E	F
			fx	=RANK.EQ(B2,$B$2:$B$11,0)		
1	姓名	分数	名次			
2	王磊	45	10			
3	夏慧	80	3			
4	葛丽	72	5			
5	周国菊	56	9			
6	高龙宝	90	2			
7	汪洋慧	78	4			
8	李纪洋	60	7			
9	王涛	92	1			
10	吴磊	72	5			
11	徐莹	58	8			
12						

图6-37

实例2　返回指定季度销售额排名（对不连续单元格排名次）Excel 2013/2010

▶ 案例表述

表格中统计了各个月份的销售额，并且统计了各个季度的合计值。现在要求出1季度的销售额合计值在4个季度销售额中的排名。

▶ 案例实现

① 选中E2单元格,在公式编辑栏中输入公式:

=RANK.EQ(B5,(B5,B9,B13,B17))

② 按Enter键,即可求出B5单元格的值(第一季度)在B5、B9、B13、B17
这几个单元格数值中的排位,如图6-38所示。

E2	▼	:	×	✓	fx	=RANK.EQ(B5,(B5,B9,B13,B17))		
	A	B	C	D	E	F	G
1	月份	销售额		季度	排名		
2	1月	482		1季度	3		
3	2月	520					
4	3月	480					
5	合计	1482					
6	4月	625					
7	5月	358					
8	6月	280					
9	合计	1263					
10	7月	490					
11	8月	652					
12	9月	480					
13	合计	1622					
14	10月	481					
15	11月	680					
16	12月	490					
17	合计	1651					

图6-38

实例3 解决当出现相同名次时默认名次数的问题 Excel 2013/2010

▶ 案例表述

使用RANK.EQ函数进行排位时,当出现相同名次时,则会少一个名次。比如出
现两个第5名,则会自动省去名次6。要解决这一问题,可以按如下方法设置公式。

▶ 案例实现

① 在图6-37的C列中可以看到出现了两个第5名,而少了第6名。

② 选中D2单元格,在编辑栏中输入公式:

=RANK.EQ(B2,$B$2:$B$11)+COUNTIF($B$2:B2,B2)-1

按Enter键,然后向下复制公式。可以看到出现相同名次时,先出现的排在
前,后出现的排在后,如图6-39所示。

 交叉使用

COUNTIF函数用于计算区域中满足给定条件的单元格的个数。用法详
见6.2小节函数12。

D2　=RANK.EQ(B2,$B$2:$B$11)+COUNTIF($B$2:B2,B2)-1

	A	B	C	D	E	F	G	H
1	姓名	分数	名次	优化排名				
2	王磊	45	10	10				
3	夏慧	80	3	3				
4	葛丽	72	5	5				
5	周国菊	56	9	9				
6	吴磊	90	2	2				
7	汪洋慧	78	4	4				
8	李纪洋	60	7	7				
9	王涛	92	1	1				
10	高龙宝	72	5	6				
11	徐莹	58	8	8				
12								

图6-39

函数21　RANK.AVG函数

函数功能

RANK.AVG函数表示返回一个数字在数字列表中的排位，数字的排位是其大小与列表中其他值的比值；如果多个值具有相同的排位，则将返回平均排位。

函数语法

RANK.AVG(number,ref,[order])

参数说明

- number：表示要查找其排位的数字。
- ref：表示数字列表数组或对数字列表的引用。ref 中的非数值型值将被忽略。
- order: 可选。表示一个指定数字的排位方式的数字。

实例　用RANK.AVG函数对销售额排名　Excel 2013/2010

案例表述

表格中统计了每位销售员的总销售额，现在需要用RANK.AVG函数对销售额排名。

案例实现

1 选中C2单元格，在公式编辑栏中输入公式：

```
=RANK.AVG(B2,$B$2:$B$10,0)
```

按Enter键，即可返回第一位销售员的总销售额排名。

2 将光标移到C2单元格的右下角，向下复制公式，即可快速求出其他销售员的总销售额排名，如图6-40所示。

图6-40

提示

当不出现相同名次时，使用RANK.EQ与RANK.AVG函数排名的效果相同。当出现相同名次时，RANK.AVG则将返回平均排位。

函数22 PERCENTILE.INC 函数

函数功能

返回区域中数值的第K个百分点的值，K为0～1之间的百分点值，包含0和1。

函数语法

PERCENTILE.INC(array,k)

参数说明

- array：表示用于定义相对位置的数组或数据区域。
- k：表示0～1之间的百分点值，包含0和1。

实例　返回数值区域的K百分比数值点   Excel 2013/2010

案例表述

数据表中统计了学生的身高，现在要统计出90%的身高值。

案例实现

❶ 选中C11单元格，在公式编辑栏中输入公式：

=PERCENTILE.INC(C2:C9,0.9)

❷ 按Enter键，即可计算出身高数据集中90%的值，如图6-41所示。

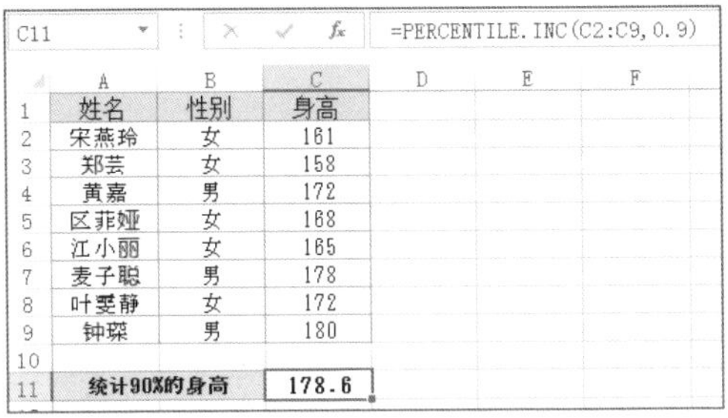

C11 =PERCENTILE.INC(C2:C9,0.9)

	A	B	C	D	E	F
1	姓名	性别	身高			
2	宋燕玲	女	161			
3	郑芸	女	158			
4	黄嘉	男	172			
5	区菲娅	女	168			
6	江小丽	女	165			
7	麦子聪	男	178			
8	叶雯静	女	172			
9	钟琛	男	180			
10						
11	统计90%的身高		178.6			

图6-41

函数23 PERCENTILE.EXC函数

函数功能

PERCENTILE.EXC函数返回区域中数值的第K个百分点的值，其中k为0～1之间的值，不包含0和1。

函数语法

PERCENTILE.EXC (array,k)

参数说明

- array：表示用于定义相对位置的数组或数据区域。
- k：表示0～1之间的百分点值，不包含0和1。

实例 返回数值区域的K百分比数值点 Excel 2013

案例表述

在数据表中分别指定百分点的值位于0和1两个值之间时，大于1时返回值。

案例实现

1 选中B2单元格，在公式编辑栏中输入公式：

```
=PERCENTILE.EXC(A2:A10,0.25)
```

2 按Enter键，即可返回当指定百分点的值位于0和1之间时的值，如图6-42所示。

3 选中B3单元格，在公式编辑栏中输入公式：

```
=PERCENTILE.EXC(A2:A10,2)
```

4 按Enter键，即可看到由于百分点的值大于 1返回#NUM! 错误消息，如图6-43所示。

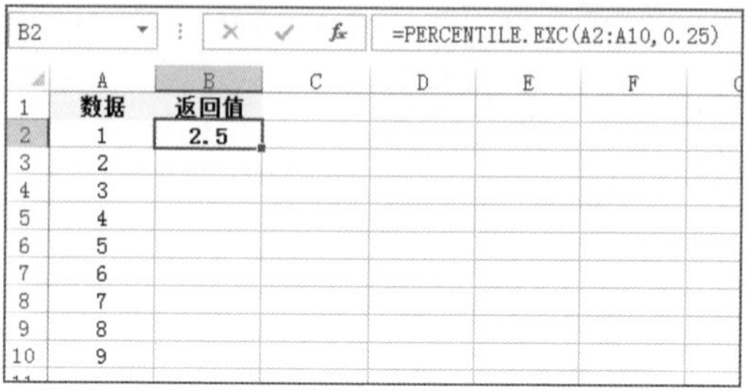

图6-42

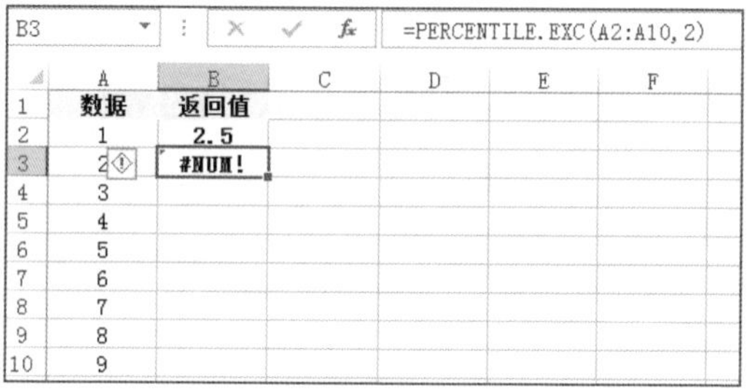

图6-43

函数24 PERCENTRANK.INC函数

函数功能

PERCENTRANK.INC函数用于将某个数值在数据集中的排位作为数据集的百分比值返回，此处的百分比值的范围为0～1（含0和1）。

函数语法

PERCENTRANK.INC(array,x,[significance])

参数说明

- array：表示定义相对位置的数组或数字区域。
- x：表示数组中需要得到其排位的值。
- significance：表示返回的百分数值的有效位数。若省略，函数保留3位小数。

实例　百分比排位

Excel 2013/2010

案例表述

要计算每位销售人员的总销售额在所有员工总销售额中的百分比排位，需要使用PERCENTRANK.INC函数来实现。

1 选中C2单元格，在公式编辑栏中输入公式：

=PERCENTRANK.INC($B$2:$B$11,B2,3)

按Enter键，即可计算出第一位员工的总销售额在所有员工总销售额中的百分比排位（因为数据集中有一个数小于35.25，有8个数大于35.25，因此其结果应该为1/(1+8)，其结果为11.1%）。

2 选中C2单元格，向下复制公式，即可快速求出其他员工的总销售额在所有员工总销售额中的百分比排位，如图6-44所示。

C2	▼	:	×	✓	*fx*	=PERCENTRANK.INC($B$2:$B$11,B2,3)		
▲	A	B	C	D	E	F	G	
1	姓名	总销售额（万元）	百分比排位					
2	宋燕玲	35.25	11.1%					
3	郑芸	51.50	33.3%					
4	黄嘉俐	75.81	88.8%					
5	区菲娅	62.22	77.7%					
6	江小丽	55.51	44.4%					
7	麦子聪	32.20	0.0%					
8	叶雯静	60.45	66.6%					
9	钟琛	77.90	100.0%					
10	陆穗平	41.55	22.2%					
11	李霞	55.51	44.4%					

图6-44

提 示

在Excel2013中还有一个PERCENTRANK. EXC函数。该函数与PERCENTRANK.INC不同的是，返回某个数值在一个数据集中的百分比（0~1，不包括0和1）排位。

函数25 **PERCENTRANK.EXC函数**

函数功能

PERCENTRANK.EXC函数用于返回某个数值在一个数据集中的百分比（0~1，不包括0和1）排位。

函数语法

PERCENTRANK.EXC(array,x,[significance])

参数说明

● array：表示定义相对位置的数值数组或数值数据区域。

- x：表示需要得到其排位的值；
- significance：可选。表示用于标识返回的百分比值的有效位数的值。如果省略，则函数使用3位小数（0.xxx）。

实例 返回数值 7在数组中的排位 Excel 2013

案例实现

❶ 选中B2单元格，在公式编辑栏中输入公式：

```
=PERCENTILE.INC(A2:A10,7)
```

❷ 按Enter键，即可从A2:A10中包含的数组返回数值7的排位，如图6-45所示。

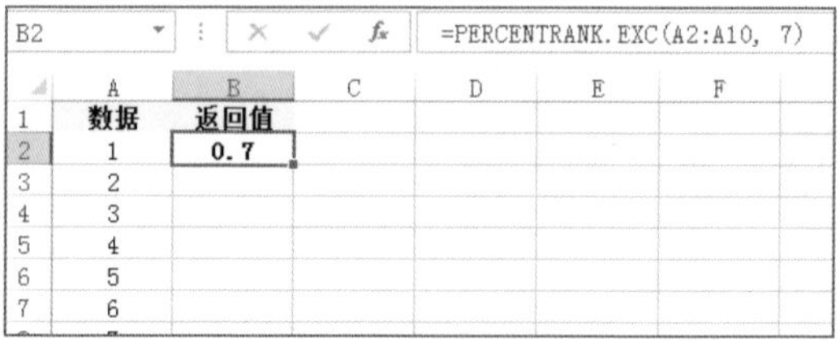

图6-45

函数26 MEDIAN函数

函数功能

MEDIAN函数用于返回给定数值集合的中位数。

函数语法

MEDIAN(number1,number2,...)

参数说明

- number1,number2,...：表示要找出中位数的1～30个数字参数。

实例 统计学生身高值的中位数 Excel 2013/2010/2007/2003

案例表述

例如当前数据表中统计了学生的身高，现在要统计出身高值的中位数，需要使用MEDIAN函数来计算。

案例实现

❶ 选中C11单元格，在公式编辑栏中输入公式：

=MEDIAN(C2:C9)

② 按Enter键，即可计算出身高数值集合的中位数，如图6-46所示。

C11		▼ : × ✓ fx	=MEDIAN(C2:C9)		
	A	B	C	D	E
1	姓名	性别	身高		
2	宋燕玲	女	161		
3	郑芸	女	158		
4	黄嘉	男	172		
5	区菲娅	女	168		
6	江小丽	女	165		
7	麦子聪	男	178		
8	叶雯静	女	172		
9	钟琛	男	180		
10					
11	中位数		170		

图6-46

函数27 QUARTILE.INC函数

（图）**函数功能**

根据0～1之间的百分点值（包含0和1）返回数据集的四分位数。

（图）**函数语法**

QUARTILE.INC(array,quart)

（图）**参数说明**

● array：表示需要求得四分位数值的数组或数字引用区域。
● quart：表示决定返回哪一个四分位值，参见表6-1。

表6-1

quart参数	意义
0	表示最小值
1	表示第1个四分位数（25%处）
2	表示第2个四分位数（50%处）
3	表示第3个四分位数（75%处）
4	表示最大值

实例　在一组学生身高统计数据中求四分位数　Excel 2013/2010

（▶）**案例表述**

四分位数是指一组数据中的最小值、25%处值、50%处值、75%处值、最大值。例如当前数据表中统计了学生的身高，现在要求四分位数。

▶ 案例实现

❶ 选中F5单元格，在公式编辑栏中输入公式：

=QUARTILE.INC(C2:C13,0)

按Enter键，即可计算出指定数组中的最小值，如图6-47所示。

F5	▼	:	×	✓	fx	=QUARTILE.INC(C2:C13, 0)

	A	B	C	D	E	F	G
1	姓名	性别	身高				
2	宋燕玲	女	181				
3	郑芸	女	158				
4	黄嘉	男	172				
5	区菲娅	女	168		最小值	156	
6	江小丽	女	165		25%处值	164	
7	麦子聪	男	178		50%处值	172	
8	叶雯静	女	172		75%处值	175.75	
9	钟琛	男	180		最大值	180	
10	陆穗平	男	178				
11	李霞	女	156				
12	周志	男	175				
13	刘飞	男	172				

图6-47

❷ 选中F6单元格，在公式编辑栏中输入公式：

=QUARTILE.INC (C2:C13,1)

按Enter键，即可计算出指定数组中25%处的值。

❸ 分别在F7、F8、GF9单元格中输入公式：

=QUARTILE.INC (C2:C13,2)

=QUARTILE.INC (C2:C13,3)

=QUARTILE.INC (C2:C13,4)

可分别计算出其他几个分位的数值，如图6-48所示。

F7	▼	:	×	✓	fx	=QUARTILE.INC(C2:C13, 2)

	A	B	C	D	E	F	G
1	姓名	性别	身高				
2	宋燕玲	女	181				
3	郑芸	女	158				
4	黄嘉	男	172				
5	区菲娅	女	168		最小值	156	
6	江小丽	女	165		25%处值	164	
7	麦子聪	男	178		50%处值	172	
8	叶雯静	女	172		75%处值	175.75	
9	钟琛	男	180		最大值	180	
10	陆穗平	男	178				
11	李霞	女	156				
12	周志	男	175				
13	刘飞	男	172				

图6-48

函数28 QUARTILE.EXC函数

函数功能

根据0～1之间（不包括0和1）的百分点值返回数据集的四分位数。

函数语法

QUARTILE.EXC (array, quart)

参数说明

- array：表示要求的四分位数值的数组或数字型单元格区域。当array为空时，函数QUARTILE.EXC会返回错误值 #NUM!。
- quart：指定返回哪一个值。当quart不为整数时，将被截尾取整；当quart≤0 或quart≥4时，函数QUARTILE.EXC返回错误值 #NUM!；当quart 分别等于 0（零）、2 和 4 时，MIN、MEDIAN 和 MAX 返回的值与函数QUARTILE.EXC 返回的值相同。

实例　定位数组中第一个、第三个四分位数的位置　Excel 2013

案例实现

1 选中B2单元格，在公式编辑栏中输入公式：

```
=QUARTILE.EXC(A2:A12,1)
```

按Enter键，即可返回数组中第一个四分位数的位置，如图6-49所示。

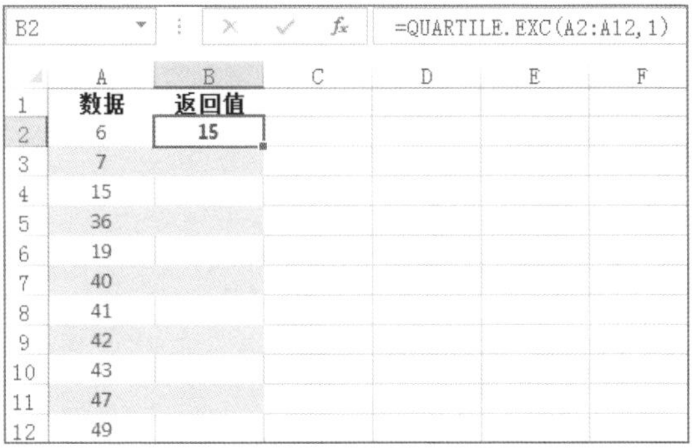
B2　=QUARTILE.EXC(A2:A12,1)

	A	B	C	D	E	F
1	数据	返回值				
2	6	15				
3	7					
4	15					
5	36					
6	19					
7	40					
8	41					
9	42					
10	43					
11	47					
12	49					

图6-49

2 选中B3单元格，在公式编辑栏中输入公式：

```
=QUARTILE.EXC(A2:A12,3)
```

按Enter键，即可返回数组中第三个四分位数的位置，如图6-50所示。

B3 =QUARTILE.EXC(A2:A12,3)

	A	B	C	D	E	F
1	数据	返回值				
2	6	15				
3	7	43				
4	15					
5	36					
6	19					
7	40					
8	41					
9	42					
10	43					
11	47					
12	49					

图6-50

函数29 PERMUT函数

函数功能

PERMUT函数用于返回从给定数目的元素集合中选取的若干元素的排列数。

函数语法

PERMUT(number,number_chosen)

参数说明

- number：表示元素总数。
- number_chosen：表示每个排列中的元素数目。

实例 求从25名员工中抽出8名员工的组合数量 Excel 2013/2010/2007/2003

案例实现

❶ 选中C2单元格，在编辑栏中输入公式：

```
=PERMUT(A2,B2)
```

❷ 按Enter键即可计算出抽出8名员工的组合数量为43609104000，如图6-51所示。

C2 =PERMUT(A2,B2)

	A	B	C	D
1	员工总人数	抽出人数	可组合数量	
2	25	8	43609104000	

图6-51

函数30 **PERMUTATIONA函数**

函数功能

PERMUTATIONA函数用于返回可从对象总数中选择的给定数目对象（含重复）的排列数。

函数语法

PERMUTATIONA (number, number–chosen)

参数说明

- number：表示对象总数的整数。
- number_chosen：表示每个排列中对象数目的整数。

实例　返回数组的数字排列方式种类　　　　　　　　　　Excel 2013

案例实现

1 选中A6单元格，在编辑栏中输入公式：

=PERMUTATIONA(3,2)

按Enter键即可返回共有9种数字排列方式（有重复），如图6-52所示。

A6	▾ : × ✓ ƒx	=PERMUTATIONA(3,2)	
	A	B	C
1	**数组1**	**数组2**	
2	4	3	
3	5	5	
4	6		
5	**排列方式种数（有重复）**		
6	9		

图6-52

2 选中B6单元格，在编辑栏中输入公式：

=PERMUTATIONA(2,2)

按Enter键即可返回共有4种数字排列方式（有重复），如图6-53所示。

B6	▾ : × ✓ ƒx	=PERMUTATIONA(2,2)	
	A	B	C
1	**数组1**	**数组2**	
2	4	3	
3	5	5	
4	6		
5	**排列方式种数（有重复）**		
6	9	4	

图6-53

6.5 概率分布函数

函数31 BETA.DIST函数

函数功能

BETA.DIST函数用于返回Beta分布。

函数语法

BETA.DIST(x,alpha,beta,cumulative,[A],[B])

参数说明

- x：表示介于A和B之间用来进行函数计算的值；
- alpha：表示分布参数；
- beta：表示分布参数；
- cumulative：表示决定函数形式的逻辑值。如果 cumulative 为 TRUE，BETA.DIST 返回累积分布函数；如果为 FALSE，则返回概率密度函数。
- A：可选。x 所属区间的下界。
- B：可选。x 所属区间的上界。

实例 返回累积beta分布的概率密度函数值 Excel 2013/2010

> 案例实现

① 选中D4单元格，在编辑栏中输入公式：

=BETA.DIST(A2,B2,C2,TRUE,D2,E2)

② 按Enter键，即可返回数值5、Alpha分布参数2、Bate分布参数2.5、下界1和上界10的累积Beta分布的概率密度函数值为0.514342803，如图6-54所示。

图6-54

函数32 BINOM.DIST.RANGE函数

函数功能

BINOM.DIST.RANGE函数使用二项式分布返回试验结果的概率。

函数语法

BINOM.DIST.RANGE(trials,probability_s,number_s,[number_s2])

参数说明

- trials：表示独立试验次数。必须大于或等于0。
- probability_s：表示每次试验成功的概率。必须大于或等于0并小于或等于1。
- number_s：表示试验成功数。必须大于或等于0并小于或等于trials。
- number_s2：可选。如提供，则返回试验成功次数将介于number_s和number_s2之间的概率。必须大于或等于number_s并小于或等于trials。

实例　返回二项式分布概率　　　　　　　　　　　　　　　　　Excel 2013

案例实现

1 选中E2单元格，在公式编辑栏中输入公式：

=BINOM.DIST.RANGE(A2,B2,C2)

按Enter键，即可返回当成功概率为75%时，在60次试验之中出现48次成功的概率，如图6-55所示。

E2	▼ : × ✓ fx	=BINOM.DIST.RANGE(A2,B2,C2)		
	A	B	C	D	E
1	试验次数	成功率	成功次数		二项式分布概率
2	60	0.75	48		8.4%

图6-55

2 选中E3单元格，在公式编辑栏中输入公式：

=BINOM.DIST.RANGE(A3,B3,C3,D3)

按Enter键，即可返回当成功概率为 75% 时，在 60 次试验之中出现45~50次成功（包含）的概率，如图6-56所示。

E3	▼ : × ✓ fx	=BINOM.DIST.RANGE(A3,B3,C3,D3)		
	A	B	C	D	E
1	试验次数	成功率	成功次数		二项式分布概率
2	60	0.75	48		8.4%
3	60	0.75	45	50	52.4%

图6-56

函数33　CHISQ.DIST函数

函数功能

CHISQ.DIST函数用于返回X^2分布。X^2分布通常用于研究样本中某些事物变化的百分比,例如人们一天中用来看电视的时间所占的比例。

函数语法

CHISQ.DIST (x,deg_freedom,cumulative)

参数说明

- x:表示用来计算分布的数值。如果x为负数,则 CHISQ.DIST 返回 #NUM! 错误值;
- deg_freedom:表示自由度数。若deg_freedom不是整数,则将被截尾取整;若deg_freedom<1或deg_freedom>10^{10},则函数CHISQ.DIST返回 #NUM! 错误值。
- cumulative:表示决定函数形式的逻辑值。如果cumulative为TRUE,则函数CHISQ.DIST返回累积分布函数;如果为FALSE,则返回概率密度函数。

实例 返回x^2分布

Excel 2013

案例实现

① 选中C2单元格,在公式编辑栏中输入公式:

= CHISQ.DIST(A2,B2,TRUE)

② 按Enter键,即可计算出作为累积分布函数返回的x^2分布概率为0.5、自由度为1的x^2分布,如图6-57所示。

C2	▼	:	×	✓	f_x	=CHISQ.DIST(A2,B2,TRUE)

▲	A	B	C	D
1	数值	自由度	X² 分布	
2	0.5	1	0.520499878	

图6-57

③ 选中C3单元格,在公式编辑栏中输入公式:

= CHISQ.DIST(A3,B3,FALSE)

按Enter键,即可计算出作为累积分布函数返回的x^2分布概率为2、自由度为3的x^2分布,如图6-58所示。

C3	▼	:	×	✓	f_x	=CHISQ.DIST(A3,B3,FALSE)

▲	A	B	C	D
1	数值	自由度	X² 分布	
2	0.5	1	0.520499878	
3	2	3	0.207553749	

图6-58

函数34 CHISQ.DIST.RT函数

📧 函数功能

CHISQ.DIST.RT函数表示返回x^2分布的右尾概率。x^2分布与x^2检验相关。使用x^2检验可以比较观察值和期望值。

📧 函数语法

CHISQ.DIST.RT(x,deg_freedom)

📧 参数说明

- x：表示用来计算分布的值。
- deg_freedom：表示自由度的数值。

实例　返回x^2分布的单尾概率

Excel 2013/2010 🔥

▶ 案例实现

① 选中C2单元格，在编辑栏中输入公式：

=CHISQ.DIST.RT(A2,B2)

② 按Enter键，即可返回数值8和自由度40的x^2分布的单尾概率值为0.99999999，如图6-59所示。

图6-59

函数35 CHISQ.INV函数

📧 函数功能

CHISQ.INV函数用于返回x^2分布的左尾概率的反函数。x^2分布通常用于研究样本中某些事物变化的百分比，例如人们一天中用来看电视的时间所占的比例。

📧 函数语法

CHISQ.INV (probability,deg_freedom)

参数说明

- probability：表示与x^2分布相关联的概率；
- deg_freedom：表示自由度数。

实例　返回x^2分布的左尾概率的反函数

Excel 2013/2010

案例实现

1 选中C2单元格，在编辑栏中输入公式：

=CHISQ.INV(A2,B2)

2 按Enter键，即可返回x^2分布的概率0.93和自由度1的x^2分布的左尾概率的反函数值为3.283020287，如图6-60所示。

C2	▼ : × ✓ fx	=CHISQ.INV(A2,B2)	
	A	B	C
1	与X2 分布概率	自由度数	X2 分布的左尾概率的反函数
2	0.93	1	3.283020287
3	0.6	2	1.832581464
4			

图6-60

函数36　CHISQ.INV.RT函数

函数功能

CHISQ.INV.RT函数表示返回x^2分布的右尾概率的反函数。

函数语法

CHISQ.INV.RT(probability,deg_freedom)

参数说明

- probability：表示与x^2分布相关的概率。
- deg_freedom：表示自由度的数值。

实例　返回x^2分布的右尾概率的反函数

Excel 2013/2010

案例实现

1 选中C2单元格，在编辑栏中输入公式：

=CHISQ.INV.RT(A2,B2)

2 按Enter键，即可返回x^2分布的概率0.0381234和自由度40的x^2分布的单尾概率的反函数值为57.19703373，如图6-61所示。

图6-61

函数37 BINOM.INV函数

函数功能

BINOM.INV函数表示返回使累积二项式分布大于等于临界值的最小值。

函数语法

BINOM.INV(trials,probability_s,alpha)

参数说明

- trials: 表示伯努利试验次数。
- alpha: 表示临界值。
- probability_s: 表示每次试验中成功的概率。

实例 返回累积二项式分布大于等于临界值的最小值 Excel 2013/2010

案例实现

1️⃣ 选中D2单元格,在编辑栏中输入公式:

=BINOM.INV(A2,B2,C2)

按Enter键,即可根据成功率返回10次实验的成功次数为9。

2️⃣ 将光标移到D2单元格的右下角,向下复制公式,即可快速返回其他实验次数的成功次数,如图6-62所示。

	A	B	C	D	E
1	实验次数	实验成功率	临界值	实验成功次数	
2	10	0.7	0.9	9	
3	15	0.8	0.8	13	
4					

图6-62

函数38 F.DIST函数

函数功能

F.DIST函数用于返回 F 概率分布函数的函数值。使用此函数可以确定两组数据是否存在变化程度上的不同。例如，分析进入中学的男生、女生的考试分数，来确定女生分数的变化程度是否与男生不同。

函数语法

F.DIST (x,deg_freedom1,deg_freedom2,cumulative)

参数说明

- x：表示计算函数的值。
- deg_freedom1：表示分子自由度。
- deg_freedom2：表示分母自由度。
- cumulative：表示决定函数形式的逻辑值。如果 cumulative 为 TRUE，则 F.DIST 返回累积分布函数；如果为 FALSE，则返回概率密度函数。

实例　返回F概率分布函数值 Excel 2013

案例实现

❶ 选中D4单元格，在编辑栏中输入公式：

```
=F.DIST(A2,B2,C2,TRUE)
```

❷ 按Enter键，即可得出使用累积分布函数计算的F概率分布函数值值为0.99，如图6-63所示。

D4　=F.DIST(A2,B2,C2,TRUE)

	A	B	C	D
1	参数值	分子自由度	分母自由度	
2	15.2069	6	4	
3				
4	使用累积分布函数计算的 F 概率分布函数值			0.99

图6-63

❸ 选中D5单元格，在编辑栏中输入公式：

```
=F.DIST(A2,B2,C2,TRUE)
```

❹ 按Enter键，即可得出使用概率密度函数计算的F概率分布函数值为0.001223792，如图6-64所示。

D5　=F.DIST(A2,B2,C2,FALSE)

	A	B	C	D
1	参数值	分子自由度	分母自由度	
2	15.2069	6	4	
3				
4	使用累积分布函数计算的 F 概率分布函数值			0.99
5	使用概率密度函数计算的 F 概率分布函数值			0.001223792

图6-64

函数39　F.DIST.RT函数

函数功能

F.DIST.RT函数表示返回两个数据集的（右尾）F 概率分布（变化程度）。

函数语法

F.DIST.RT(x,deg_freedom1,deg_freedom2)

参数说明

- x：表示用来进行函数计算的值。
- deg_freedom1：表示分子的自由度。
- deg_freedom2：表示分母的自由度。
- cumulative：表示决定函数形式的逻辑值。如果 cumulative 为 TRUE，则返回累积分布函数；如果为 FALSE，则返回概率密度函数。

实例　返回F概率分布

Excel 2013/2010

案例实现

1 选中D2单元格，在编辑栏中输入公式：

=F.DIST.RT(A2,B2,C2)

2 按Enter键，即可计算出参数值为5、分子自由度为2和分母自由度为3的F概率分布值为0.110857953，如图6-65所示。

图6-65

函数40　F.INV.RT函数

函数功能

F.INV.RT函数表示返回（右尾）F 概率分布的反函数。

函数语法

F.INV.RT(probability,deg_freedom1,deg_freedom2)

📧 参数说明

- probability：表示与 F 累积分布相关的概率。
- deg_freedom1：表示分子的自由度。
- deg_freedom2：表示分母的自由度。

实例　返回F概率分布的反函数值

Excel 2013/2010

▶ 案例实现

❶ 选中D2单元格，在编辑栏中输入公式：

=F.INV.RT(A2,B2,C2)

❷ 按Enter键，即可计算出F概率分布值为0.00420789、分子自由度为2和分母自由度为3的F概率分布的反函数值为56.0503992，如图6-66所示。

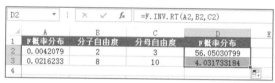

图6-66

函数41　GAMMA函数

📧 函数功能

GAMMA函数用于返回伽玛函数值。

📧 函数语法

GAMMA (number)

📧 参数说明

- number：表示返回一个数字。若Number为负整数或 0，则函数GAMMA返回错误值 #NUM!；若Number包含无效的字符，则函数GAMMA返回错误值 #VALUE!。

实例　返回参数的伽玛函数值

Excel 2013

▶ 案例实现

❶ 选中B2单元格，在公式编辑栏中输入公式：

=GAMMA(A2)

② 按Enter键，返回A2单元格中参数的伽玛函数值，向下复制函数公式即可得到A列其他参数的伽玛函数值，因为0和负整数为无效的参数，返回错误值#NUM!，如图6-67所示。

B2	▼ : × ✓ *fx*	=GAMMA(A2)	
	A	B	C
1	参数值	gamma函数值	
2	2.5	1.329340388	
3	-3.75	0.267866129	
4	0	#NUM!	
5	-2	#NUM!	
6			

图6-67

函数42 GAMMALN函数

(⊠) 函数功能

GAMMALN函数用于返回伽玛函数的自然对数。

(⊠) 函数语法

GAMMALN(x)

(⊠) 参数说明

● x：表示为需要计算GAMMALN函数的数值（x>0）。

实例 返回伽玛函数的自然对数 Excel 2013/2010/2007/2003

📀 案例实现

① 选中B2单元格，在编辑栏中输入公式：

=GAMMALN(A2)

② 按Enter键即可返回数值0.55的伽码函数的自然对数，如图6-68所示。

B2	▼ : × ✓ *fx*	=GAMMALN(A2)	
	A	B	C
1	数值	伽玛函数的自然对数值	
2	0.55	0.480030856	
3	12	17.50230785	
4			

图6-68

函数43 GAMMALN.PRECISE函数

(⊠) 函数功能

GAMMALN.PRECISE函数用于返回伽玛函数的自然对数。

⊠ 函数语法

GAMMALN.PRECISE (x)

⊠ 参数说明

- x：表示要计算其GAMMALN.PRECISE的数值。若x为非数值型，则函GAMMALN.PRECISE返回错误值#VALUE！；若x≤0，则函数GAMMALN.PRECISE返回错误值#NUM！。

实例	返回4的伽玛函数的自然对数

Excel 2013

▶ 案例实现

❶ 选中B2单元格，在公式编辑栏中输入公式：

= GAMMALN.PRECISE (A2)

❷ 按Enter键，即可返回4的伽玛函数的自然对数，如图6-69所示。

图6-69

函数44 **HYPGEOM.DIST函数**

⊠ 函数功能

HYPGEOM.DIST函数用于返回超几何分布。如果已知样本量、总体成功次数和总体大小，则HYPGEOM.DIST返回样本取得已知成功次数的概率。HYPGEOM.DIST用于处理有限总体问题，在该有限总体中，每次观察结果或为成功或为失败，并且已知样本量的每个子集的选取是等可能的。

⊠ 函数语法

HYPGEOM.DIST(sample_s,number_sample,population_s,number_pop,cumulative)

⊠ 参数说明

- sample_s：表示样本中成功的次数。
- number_sample：表示样本容量。
- population_s：表示样本总体中成功的次数。
- number_pop：表示样本总体的容量。

- cumulative：表示决定函数形式的逻辑值。如果cumulative为TRUE，则F.DIST返回累积分布函数；如果为FALSE，则返回概率密度函数。

实例　返回超几何分布　　　　　　　　　　　Excel 2013/2010

▶ **案例表述**

员工总人数为118人，其中男生80人，选出18名员工参加技术比赛。计算在选出的18名员工中，恰好选出12名男生的概率是多少。

▶ **案例实现**

① 选中E3单元格，在编辑栏中输入公式：

`=HYPGEOM.DIST(D3,C3,B3,A3,FALSE)`

② 按Enter键，即可得出选出12名男生的概率为0.212142711，如图6-70所示。

图6-70

函数45　KURT函数

📧 **函数功能**

KURT函数用于返回数据集的峰值。峰值反映与正态分布相比某一分布的尖锐度或平坦度，正峰值表示相对尖锐的分布，负峰值表示相对平坦的分布。

📧 **函数语法**

KURT(number1,number2,...)

📧 **参数说明**

- number1,number2,...：表示用于计算峰值的1～30个参数。也可以不使用这种用逗号分隔参数的形式，而用单个数组或数组引用的形式。

实例　返回数据集的峰值　　　　　　　Excel 2013/2010/2007/2003

▶ **案例表述**

在上半年产品销售统计报表中，根据每月销售量得出产品销售量的峰值。

📹 案例实现

① 选中B9单元格，在编辑栏中输入公式：

=KURT(B2:B7)

② 按Enter键即可计算出上半年产品销售量的峰值为4.079252793，如图6-71所示。

| B9 | | ⁞ | × | ✓ | fx | =KURT(B2:B7) |

	A	B
1	销售月份	销售（台）
2	1月份销售量	43690
3	2月份销售量	54680
4	3月份销售量	58030
5	4月份销售量	59440
6	5月份销售量	59550
7	6月份销售量	59510
8		
9	上半年销售量的峰值：	4.079252793

图6-71

函数46 LARGE函数

⊠ 函数功能

LARGE函数用于返回数据集中第k个最大值，可以使用此功能根据其相对位置选择一个值。例如，可以使用LARGE返回最高、第二或第三的分数。

⊠ 函数语法

LARGE(array, k)

⊠ 参数说明

- array：表示需要确定第k个最大值的数组或数据区域。如果数组为空，则函数LARGE 返回错误值 #NUM!。如果k≤0或k大于数据点的个数，则函数LARGE返回错误值 #NUM!。
- k：表示返回值在数组或数据单元格区域中的位置（从大到小排）。

实例　返回数据集中第三个最大值　　Excel 2013

📹 案例实现

① 选中B2单元格，在公式编辑栏中输入公式：

=LARGE(A2:A6,3)

❷ 按Enter键，即可返回数据集中第三个最大值为4，如图6-72所示。

B2　=LARGE(A2:A6,3)

	A	B
1	数据	数据集中第三个最大值
2	3	
3	5	
4	3	4
5	5	
6	4	

图6-72

函数47 LOGNORM.INV函数

函数功能

LOGNORM.INV函数表示返回 x 的对数累积分布函数的反函数，此处的 ln(x) 是含有 Mean 与 Standard_dev 参数的正态分布。

函数语法

LOGNORM.INV(probability, mean, standard_dev)

参数说明

- probability：表示与对数分布相关的概率。
- mean：表示ln(x) 的平均值。
- standard_dev：表示ln(x) 的标准偏差。

实例　返回x的对数累积分布函数的反函数　Excel 2013/2010

案例实现

❶ 选中D2单元格，在编辑栏中输入公式：

=LOGNORM.INV(A2,B2,C2)

❷ 按Enter键，即可返回对数分布概率0.00225265、平均值2.5和标准偏差0.45的x的对数累积分布函数的反函数值为3.393314819，如图6-73所示。

D2　=LOGNORM.INV(A2,B2,C2)

	A	B	C	D
1	对数分布概率	平均值	标准偏差	x的对数累积分布函数的反函数
2	0.00225265	2.5	0.45	3.393314819
3	0.00269718	6	1.25	12.45208457
4				

图6-73

函数48 LOGNORM.DIST函数

函数功能

LOGNORM.DIST函数表示返回 x 的对数分布函数，此处的 ln(x) 是含有 Mean 与 Standard_dev 参数的正态分布。

函数语法

LOGNORM.DIST(x,mean,standard_dev,cumulative)

参数说明

- x：表示用来进行函数计算的值。
- mean：表示ln(x) 的平均值。
- standard_dev：表示ln(x) 的标准偏差。
- cumulative：表示决定函数形式的逻辑值。如果cumulative为TRUE，返回累积分布函数；如果为FALSE，则返回概率密度函数。

实例　返回x的对数累积分布函数　　　　　Excel 2013/2010

案例实现

1 选中D2单元格，在编辑栏中输入公式：

=LOGNORM.DIST(A2,B2,C2,TRUE)

2 按Enter键，即可返回数值3、平均值2.5和标准偏差0.45的x的对数累积分布函数值为0.000922238，如图6-74所示。

	A	B	C	D
1	数值	平均值	标准偏差	x的对数累积分布函数值
2	3	2.5	0.45	0.000922238
3	10	6	1.25	0.001548553
4				

D2 ▼ fx =LOGNORM.DIST(A2,B2,C2,TRUE)

图6-74

函数49 MODE.MULT函数

函数功能

MODE.MULT函数用于返回一组数据或数据区域中出现频率最高或重复出现的数值的垂直数组。对于水平数组，请使用TRANSPOSE(MODE.MULT(number1,number2,...))。

(⊠) 函数语法

MODE.MULT((number1,[number2],...)

(⊠) 参数说明

● number1：表示要计算其众数的第一个数字参数（参数可以是数字或者是包含数字的名称、数组或引用）。

● number2,...：可选。表示要计算其众数的2~254个数字参数。也可以用单一数组或对某个数组的引用来代替用逗号分隔的参数。如果数组或引用参数包含文本、逻辑值或空白单元格，则这些值将被忽略；但包含零值的单元格将计算在内。

实例　返回一组数据集中出现频率最高的数值（垂直数组） Excel 2013 ○

▶ 案例实现

① 选中B14单元格，在公式编辑栏中输入公式：

=MODE.MULT(A2:A13)

② 按Enter键，即可返回该数据集中出现频率最高的数值为1，如图6-75所示。

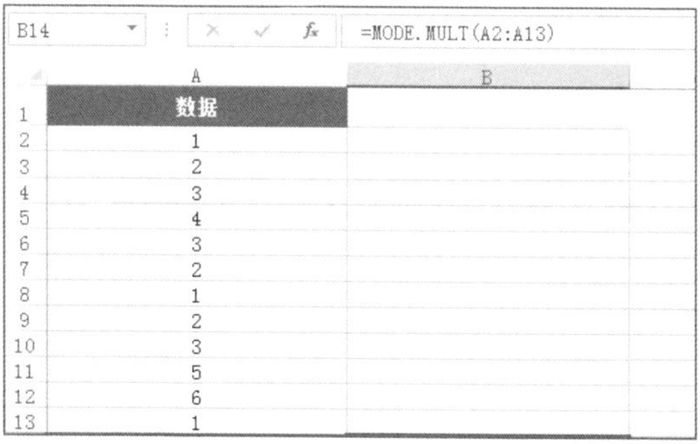

图6-75

函数50 MODE.SNGL 函数

(⊠) 函数功能

MODE.SNGL函数用于返回在某一数组或数据区域中出现频率最高的数值。

(⊠) 函数语法

MODE.SNGL (number1,[number2],...)

⊠ 参数说明

- number1：表示要计算其众数的第一个参数。
- number2,...：可选。表示要计算其众数的2~254个参数。也可以用单一数组或对某个数组的引用来代替用逗号分隔的参数。

实例 返回数组中的众数（即出现频率最高的数） Excel 2013 ⬤

▶ 案例实现

❶ 选中B14单元格，在公式编辑栏中输入公式：

= MODE.SNGL(A2:A13)

❷ 按Enter键，即可返回该数组中的众数为4，如图6-76所示。

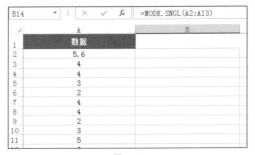

B14	▼	:	×	✓	ƒx	=MODE.SNGL(A2:A13)
	A				B	
1	数据					
2	5.6					
3	4					
4	4					
5	3					
6	2					
7	4					
8	4					
9	2					
10	3					
11	5					

图6-76

函数51 NEGBINOM.DIST函数

⊠ 函数功能

NEGBINOM.DIST函数表示返回负二项式分布，即当成功概率为probability_s时，number_s次成功之前出现number_f次失败的概率。

⊠ 函数语法

NEGBINOM.DIST(number_f,number_s,probability_s,cumulative)

⊠ 参数说明

- number_f：表示失败次数。
- number_s：表示成功的极限次数。
- probability_s：表示成功的概率。
- cumulative：表示决定函数形式的逻辑值。如果cumulative为TRUE，返回累积分布函数；如果为FALSE，则返回概率密度函数。

实例 返回负二项式分布

Excel 2013/2010

案例描述

已知某个模型的制作合格率为50%，目前制作了25个模型，其中有8个模型符合要求的负二项式分布值是多少。

案例实现

❶ 选中D2单元格，在编辑栏中输入公式：

=NEGBINOM.DIST(A2,B2,C2,FALSE)

❷ 按Enter键，即可计算出在25个模型中有8个模型符合要求的负二项式分布值，如图6-77所示。

	A	B	C	D
1	模型制作个数	满足要求的模型	模型合格率	有8个符号要求的概率
2	25	8	0.5	0.000391837

图6-77

函数52 NORM.S.DIST函数

函数功能

NORM.S.DIST函数表示返回标准正态分布函数（该分布的平均值为 0，标准偏差为 1 ）。

函数语法

NORM.S.DIST(z,cumulative)

参数说明

- z：表示需要计算其分布的数值。
- cumulative：表示cumulative是一个决定函数形式的逻辑值。如果cumulative为TRUE，NORMS.DIST返回累积分布函数；如果为FALSE，则返回概率密度函数。

实例 返回标准正态分布的累积函数

Excel 2013/2010

案例实现

❶ 选中B2单元格，在编辑栏中输入公式：

=NORM.S.DIST(A2,TRUE)

❷ 按Enter键，即可返回数值1的标准正态分布的累积函数值，如图6-78所示。

B2 =NORM.S.DIST(A2,TRUE)

	A	B	C
1	数值	正态累积分布函数值	
2	1	0.841344746	
3	2.5	0.993790335	
4	3.5	0.999767371	
5			

图6-78

函数53 POISSON.DIST函数

函数功能

函数表示返回泊松分布。

函数语法

POISSON.DIST(x,mean,cumulative)

参数说明

- x：表示事件数。
- mean：表示期望值。
- cumulative：表示一逻辑值，确定所返回的概率分布的形式。如果cumulative为TRUE，返回泊松累积分布概率，即随机事件发生的次数在0~x之间（包含0和x）；如果为FALSE，则返回泊松概率密度函数，即随机事件发生的次数恰好为x。

实例 根据事件数与期望值返回泊松分布 Excel 2013/2010

案例实现

❶ 选中B4单元格，在编辑栏中输入公式：

=POISSON.DIST(A2,B2, TRUE)

按Enter键，即可返回8件事件，且期望值为10的泊松累积分布概率函数为0.332819679，如图6-79所示。

B4 =POISSON.DIST(A2,B2,TRUE)

	A	B	C
1	事件数	期望值	
2	8	10	
3			
4	泊松累积分布概率函数	0.332819679	
5	泊松概率密度函数		

图6-79

② 选中B5单元格，在编辑栏中输入公式：

```
= POISSON.DIST (A2,B2,FALSE)
```

按Enter键，即可返回8件事件，且期望值为10的泊松概率密度函数为0.112599032，如图6-80所示。

图6-80

函数54　PROB函数

(図) 函数功能

PROB函数用于返回区域中的数值落在指定区间内的概率。

(図) 函数语法

PROB(x_range,prob_range,lower_limit,upper_limit)

(図) 参数说明

- x_range：表示具有各自相应概率值的x数值区域。
- prob_range：表示与x_range中的数值相对应的一组概率值，并且一组概率值的和为1。
- lower_limit：表示用于概率求和计算的数值下界。
- upper_limit：表示用于概率求和计算的数值可选上界。

实例　返回区域中的数值落在指定区间内的概率 Excel 2013/2010/2007/2003

▶ 案例实现

① 选中B8单元格，在编辑栏中输入公式：

```
=PROB(A2:A6,B2:B6,3)
```

按Enter键即可返回3在数据集中的概率为0，如图6-81所示。

② 选中B9单元格，在编辑栏中输入公式：

```
=PROB(A2:A6,B2:B6,4,11)
```

按Enter键即可返回4～11区的数据在数据集中的概率为0.7，如图6-82所示。

B8 =PROB(A2:A6,B2:B6,3)

	A	B	C
1	数据集	数据集概率值	
2	4	0.1	
3	6	0.15	
4	7	0.2	
5	9	0.25	
6	12	0.3	
7			
8	x为3的概率	0	
9	x为4-11之间的概率		

图6-81

B9 =PROB(A2:A6,B2:B6,4,11)

	A	B	C
1	数据集	数据集概率值	
2	4	0.1	
3	6	0.15	
4	7	0.2	
5	9	0.25	
6	12	0.3	
7			
8	x为3的概率	0	
9	x为4-11之间的概率	0.7	

图6-82

函数55 STANDARDIZE函数

函数功能

STANDARDIZE函数用于返回以mean为平均值，以standard-dev为标准偏差的分布的正态化数值。

函数语法

STANDARDIZE(x,mean,standard_dev)

参数说明

- x：表示需要进行正态化计算的数值。
- mean：表示分布的算术平均值。
- standard_dev：表示分布的标准偏差。

实例 返回分布的正态化数值 Excel 2013/2010

案例实现

1. 选中D2单元格，在编辑栏中输入公式：

```
=STANDARDIZE(A2,B2,C2)
```

2. 按Enter键即可返回数值10、算术平均值5.5和标准偏差0.35的正态化数值

12.85714286，如图6−83所示。

D2　=STANDARDIZE(A2,B2,C2)

数值	算术平均值	标准偏差	正态化数值
10	5.5	0.35	12.85714286
30	17	0.92	14.13043478

图6−83

函数56　SKEW函数

函数功能

SKEW函数用于返回分布的偏斜度。偏斜度是反映以平均值为中心的分布的不对称程度，正偏斜度表示不对称部分的分布更趋向正值，负偏斜度表示不对称部分的分布更趋向负值。

函数语法

SKEW(number1,number2,...)

参数说明

- number1,number2,...：表示为需要计算偏斜度的1～30个参数。

实例　返回分布的偏斜度　Excel 2013/2010/2007/2003

案例描述

在上半年产品销售统计报表中，根据每月销售量计算销售量的偏斜度。

案例实现

1. 选中B9单元格，在编辑栏中输入公式：

```
=SKEW(B2:B7)
```

2. 按Enter键即可计算出上半年产品销售量的偏斜度，如图6−84所示。

B9　=SKEW(B2:B7)

销售月份	销售量（台）
1月份销售量	43960
2月份销售量	54680
3月份销售量	58030
4月份销售量	59440
5月份销售量	59550
6月份销售量	59510
上半年销售量的偏斜度	-2.00293971

图6−84

函数57 SKEW.P函数

函数功能

SKEW.P函数用于返回基于样本总体的分布不对称度，表明分布相对于平均值的不对称程度。

函数语法

SKEW.P (number1, [number2],...)

参数说明

● number1,number2,...：number1是必选项，后续数字是可选项。number1、number2等是1~254个数字，或包含数字的名称、数组或引用，要以此函数获得其样本总体的分布不对称度。

实例　返回样本总体数据集分布的不对称度

Excel 2013

▶ 案例实现

① 选中B13单元格，在公式编辑栏中输入公式：

```
=SKEW.P(A2:A11)
```

② 按Enter键，即可返回给定样本总体数据集分布的不对称度，如图6-85所示。

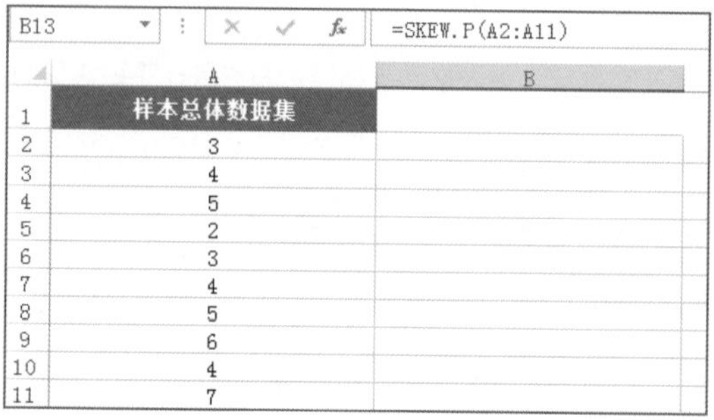

B13	▼	⋮	×	✓	fx	=SKEW.P(A2:A11)
▲	A				B	
1	样本总体数据集					
2	3					
3	4					
4	5					
5	2					
6	3					
7	4					
8	5					
9	6					
10	4					
11	7					

图6-85

函数58 T.DIST函数

函数功能

T.DIST函数返回学生的左尾t分布。t分布用于小型样本数据集的假设检验。

可以使用该函数代替 t 分布的临界值表。

（区）函数语法

T.DIST(x,deg_freedom, cumulative)

（区）参数说明

- x：表示计算分布的数值。
- deg_freedom：一个表示自由度数的整数。
- cumulative：表示决定函数形式的逻辑值。如果cumulative为TRUE，则返回累积分布函数；如果为FALSE，则返回概率密度函数。

实例 返回学生t分布的百分点   Excel 2013/2010

▶ 案例实现

① 选中C4单元格，在编辑栏中输入公式：

=T.DIST(A2,B2,TRUE)

按Enter键，即可返回数值1.25675、自由度45的t分布的累积分布函数为0.892336，如图6-86所示。

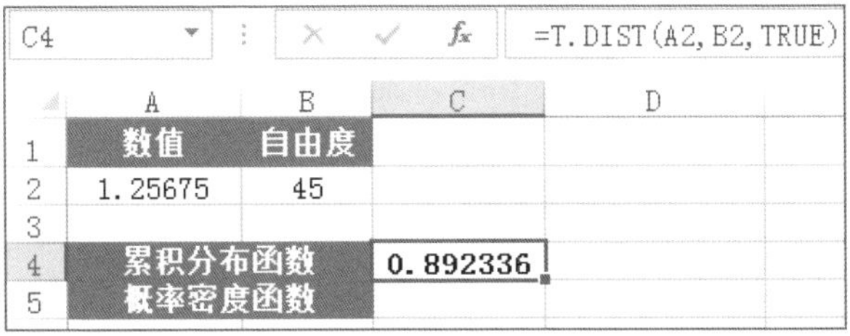

图6-86

② 选中C5单元格，在编辑栏中输入公式：

=T.DIST(A2,B2,FALSE)

按Enter键，即可返回数值1.25675、自由度45的t分布的的概率密度函数为0.179441，如图6-87所示。

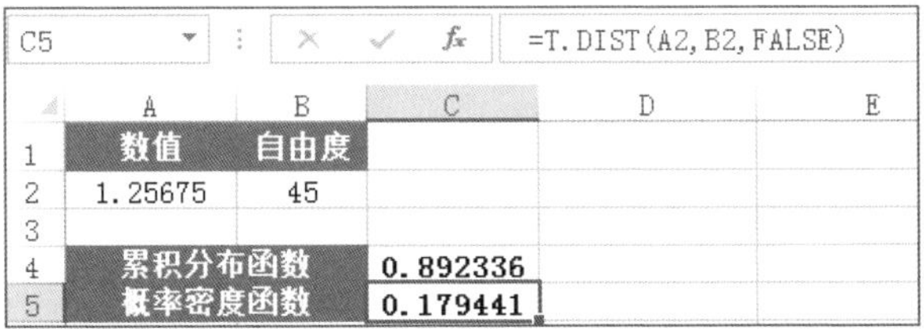

图6-87

函数59 T.DIST.2T函数

▣ 函数功能

T.DIST.2T函数表示返回学生的双尾t分布。

▣ 函数语法

T.DIST.2T(x,deg_freedom)

▣ 参数说明

- x：表示用于计算分布的数值。
- deg_freedom：表示一个表示自由度数的整数。

实例 返回学生的双尾 t 分布   Excel 2013/2010

▶ 案例实现

❶ 选中B4单元格，在编辑栏中输入公式：

=T.DIST.2T(A2,B2)

❷ 按Enter键，即可返回数值1.25675、自由度45的双尾t分布值为0.215329，如图6-88所示。

图6-88

函数60 T.DIST.RT函数

▣ 函数功能

T.DIST.RT函数表示返回学生的右尾t分布。

▣ 函数语法

T.DIST.RT(x,deg_freedom)

▣ 参数说明

- x：表示用于计算分布的数值。
- deg_freedom：表示一个表示自由度数的整数。

实例 返回学生的右尾 t 分布 Excel 2013/2010

▶ 案例实现

① 选中B4单元格，在编辑栏中输入公式：

=T.DIST.RT(A2,B2)

② 按Enter键，即可返回数值1.25675、自由度45的右尾t分布值为0.107664354，如图6-89所示。

图6-89

函数61 T.INV.2T函数

(图) 函数功能

T.INV.2T函数表示返回学生t分布的双尾反函数。

(图) 函数语法

T.INV.2T(probability,deg_freedom)

(图) 参数说明

- probability：表示与学生t分布相关的概率。
- deg_freedom：表示代表分布的自由度数。

实例 返回学生t分布的双尾反函数 Excel 2013/2010

▶ 案例实现

① 选中C2单元格，在编辑栏中输入公式：

=T.INV.2T(A2,B2)

② 按Enter键，即可返回双尾t分布概率1.50%和自由度30的t分布的t值为2.580583233，如图6-90所示。

图6-90

函数62 T.INV函数

⊠ 函数功能

T.INV函数表示返回学生t分布的左尾反函数。

⊠ 函数语法

T.INV(probability,deg_freedom)

⊠ 参数说明

- probability：表示与学生t分布相关的概率。
- deg_freedom：代表分布的自由度数。

实例　返回学生 t 分布的左尾反函数

Excel 2013/2010

▶ 案例实现

① 选中C2单元格，在编辑栏中输入公式：

=T.INV(A2,B2)

② 按Enter键，即可返回左尾t分布概率1.25%和自由度20的t分布的t值为
−2.42311654，如图6−91所示。

| C2 | ▼ | : | × | ✓ | fx | =T.INV(A2,B2) |

	A	B	C
1	左尾学生t分布的概率	自由度	t值
2	1.25%	20	−2.42311654

图6−91

函数63 WEIBULL.DIST函数

⊠ 函数功能

WEIBULL.DIST函数表示返回韦伯分布。

⊠ 函数语法

WEIBULL.DIST(x,alpha,beta,cumulative)

⊠ 参数说明

- x：表示用来进行函数计算的数值。
- alpha：表示分布参数。

- beta：表示分布参数。
- cumulative：表示确定函数的形式。

实例 返回韦伯分布

Excel 2013/2010

案例实现

① 选中C4单元格，在编辑栏中输入公式：

=WEIBULL.DIST(A2,B2,C2,TRUE)

按Enter键，即可返回参数值50的韦伯累积分布函数值为0.997393904，如图6-92所示。

C4 　=WEIBULL.DIST(A2,B2,C2,TRUE)

	A	B	C	D
1	参数值	aloha分布参数	bate分布参数	
2	50	5	35	
3				
4	韦伯累积分布函数		0.997393904	
5	韦伯概率密度函数			

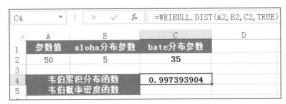

图6-92

② 选中C5单元格，在编辑栏中输入公式：

=WEIBULL.DIST(A2,B2,C2,FALSE)

按Enter键，即可返回参数值50的韦伯概率密度函数值为0.001550602，如图6-93所示。

C5 　=WEIBULL.DIST(A2,B2,C2,FALSE)

	A	B	C	D
1	参数值	aloha分布参数	bate分布参数	
2	50	5	35	
3				
4	韦伯累积分布函数		0.997393904	
5	韦伯概率密度函数		0.001550602	

图6-93

6.6 检验函数

函数64 CHISQ.TEST函数

函数功能

CHISQ.TEST函数表示返回独立性检验值，返回x^2分布的统计值及相应的自由度。可以使用x^2检验值确定假设结果是否被实验所证实。

📧 函数语法

CHISQ.TEST(actual_range,expected_range)

📧 参数说明

- actual_range：表示包含观察值的数据区域，用于检验期望值。
- expected_range：表示包含行列汇总的乘积与总计值之比率的数据区域。

实例　返回独立性检验值

Excel 2013/2010

▶ 案例实现

1 选中D10单元格，在编辑栏中输入公式：

=CHISQ.TEST(B3:B8,D3:D8)

2 按Enter键，即可计算出上半年和下半年产品销售量的返回独立性检验值，如图6-94所示。

D10		:	×	✓	fx	=CHISQ.TEST(B3:B8,D3:D8)	
	A	B		C	D		E
1	上半年销售量			下半年销售量			
2							
3	1月	120		7月	132		
4	2月	127		8月	124		
5	3月	142		9月	127		
6	4月	118		10月	136		
7	5月	98		11月	128		
8	6月	102		12月	114		
9							
10	上下半年产品销售量的独立性检验值				0.018272		

图6-94

函数65 FISHER函数

📧 函数功能

FISHER函数返回点x的Fisher变换，该变换生成一个正态分布而非偏斜的函数。使用此函数可以完成相关系数的假设检验。

📧 函数语法

FISHER(x)

📧 参数说明

- x：为要对其进行变换的数值。如果x为非数值型，函数FISHER返回错误值#VALUE!；如果x ≤-1或x≥1，函数FISHER返回错误值#NUM!。

实例　返回点x的Fisher变换

Excel 2013/2010/2007/2003

▶ 案例实现

1 选中B2单元格，在编辑栏中输入公式：

`=FISHER(A2)`

2 按Enter键即可返回变换数值-0.5的fisher变换值为-0.549306144，如图6-95所示。

| B2 | ▼ | : | × | ✓ | fx | =FISHER(A2) |

	A	B	C	D
1	变换数值	Fisher变换值		
2	-0.5	-0.54930614		
3	0.82	1.156817465		
4				

图6-95

函数66　**FREQUENCY函数**

▣ 函数功能

FREQUENCY函数计算数值在某个区域内的出现频率，然后返回一个垂直数组。例如，使用函数 FREQUENCY 可以在分数区域内计算测验分数的个数。由于函数 FREQUENCY 返回一个数组，所以它必须以数组公式的形式输入。

▣ 函数语法

FREQUENCY(data_array,bins_array)

▣ 参数说明

● data_array：表示一个数组或对一组数值的引用，要为它计算频率。如果 data_array中不包含任何数值，函数FREQUENCY将返回一个零数组。

● bins_array：表示一个区间数组或对区间的引用，该区间用于对data_array中的数值进行分组。如果bins_array中不包含任何数值，函数FREQUENCY返回的值与data_array中的元素个数相等。

实例　统计哪位客服人员被投诉次数最多

Excel 2013/2010/2007/2003

▶ 案例描述

表格中统计了某一公司客服人员被投诉的记录，现在要统计出每个客服人员被投诉的次数，可以使用FREQUENCY函数。

案例实现

❶ 在工作表中建立数据并输入所有要统计出其被投诉次数的客服编号。选中F4:F6单元格区域，在编辑栏中输入公式：

```
=FREQUENCY(B2:B11,E4:E6)
```

❷ 按Ctrl+Shift+Enter组合键，即可一次性统计出各个编号在B2:B11单元格区域中出现的次数（本列中为被投诉的次数），如图6-96所示。

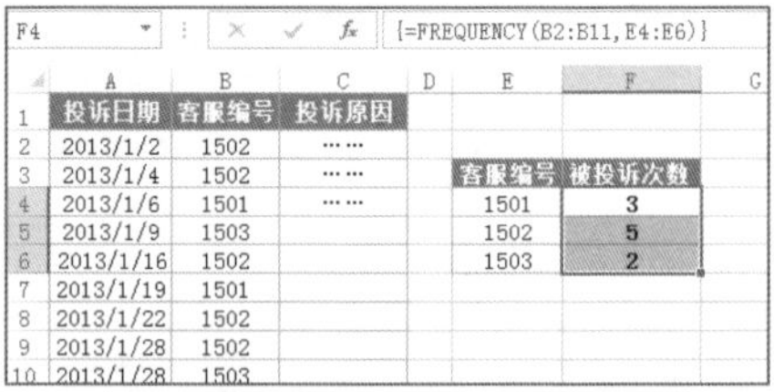

F4 {=FREQUENCY(B2:B11,E4:E6)}

	A	B	C	D	E	F	G
1	投诉日期	客服编号	投诉原因				
2	2013/1/2	1502	……				
3	2013/1/4	1502	……		客服编号	被投诉次数	
4	2013/1/6	1501	……		1501	3	
5	2013/1/9	1503			1502	5	
6	2013/1/16	1502			1503	2	
7	2013/1/19	1501					
8	2013/1/22	1502					
9	2013/1/28	1502					
10	2013/1/28	1503					

图6-96

6.7 方差、协方差与偏差函数

函数67 COVARIANCE.P函数

函数功能

COVARIANCE.P函数表示返回总体协方差，即两个数据集中每对数据点的偏差乘积的平均数。

函数语法

COVARIANCE.P(array1,array2)

参数说明

- array1：表示第一个所含数据为整数的单元格区域。
- array2：表示第二个所含数据为整数的单元格区域。

实例 返回总体协方差 Excel 2013/2010

案例描述

在某位学生两学期的成绩统计表中，根据上下学期的成绩返回上下学期成绩的总体协方差。

案例实现

❶ 选中C10单元格，在编辑栏中输入公式：

=COVARIANCE.P(A2:A8,B2:B8)

2 按Enter键，即可返回某位学生上下学期成绩的总体协方差为3.489795918，如图6-97所示。

| C10 | ▼ | : | × | ✓ | fx | =COVARIANCE.P(A2:A8,B2:B8) |

	A	B	C	D	E
1	上学期成绩	下学期成绩			
2	93	80			
3	78	88			
4	85	85			
5	56	81			
6	78	56			
7	80	78			
8	85	80			

图6-97

函数68 COVARIANCE.S函数

函数功能

表示返回样本协方差，即两个数据集中每对数据点的偏差乘积的平均值。

函数语法

COVARIANCE.S(array1,array2)

参数说明

- array1：表示第一个所含数据为整数的单元格区域。
- array2：表示第二个所含数据为整数的单元格区域。

实例 返回样本协方差 Excel 2013/2010

 案例实现

1 选中C10单元格，在编辑栏中输入公式：

=COVARIANCE.S(A2:A8,B2:B8)

2 按Enter键，即可返回某位学生上下学期成绩的样本协方差为4.071428571，如图6-98所示。

| C10 | ▼ | : | × | ✓ | fx | =COVARIANCE.S(A2:A8,B2:B8) |

	A	B	C	D
1	上学期成绩	下学期成绩		
2	93	80		
3	78	88		
4	85	85		
5	56	81		
6	78	56		
7	80	78		

图6-98

函数69 DEVSQ函数

▣ 函数功能

DEVSQ函数返回数据点与各自样本平均值的偏差的平方和。

▣ 函数语法

DEVSQ(number1,number2,...)

▣ 参数说明

● number1,number2,...：表示用于计算偏差平方和的1～30个参数。

实例　返回数据点与各自样本平均值的偏差的平方和

Excel 2013/2010/2007/2003

▶ 案例实现

❶ 选中B11单元格，在编辑栏中输入公式：

=DEVSQ(B2:B9)

❷ 按Enter键即可返回销售台数与平均销售台数偏差的平方和为637.5，如图6-99所示。

B11	▼	:	×	✓	fx	=DEVSQ(B2:B9)	
▲	A		B			C	
1	销售员		销售台数				
2	彭国华		35				
3	赵庆军		45				
4	孙丽萍		25				
5	王保国		50				
6	王子君		25				
7	王丽丽		45				
8	杨继忠		30				
9	郭晶晶		35				
10							
11	销售台数与平均值偏差的平方和		637.5				

图6-99

函数70 STDEV.S函数

▣ 函数功能

STDEV.S函数用于计算基于样本估算标准偏差（忽略样本中的逻辑值和文本）。标准偏差反映数值相对于平均值的离散程度。

函数语法

STDEV.S(number1,[number2],...])

参数说明

- number1：表示对应于总体样本的第一个数值参数。也可以用一个数组或对某个数组的引用来代替用逗号分隔的参数。
- number2,...：可选。对应于总体样本的2~254个数值参数。也可以用一个数组或对某个数组的引用来代替用逗号分隔的参数。

实例 估算样本的标准偏差

Excel 2013/2010

案例描述

对产品的抗断强度进行10次测试，通过10次的抗断强度测试值估算出产品抗断强度的样本标准偏差。

案例实现

❶ 选中C13单元格，在编辑栏中输入公式：

```
=STDEV.S(A2:A11)
```

❷ 按Enter键，即可计算出产品强度的样本标准偏差为26.05456，如图6-100所示。

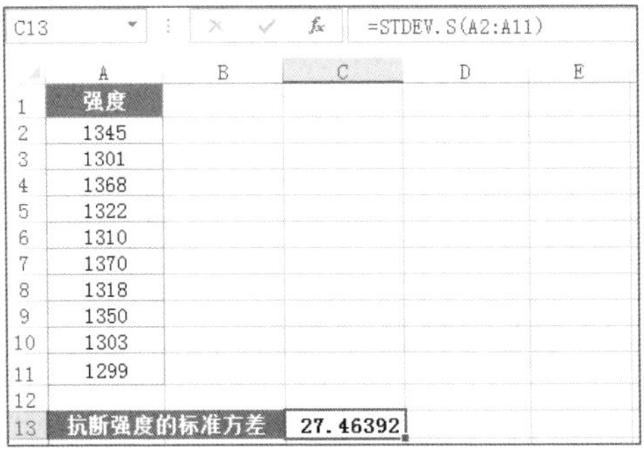
C13 =STDEV.S(A2:A11)

	A	B	C	D	E
1	强度				
2	1345				
3	1301				
4	1368				
5	1322				
6	1310				
7	1370				
8	1318				
9	1350				
10	1303				
11	1299				
12					
13	抗断强度的标准方差		27.46392		

图6-100

函数71 STDEVA函数

函数功能

STDEVA函数用于计算基于给定样本的标准偏差，它与STDEV函数的区别是文本值和逻辑值（TRUE或FALSE）也将参与计算。

函数语法

STDEVA(value1,value2,...)

参数说明

- value1,value2,...：表示作为总体的一个样本的1～30个参数。

实例 计算基于给定样本的标准偏差 Excel 2013/2010/2007/2003

案例描述

对产品的抗断强度进行8次测试，在测试过程中有1个产品是不合格产品，这时只能通过返回的7次的抗断强度测试值，估算出产品抗断强度的样本标准偏差。

案例实现

❶ 选中D3单元格，在编辑栏中输入公式：

```
=STDEVA(A2:A9)
```

❷ 按Enter键即可估算出产品强度的样本标准偏差为259.9306226，如图6-101所示。

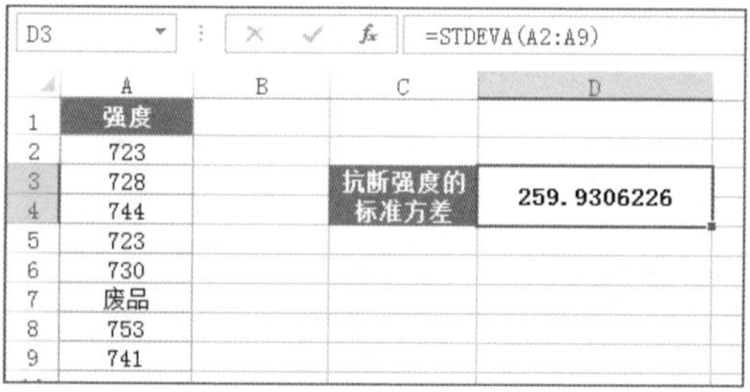
D3 =STDEVA(A2:A9)

	A	B	C	D
1	强度			
2	723			
3	728		抗断强度的标准方差	259.9306226
4	744			
5	723			
6	730			
7	废品			
8	753			
9	741			

图6-101

函数72 STDEVPA函数

函数功能

STDEVPA函数用于计算样本总体的标准偏差，它与STDEVP函数的区别是文本值和逻辑值（TRUE或FALSE）参与计算。

函数语法

STDEVPA(value1,value2,...)

参数说明

- value1,value2,...：表示作为总体的一个样本的1～30个参数。

实例　计算样本总体的标准偏差 Excel 2013/2010/2007/2003

▶ 案例描述

对产品的抗断强度进行8次测试，在测试过程中有1个产品是不合格产品，这时只能通过返回的7次的抗断强度测试值，估算出产品抗断强度的样本总体标准偏差。

▶ 案例实现

1 选中D3单元格，在编辑栏中输入公式：

    =STDEVPA(A2:A9)

2 按Enter键即可估算出产品强度的样本总体标准偏差为243.1428335，如图6-102所示。

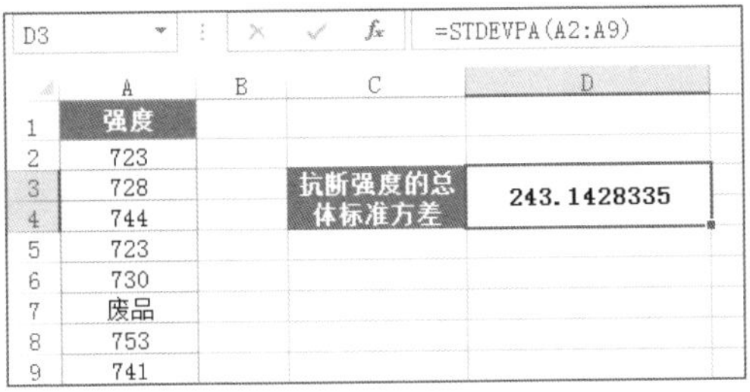

图6-102

函数73 VAR.S函数

▣ 函数功能

VAR.S函数用于估算基于样本的方差（忽略样本中的逻辑值和文本）。

▣ 函数语法

VAR.S(number1,[number2],...)

▣ 参数说明

- number1：表示对应于样本总体的第一个数值参数；
- number2,...：可选。对应于样本总体的 2 ~254 个数值参数。

实例　估算样本方差 Excel 2013/2010

▶ 案例描述

对产品的抗断强度进行8次测试，通过8次的抗断强度测试值，估算出产品抗断强度的样本方差。

▶ 案例实现

① 选中C10单元格，在编辑栏中输入公式：

`=VAR.S(B2:B9)`

② 按Enter键，即可计算出产品强度的样本方差为2925.696429，如图6-103所示。

| C10 | ▼ | ⋮ | ✕ | ✓ | f_x | =VAR.S(B2:B9) |

	A	B	C
1	测试次数	强度	
2	1	1345	
3	2	1301	
4	3	1368	
5	4	1203	
6	5	1310	
7	6	1370	
8	7	1318	
9	8	1350	
10	抗断强度的样本方差		2925.696429

图6-103

函数74 VARA函数

▣ 函数功能

VARA函数用来估算给定样本的方差，它与VAR函数的区别在于文本和逻辑值（TRUE和FALSE）也将参与计算。

▣ 函数语法

VARA(value1,value2,...)

▣ 参数说明

● value1,value2,...：表示作为总体的一个样本的1~30个参数。

实例　估算给定样本的方差

Excel 2013/2010/2007/2003 📎

▶ 案例描述

对产品的抗断强度进行8次测试，在测试过程中有1个产品是不合格产品，这时只能通过返回的7次的抗断强度测试值，估算出产品抗断强度的样本方差。

▶ 案例实现

① 选中D3单元格，在编辑栏中输入公式：

```
=VARA(A2:A9)
```

❷ 按Enter键即可估算出产品强度的样本方差为67563.92857，如图6-104所示。

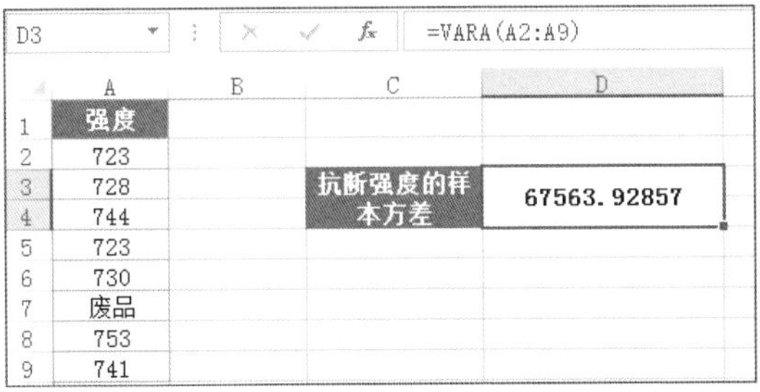

D3 =VARA(A2:A9)

	A	B	C	D
1	强度			
2	723			
3	728		抗断强度的样本方差	67563.92857
4	744			
5	723			
6	730			
7	废品			
8	753			
9	741			

图6-104

函数75 VAR.P函数

函数功能

VAR.P函数用于计算基于整个样本总体的方差（忽略样本总体中的逻辑值和文本）。

函数语法

VAR.P(number1,[number2],...])

参数说明

- number1：表示对应于样本总体的第一个数值参数。
- number2,...：可选。表示对应于样本总体的 2 到 254 个数值参数。

实例　计算样本总体的方差　Excel 2013/2010

案例描述

对产品的抗断强度进行8次测试，通过8次的抗断强度测试值，估算出产品抗断强度的样本总体方差。

案例实现

❶ 选中C10单元格，在编辑栏中输入公式：

```
=VAR.P(B2:B9)
```

❷ 按Enter键，即可计算出产品强度的样本总体方差为1730.984375，如图6-105所示。

C10 =VAR.P(B2:B9)

	A	B	C	D
1	测试次数	强度		
2	1	1345		
3	2	1301		
4	3	1368		
5	4	1235		
6	5	1310		
7	6	1370		
8	7	1318		
9	8	1350		
10	抗断强度的总体方差		1730.984375	

图6-105

函数76 VARPA函数

函数功能

VARPA函数用于计算样本总体的方差，它与VARP函数的区别在于文本和逻辑值（TRUE和FALSE）也将参与计算。

函数语法

VARPA(value1,value2,...)

参数说明

- value1,value2,...：表示作为样本总体的1～30个参数。

实例 计算包括文本和逻辑值样本总体的方差 Excel 2013/2010/2007/2003

案例描述

对产品的抗断强度进行8次测试，在测试过程中有1个产品是不合格产品，这时只能通过返回的7次抗断强度测试值，估算出产品抗断强度的样本总体方差。

案例实现

① 选中D3单元格，在编辑栏中输入公式：

=VARPA(A2:A9)

② 按Enter键即可估算出产品强度的样本总体方差为59118.4375，如图6-106所示。

D3 =VARPA(A2:A9)

	A	B	C	D	E
1	强度				
2	723				
3	728		抗断强度的总体方差	59118.4375	
4	744				
5	723				
6	730				
7	废品				
8	753				
9	741				

图6-106

6.8 相关系数函数

函数77 CORREL函数

函数功能

CORREL函数返回两个不同事物之间的相关系数。使用相关系数可以确定两种属性之间的关系，如可以检测某地的平均温度和空调使用情况之间的关系。

函数语法

CORREL(array1,array2)

参数说明

- array1：表示第一组数值单元格区域。
- array2：表示第二组数值单元格区域。

实例　返回两个不同事物之间的相关系数 Excel 2013/2010/2007/2003

▶ **案例描述**

在员工产品销售情况统计报表中，根据员工销售台数和销售单价返回销售台数与销售单价之间的相关系数。

▶ **案例实现**

1 选中C11单元格，在编辑栏中输入公式：

=CORREL(B2:B9,C2:C9)

2 按Enter键即可返回销售台数与销售单价之间的相关系数为0.742610657，如图6-107所示。

C11	▼	:	×	✓	fx	=CORREL(B2:B9,C2:C9)

	A	B	C	D
1	销售员	销售台数	销售单价	
2	彭国华	11	800	
3	赵庆军	10	810	
4	孙丽萍	8	790	
5	王保国	10	815	
6	王子君	7	790	
7	王丽丽	10	810	
8	杨继忠	7	795	
9	郭晶晶	9	800	
10				
11	抗断强度的总体方差		0.74261066	

图6-107

函数78 FISHERINV函数

▣ **函数功能**

FISHERINV函数返回 Fisher 变换的反函数值。使用此变换可以分析数据区域或数组之间的相关性，如果y=FISHER(x)，则FISHERINV(y)=x。

▣ **函数语法**

FISHERINV(y)

▣ **参数说明**

● y：表示要对其进行反变换的数值。

实例 返回Fisher变换的反函数值 Excel 2013/2010/2007/2003

▶ **案例实现**

❶ 选中B2单元格，在编辑栏中输入公式：

=FISHERINV(A2)

❷ 按Enter键即可返回反变换数值−0.5的Fisher变换的反函数值为−0.462117157，如图6−108所示。

图6−108

函数79 PEARSON函数

▣ **函数功能**

PEARSON函数是返回 Pearson乘积矩相关系数 r，这是一个范围在−1.0～1.0之间（包括−1.0和1.0在内）的无量纲指数，反映了两个数据集合之间的线性相关程度。

▣ **函数语法**

PEARSON(array1,array2)

(图) 参数说明
- array1：为自变量集合。
- array2：为因变量集合。

实例　返回两个数值集合之间的线性相关程度 Excel 2013/2010/2007/2003 🌑

▶ **案例实现**

❶ 选中B12单元格，在编辑栏中输入公式：

=PEARSON(A2:A10,B2:B10)

❷ 按Enter键即可返回两类产品测试结果的线性相关程度值为−0.0804092644，如图6-109所示。

	A	B	C
	A类产品的测试结果	B类产品的测试结果	
1			
2	3	9	
3	6	7	
4	8	5	
5	9	10	
6	5	8	
7	9	7	
8	7	9	
9	6	2	
10	8	5	
11			
12	两类产品测试结果的线性相关程度	−0.080409264	

B12 ▼ fx =PEARSON(A2:A10,B2:B10)

图6-109

函数80 RSQ函数

(图) 函数功能

RSQ函数通过known_y's和known_x's中数据点返回Pearson乘积矩相关系数的平方。有关详细信息请参阅函数PEARSON。R平方值可以解释为y方差可归于x方差的比例。

(图) 函数语法

RSQ(known_y's,known_x's)

(图) 参数说明
- known_y's：为数组或数据点区域。
- known_x's：为数组或数据点区域。

实例 返回Pearson乘积矩相关系数的平方 Excel 2013/2010/2007/2003

▶ 案例实现

1 选中B12单元格，在编辑栏中输入公式：

=RSQ(A2:A10,B2:B10)

2 按Enter键即可返回两类产品测试结果的Pearson乘积矩相关系数的平方值为0.40019547，如图6-110所示。

B12	▼	：　×　✓　*fx*	=RSQ(A2:A10,B2:B10)	
	A		B	C
1	**A类产品的测试结果**		**B类产品的测试结果**	
2	93		79	
3	76		99	
4	89		85	
5	88		89	
6	75		91	
7	90		72	
8	77		87	
9	82		90	
10	94		88	
11				
12	**两类产品测试结果的乘积矩相关系数的平方值**		0.40019547	

图6-110

6.9　回归分析函数

函数81 **FORECAST函数**

⊞ 函数功能

FORECAST函数根据已有的数值计算或预测未来值。此预测值为基于给定的 x 值推导出的y值，即已知的数值为已有的x值和y值，再利用线性回归对新值进行预测。可以使用该函数对未来销售额、库存需求或消费趋势进行预测。

⊞ 函数语法

FORECAST(x,known_y's,known_x's)

⊞ 参数说明

● x：为需要进行预测的数据点。
● known_y's：为因变量数组或数据区域。
● known_x's：为自变量数组或数据区域。

实例　预测未来值

Excel 2013/2010/2007/2003

▶ **案例描述**

　　对两类产品进行使用寿命测试，通过两类产品的测试结果预算出产品的寿命测试值。

▶ **案例实现**

❶ 选中B12单元格，在编辑栏中输入公式：

=FORECAST(9,A2:A10,B2:B10)

❷ 按Enter键即可预算出产品的寿命测试值为133.1111111，如图6-111所示。

	A	B	C
	A类产品的测试结果	B类产品的测试结果	
1			
2	93	79	
3	76	99	
4	89	85	
5	88	89	
6	75	91	
7	90	72	
8	77	87	
9	82	90	
10	94	88	
11			
12	预算出产品的寿命测试值	133.1111111	

B12　｜×✓ fx　=FORECAST(9,A2:A10,B2:B10)

图6-111

函数82　GROWTH函数

▣ **函数功能**

　　GROWTH函数用于对给定的数据预测指数增长值。根据现有的x值和y值，GROWTH 函数返回一组新的x值对应的y值。可以使用GROWTH工作表函数来拟合满足现有x值和y值的指数曲线。

▣ **函数语法**

　　GROWTH(known_y's,known_x's,new_x's,const)

▣ **参数说明**

- known_y's：表示满足指数回归拟合曲线y = b*m^{x}的一组已知的y值。
- known_x's：表示满足指数回归拟合曲线y = b*m^{x}的一组已知的x值。
- new_x's：表示一组新的x值，可通过GROWTH函数返回各自对应的y值。

- const：表示为一逻辑值，指明是否将系数b强制设为1。若const为TRUE或省略，则b将参与正常计算；若const为FALSE，则b将被设为1。

实例 预测指数增长值

Excel 2013/2010/2007/2003

案例描述

在9个月产品销售量统计报表中，通过9个月产品销售量预算出10、11、12月的产品销售量。

案例实现

❶ 选中E2:E4单元格区域，在编辑栏中输入公式：

```
=GROWTH(B2:B10,A2:A10,D2:D4)
```

❷ 按Ctrl+Shift+Enter组合键即可预算出10、11、12月产品的销售量，如图6-112所示。

E2 {=GROWTH(B2:B10,A2:A10,D2:D4)}

	A	B	C	D	E
1	月份	销售量（件）		预测10、11、12月的产品销售量	
2	1	13176		10	13191.57603
3	2	13287		11	13166.99244
4	3	13366		12	13142.45466
5	4	13517			
6	5	13600			
7	6	13697			
8	7	13121			
9	8	12956			
10	9	13135			

图6-112

函数83 INTERCEPT函数

函数功能

INTERCEPT函数利用现有的x值与y值计算直线与y轴的截距。截距为穿过已知的known_x's和known_y's数据点的线性回归线与y轴的交点。当自变量为0（零）时，使用INTERCEPT函数可以决定因变量的值。例如，当所有的数据点都是在室温或更高的温度下取得的，可以用INTERCEPT函数预测在0° C时金属的电阻。

函数语法

INTERCEPT(known_y's,known_x's)

参数说明

- known_y's：表示因变的观察值或数据集合。

- known_x's：表示自变的观察值或数据集合。

实例 计算直线与y轴的截距 Excel 2013/2010/2007/2003

案例描述

对两类产品进行使用寿命测试，通过两类产品的测试结果返回两类产品的线性回归直线的截距值。

案例实现

1 选中B12单元格，在编辑栏中输入公式：

```
=INTERCEPT(A2:A10,B2:B10)
```

2 按Enter键即可返回两类产品的线性回归直线的截距值为138.6990939，如图6-113所示。

B12 =INTERCEPT(A2:A10,B2:B10)

	A	B	C
1	A类产品的测试结果	B类产品的测试结果	
2	93	79	
3	76	99	
4	89	85	
5	88	89	
6	75	91	
7	90	72	
8	77	87	
9	82	90	
10	94	88	
11			
12	两类产品测试结果的截距值	138.6990939	

图6-113

函数84 LINEST函数

函数功能

LINEST函数使用最小二乘法对已知数据进行最佳直线拟合，并返回描述此直线的数组。

函数语法

LINEST(known_y's,known_x's,const,stats)

参数说明

- known_y's：表示关系表达式y=mx+b中已知的y值集合。
- known_x's：表示关系表达式y=mx+b中已知的可选x值集合。
- const：表示一逻辑值，指明是否强制使常数b为0。若const为TRUE或省略，b将参与正常计算；若const为FALSE，b将被设为0，并同时调整

m值使得y=mx。

- stats：表示一逻辑值，指明是否返回附加回归统计值。若stats为TRUE，则函数返回附加回归统计值；若stats为FALSE或省略，则函数返回系数m和常数项b。

实例 根据最佳直线拟合返回直线的数组 Excel 2013/2010/2007/2003

▶ 案例描述

在上半年产品销售数量统计报表中，根据上半年各月的销售数量预算9月份的产品销售量。

▶ 案例实现

❶ 选中B9单元格，在编辑栏中输入公式：

`=SUM(LINEST(B2:B7,A2:A7)*{9,1})`

❷ 按Enter键即可预算出9月份的产品销售量为14021.14件，如图6-114所示。

图6-114

函数85 LOGEST函数

▣ 函数功能

在回归分析中，LOGEST函数计算最符合观测数据组的指数回归拟合曲线，并返回描述该曲线的数值数组。因为此函数返回数值数组，所以必须以数组公式的形式输入。

▣ 函数语法

LOGEST(known_y's,known_x's,const,stats)

▣ 参数说明

- known_y's：表示为一组符合$y=b*m^x$函数关系的y值的集合。

- known_x's：表示为一组符合y=b*m^x运算关系的可选x值集合。
- const：表示一逻辑值，指明是否强制使常数b为0。若const为TRUE或省略，b将参与正常计算；若const为FALSE，b将被设为0，并同时调整m值使得y=mx。
- stats：表示为一逻辑值，指明是否返回附加回归统计值。若stats为TRUE，则函数返回附加回归统计值；若stats为FALSE或省略，则函数返回系数m和常数项b。

实例 根据指数回归拟合曲线返回该曲线的数值 Excel 2013/2010/2007/2003

案例描述

在上半年产品销售数量统计报表中，根据上半年各月的销售数量返回产品销售量的曲线数值。

案例实现

1 选中B9单元格，在编辑栏中输入公式：

```
=LOGEST(B2:B7,A2:A7,TRUE,FALSE)
```

2 按Enter键即可返回产品销售量的曲线数值为1.007887637，如图6-115所示。

B9 =LOGEST(B2:B7,A2:A7,TRUE,FALSE)

	A	B	C
1	月份	销售量（件）	
2	1	13176	
3	2	13287	
4	3	13366	
5	4	13517	
6	5	13600	
7	6	13697	
8			
9	产品销售量的曲线数值	1.007887637	

图6-115

函数86 SLOPE函数

函数功能

SLOPE函数返回根据 known_y's 和 known_x's中的数据点拟合的线性回归直线的斜率。斜率为直线上任意两点的垂直距离与水平距离的比值，也就是回归直线的变化率。

函数语法

SLOPE(known_y's,known_x's)

参数说明

- known_y's：表示数字型因变量数据点数组或单元格区域。
- known_x's：表示自变量数据点集合。

实例　返回拟合的线性回归直线的斜率 Excel 2013/2010/2007/2003

案例描述

对两类产品进行使用寿命测试，通过两类产品的测试结果返回两类产品的线性回归直线的斜率。

案例实现

❶ 选中B12单元格，在编辑栏中输入公式：

=SLOPE(A2:A10,B2:B10)

❷ 按Enter键即可返回两类产品的线性回归直线的斜率值为−0.620886981，如图6−116所示。

B12		:	× ✓	fx	=SLOPE(A2:A10, B2:B10)
	A			B	
1	**A类产品的测试结果**			**B类产品的测试结果**	
2	93			79	
3	76			99	
4	89			85	
5	88			89	
6	75			91	
7	90			72	
8	77			87	
9	82			90	
10	94			88	
11					
12	**两类产品测试结果的斜率值**			−0.620886981	

图6−116

函数87 STEYX函数

函数功能

STEYX函数用于返回通过线性回归法计算每个x的y预测值时所产生的标准误差，用来度量根据单个x变量计算出的y预测值的误差量。

函数语法

STEYX(known_y's,known_x's)

参数说明

- known_y's：表示因变量数据点数组或区域。

- known_x's：表示自变量数据点数组或区域。

实例　返回预测值时所产生的标准误差　Excel 2013/2010/2007/2003

案例描述

在全年产品销售数量统计报表中，根据上半年和下半年各月的销售数量返回上下半年产品销售量的标准误差。

案例实现

❶ 选中C10单元格，在编辑栏中输入公式：

```
=STEYX(B3:B8,D3:D8)
```

❷ 按Enter键即可返回上半年和下半年产品销售量的标准误差为147.7648721，如图6-117所示。

C10　=STEYX(B3:B8,D3:D8)

	A	B	C	D
1–2	上半年销售量		下半年销售量	
3	1月	13176	7月	13580
4	2月	13287	8月	12640
5	3月	13366	9月	13710
6	4月	13517	10月	14690
7	5月	13600	11月	17570
8	6月	13697	12月	15200
9				
10	上半年和下半年销售量的标准误差		147.7648721	

图6-117

函数88　TREND函数

函数功能

TREND函数用于返回一条线性回归拟合线的值。即找到适合已知数组known_y's和known_x's的直线（用最小二乘法），并返回指定数组new_x's在直线上对应的y值。

函数语法

TREND(known_y's,known_x's,new_x's,const)

参数说明

- known_y's：表示已知关系y=mx+b中的y值集合。
- known_x's：表示已知关系y=mx+b中可选的x值的集合。
- new_x's：表示为需要函数TREND返回对应y值的新x值。

- const：表示逻辑值，指明是否将常量b强制为0。

▶ 案例描述

在上半年产品销售量统计报表中，通过上半年各月产品销售量预算出7、8、9月的产品销售量。

▶ 案例实现

① 选中E2:E4单元格区域，在编辑栏中输入公式：

=TREND(B2:B7,A2:A7,D2:D4)

② 按Ctrl+Shift+Enter组合键即可预算出7、8、9月产品的销售量，如图6-118所示。

	A	B	C	D	E
1	月份	销售量（件）		预测7、8、9月的销售量（件）	
2	1	13176		7	13810
3	2	13287		8	13915.57143
4	3	13366		9	14021.14286
5	4	13517			
6	5	13600			
7	6	13697			

图6-118

6.10 其他统计函数

函数89 CONFIDENCE.NORM函数

▣ 函数功能

CONFIDENCE.NORM函数使用正态分布返回总体平均值的置信区间。

▣ 函数语法

CONFIDENCE.NORM(alpha,standard_dev,size)

▣ 参数说明

- alpha：表示用于计算置信度的显著水平参数。置信度等于100*(1 - alpha)%，亦即，如果alpha为0.05，则置信度为95%。
- standard_dev：表示数据区域的总体标准偏差，假设为已知。
- size：表示样本容量。

实例 使用正态分布返回总体平均值的置信区间 Excel 2013/2010

▶ 案例描述

有25个滴瓶，平均的容量为32毫升，总体标准偏差为1.5毫升。假设置信度为0.05，计算总体平均值的置信区间。

▶ 案例实现

1 选中E2单元格，在编辑栏中输入公式：

=CONFIDENCE.NORM(D2,C2,A2)

按Enter键，即可计算出置信度为0.05时的返回值为0.587989195，如图6-119所示。

图6-119

2 选中B4单元格，在编辑栏中输入：[32-0.587989195,32+0.587989195]，如图6-120所示。

图6-120

函数90 PHI函数

⊠ 函数功能

PHI函数用于返回标准正态分布的密度函数值。

⊠ 函数语法

PHI(x)

⊠ 参数说明

● x：表示所需的标准正态分布密度值。若x是无效的数值，则函数PHI 返回错误值 #NUM!；若x使用的是无效的数据类型，则函数PHI返回错误值 #VALUE!。

实例 返回标准正态分布的密度函数值 Excel 2013

▶ 案例实现

① 选中E2单元格，在编辑栏中输入公式：

=PHI(A2)

② 按Enter键，即可计算出标准正态分布的密度函数值为0.301137432，如图6-121所示。

图6-121

函数91 GAUSS函数

▣ 函数功能

GAUSS函数用于计算标准正态总体的成员处于平均值与平均值的 z 倍标准偏差之间的概率。

▣ 函数语法

GAUSS (z)

▣ 参数说明

● z：表示返回一个数字。如果z不是有效数字，函数GAUSS返回错误值 #NUM!；如果z不是有效数据类型，函数GAUSS返回错误值 #VALUE!。

实例 返回比 0.2 的标准正态累积分布函数值小0.5的值 Excel 2013

▶ 案例实现

① 选中B2单元格，在编辑栏中输入公式：

=GAUSS(A2)

② 按Enter键，即可返回一个比 0.2 的标准正态累积分布函数值小 0.5的值，如图6-122所示。

图6-122

函数92 CONFIDENCE.T函数

⊠ 函数功能

CONFIDENCE.T函数使用学生的t分布返回总体平均值的置信区间。

⊠ 函数语法

CONFIDENCE.T(alpha,standard_dev,size)

⊠ 参数说明

- alpha：表示用于计算置信度的显著水平参数。置信度等于100*(1 – alpha)%，即如果alpha为0.05，则置信度为95%。
- standard_dev：表示数据区域的总体标准偏差，假设为已知。
- size：表示样本大小。

实例　使用学生的 t 分布返回总体平均值的置信区间　Excel 2013/2010 ◐

▶ 案例描述

有25个HT模型，平均模型的标高为1.5米，总体标准偏差为1.5米。假设置信度为0.05，计算总体平均值的置信区间。

▶ 案例实现

❶ 选中E2单元格，在编辑栏中输入公式：

=CONFIDENCE.T(D2,C2,A2)

按Enter键，即可计算出置信度为0.05时的返回值为0.619169568，如图6-123所示。

	A	B	C	D	E
				fx	=CONFIDENCE.T(D2,C2,A2)
1	HT模型数	平均模型标高	标准偏差	置信度	返回值
2	25	1.5	1.5	0.05	0.619169568

图6-123

❷ 选中B4单元格，在编辑栏中输入：[32-0.619169568,32+0.619169568]，如图6-124所示。

图6-124

第 7 章

财务函数

本章中部分素材文件在光盘中对应的章节下。

7.1 本金与利息计算函数

函数1 PMT函数

  函数功能

PMT函数基于固定利率及等额分期付款方式，返回贷款的每期付款额。

🔲 函数语法

PMT(rate,nper,pv,fv,type)

🔲 参数说明

- rate：表示贷款利率。
- nper：表示该项贷款的付款总数。
- pv：表示现值，即本金。
- fv：表示未来值，即最后一次付款后希望得到的现金余额。
- type：表示指定各期的付款时间是在期初，还是期末。若0为期末；若1为期初。

实例1　计算贷款的每期付款额　　　　Excel 2013/2010/2007/2003

▶ 案例表述

当前表格中统计了某项贷款利率、贷款年限、贷款总额，付款方式为期末付款。现在要计算出贷款的每年偿还额，可以使用PMT函数来求取。

▶ 案例实现

① 选中B4单元格，在编辑栏中输入公式：

=PMT(A2,B2,C2)

② 按Enter键，即可计算出该项贷款的每年偿还金额，如图7-1所示。

	A	B	C
	贷款年利率	贷款年限	贷款总金额
1			
2	7.47%	5	200000
3			
4	每年偿还金额	¥-49,393.56	

B4 ▼ : × ✓ fx =PMT(A2,B2,C2)

图7-1

实例2 当支付次数为按季度（月）支付时计算每期应偿还额

Excel 2013/2010/2007/2003 ●

▶ 案例表述

当前得知某项贷款利率、贷款年限、贷款总额，支付次数为按季度或按月支付，现在要计算出每期应偿还额。由于是按季度支付，因此贷款利率应为"年利率/4"，付款总数应为"贷款年限*4"，因此公式的设置如下。

▶ 案例实现

1 选中B4单元格，在编辑栏中输入公式：

=PMT(A2/4,B2*4,C2)

按Enter键，即可计算出该项贷款每季度的偿还金额，如图7-2所示。

	A	B	C
	B4 ▼ ： × ✓ fx	=PMT(A2/4,B2*4,C2)	
1	贷款年利率	贷款年限	贷款总金额
2	7.47%	5	200000
3			
4	每季度偿还金额	¥-12,075.50	
5	每月偿还金额		

图7-2

2 选中B5单元格，输入公式：

=PMT(A2/12,B2*12,C2)

按Enter键，即可计算出该项贷款每月的偿还金额，如图7-3所示。

	A	B	C
	B5 ▼ ： × ✓ fx	=PMT(A2/12,B2*12,C2)	
1	贷款年利率	贷款年限	贷款总金额
2	7.47%	5	200000
3			
4	每季度偿还金额	¥-12,075.50	
5	每月偿还金额	¥-4,004.74	

图7-3

函数2 PPMT函数

▣ 函数功能

PPMT函数用于基于固定利率及等额分期付款方式，返回投资在某一给定期间内的本金偿还额。

▣ 函数语法

PPMT(rate,per,nper,pv,fv,type)

图 参数说明

- rate：表示各期利率。
- per：表示用于计算其利息数额的期数，在1～nper之间。
- nper：表示总投资期。
- pv：表示现值，即本金。
- fv：表示未来值，即最后一次付款后的现金余额。如果省略fv，则假设其值为零。
- type：表示指定各期的付款时间是在期初，还是期末。若0为期末；若1为期初。

实例1　计算贷款指定期间的本金偿还额　　　Excel 2013/2010/2007/2003

▶ 案例表述

使用PMT函数计算的贷款每期偿还额包括本金与利息两部分，如果想计算出每期偿还额中包含的本金金额，需要使用PPMT函数来计算。例如本例中得知某项贷款的金额、贷款年利率、贷款年限，付款方式为期末付款，现在要计算出第一年与第二年的偿还额中包含的本金金额。

▶ 案例实现

❶ 选中B4单元格，在公式编辑栏中输入公式：

=PPMT($A$2,1,$B$2,$C$2)

按Enter键即可计算出该项贷款第一年中需要偿还的本金额，如图7-4所示。

B4		× ✓ fx	=PPMT($A$2,1,$B$2,$C$2)	
	A	B	C	D
1	贷款年利率	贷款年限	贷款总金额	
2	7.47%	5	200000	
3				
4	第一年本金	¥-34,453.56		
5	第二年本金			

图7-4

❷ 选中B5单元格，在公式编辑栏中输入公式：

=PPMT($A$2,2,$B$2,$C$2)

按Enter键即可计算出该项贷款第二年中需要偿还的本金额，如图7-5所示。

B5		× ✓ fx	=PPMT($A$2,2,$B$2,$C$2)	
	A	B	C	D
1	贷款年利率	贷款年限	贷款总金额	
2	7.47%	5	200000	
3				
4	第一年本金	¥-34,453.56		
5	第二年本金	¥-37,027.24		

图7-5

实例2　利用公式复制的方法快速计算贷款本金额 Excel 2013/2010/2007/2003

▶ 案例表述

如果想查看某项贷款每一期的本金偿还金额，可以在工作表中创建数据源，然后通过公式复制的方法来快速计算。

▶ 案例实现

① 在工作表中输入年份（该项贷款的贷款年限），如图7-6所示。

	A	B	C
1	贷款年利率	贷款年限	贷款总金额
2	7.47%	5	200000
3			
4	年份	本金金额	
5	1		
6	2		
7	3		
8	4		
9	5		

图7-6

② 选中B5单元格，在公式编辑栏中输入公式：

`=PPMT($A$2,A5,$B$2,$C$2)`

按Enter键，即可计算出该项贷款第一年还款额中本金额。

③ 选中B5单元格，向下复制公式可快速求出其他各年中偿还本金金额，如图7-7所示。

B5	▼	：	× ✓ fx	=PPMT($A$2,A5,$B$2,$C$2)

	A	B	C	D
1	贷款年利率	贷款年限	贷款总金额	
2	7.47%	5	200000	
3				
4	年份	本金金额		
5	1	¥-34,453.56		
6	2	¥-37,027.24		
7	3	¥-39,793.17		
8	4	¥-42,765.72		
9	5	¥-45,960.32		

图7-7

函数3　IPMT函数

▣ 函数功能

IPMT函数基于固定利率及等额分期付款方式，返回投资或贷款在某一给定期限内的利息偿还额。

🖾 函数语法

IPMT(rate,per,nper,pv,fv,type)

🖾 参数说明

- rate：表示各期利率。
- per：表示用于计算其利息数额的期数，在1～nper之间。
- nper：表示总投资期。
- pv：表示现值，即本金。
- fv：表示未来值，即最后一次付款后的现金余额。如果省略fv，则假设其值为零。
- type：表示指定各期的付款时间是在期初，还是期末。若0为期末；若1为期初。

实例1　计算贷款每期偿还额中包含的利息额 Excel 2013/2010/2007/2003

▶ 案例表述

如果想计算出贷款的每期偿还额中包含的利息金额，需要使用IPMT函数来计算。例如本例中得知某项贷款的金额、贷款年利率、贷款年限，付款方式为期末付款，下面通过公式计算每期偿还的利息金额。

▶ 案例实现

❶ 在工作表中输入年份（该项贷款的贷款年限）。

❷ 选中B5单元格，在公式编辑栏中输入公式：

=IPMT($A$2,A5,$B$2,$C$2)

按Enter键，即可计算出该项贷款第一年还款额中利息额。

❸ 选中B5单元格，向下复制公式可快速求出其他各年中偿还利息额，如图7-8所示。

B5	▼ : × ✓ fx	=IPMT($A$2,A5,$B$2,$C$2)	
	A	B	C	D
1	贷款年利率	贷款年限	贷款总金额	
2	7.47%	5	200000	
3				
4	年份	利息额		
5	1	￥-14,940.00		
6	2	￥-12,366.32		
7	3	￥-9,600.38		
8	4	￥-6,627.84		
9	5	￥-3,433.24		

图7-8

实例2 计算住房贷款中每月还款利息额 Excel 2013/2010/2007/2003

案例表述

当前表格中统计了某项住房贷款的利率、贷款年限、贷款总额。现在要计算该业主每月还款额中包含的利息额（以计算前6个月为例），仍然需要使用IPMT函数来实现。

案例实现

1 在工作表中输入想计算其利息额的月份（本例只输入前6个月）。

2 选中B5单元格，在公式编辑栏中输入公式：

```
=IPMT($A$2/12,A5,$B$2*12,$C$2)
```

按Enter键，即可计算出该项贷款第一个月还款额中应偿还的利息额。

3 选中B5单元格，向下复制公式，可依次计算出该项住房贷款前6个月每月还款额中利息额，如图7-9所示。

B5 =IPMT($A$2/12, A5, $B$2*12, $C$2)

	A	B	C	D	E
1	贷款年利率	贷款年限	贷款总金额		
2	4.58%	10	150000		
3					
4	年份	利息额			
5	1	¥-572.50			
6	2	¥-568.73			
7	3	¥-564.94			
8	4	¥-561.15			
9	5	¥-557.33			
10	6	¥-553.50			

图7-9

函数4 CUMPRINC函数

函数功能

CUMPRINC函数用于返回一笔贷款在给定的两个期间累计偿还的本金数额。

函数语法

CUMPRINC(rate,nper,pv,start_period,end_period,type)

参数说明

- rate：表示利率。
- nper：表示总付款期数。
- pv：表示现值。

- start_period：表示计算中的首期。
- end_period：表示计算中的末期。
- type：表示为付款时间类型。若为0或零，表示为期末付款；若为1，表示为期初付款。

实例　计算贷款在两个期间累计偿还的本金数额 Excel 2013/2010/2007/2003

▶ 案例表述

要计算一笔贷款在给定的两个期间累计偿还的本金数额，需要使用函数。当前已知某项贷款的利率、贷款年限、贷款总额，现在要计算第三年应付的本金金额。

▶ 案例实现

① 将已知数据输入到工作表中。

② 选中B4单元格，在编辑栏中输入公式：

=CUMPRINC(A2/12,B2*12,C2,25,36,0)

按Enter键，即可计算出贷款在第3年支付的本金金额，如图7-10所示。

图7-10

函数5　**CUMIPMT函数**

⊠ 函数功能

CUMIPMT函数返回一笔贷款在给定的两个期间累计偿还的利息数额。

⊠ 函数语法

CUMIPMT(rate,nper,pv,start_period,end_period,type)

⊠ 参数说明

- rate：表示利率。
- nper：表示总付款期数。
- pv：表示现值。
- start_period：表示计算中的首期。
- end_period：表示计算中的末期。

● type：表示为付款时间类型。若为0或零，表示为期末付款；若为1，表示为期初付款。

▶ 案例表述

当前得知某项贷款的利率、贷款年限、贷款总额， 现在要计算第三年中应付的利息金额。

▶ 案例实现

① 将已知数据输入到工作表中。

② 选中B4单元格，在编辑栏中输入公式：

=CUMIPMT(A2/12,B2*12,C2,25,36,0)

按Enter键，即可计算出贷款在第三年支付的利息金额，如图7-11所示。

图7-11

函数6 ISPMT函数

⊠ 函数功能

ISPMT函数计算特定投资期内要支付的利息额。

⊠ 函数语法

ISPMT(rate,per,nper,pv)

⊠ 参数说明

● rate：表示投资的利率。
● per：表示要计算利息的期数，在1~nper之间。
● nper：表示投资的总支付期数。
● pv：表示投资的当前值，而对于贷款来说pv为贷款数额。

▶ 案例表述

已知某项投资的回报率、投资年限、投资总金额，现在要计算出投资期内第一年与第一个月支付的利息额。

▶ 案例实现

❶ 选中C4单元格，在公式编辑栏中输入公式：

=ISPMT(A2,1,B2,C2)

按Enter键即可计算出该项投资第一年中支付的利息额，如图7-12所示。

图7-12

❷ 选中C5单元格，在公式编辑栏中输入公式：

=ISPMT(A2/12,1,B2*12,C2)

按Enter键即可计算出该项投资第一个月中支付的利息额，如图7-13所示。

	A	B	C
1	投资回报率	投资年限	总投资金额
2	10.00%	5	500000
3			
4	投资期内第一年支付利息	(¥40,000.00)	
5	投资期内第一个月支付利息	(¥4,097.22)	

图7-13

函数7 RATE函数

▣ 函数功能

RATE函数返回年金的各期利率。

▣ 函数语法

RATE(nper,pmt,pv,fv,type,guess)

▣ 参数说明

● nper：表示总投资期，即该项投资的付款期总数。

● pmt：表示各期付款额。

● pv：表示现值，即本金。

● fv：表示未来值。

● type：表示指定各期的付款时间是在期初，还是期末。若0为期末；若1为期初。

- guess：表示为预期利率。如果省略预期利率，则假设该值为10%。

实例　计算购买某项保险的收益率　　　　Excel 2013/2010/2007/2003

▶ **案例表述**

购买某项保险业务需要一次性缴费50000元，保险期限为30年。如果保险期限内没有出险，每月可返还500元。现在计算这种保险的收益率。

▶ **案例实现**

① 选中B4单元格，在公式编辑栏中输入公式：

　=RATE(A2,B2*12,C2)

② 按Enter键，即可计算出未出险的情况下该项保险的收益率，如图7-14所示。

图7-14

7.2　投资与收益率计算函数

函数8　FV函数

▣ **函数功能**

FV函数用于基于固定利率及等额分期付款方式，返回某项投资的未来值。

▣ **函数语法**

FV(rate,nper,pmt,pv,type)

▣ **参数说明**

- rate：表示各期利率。
- nper：表示总投资期，即该项投资的付款期总数。
- pmt：表示各期所应支付的金额。
- pv：表示现值，即从该项投资开始计算时已经入帐的款项，或一系列未来付款的当前值的累积和，也称为本金。
- type：表示数字0或1（0为期末，1为期初）。

实例1 计算购买某项保险的未来值

▶ 案例表述

购买某项保险分30年付款，每年付6350元（共付190 500元），年利率是5%，还款方式为期初还款，现在要计算以这种方式付款的未来值。

▶ 案例实现

① 选中B4单元格，在公式编辑栏中输入公式：

=FV(A2,B2,C2,1)

② 按Enter键，即可计算出购买该项保险的未来值，如图7-15所示。

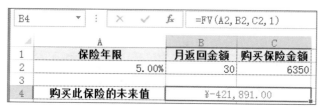

B4		:	×	✓	fx	=FV(A2, B2, C2, 1)	
	A			B		C	
1	保险年限			月返回金额		购买保险金额	
2	5.00%			30		6350	
3							
4	购买此保险的未来值			¥-421,891.00			

图7-15

实例2 计算住房公积金的未来值

▶ 案例表述

某企业每月从工资中扣除200元作为住房公积金，然后按年利率为22%返还给员工。现在要计算5年后员工住房公积金金额，可以使用FV函数来求解。

▶ 案例实现

① 选中B4单元格，在编辑栏中输入公式：

=FV(A2/12,B2,C2)

② 按Enter键，即可计算出5年后该员工所得的住房公积金金额，如图7-16所示。

B4		:	×	✓	fx	=FV(A2/12, B2, C2)	
	A			B		C	
1	年利率			总交纳月数		月交纳金额	
2	22.00%			60		200	
3							
4	住房公积金的未来值			¥-21,538.78			

图7-16

函数9 FVSCHEDULE函数

函数功能

FVSCHEDULE函数基于一系列复利返回本金的未来值，用于计算某项投资在变动或可调利率下的未来值。

函数语法

FVSCHEDULE(principal,schedule)

参数说明

- principal：表示现值。
- schedule：表示利率数组。

实例　计算某项投资在可变利率下的未来值　Excel 2013/2010/2007/2003

案例表述

计算某项投资在可变利率下的未来值，需要使用FVSCHEDULE函数来实现。表格中显示了某项借款的总金额，以及在5年中各年不同的利率，现在要计算出5年后该项借款的回收金额。

案例实现

1 选中B4单元格，在编辑栏中输入公式：

=FVSCHEDULE(B1,B2:F3)

2 按Enter键，即可计算出5年后这项借款回报金额，如图7-17所示。

B4	▼ : × ✓ fx	=FVSCHEDULE(B1,B2:F3)			
	A	B	C	D	E	F
1	借款金额	100000				
2	5年间不同利率	5.42%	5.58%	5.79%	5.90%	6.02%
3						
4	5年后借款回收金额	¥132,200.48				

图7-17

函数10 PV函数

函数功能

PV函数用于返回投资的现值，即一系列未来付款的当前值的累积和。

函数语法

PV(rate,nper,pmt,fv,type)

参数说明

- rate：表示各期利率。
- nper：表示总投资（或贷款）期数。
- pmt：表示各期所应支付的金额。
- fv：表示未来值。
- type：表示指定各期的付款时间是在期初，还是期末。若0为期末；若1为期初。

实例　计算购买某项保险的现值　　　　　　Excel 2013/2010/2007/2003

▶ 案例表述

购买某项保险分30年付款，每年付6350元（共付190 500元），年利率是5%，还款方式为期初还款。现在要计算出该项投资的现值，即支付的本金金额。

▶ 案例实现

1 选中B4单元格，在公式编辑栏中输入公式：

=PV(A2,B2,C2,1)

2 按Enter键，即可计算出购买该项保险的未来值，如图7-18所示。

B4	▼ : × ✓ fx	=PV(A2,B2,C2,1)
	A	B	C
1	保险年利率	总付款期数	各期应付金额
2	5.00%	30	6350
3			
4	购买此保险的现值	¥-97,615.30	

图7-18

函数11　NPV函数

 函数功能

NPV函数用于通过使用贴现率及一系列未来支出（负值）和收入（正值），返回一项投资的净现值。

 函数语法

NPV(rate,value1,value2,...)

 参数说明

- rate：表示某一期间的贴现率。
- value1,value2,...：表示1～29个参数，代表支出及收入。

实例　计算某投资的净现值

Excel 2013/2010/2007/2003

案例表述

要计算出企业项目投资净现值，需要使用NPV函数来实现。根据第一笔资金开支的起点的不同（期初还是期末），其计算方法稍有差异。当前表格中显示了某项投资的年贴现率、初期投资金额，以及各年收益额，公式设置如下。

案例实现

① 选中B7单元格，在编辑栏中输入公式：

```
=NPV(B1,B2:B5)
```

按Enter键，即可计算出该项投资的净现值（年末发生），如图7-19所示。

B7　=NPV(B1,B2:B5)

	A	B
1	年贴现率	10.00%
2	初期投资	-12000
3	第1年收益	5000
4	第2年收益	7800
5	第3年收益	12000
6		
7	投资净现值（年末发生）	¥7,279.56
8	投资净现值（年初发生）	

图7-19

② 选中B8单元格，在编辑栏中输入公式：

```
=NPV(B1,B3:B5)+B2
```

按Enter键，即可计算出该项投资的净现值（年初发生），如图7-20所示。

B8　=NPV(B1,B3:B5)+B2

	A	B
1	年贴现率	10.00%
2	初期投资	-12000
3	第1年收益	5000
4	第2年收益	7800
5	第3年收益	12000
6		
7	投资净现值（年末发生）	¥7,279.56
8	投资净现值（年初发生）	¥8,007.51

图7-20

函数12　XNPV函数

函数功能

XNPV函数用于返回一组不定期现金流的净现值。

📥 **函数语法**

XNPV(rate,values,dates)

📥 **参数说明**

- rate：表示现金流的贴现率。
- values：表示与dates中的支付时间相对应的一系列现金流转。
- dates：表示与现金流支付相对应的支付日期表。

实例 计算一组不定期盈利额的净现值 Excel 2013/2010/2007/2003

▶ **案例表述**

计算一组不定期盈利额的净现值，需要使用XNPV函数来实现。当前表格中显示了某项投资年贴现率、投资额及不同日期中预计的投资回报金额，该投资项目的净现值计算操作如下。

▶ **案例实现**

1️⃣ 选中C8单元格，在公式编辑栏中输入公式：

=XNPV(C1,C2:C6,B2:B6)

2️⃣ 按Enter键，即可计算出该投资项目的净现值，如图7-21所示。

	A	B	C	D
		fx	=XNPV(C1,C2:C6,B2:B6)	
1		年贴现率	15.00%	
2	投资额	2010/1/1	-20000	
3		2010/4/1	5000	
4	预计收益	2010/6/10	8000	
5		2010/8/20	11000	
6		2010/10/30	15000	
7				
8	投资净现值		¥15,785.99	

图7-21

函数13 NPER函数

📥 **函数功能**

NPER函数基于固定利率及等额分期付款方式，返回某项投资（或贷款）的总期数。

📥 **函数语法**

NPER(rate,pmt,pv,fv,type)

⊠ 参数说明

- rate：表示各期利率。
- pmt：表示各期所应支付的金额。
- pv：表示现值，即本金。
- fv：表示未来值，即最后一次付款后希望得到的现金余额。
- type：表示指定各期的付款时间是在期初，还是期末。若0为期末；若1
  为期初。

实例1　计算贷款的清还年数　　　　Excel 2013/2010/2007/2003

▶ 案例表述

　　当前已知某项贷款总额、年利率，以及每年向贷款方支付的金额，现在在计算要还清此项贷款需要多少年，此时需要使用NPER函数来计算。NPER函数是基于固定利率及等额分期付款方式，返回某项投资（或贷款）的总期数。

▶ 案例实现

❶ 选中B4单元格，在公式编辑栏中输入公式：

=NPER(A2,B2,C2)

❷ 按Enter键即可计算出此项贷款的清还年数（约为13年），如图7-22所示。

图7-22

实例2　计算出某项投资的投资期数　　　　Excel 2013/2010/2007/2003

▶ 案例表述

　　某项投资的回报率为7.18%，每月需要投资的金额为2000元，若想最终获取100000元的收益，现在要计算需要经过多少期的投资才能获取预期的收益。

▶ 案例实现

❶ 选中B4单元格，在编辑栏中输入公式：

=ABS(NPER(A2/12,B2,C2))

❷ 按Enter键，即可计算出要取得预计的收益金额需要投资的总期数（约为

44个月），如图7-23所示。

B4 =ABS(NPER(A2/12,B2,C2))

	A	B	C
1	投资回报率	投资金额	预计收益金额
2	7.18%	2000	100000
3			
4	总投资期数（月数）	43.87274254	

图7-23

函数14 PDURATION函数

函数功能

PDURATION函数用于返回投资到达指定值所需的期数，该函数要求所有参数为正值。

函数语法

PDURATION (rate, pv, fv)

参数说明

- rate：表示每期利率。
- pv：表示投资的现值。
- fv：表示所需的投资未来值。

实例 返回投资年数 Excel 2013

案例实现

❶ 选中B4单元格，在编辑栏中输入公式：

```
=PDURATION(A2,B2,C2)
```

❷ 按Enter键，即可计算出由2000达到2200的投资年数约为3.86年，如图7-24所示。

B4 =PDURATION(A2,B2,C2)

	A	B	C
1	年费率	投资金额	预计收益金额
2	2.50%	2000	2200
3			
4	投资年数	3.86	

图7-24

函数15 RRI函数

函数功能

RRI函数用于返回投资增长的等效利率。

函数语法

RRI(nper, pv, fv)

参数说明

- nper：表示投资的期数。
- pv：表示投资的现值。
- fv：表示投资的未来值。

实例　返回投资增长的等效利率

Excel 2013

案例实现

1 选中B4单元格，在编辑栏中输入公式：

`=RRI(A2,B2,C2)`

2 按Enter键，即可计算出为期 8 年，现值为10 000，未来值为11 000的投资增长的等效利率，如图7-25所示。

图7-25

函数16 IRR函数

函数功能

IRR函数用于返回由数值代表的一组现金流的内部收益率。

函数语法

IRR(values,guess)

参数说明

- values：表示进行计算的数组，即用来计算返回的内部收益率的数字。

- guess：表示对函数IRR计算结果的估计值。

实例　计算某项投资的内部收益率　　Excel 2013/2010/2007/2003

▶ 案例表述

　　某项投资总金额为2 000 000元，预计今后5年内的收益额分别是200 000元、350 000元、600 000元、900 000元和1 150 000元。那么现在要计算出投资内部收益率。

▶ 案例实现

① 选中B9单元格，在公式编辑栏中输入公式：

`=IRR(B2:B7,$B$1)`

② 按Enter键，即可计算出投资内部收益率，如图7-26所示。

B9	fx	=IRR(B2:B7,$B$1)
	A	B
1	年贴现率	15.00%
2	初期投资	−2000000
3	第1年收益	200000
4	第2年收益	350000
5	第3年收益	600000
6	第4年收益	900000
7	第5年收益	1150000
8		
9	内部收益率	13.68%

图7-26

函数17　MIRR函数

▣ 函数功能

　　MIRR函数是返回某一连续期间内现金流的修正内部收益率。函数同时考虑了投资的成本和现金再投资的收益率。

▣ 函数语法

　　MIRR(values,finance_rate,reinvest_rate)

▣ 参数说明

- values：表示进行计算的数组，即用来计算返回的内部收益率的数字。
- finance_rate：表示现金流中使用的资金支付的利率。
- reinvest_rate：表示将现金流再投资的收益率。

实例　计算某项投资的修正内部收益率　　Excel 2013/2010/2007/2003 ✍

▶ 案例表述

某项投资总金额为2 000 000元，预计今后5年内的收益额分别是200 000元、350 000元、600 000元、900 000元和1 150 000元。其间又将收益的12%再次投入到公司的运作中，那么现在要计算修正投资收益率。

▶ 案例实现

1 选中B10单元格，在公式编辑栏中输入公式：

=MIRR(B3:B8,B1,B2)

2 按Enter键，即可计算出修正投资收益率，如图7-27所示。

	A	B	C
B10		fx =MIRR(B3:B8, B1, B2)	
1	贷款利率	9.68%	
2	再投资收益率	15.00%	
3	期初投资额	-2000000	
4	第1年收益	200000	
5	第2年收益	350000	
6	第3年收益	600000	
7	第4年收益	900000	
8	第5年收益	1150000	
9			
10	修正内部收益率	14.06%	

图7-27

函数18　XIRR函数

⊠ 函数功能

XIRR函数用于返回一组不定期现金流的内部收益率。

⊠ 函数语法

XIRR(values,dates,guess)

⊠ 参数说明

- values：表示与dates中的支付时间相对应的一系列现金流。
- dates：表示与现金流支付相对应的支付日期表。
- guess：表示是对函数XIRR计算结果的估计值。

实例　计算不定期发生现金流的内部收益率　Excel 2013/2010/2007/2003 ✍

▶ 案例表述

表格中显示了某项投资的投资金额，同时也显示了不同日期中预计的投资回报金额。针对这样一组不定期的现金流，现在要计算出内部收益率。

📁 案例实现

① 选中C9单元格，在公式编辑栏中输入公式：

=XIRR(C2:C7,B2:B7,C1)

② 按Enter键，即可计算出该投资项目的内部收益率，如图7-28所示。

	A	B	C	D
	C9	fx	=XIRR(C2:C7,B2:B7,C1)	
1		年贴现率	15.00%	
2	投资额	2010/1/10	-2000000	
3		2010/5/20	100000	
4	预计收益	2010/11/18	200000	
5		2011/5/10	380000	
6		2011/11/28	610000	
7		2012/2/12	1000000	
8				
9	投资净现值		8.21%	

图7-28

7.3 资产折旧计算函数

函数19 DB函数

🖾 函数功能

DB函数是使用固定余额递减法，计算一笔资产在给定期间内的折旧值。

🖾 函数语法

DB(cost,salvage,life,period,month)

🖾 参数说明

- cost：表示资产原值。
- salvage：表示资产在折旧期末的价值，也称为资产残值。
- life：表示折旧期限，也称做资产的使用寿命。
- period：表示需要计算折旧值的期间。period必须使用与life相同的单位。
- month：表示第一年的月份数，省略时假设为12。

实例1 用固定余额递减法计算出固定资产的每年折旧额

Excel 2013/2010/2007/2003 🔴

▶ 案例表述

固定余额递减法是一种加速折旧法，即在预计的使用年限内将后期折旧的一部分移到前期，使前期折旧额大于后期折旧额的一种方法。固定余额递减法计算固定资产折旧额对应的函数为DB函数。

案例实现

1 录入固定资产的原值、可使用年限、残值等数据到工作表中，并输入要求解的各年限

2 选中B5单元格，在编辑栏中输入公式：

    =DB($B$2,$D$2,$C$2,A5,$E$2)

按Enter键，即可计算出该项固定资产第1年的折旧额。

3 选中B5单元格，向下拖动进行公式复制即可计算出各个年限的折旧额，如图7-29所示。

B5	▼ : × ✓ fx	=DB($B$2, $D$2, $C$2, A5, $E$2)		
	A	B	C	D	E
1	资产名称	原值	可使用年限	残值	每年使用月数
2	油压裁断机	124000	10	12400	10
3					
4	年限	折旧额			
5	1	¥21,286.67			
6	2	¥21,158.95			
7	3	¥16,800.20			
8	4	¥13,339.36			
9	5	¥10,591.45			

图7-29

实例2　用固定余额递减法计算出固定资产的每月折旧额

Excel 2013/2010/2007/2003

案例表述

要采用固定余额递减法计算出固定资产各年中每月折旧额，可以按如下方法来操作。

案例实现

1 录入固定资产的原值、可使用年限、残值等数据到工作表中。

2 选中B5单元格，在编辑栏中输入公式：

    =DB($B$2,$D$2,$C$2,A5,$E$2)/$E$2

按Enter键，即可计算出该项固定资产第1年中每月折旧额。

3 选中B5单元格，向下拖动进行公式复制即可快速求出每年中各月的折旧额，如图7-30所示。

B5	▼ : × ✓ fx	=DB($B$2, $D$2, $C$2, A5, $E$2)/$E$2		
	A	B	C	D	E
1	资产名称	原值	可使用年限	残值	每年使用月数
2	油压裁断机	124000	10	12400	10
3					
4	年限	月折旧额			
5	1	¥2,128.67			
6	2	¥2,115.89			
7	3	¥1,680.02			
8	4	¥1,333.94			
9	5	¥1,059.15			

图7-30

函数20 DDB函数

函数功能

DDB函数是采用双倍余额递减法计算一笔资产在给定期间内的折旧值。

函数语法

DDB(cost,salvage,life,period,factor)

参数说明

- cost：表示资产原值。
- salvage：表示资产在折旧期末的价值，也称为资产残值。
- life：表示折旧期限，也称作资产的使用寿命。
- period：表示需要计算折旧值的期间。period必须使用与life相同的单位。
- factor：表示余额递减速率。若省略，则假设为2。

实例　用双倍余额递减法计算出固定资产的每年折旧额

Excel 2013/2010/2007/2003

案例表述

双倍余额递减法是在不考虑固定资产净残值的情况下，根据每期期初固定资产账面余额和双倍的直线法折旧率计算固定资产折旧的一种方法。双倍余额递减法计算固定资产折旧额对应的函数为DDB函数。

案例实现

① 录入固定资产的原值、可使用年限、残值等数据到工作表中，并输入要求解的各年限。

② 选中B5单元格，在编辑栏中输入公式：

```
=IF(A5<=$C$2-2,DDB($B$2,$D$2,$C$2,A5),0)
```

按Enter键，即可计算出该项固定资产第一年的折旧额。

③ 选中B5单元格，向下拖动进行公式复制即可计算出各个年限的折旧额，如图7-31所示。

提示

实行双倍余额递减法计提折旧的固定资产，由于应当在其固定资产折旧年限到期以前两年内，将固定资产净值（扣除净残值）平均摊销，因此要计算折旧额时采用了IF函数来进行判断。

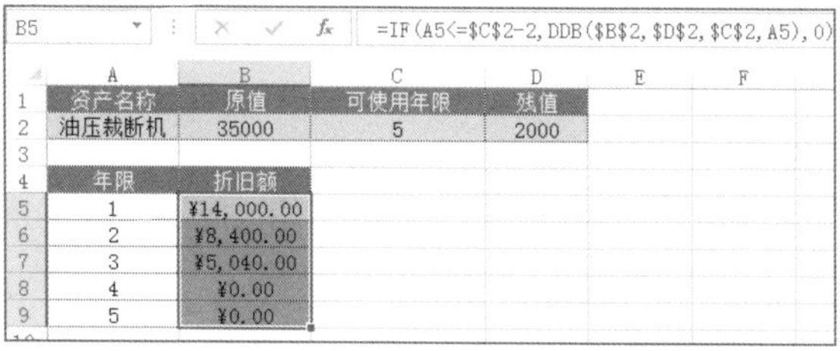

图7-31

函数21 VDB函数

函数功能

VDB函数使用双倍余额递减法或其他指定的方法，返回指定的任何期间内（包括部分期间）的资产折旧值。

函数语法

VDB(cost,salvage,life,start_period,end_period,factor,no_switch)

参数说明

- cost：表示资产原值。
- salvage：表示资产在折旧期末的价值，即称为资产残值。
- life：表示折旧期限，即称为资产的使用寿命。
- start_period：表示进行折旧计算的起始期间。
- end_period：表示进行折旧计算的截止期间。
- factor：表示余额递减速率。若省略，则假设为2。
- no_switch：表示一逻辑值，指定当折旧值大于余额递减计算值时，是否转用直线折旧法。若no_switch为TRUE，既使折旧值大于余额递减计算值，Excel也不转用直线折旧法；若no_switch为FALSE或被忽略，且折旧值大于余额递减计算值时，Excel将转用线性折旧法。

实例 计算出固定资产部分期间的设备折旧值 Excel 2013/2010/2007/2003

案例表述

要计算出固定资产部分期间（比如第6~12个月的折旧额、第3~5年的折旧额等）的设备折旧值，需要使用VDB函数来实现。

案例实现

① 录入固定资产的原值、可使用年限、残值等数据到工作表中，并根据实

际需要建立求解标识。

② 选中B4单元格，在编辑栏中输入公式：

=VDB(B2,D2,C2*12,0,1)

按Enter键，即可计算出该项固定资产第一个月的折旧额，如图7-32所示。

B4	▼	f_x =VDB(B2, D2, C2*12, 0, 1)		
	A	B	C	D
1	资产名称	原值	可使用年限	残值
2	颚破机	35000	5	2000
3				
4	第1个月的折旧额	￥1,166.67		
5	第3年的折旧额			
6	第6～12月的折旧额			
7	第3～4年的折旧额			

图7-32

③ 选中B5单元格，在编辑栏中输入公式：

=VDB(B2,D2,C2,0,3)

按Enter键，即可计算出该项固定资产第三年的折旧额，如图7-33所示。

B5	▼	:	×	✓	f_x	=VDB(B2, D2, C2, 0, 3)	
	A		B		C		D
1	资产名称		原值		可使用年限		残值
2	油压裁断机		35000		5		2000
4	第1个月的折旧额		￥1,166.67				
5	第3年的折旧额		￥27,440.00				
6	第6-12月的折旧额						
7	第3-4年的折旧额						

图7-33

④ 选中B6单元格，在公式编辑栏中输入公式：

=VDB(B2,D2,C2*12,6,12)

按Enter键，即可计算出该项固定资产第6～12月的折旧额，如图7-34所示。

B6	▼	:	×	✓	f_x	=VDB(B2, D2, C2*12, 6, 12)
	A		B		C	D
1	资产名称		原值		可使用年限	残值
2	油压裁断机		35000		5	2000
3						
4	第1个月的折旧额		￥1,166.67			
5	第3年的折旧额		￥27,440.00			
6	第6-12月的折旧额		￥5,256.27			
7	第3-4年的折旧额					

图7-34

⑤ 选中B7单元格，在公式编辑栏中输入公式：

=VDB(B2,D2,C2,3,4)

按Enter键，即可计算出该项固定资产第3～4年的折旧额，如图7-35所示。

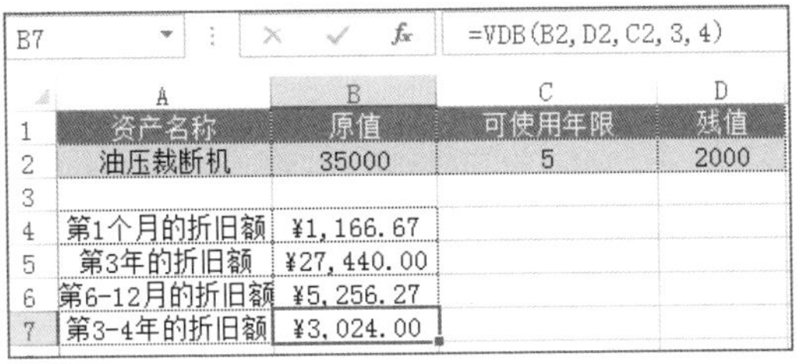

图7-35

提示

上面工作表中给定了固定资产的使用年限，因此在计算某月、某些月的折旧额时，在设置life参数（资产的使用寿命）时，需要转换其计算格式，如计算月时应转换为"使用年限*12"。

函数22 SLN函数

📷 函数功能

SLN函数用于返回某项资产在一个期间中的线性折旧值。

📷 函数语法

SLN(cost,salvage,life)

📷 参数说明

- cost：表示资产原值。
- salvage：表示资产在折旧期末的价值，即称为资产残值。
- life：表示折旧期限，即称为资产的使用寿命。

实例1 用直线法计算出固定资产的每年折旧额 Excel 2013/2010/2007/2003

▶ 案例表述

直线法即平均年限法，它是根据固定资产的原值、预计净残值、预计使用年限平均计算折旧的一种方法。直线法计算固定资产折旧额对应的函数为SLN函数。

▶ 案例实现

① 录入各项固定资产的原值、可使用年限、残值等数据到工作表中。
② 选中E2单元格，在编辑栏中输入公式：

=SLN(B2,D2,C2)

按Enter键，即可计算出第一项固定资产每年折旧额。

③ 选中E2单元格，向下拖动进行公式复制即可计算出其他各项固定资产每年折旧额，如图7-36所示。

	A	B	C	D	E
1	资产名称	原值	可使用年限	残值	年折旧额
2	仓库	400000	20	100000	¥15,000.00
3	油压裁断机	124000	10	12400	¥11,160.00
4	颚破机	15000	5	1500	¥2,700.00
5	汽车	55000	8	3500	¥6,437.50

E2 fx =SLN(B2,D2,C2)

图7-36

实例2　用直线法计算出固定资产的每月折旧额 Excel 2013/2010/2007/2003

▶ 案例表述

如果想采用直线折旧法计算出各项固定资产每月折旧额，其操作方法如下。

▶ 案例实现

① 录入各项固定资产的原值、可使用年限、残值等数据到工作表中。

② 选中E2单元格，在编辑栏中输入公式：

=SLN(B2,D2,C2*12)

按Enter键，即可计算出第一项固定资产每月折旧额。

③ 选中E2单元格，向下拖动进行公式复制即可计算出其他各项固定资产的每月折旧额，如图7-37所示。

	A	B	C	D	E
1	资产名称	原值	可使用年限	残值	月折旧额
2	仓库	400000	20	100000	¥1,250.00
3	油压裁断机	124000	10	12400	¥930.00
4	颚破机	15000	5	1500	¥225.00
5	汽车	55000	8	3500	¥536.46

E2 fx =SLN(B2,D2,C2*12)

图7-37

函数23 SYD函数

⊠ 函数功能

SYD函数是返回某项资产按年限总和折旧法计算的指定期间的折旧值。

⊠ 函数语法

SYD(cost,salvage,life,per)

参数说明

- cost：表示资产原值。
- salvage：表示资产在折旧期末的价值，即资产残值。
- life：表示折旧期限，即资产的使用寿命。
- per：表示期间，单位与life要相同。

实例　用年数总和法计算出固定资产的每年折旧额 Excel 2013/2010/2007/2003

案例表述

年数总和法又称合计年限法，是将固定资产的原值减去净残值后的净额乘以一个逐年递减的分数计算每年的折旧额，这个分数的分子代表固定资产尚可使用的年数，分母代表使用年限的逐年数字总和。年限总和法计算固定资产折旧额对应的函数为SYD函数。

案例实现

① 录入固定资产的原值、可使用年限、残值等数据到工作表中，并建立求解标识。

② 选中B5单元格，在编辑栏中输入公式：

=SYD($B$2,$D$2,$C$2,A5)

按Enter键，即可计算出该项固定资产第一年的折旧额。

③ 选中B5单元格，向下复制公式即可计算出该项固定资产各个年份的折旧额，如图7-38所示。

B5		× ✓ fx	=SYD($B$2, $D$2, $C$2, A5)		
	A	B	C	D	E
1	资产名称	原值	可使用年限	残值	
2	颚破机	15000	5	1500	
3					
4	年限	折旧额			
5	1	¥4,500.00			
6	2	¥3,600.00			
7	3	¥2,700.00			
8	4	¥1,800.00			
9	5	¥900.00			

图7-38

函数24　AMORDEGRC函数

函数功能

AMORDEGRC函数用于计算每个会计期间的折旧值。

⊠ 函数语法

AMORDEGRC(cost,date_purchased,first_period,salvage,period,rate,basis)

⊠ 参数说明

- cost：表示资产原值。
- date_purchased：表示购入资产的日期。
- first_period：表示第一个期间结束时的日期。
- salvage：表示资产在使用寿命结束时的残值。
- period：表示期间。
- rate：表示折旧率。
- basis：表示年基准。若为0 或省略，按360天为基准；若为1，按实际天数 为基准；若为3，按一年365天为基准；若为4，按一年为360天为基准。

实例　计算每个会计期间的折旧值
Excel 2013/2010/2007/2003

▶ 案例表述

某企业2010年1月1日购入价值为200 000元的资产，第一个会计期间结束 日期为2010年7月1日，其资产残值为30 000元，折旧率为5.5%，按实际天数为 年基准。那么在每个会计期间的折旧值为多少？

▶ 案例实现

① 选中B9单元格，在公式编辑栏中输入公式：

=AMORDEGRC(B1,B2,B3,B4,B5,B6,B7)

② 按Enter键，即可计算出每个会计期间的折旧值，如图7-39所示。

	A	B	C	D	E
		=AMORDEGRC(B1, B2, B3, B4, B5, B6, B7)			
1	原资产	200000			
2	购入资产日期	2010/1/1			
3	第一个期间结束日期	2010/7/1			
4	资产残值	30000			
5	期间	1			
6	折旧率	5.5%			
7	年基准	1			
8					
9	每个会计期间的折旧值	25625			

图7-39

函数25　AMORLINC函数

⊠ 函数功能

AMORLINC函数用于返回每个会计期间的折旧值，该函数为法国会计系统 提供。

函数语法

AMORLINC(cost,date_purchased,first_period,salvage,period,rate,basis)

参数说明

- cost：表示资产原值。
- date_purchased：表示购入资产的日期。
- first_period：表示第一个期间结束时的日期。
- salvage：表示资产在使用寿命结束时的残值。
- period：表示期间。
- rate：表示折旧率。
- basis：表示所使用的年基准。若为0 或省略，按360天为基准；若为1，按实际天数为基准；若为3，按一年365天为基准；若为4，按一年为360天为基准。

实例　以法国会计系统计算每个会计期间的折旧值 Excel 2013/2010/2007/2003

案例表述

某企业2010年1月1日购入价值为200 000元的资产，第一个会计期间结束日期为2010年7月1日，其资产残值为30 000元，折旧率为5.5%，按实际天数为年基准。那么在每个会计期间的折旧值为多少（法国会计系统）？

案例实现

❶ 选中B9单元格，在公式编辑栏中输入公式：

```
=AMORLINC(B1,B2,B3,B4,B5,B6,B7)
```

❷ 按Enter键，即可计算出每个会计期间的折旧值（法国会计系统），如图7-40所示。

B9　=AMORLINC(B1, B2, B3, B4, B5, B6, B7)

	A	B	C	D
1	原资产	200000		
2	购入资产日期	2010/1/1		
3	第一个期间结束日期	2010/7/1		
4	资产残值	30000		
5	期间	1		
6	折旧率	5.5%		
7	年基准	1		
8				
9	每个会计期间的折旧值（法国会计系统）	11000		

图7-40

7.4 证券与国库券计算函数

函数26 ACCRINT函数

⊠ 函数功能

ACCRINT函数用于返回定期付息有价证券的应计利息。

⊠ 函数语法

ACCRINT(issue,first_interest,settlement,rate,par,frequency,basis)

⊠ 参数说明

- issue：表示有价证券的发行日。
- first_interest：表示证券的起息日。
- settlement：表示证券的成交日，即发行日之后证券卖给购买者的日期。
- rate：表示有价证券的年息票利率。
- par：表示有价证券的票面价值。若省略par，默认将par看作$1000。
- frequency：表示年付息次数。如果按年支付，frequency=1；按半年期支付，frequency=2；按季支付，frequency=4。
- basis：表示日计数基准类型。若为0或省略，按"US（NASD）30/360"；若为1，按"实际天数/实际天数"；若为2，按"实际天数/360"；若为3，按"实际天数/365"；若为4，按"欧洲30/360"。

实例 计算定期付息有价证券的应计利息 Excel 2013/2010/2007/2003

▶ 案例表述

张某于2010年8月20日购买了价值为80 000元的国库券，本次购买的国库券发行日为2010年1月1日，起息日为2010年10月1日，国库券年利率为10%，按半年期付息，以"US（NASD）30/360"为日计数基准。那么该国库券的到期利息为多少？

▶ 案例实现

① 选中B10单元格，在公式编辑栏中输入公式：

=ACCRINT(B2,B3,B4,B5,B6,B7,B8)

② 按Enter键，即可计算出国库券到期利息，如图7-41所示。

| B10 | ▼ | : | × | ✓ | fx | =ACCRINT(B2,B3,B4,B5,B6,B7,B8) |

	A	B	C	D
1				
2	券发行日	2010/1/1		
3	国库券起息日	2010/10/1		
4	国库券成交日	2010/8/20		
5	国库券年利率	10.0%		
6	国库券价值	80000		
7	国库券年付息次数	2		
8	日计数基准	0		
9				
10	国库券到期利息	5088.888889		

图7-41

函数27 ACCRINTM函数

⊠ 函数功能

ACCRINTM函数用于返回到期一次性付息有价证券的应计利息。

⊠ 函数语法

ACCRINTM(issue,maturity,rate,par,basis)

⊠ 参数说明

- issue：表示有价证券的发行日。
- maturity：表示有价证券的到期日。
- rate：表示有价证券的年息票利率。
- par：表示有价证券的票面价值。
- basis：表示日计数基准类型。若为0或省略，按"US（NASD）30/360"；若为1，按"实际天数/实际天数"；若为2，按"实际天数/360"；若为3，按"实际天数/365"；若为4，按"欧洲30/360"。

实例　计算到期一次性付息有价证券的应计利息　Excel 2013/2010/2007/2003

▶ 案例表述

张某购买了价值为50 000元的短期债券，其发行日为2010年4月1日，到期日为2010年9月20日，债券利率为10%，以"实际天数/360"为日计数基准。那么该债券的到期利息为多少？

▶ 案例实现

❶ 选中B8单元格，在公式编辑栏中输入公式：

=ACCRINTM(B2,B3,B4,B5,B6)

❷ 按Enter键，即可计算出国库券一次性应付利息金额，如图7-42所示。

B8		⋮	×	✓	fx	=ACCRINTM(B2,B3,B4,B5,B6)

▲	A	B	C	D
1				
2	债券发行日	2010/4/1		
3	债券到期日	2010/9/20		
4	债券利率	10.0%		
5	国库券价值	50000		
6	日计数基准	2		
7				
8	债券到期利息:	2388.888889		

图7-42

函数28 COUPDAYBS函数

🔲 **函数功能**

COUPDAYBS函数用于返回当前付息期内截止到成交日的天数。

🔲 **函数语法**

COUPDAYBS(settlement,maturity,frequency,basis)

🔲 **参数说明**

● settlement：表示证券的成交日，即发行日之后证券卖给购买者的日期。

● maturity：表示有价证券的到期日，即有价证券有效期截止时的日期。

● frequency：表示年付息次数。如果按年支付，frequency = 1；按半年期支付，frequency = 2；按季支付，frequency = 4。

● basis：表示日计数基准类型。若为0或省略，按"US（NASD）30/360"；若为1，按"实际天数/实际天数"；若为2，按"实际天数/360"；若为3，按"实际天数/365"；若为4，按"欧洲30/360"。

实例 计算债券付息期开始到成交日之间的天数 Excel 2013/2010/2007/2003 🔥

▶ **案例表述**

某债券成交日为2010年4月10日，到期日为2010年12月18日，按半年期付息，按"实际天数/360"为日计数基准。那么该债券付息期开始到成交日之间的天数为多少天？

▶ **案例实现**

❶ 选中B7单元格，在公式编辑栏中输入公式：

=COUPDAYBS(B2,B3,B4,B5)

② 按Enter键，即可计算出债券付息期开始到成交日之间的天数，如图7-43所示。

图7-43

函数29　COUPDAYS函数

（⊠）函数功能

COUPDAYS函数用于返回成交日所在的付息期的天数。

（⊠）函数语法

COUPDAYS(settlement,maturity,frequency,basis)

（⊠）参数说明

- settlement：表示证券的成交日，即发行日之后证券卖给购买者的日期。
- maturity：表示有价证券的到期日，即有价证券有效期截止时的日期。
- frequency：表示年付息次数。如果按年支付，frequency = 1；按半年期支付，frequency = 2；按季支付，frequency = 4。
- basis：表示日计数基准类型。若为0或省略，按"US（NASD）30/360"；若为1，按"实际天数/实际天数"；若为2，按"实际天数/360"；若为3，按"实际天数/365"；若为4，按"欧洲30/360"。

实例　计算出债券付息期的天数　　　　Excel 2013/2010/2007/2003

（▶）案例表述

某债券成交日为2010年4月10日，到期日为2010年12月18日，按1年期付息，按"实际天数/360"为日计数基准。那么该债券包含成交日的付息期天数为多少天？

（▶）案例实现

① 选中B7单元格，在公式编辑栏中输入公式：

=COUPDAYS(B2,B3,B4,B5)

2️⃣ 按Enter键，即可计算出债券的包含成交日的付息期天数，如图7-44所示。

图7-44

函数30 COUPDAYSNC函数

🔲 **函数功能**

COUPDAYSNC函数用于返回从成交日到下一付息日之间的天数。

🔲 **函数语法**

COUPDAYSNC(settlement，maturity，frequency，basis)

🔲 **参数说明**

- settlement：表示证券的成交日，即发行日之后证券卖给购买者的日期。
- maturity：表示有价证券的到期日，即有价证券有效期截止时的日期。
- frequency：表示年付息次数。如果按年支付，frequency = 1；按半年期支付，frequency = 2；按季支付，frequency = 4。
- basis：表示日计数基准类型。若为0或省略，按"US（NASD）30/360"；若为1，按"实际天数/实际天数"；若为2，按"实际天数/360"；若为3，按"实际天数/365"；若为4，按"欧洲30/360"。

实例 计算从成交日到下一个付息日之间的天数 Excel 2013/2010/2007/2003 🔥

▶️ 案例表述

某债券成交日为2010年4月10日，到期日为2010年12月18日，按半年期付息，以"实际天数/360"为日计数基准。那么该债券成交日到下一个付息日之间的天数为多少天？

▶ 案例实现

❶ 选中B7单元格，在公式编辑栏中输入公式：

=COUPDAYSNC(B2,B3,B4,B5)

❷ 按Enter键，即可计算出债券成交日到下一个付息日之间的天数，如图7-45所示。

图7-45

函数31 COUPNCD函数

▣ 函数功能

COUPNCD函数用于返回一个表示在成交日之后下一个付息日的序列号。

▣ 函数语法

COUPNCD(settlement,maturity,frequency,basis)

▣ 参数说明

- settlement：表示证券的成交日，即发行日之后证券卖给购买者的日期。
- maturity：表示有价证券的到期日，即有价证券有效期截止时的日期。
- frequency：表示年付息次数。如果按年支付，frequency = 1；按半年期支付，frequency = 2；按季支付，frequency = 4。
- basis：表示日计数基准类型。若为0或省略，按"US（NASD）30/360"；若为1，按"实际天数/实际天数"；若为2，按"实际天数/360"；若为3，按"实际天数/365"；若为4，按"欧洲30/360"。

实例 计算债券成交日过后的下一付息日期 Excel 2013/2010/2007/2003 🌏

▶ 案例表述

某债券成交日为2010年4月10日，到期日为2010年12月18日，按半年期付息，以"实际天数/360"为日计数基准。那么如何计算出该债券成交日过后的下一个付息日期？

▶ 案例实现

① 选中B7单元格，在公式编辑栏中输入公式：

`=COUPNCD(B2,B3,B4,B5)`

② 按Enter键，即可计算出成交日过后的下一个付息日期所对应的序列号，如图7-46所示。

图7-46

③ 选中B7单元格，在"开始"选项卡"数字"下拉列表中选择"短日期"格式，如图7-47所示。

图7-47

函数32 COUPNUM函数

🔲 函数功能

COUPNUM函数用于返回成交日和到期日之间的利息应付次数，向上取整到最近的整数。

🔲 函数语法

COUPNUM(settlement,maturity,frequency,basis)

⊠ 参数说明

- settlement：表示证券的成交日，即发行日之后证券卖给购买者的日期。
- maturity：表示有价证券的到期日，即有价证券有效期截止时的日期。
- frequency：表示年付息次数。如果按年支付，frequency = 1；按半年期支付，frequency = 2；按季支付，frequency = 4。
- basis：表示日计数基准类型。若为0或省略，按"US（NASD）30/360"；若为1，按"实际天数/实际天数"；若为2，按"实际天数/360"；若为3，按"实际天数/365"；若为4，按"欧洲30/360"。

实例　计算债券成交日和到期日之间的利息应付次数

Excel 2013/2010/2007/2003

▶ 案例表述

　　某债券成交日为2011年1月8日，到期日为2012年12月18日，按半年期付息，以"实际天数/实际天数"为日计数基准。那么该债券成交日和到期日之间的付息次数为多少次？

▶ 案例实现

❶ 选中B7单元格，在公式编辑栏中输入公式：

=COUPNUM(B2,B3,B4,B5)

❷ 按Enter键，即可计算出债券成交日和到期日之间的付息次数，如图7-48所示。

	A	B	C
1			
2	债券成交日	2011/1/8	
3	债券到期日	2012/12/18	
4	债券年付息次数	2	
5	日计数基准	1	
6			
7	债券成交日和到期日之间的付息次数	4	

B7 　　fx =COUPNUM(B2,B3,B4,B5)

图7-48

函数33 COUPPCD函数

⊠ 函数功能

　　COUPPCD函数用于返回成交日之前的上一付息日的日期的序列号。

📧 函数语法

COUPPCD(settlement,maturity,frequency,basis)

📧 参数说明

- settlement：表示证券的成交日，即发行日之后证券卖给购买者的日期。
- maturity：表示有价证券的到期日，即有价证券有效期截止时的日期。
- frequency：表示年付息次数。如果按年支付，frequency = 1；按半年期支付，frequency = 2；按季支付，frequency = 4。
- basis：表示日计数基准类型。若为0或省略，按"US（NASD）30/360"；若为1，按"实际天数/实际天数"；若为2，按"实际天数/360"；若为3，按"实际天数/365"；若为4，按"欧洲30/360"。

实例　计算债券成交日之前的上一个付息日期 Excel 2013/2010/2007/2003 🕐

▶ 案例表述

某债券成交日为2011年1月8日，到期日为2012年12月18日，按半年期付息，以"实际天数/实际天数"为日计数基准。那么如何计算出该债券成交日之前的上一个付息日期？

▶ 案例实现

① 选中B7单元格，在公式编辑栏中输入公式：

=COUPPCD(B2,B3,B4,B5)

按Enter键，即可计算出债券成交日之前的上一个付息日期所对应的序号，如图7-49所示。

B7	▼ : × ✓ fx	=COUPPCD(B2,B3,B4,B5)	
▲	A	B	C
1			
2	债券成交日	2011/1/8	
3	债券到期日	2012/12/18	
4	债券年付息次数	2	
5	日计数基准	1	
6			
7	成交日之前的上一个付息日	40530	

图7-49

② 选中B7单元格，在"开始"选项卡"数字"下拉列表中选择"短日期"格式，如图7-50所示。

图7-50

函数34 DISC函数

(☒) **函数功能**

DISC函数用于返回有价证券的贴现率。

(☒) **函数语法**

DISC(settlement,maturity,pr,redemption,basis)

(☒) **参数说明**

- settlement: 表示证券的成交日,即在发行日之后,证券卖给购买者的日期。
- maturity: 表示有价证券的到期日。
- pr: 表示面值$100的有价证券的价格。
- redemption: 表示面值$100的有价证券的清偿价值。
- basis: 表示日计数基准类型。若为0或省略,按"US(NASD)30/360";若为1,按"实际天数/实际天数";若为2,按"实际天数/360";若为3,按"实际天数/365";若为4,按"欧洲30/360"。

实例 计算出债券的贴现率   Excel 2013/2010/2007/2003

(▷) **案例表述**

某债券的成交日为2011年2月5日,到期日为2012年10月20日,价格为37元,清偿价格为42元,按"实际天数/360"为日计数基准。那么该债券的贴现率为多少?

(▷) **案例实现**

❶ 选中B8单元格,在公式编辑栏中输入公式:

=DISC(B2,B3,B4,B5,B6)

按Enter键，即可计算出债券贴现率，如图7-51所示。

图7-51

❷ 将贴现率转换为百分比值。选中B8单元格，在"开始"选项卡"数字"下拉列表中选择"百分比"格式，如图7-52所示。

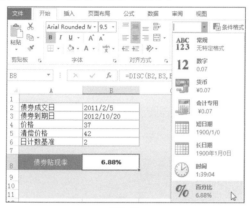

图7-52

函数35 DURATION函数

🔲 **函数功能**

DURATION函数用于返回定期付息有价证券的修正期限。

🔲 **函数语法**

DURATION(settlement,maturity,coupon,yld,frequency,basis)

🔲 **参数说明**

- settlement：表示证券的成交日。
- maturity：表示有价证券的到期日。

- coupon：表示有价证券的年息票利率。
- yld：表示有价证券的年收益率。
- frequency：表示年付息次数。如果按年支付，frequency = 1；按半年期支付，frequency = 2；按季支付，frequency = 4。
- basis：表示日计数基准类型。若为0或省略，按"US（NASD）30/360"；若为1，按"实际天数/实际天数"；若为2，按"实际天数/360"；若为3，按"实际天数/365"；若为4，按"欧洲30/360"。

实例　计算定期债券的修正期限　　Excel 2013/2010/2007/2003

▶ **案例表述**

　　某债券的成交日为2012年1月1日，到期日期为2013年1月1日，年息票利率为8.5%，收益率为9.2%，以半年期来付息，按"实际天数/360"为日计数基准。现在要计算出该债券的修正期限。

▶ **案例实现**

① 选中B9单元格，输入公式：

=DURATION(B2,B3,B4,B5,B6,B7)

② 按Enter键，即可计算出债券的修正期限，如图7-53所示。

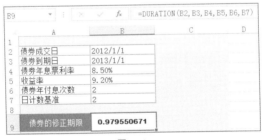

图7-53

函数36　**EFFECT函数**

📷 **函数功能**

　　EFFECT函数是利用给定的名义年利率和一年中的复利期次，计算实际年利率。

📷 **函数语法**

　　EFFECT(nominal_rate,npery)

📰 参数说明

- nominal_rate：表示名义利率。
- npery：表示每年的复利期数。

实例　计算债券的实际（年）利率

▶ 案例表述

　　某债券的名义年利率为8.89%，每年的复利期数为6，那么现在实际年利率为多少。

▶ 案例实现

1 选中B5单元格，输入公式：

=EFFECT(B2,B3)

2 按Enter键，即可计算出债券的实际年利率，如图7-54所示。

图7-54

函数37　NOMINAL函数

📰 函数功能

　　NOMINAL函数基于给定的实际利率和年复利期数，返回名义年利率。

📰 函数语法

　　NOMINAL(effect_rate,npery)

📰 参数说明

- effect_rate：表示实际利率。
- npery：表示每年的复利期数。

实例　计算债券的名义年利率

▶ 案例表述

　　某债券的实际利率为8.89%，每年的复利期数为6，现在要计算出债券的名义年利率为多少。

▶ 案例实现

1 选中B5单元格，输入公式：

=NOMINAL(B2,B3)

2 按Enter键，即可计算出债券名义利率，如图7-55所示。

图7-55

函数38 INTRATE函数

⊠ 函数功能

INTRATE函数用于返回一次性付息证券的利率。

⊠ 函数语法

INTRATE(settlement,maturity,investment,redemption,basis)

⊠ 参数说明

● settlement：表示证券的成交日。

● maturity：表示有价证券的到期日。

● investment：表示有价证券的投资额。

● redemption：表示有价证券到期时的清偿价值。

● basis：表示日计数基准类型。若为0或省略，按"US（NASD）30/360"；若为1，按"实际天数/实际天数"；若为2，按"实际天数/360"；若为3，按"实际天数/365"；若为4，按"欧洲30/360"。

实例　计算债券的一次性付息利率　　　　Excel 2013/2010/2007/2003 ⚙

▶ 案例表述

某债券的成交日为2012年1月18日，到期日为2012年9月18日，债券的投资金额为500 000元，清偿价格为515 000元，按"实际天数/360"为日计数基准。现在要计算出该债券的一次性付息利率是多少。

📩 案例实现

① 选中B8单元格，输入公式：

=INTRATE(B2,B3,B4,B5,B6)

② 按Enter键，即可计算出债券的一次性付息利率，如图7-56所示。

| B8 | ▼ | : | × | ✓ | fx | =INTRATE (B2, B3, B4, B5, B6) |

▲	A	B	C
1			
2	债券成交日	2012/1/18	
3	债券到期日	2012/9/18	
4	债券投资金额	500000	
5	清偿价值	515000	
6	日计数基准	2	
7			
8	债券利率	4.43%	

图7-56

函数39 MDURATION函数

📊 函数功能

MDURATION函数用于返回有价证券的Macauley修正期限。

📊 函数语法

MDURATION(settlement,maturity,coupon,yld,frequency,basis)

📊 参数说明

- settlement：表示证券的成交日。
- maturity：表示有价证券的到期日。
- coupon：表示有价证券的年息票利率。
- yld：表示有价证券的年收益率。
- frequency：表示年付息次数。如果按年支付，frequency = 1；按半年期支付，frequency = 2；按季支付，frequency = 4。
- basis：表示日计数基准类型。若为0或省略，按"US（NASD）30/360"；若为1，按"实际天数/实际天数"；若为2，按"实际天数/360"；若为3，按"实际天数/365"；若为4，按"欧洲30/360"。

实例 计算定期债券的Macauley修正期限 Excel 2013/2010/2007/2003 ◖

📩 案例表述

某债券的成交日为2011年1月1日，到期日期为2013年6月18日，年息票利率为7.5%，收益率为8.5%，以半年期来付息，按"实际天数/360"为日计数基准。现在要计算出该债券的Macauley修正期限。

▶ 案例实现

① 选中B9单元格，输入公式：

=MDURATION(B2,B3,B4,B5,B6,B7)

② 按Enter键，即可计算出债券的修正期限，如图7–57所示。

图7–57

函数40 ODDFPRICE函数

📧 函数功能

ODDFPRICE函数用于返回首期付息日不固定的面值有价证券的价格。

📧 函数语法

ODDFPRICE(settlement,maturity,issue,first_coupon,rate,yld,redemption,frequency,basis)

📧 参数说明

- settlement：表示证券的成交日。
- maturity：表示有价证券的到期日。
- issue：表示有价证券的发行日。
- first_coupon：表示有价证券的首期付息日。
- rate：表示有价证券的利率。
- yld：表示有价证券的年收益率。
- redemption：表示面值$100的有价证券的清偿价值。
- frequency：表示年付息次数。如果按年支付，frequency = 1；按半年期支付，frequency = 2；按季支付，frequency = 4。
- basis：表示日计数基准类型。若为0或省略，按"US（NASD）

30/360"；若为1，按"实际天数/实际天数"；若为2，按"实际天数/360"；若为3，按"实际天数/365"；若为4，按"欧洲30/360"。

 实例 计算债券首期付息日的价格 Excel 2013/2010/2007/2003

案例表述

购买债券的日期为2009年2月18日，该债券到期日期为2012年12月18日，发行日期为2008年12月28日，首期付息日期为2010年12月18日，付息利率为6.58%，年收益率为5.55%，以半年期付息，按"实际天数/365"为日计数基准。现在要计算出该债券首期付息日的价格为多少。

案例实现

① 选中B12单元格，在公式编辑栏中输入公式：

=ODDFPRICE(B2,B3,B4,B5,B6,B7,B8,B9,B10)

② 按Enter键，即可计算出该债券首期付息日的价格，如图7-58所示。

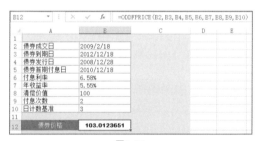

图7-58

函数41 ODDFYIELD函数

函数功能

ODDFYIELD函数用于返回首期付息日不固定的有价证券（长期或短期）的收益率。

函数语法

ODDFYIELD(settlement,maturity,issue,first_coupon,rate,pr,redemption,frequency,basis)

参数说明

- settlement：表示证券的成交日。
- maturity：表示有价证券的到期日。

- issue：表示有价证券的发行日。
- first_coupon：表示有价证券的首期付息日。
- rate：表示有价证券的利率。
- pr：表示有价证券的价格。
- redemption：表示面值$100的有价证券的清偿价值。
- frequency：表示年付息次数。如果按年支付，frequency = 1；按半年期支付，frequency = 2；按季支付，frequency = 4。
- basis：表示日计数基准类型。若为0或省略，按"US（NASD）30/360"；若为1，按"实际天数/实际天数"；若为2，按"实际天数/360"；若为3，按"实际天数/365"；若为4，按"欧洲30/360"。

实例　计算出债券首期付息日的收益率 _{Excel 2013/2010/2007/2003}

▶ **案例表述**

购买债券的日期为2009年2月18日，该债券到期日期为2012年12月18日，发行日期为2008年12月28日，首期付息日期为2010年12月18日，付息利率为6.58%，债券价格为105.88元，以半年期付息，按"实际天数/365"为日计数基准。现在要计算出该债券首期付息日的收益率。

▶ **案例实现**

① 选中B12单元格，在公式编辑栏中输入公式：

=ODDFYIELD(B2,B3,B4,B5,B6,B7,B8,B9,B10)

② 按Enter键，即可计算出该债券首期付息日的收益率，如图7-59所示。

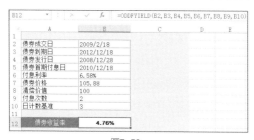

图7-59

函数42　ODDLPRICE函数

▣ 函数功能

ODDLPRICE函数用于返回末期付息日不固定的面值$100的有价证券（长期

或短期）的价格。

 函数语法

ODDLPRICE(settlement,maturity,last_interest,rate,yld,redemption,frequency,basis)

 参数说明

- settlement：表示证券的成交日。
- maturity：表示有价证券的到期日。
- last_interest：表示有价证券的末期付息日。
- rate：表示有价证券的利率。
- yld：表示有价证券的年收益率。
- redemption：表示面值$100的有价证券的清偿价值。
- frequency：表示年付息次数。如果按年支付，frequency = 1；按半年期支付，frequency = 2；按季支付，frequency = 4。
- basis：表示日计数基准类型。若为0或省略，按"US（NASD）30/360"；若为1，按"实际天数/实际天数"；若为2，按"实际天数/360"；若为3，按"实际天数/365"；若为4，按"欧洲30/360"。

实例　计算债券末期付息日的价格　　Excel 2013/2010/2007/2003

▶ 案例表述

2010年2月16日购买某债券，该债券到期日期为2013年9月25日，末期付息日期为2009年10月15日，付息利率为6.55%，年收益率为5.96%，以半年期付息，按"实际天数/365"为日计数基准。现在计算出该债券末期付息日的价格。

▶ 案例实现

❶ 选中B11单元格，在公式编辑栏中输入公式：

=ODDLPRICE(B2,B3,B4,B5,B6,B7,B8,B9)

❷ 按Enter键，即可计算出该债券末期付息日的价格，如图7-60所示。

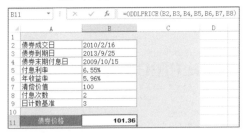

图7-60

函数43 ODDLYIELD函数

函数功能

ODDLYIELD函数用于返回末期付息日不固定的有价证券（长期或短期）的收益率。

函数语法

ODDLYIELD(settlement,maturity,last_interest,rate,pr,redemption,frequency,basis)

参数说明

- settlement：表示证券的成交日。
- maturity：表示有价证券的到期日。
- last_interest：表示有价证券的末期付息日。
- rate：表示有价证券的利率。
- pr：表示有价证券的价格。
- redemption：表示面值$100的有价证券的清偿价值。
- frequency：表示年付息次数。如果按年支付，frequency = 1；按半年期支付，frequency = 2；按季支付，frequency = 4。
- basis：表示日计数基准类型。若为0或省略，按"US（NASD）30/360"；若为1，按"实际天数/实际天数"；若为2，按"实际天数/360"；若为3，按"实际天数/365"；若为4，按"欧洲30/360"。

实例　计算债券末期付息日的收益率　　Excel 2013/2010/2007/2003

案例表述

2010年2月16日购买某债券，该债券到期日期为2013年9月25日，末期付息日期为2009年10月15日，付息利率为6.55%，债券价格为101.72元，以半年期付息，按"实际天数/365"为日计数基准，现在计算该债券末期付息日的收益率。

案例实现

① 选中B11单元格，在公式编辑栏中输入公式：

=ODDLYIELD(B2,B3,B4,B5,B6,B7,B8,B9)

② 按Enter键，即可计算出该债券末期付息日的收益率，如图7-61所示。

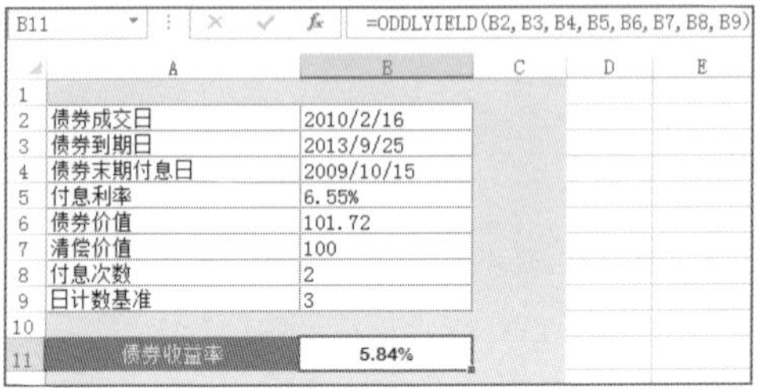

B11 =ODDLYIELD(B2,B3,B4,B5,B6,B7,B8,B9)

	A	B
1		
2	债券成交日	2010/2/16
3	债券到期日	2013/9/25
4	债券末期付息日	2009/10/15
5	付息利率	6.55%
6	债券价值	101.72
7	清偿价值	100
8	付息次数	2
9	日计数基准	3
10		
11	债券收益率	5.84%

图7-61

函数44 PRICE函数

函数功能

PRICE函数用于返回定期付息的面值$100的有价证券的价格。

函数语法

PRICE(settlement,maturity,rate,yld,redemption,frequency,basis)

参数说明

- settlement：表示证券的成交日。
- maturity：表示有价证券的到期日。
- rate：表示有价证券的年息票利率。
- yld：表示有价证券的年收益率。
- redemption：表示面值$100的有价证券的清偿价值。
- frequency：表示年付息次数。如果按年支付，frequency = 1；按半年期支付，frequency = 2；按季支付，frequency = 4。
- basis：表示日计数基准类型。若为0或省略，按"US（NASD）30/360"；若为1，按"实际天数/实际天数"；若为2，按"实际天数/360"；若为3，按"实际天数/365"；若为4，按"欧洲30/360"。

实例 计算$100面值债券的发行价格 Excel 2013/2010/2007/2003

案例表述

2009年8月10日购买了面值为$100的债券，债券到期日期为2011年10月28日，息票半年利率为5.59%，按半年期支付，收益率为7.2%，以"实际天数/365"为日计数基准。现在需要计算出该债券的发行价格。

案例实现

1 选中B10单元格，在公式编辑栏中输入公式：

=PRICE(B2,B3,B5,B6,B4,B7,B8)

2️⃣ 按Enter键，即可计算出该债券的发行价格，如图7-62所示。

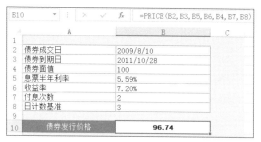

图7-62

函数45 PRICEDISC函数

🔲 函数功能

PRICEDISC函数返回折价发行的面值$100的有价证券的价格。

🔲 函数语法

PRICEDISC(settlement,maturity,discount,redemption,basis)

🔲 参数说明

- settlement：表示证券的成交日。
- maturity：表示有价证券的到期日。
- discount：表示有价证券的贴现率。
- redemption：表示面值$100的有价证券的清偿价值。
- basis：表示日计数基准类型。若为0或省略，按"US（NASD）30/360"；若为1，按"实际天数/实际天数"；若为2，按"实际天数/360"；若为3，按"实际天数/365"；若为4，按"欧洲30/360"。

实例　计算$100面值债券的折价发行价格　Excel 2013/2010/2007/2003

▶ 案例表述

2009年8月10日购买了面值为$100的债券，债券到期日期为2011年10月1日，贴现率为6.35%，以"实际天数/365"为日计数基准。现在需要计算出该债券的折价发行价格。

▶ 案例实现

1️⃣ 选中B8单元格，在公式编辑栏中输入公式：

=PRICEDISC(B2,B3,B4,B5,B6)

2 按Enter键，即可计算出该债券的折价发行价格，如图7-63所示。

图7-63

函数46 PRICEMAT函数

🖾 **函数功能**

PRICEMAT函数用于返回到期付息的面值$100的有价证券的价格。

🖾 **函数语法**

PRICEMAT(settlement,maturity,issue,rate,yld,basis)

🖾 **参数说明**

- settlement：表示证券的成交日。
- maturity：表示有价证券的到期日。
- issue：表示有价证券的发行日。
- rate：表示有价证券在发行日的利率。
- yld：表示有价证券的年收益率。
- basis：表示日计数基准类型。若为0或省略，按"US（NASD）30/360"；若为1，按"实际天数/实际天数"；若为2，按"实际天数/360"；若为3，按"实际天数/365"；若为4，按"欧洲30/360"。

实例　计算到期付息的$100面值的债券的价格　Excel 2013/2010/2007/2003

▶ **案例表述**

2010年1月18日购买了面值为$100的债券，债券到期日期为2012年12月18日，发行日期为2009年12月18日，息票半年率为5.56%，收益率为7.2%，以"实际天数/365"为日计数基准。现在需要计算出该债券的发行价格。

▶ **案例实现**

1 选中B9单元格，在公式编辑栏中输入公式：

=PRICEMAT(B2,B3,B4,B5,B6,B7)

2 按Enter键，即可计算出该债券的发行价格，如图7-64所示。

B9		:	×	✓	fx	=PRICEMAT(B2,B3,B4,B5,B6,B7)	
	A			B		C	
1							
2	债券成交日			2010/1/18			
3	债券到期日			2012/12/18			
4	债券发行日			2009/12/28			
5	息票半年利率			5.56%			
6	收益率			7.20%			
7	日计数基准			3			
8							
9	债券发行价格			**95.99**			

图7-64

函数47 RECEIVED函数

🔲 函数功能

RECEIVED函数用于返回一次性付息的有价证券到期收回的金额。

🔲 函数语法

RECEIVED(settlement,maturity,investment,discount,basis)

🔲 参数说明

- settlement：表示证券的成交日。
- maturity：表示有价证券的到期日。
- investment：表示有价证券的投资额。
- discount：表示有价证券的贴现率。
- basis：表示日计数基准类型。若为0或省略，按"US（NASD）30/360"；若为1，按"实际天数/实际天数"；若为2，按"实际天数/360"；若为3，按"实际天数/365"；若为4，按"欧洲30/360"。

实例 计算购买债券到期的总回报金额   Excel 2013/2010/2007/2003 🔵

▶ 案例表述

2010年2月1日购买400 000元的债券，到期日为2012年2月10日，贴现率为5.89%，以"实际天数/365"为日计数基准。现在计算出该债券到期后的总回报金额。

▶ 案例实现

① 选中B8单元格，在公式编辑栏中输入公式：

=RECEIVED(B2,B3,B4,B5,B6)

② 按Enter键，即可计算出该债券到期时的总回报金额，如图7-65所示。

B8	▼	:	×	✓	fx	=RECEIVED(B2,B3,B4,B5,B6)	
▲	A				B		C
1							
2	债券成交日				2010/2/1		
3	债券到期日				2012/2/10		
4	债券金额				400000		
5	债券贴现率				5.89%		
6	日计数基准				3		
7							
8	债券到期的总收回金额：				¥454,159.59		

图7-65

函数48 TBILLEQ函数

🔲 函数功能

TBILLEQ函数用于返回国库券的等效收益率。

🔲 函数语法

TBILLEQ(settlement,maturity,discount)

🔲 参数说明

● settlement：表示国库券的成交日，即在发行日之后，国库券卖给购买者的日期。
● maturity：表示国库券的到期日。
● discount：表示国库券的贴现率。

实例 计算出国库券的等效收益率   Excel 2013/2010/2007/2003

▶ 案例表述

张某2011年1月20日购买了某一国库券，该国库券的到期日为2012年1月1日，贴现率为12.68%。现在计算出该国库券的等效收益率为多少。

▶ 案例实现

① 选中B6单元格，在公式编辑栏中输入公式：

=TBILLEQ(B2,B3,B4)

② 按Enter键，即可计算出国库券的等效收益率，如图7-66所示。

图7-66

函数49 TBILLPRICE函数

(※) 函数功能

TBILLPRICE函数用于返回面值$100的国库券的价格。

(※) 函数语法

TBILLPRICE(settlement,maturity,discount)

(※) 参数说明

● settlement：表示国库券的成交日，即在发行日之后，国库券卖给购买者的日期。

● maturity：表示国库券的到期日。

● discount：表示国库券的贴现率。

实例 计算面值$100的国库券的价格·　　　　　　　Excel 2013/2010/2007/2003

▶ 案例表述

张某2011年1月20日购买了面值为$100的国库券，该国库券的到期日为2011年10月18日，贴现率为8.55%。现在要计算该国库券的价格是多少。

▶ 案例实现

① 选中B6单元格，在公式编辑栏中输入公式：

=TBILLPRICE(B2,B3,B4)

② 按Enter键，即可计算出国库券的价格，如图7-67所示。

图7-67

函数50 TBILLYIELD函数

函数功能
TBILLYIELD函数用于返回国库券的收益率。

函数语法
TBILLYIELD(settlement,maturity,pr)

参数说明
- settlement：表示国库券的成交日，即在发行日之后，国库券卖给购买者的日期。
- maturity：表示国库券的到期日。
- pr：表示面值$100的国库券的价格。

实例 计算国库券的收益率
Excel 2013/2010/2007/2003

案例表述
张某2011年1月20日以92.596元购买了面值为$100的国库券，该国库券的到期日为2011年10月18日。那么该国库券的收益率为多少？

案例实现
① 选中B6单元格，在公式编辑栏中输入公式：

=TBILLYIELD(B2,B3,B4)

② 按Enter键，即可计算出国库券的收益率，如图7-68所示。

图7-68

函数51 YIELD函数

函数功能
YIELD函数用于返回定期付息有价证券的收益率。

🔲 函数语法

YIELD(settlement,maturity,rate,pr,redemption,frequency,basis)

🔲 参数说明

- settlement：表示证券的成交日。
- maturity：表示有价证券的到期日。
- rate：表示有价证券的年息票利率。
- pr：表示面值\$100的有价证券的价格。
- redemption：表示面值\$100的有价证券的清偿价值。
- frequency：表示年付息次数。如果按年支付，frequency = 1；按半年期支付，frequency = 2；按季支付，frequency = 4。
- basis：表示日计数基准类型。若为0或省略，按"US（NASD）30/360"；若为1，按"实际天数/实际天数"；若为2，按"实际天数/360"；若为3，按"实际天数/365"；若为4，按"欧洲30/360"。

实例　计算出该债券的收益率　Excel 2013/2010/2007/2003

▶ 案例表述

2010年2月18日以94.5元购买了2012年2月18日到期的\$100债券，息票利息率为5.56%，按半年期支付一次，以"实际天数/365"为日计数基准。现在要计算出该债券的收益率。

▶ 案例实现

❶ 选中B10单元格，在公式编辑栏中输入公式：

=YIELD(B2,B3,B6,B4,B5,B7,B8)

❷ 按Enter键，即可计算出该债券的收益率，如图7-69所示。

B10		fx	=YIELD(B2, B3, B6, B4, B5, B7, B8)
	A	B	C
1			
2	债券成交日	2010/2/18	
3	债券到期日	2012/2/18	
4	债券购买价格	94.5	
5	债券面值	100	
6	息票半年利率	5.56%	
7	付息次数	2	
8	日计数基准	3	
9			
10	债券收益率：	8.61%	

图7-69

函数52 YIELDDISC函数

函数功能

YIELDDISC函数用于返回折价发行的有价证券的年收益率。

函数语法

YIELDDISC(settlement,maturity,pr,redemption,basis)

参数说明

- settlement：表示证券的成交日。
- maturity：表示有价证券的到期日。
- pr：表示面值$100的有价证券的价格。
- redemption：表示面值$100的有价证券的清偿价值。
- basis：表示日计数基准类型。若为0或省略，按"US（NASD）30/360"；若为1，按"实际天数/实际天数"；若为2，按"实际天数/360"；若为3，按"实际天数/365"；若为4，按"欧洲30/360"。

实例 计算折价发行债券的年收益
Excel 2013/2010/2007/2003

案例表述

2011年1月1日以92.5元购买了2012年1月1日到期的$100债券，以"实际天数/365"为日计数基准。现在计算出该债券的收益率。

案例实现

1 选中B8单元格，在公式编辑栏中输入公式：

=YIELDDISC(B2,B3,B4,B5,B6)

2 按Enter键，即可计算出该债券的折价收益率，如图7-70所示。

B8	▼ : × ✓ fx	=YIELDDISC(B2,B3,B4,B5,B6)	
	A	B	C
1			
2	债券成交日	2011/1/1	
3	债券到期日	2012/1/1	
4	债券购买价格	92.5	
5	债券面值	100	
6	日计数基准	3	
7			
8	债券收益率：	8.11%	

图7-70

函数53 YIELDMAT函数

▣ **函数功能**

YIELDMAT函数用于返回到期付息的有价证券的年收益率。

▣ **函数语法**

YIELDMAT(settlement,maturity,issue,rate,pr,basis)

▣ **参数说明**

- settlement：表示证券的成交日。
- maturity：表示有价证券的到期日。
- issue：表示有价证券的发行日。
- rate：表示有价证券在发行日的利率。
- pr：表示面值$100的有价证券的价格。
- basis：表示日计数基准类型。若为0或省略，按"US（NASD）30/360"；若为1，按"实际天数/实际天数"；若为2，按"实际天数/360"；若为3，按"实际天数/365"；若为4，按"欧洲30/360"。

实例 计算到期付息的有价证券的年收益率 Excel 2013/2010/2007/2003

▶ **案例表述**

2010年1月1日以104.85元卖出2014年12月18日到期的$100面值债券。该债券的发行日期为2009年12月28日，息票半年利率为6.56%，以"实际天数/365"为日计数基准。现在计算该债券的收益率。

▶ **案例实现**

❶ 选中B9单元格，在公式编辑栏中输入公式：

=YIELDMAT(B2,B3,B4,B5,B6,B7)

❷ 按Enter键，即可计算出该债券的收益率，如图7-71所示。

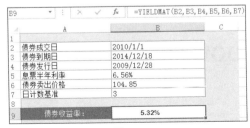

图7-71

7.5　转换美元的价格格式

函数54　**DOLLARDE函数**

📧 函数功能

　　DOLLARDE函数是将按分数表示的价格转换为按小数表示的价格。

📧 函数语法

　　DOLLARDE(fractional_dollar,fraction)

📧 参数说明

- fractional_dollar：以分数表示的数字。
- fraction：分数中的分母，为一个整数。如果fraction不是整数，将被截尾取整；如果fraction小于0，函数返回错误值 #NUM!；如果fraction为0，函数返回错误值 #DIV/0!。

实例　将分数格式的美元转换为小数格式的美元　Excel 2013/2010/2007/2003

▶ 案例实现

❶ 选中B3单元格，在公式编辑栏中输入公式：

=DOLLARDE(B1,B2)

❷ 按Enter键即可将以分数格式的美元转换为小数格式的美元，如图7-72所示。

B3		fx	=DOLLARDE(B1,B2)
	A	B	C	D
1	分子	5.2		
2	分母	8		
3	美元价格	5.25		

图7-72

函数55　**DOLLARFR函数**

📧 函数功能

　　DOLLARFR函数是将按小数表示的价格转换为按分数表示的价格。

(×) 函数语法

DOLLARFR(decimal_dollar,fraction)

(×) 参数说明

- decimal_dollar：为小数。
- fraction：分数中的分母，为一个整数。如果fraction不是整数，将被截尾取整；如果fraction小于0，函数返回错误值#NUM!；如果fraction为0，函数返回错误值#DIV/0!。

实例　将小数格式的美元转换为分数格式的美元 Excel 2013/2010/2007/2003

▶ 案例实现

① 选中B3单元格，在公式编辑栏中输入公式：

=DOLLARFR(B1,B2)

② 按Enter键即可将以小数格式的美元转换为分数格式的美元，如图7-73所示。

B3	▼	:	×	✓	fx	=DOLLARFR(B1,B2)

	A	B	C	D
1	分子	5.2		
2	分母	8		
3	美元价格	5.16		

图7-73

第 **8** 章

查找和引用函数

本章中部分素材文件在光盘中对应的章节下。

8.1 查找数据函数

函数1 CHOOSE函数

⊠ 函数功能

CHOOSE函数用于从给定的参数中返回指定的值。

⊠ 函数语法

CHOOSE(index_num,value1,[value2],...)

⊠ 参数说明

- Index_num：表示指定所选定的值参数。Index_num 必须为1~254之间的数字、公式或对包含1~254中某个数字的单元格的引用。
- value1,value2,...：value1是必需的，后续值是可选的。这些参数的个数介于1~254，函数CHOOSE基于index_num从这些值参数中选择一个数值或一项要执行的操作。参数可以为数字、单元格引用、已定义名称、公式、函数或文本。

实例1 判断学生考核成绩是否合格 Excel 2013/2010/2007/2003

▶ 案例表述

在学生考试成绩统计报表中，对学生成绩进行考评，总成绩大于等于210分显示为合格，小于210分显示为不合格。可以使用CHOOSE函数来设置公式。

▶ 案例实现

❶ 选中F2单元格，在编辑栏中输入公式：

=CHOOSE(IF(E2>=210,1,2),"合格","不合格")

按Enter键即可判断学生"李丽"的总成绩是否合格。

❷ 选中F2单元格，向下复制公式，即可判断其他学生的总成绩是否合格，如图8-1所示。

F2	▼ : × ✓ fx	=CHOOSE(IF(E2>=210,1,2),"合格","不合格")

	A	B	C	D	E	F	G	H
1	学生姓名	语文	数学	英语	总成绩	考评结果		
2	李丽	78	89	82	249	合格		
3	周俊阳	58	55	50	163	不合格		
4	苏天	76	71	80	227	合格		
5	刘飞虎	78	92	85	255	合格		

图8-1

交叉使用

　　IF函数是根据指定的条件来判断其"真"（TRUE）、"假"（FALSE），从而返回其相对应的内容。用法详见第1章函数4。

实例2　根据产品不合格率决定产品处理办法 Excel 2013/2010/2007/2003

案例表述

　　表格中统计了各产品的生产数量与产品的不合格数量，现在需要根据产品的不合格率来决定对各产品的处理办法。规则如下：

● 不合格率在0%～1%之间时，该产品为"合格"。
● 不合格率在1%～5%之间时，该产品为"允许"。
● 不合格率超过5%时，该产品为"报废"。

案例实现

① 选中D2单元格，在编辑栏中输入公式：

`=CHOOSE((SUM(N(C2/B2>={0,0.01,0.05})))),"合格","允许","报废")`

按Enter键即可根据计算得到的不合格率显示出对第一种产品的处理办法。

② 选中D2单元格，向下复制公式，即可显示出对各产品的处理办法，如图8-2所示。

| D2 | ▼ : × ✓ fx | =CHOOSE((SUM(N(C2/B2>={0, 0.01,0.05})))),"合格","允许 ","报废") |

	A	B	C	D	E	F
1	产品	生产量	不合格量	处理办法		
2	11	1300	8	合格		
3	12	1155	13	允许		
4	13	1149	28	允许		
5	14	192	15	报废		
6	15	1387	35	允许		
7	16	2358	20	合格		
8	17	3122	100	允许		
9	18	2054	5	合格		
10	19	2234	12	合格		
11	20	1100	80	报废		

图8-2

交叉使用

　　SUM函数用于返回某一单元格区域中所有数字之和。此函数用法详见2.1小节函数3。

　　N函数用于返回转化为数值后的值。此函数用法详见4.1小节函数4。

实例3 实现在多区域中查找数据
Excel 2013/2010/2007/2003

▶ **案例表述**

　　表格中显示了某公司3个销售部门对产品的销售数量，现在需要根据给定的姓名与销售部门来查询其对应的销量。

▶ **案例实现**

❶ 在B10:B11单元格中设置查询条件。选中B12单元格，在编辑栏中输入公式：

> =VLOOKUP(B11,CHOOSE(MATCH(B10,{"销售1部","销售2部","销售3部"},0),A1:B7,C1:D7,E1:F7),2,0)

　　按Enter键即可根据给定的姓名与销售部门来查询其对应的销量，如图8-3所示。

	A	B	C	D	E	F	G	H	I
	销售1部	销售数量	销售2部	销售数量	销售3部	销售数量			
1	黄家	615	韩伟	585	陶龙华	390			
2	曲飞亚	496	胡佳欣	629	李晓	574			
3	江小莉	536	刘辉贤	607	陈少军	602			
4	麦子聪	564	邓敏杰	500	李梅	594			
5	叶文静	509	仲成	890	刘纪鹏	606			
6	李阳	578	李志霄	581	张飞虎	546			
7									
8									
9									
10	销售部门	销售2部							
11	姓名	仲成							
12	销量	890							

图8-3

❷ 如果要查询其他部门其他员工的销售量，更改查询条件即可，如图8-4所示。

	A	B	C	D	E	F	G	H	I
	销售1部	销售数量	销售2部	销售数量	销售3部	销售数量			
1	黄家	615	韩伟	585	陶龙华	390			
2	曲飞亚	496	胡佳欣	629	李晓	574			
3	江小莉	536	刘辉贤	607	陈少军	602			
4	麦子聪	564	邓敏杰	500	李梅	594			
5	叶文静	509	仲成	890	刘纪鹏	606			
6	李阳	578	李志霄	581	张飞虎	546			
10	销售部门	销售3部							
11	姓名	刘纪鹏							
12	销量	606							

图8-4

 交叉使用

　　VLOOKUP函数在表格或数值数组的首行查找指定的数值，并由此返回表格或数组当前行中指定列处的值。用法详见8.1小节函数5。

　　MATCH函数用于返回在指定方式下与指定数值匹配的数组中元素的相应位置。用法详见8.1小节函数6。

函数2 LOOKUP函数（向量型）

⊠ 函数功能

LOOKUP 函数可从单行或单列区域或者从一个数组返回值。函数具有两种语法形式：向量形式和数组形式。向量是只含一行或一列的区域，函数在单行区域或单列区域（称为"向量"）中查找值，然后返回第二个单行区域或单列区域中相同位置的值。

⊠ 函数语法

LOOKUP(lookup_value, lookup_vector, [result_vector])

⊠ 参数说明

- lookup_value：表示LOOKUP 在第一个向量中搜索的值。lookup_value 可以是数字、文本、逻辑值、名称或对值的引用。
- lookup_vector：表示只包含一行或一列的区域。lookup_vector 中的值可以是文本、数字或逻辑值。
- result_vector：可选。只包含一行或一列的区域。result_vector 参数必须与 lookup_vector大小相同。

实例1 根据员工编号自动查询相关信息（向量型语法）

Excel 2013/2010/2007/2003

▶ 案例表述

在档案管理表、销售管理表行数据表中，通常都需要进行大量的数据查询操作。通过LOOKUP函数建立公式，可以实现输入编号后即可查询相应信息（为方便显示，只列举有限条数的记录）。

▶ 案例实现

❶ 建立相应查询列标识，并输入要查询的编号，如图8-5所示。

⊿	A	B	C	D	E
1	员工编号	员工姓名	总销售额（万）	名次	
2	PR_001	黄家	35.25	5	
3	PR_002	曲飞亚	51.5	3	
4	PR_003	江小莉	75.81	1	
5	PR_004	麦子聪	62.22	2	
6	PR_005	叶文静	45.61	4	
7					
8	查询员工编号	员工姓名	总销售额（万）	名次	
9	PR_004				

图8-5

2 选中B9单元格，在编辑栏中输入公式：

`=LOOKUP($A$9,$A$2:$A$6,B$2:B$6)`

按Enter键即可得到员工编号为PR_004的员工姓名。

3 选中B9单元格，向右复制公式，即可得到该编码员工的其他相关销售信息，如图8-6所示。

| B9 | ▼ | : | × | ✓ | f_x | =LOOKUP($A$9,$A$2:$A$6,B$2:B$6) |

	A	B	C	D	E	F
1	员工编号	员工姓名	总销售额（万）	名次		
2	PR_001	黄家	35.25	5		
3	PR_002	曲飞亚	51.5	3		
4	PR_003	江小莉	75.81	1		
5	PR_004	麦子聪	62.22	2		
6	PR_005	叶文静	45.61	4		
7						
8	查询员工编号	员工姓名	总销售额（万）	名次		
9	PR_004	麦子聪	62.22	2		

图8-6

4 当需要查询其他员工销售信息时，只需要在A9单元格中重新输入查询编号即可实现快速查询，如图8-7所示。

	A	B	C	D
1	员工编号	员工姓名	总销售额（万）	名次
2	PR_001	黄家	35.25	5
3	PR_002	曲飞亚	51.5	3
4	PR_003	江小莉	75.81	1
5	PR_004	麦子聪	62.22	2
6	PR_005	叶文静	45.61	4
7				
8	查询员工编号	员工姓名	总销售额（万）	名次
9	PR_002	曲飞亚	51.5	3

图8-7

实例2　查找销售笔数最多的员工　　　　Excel 2013/2010/2007/2003

案例表述

表格中显示了产品的销售记录，现在需要查找出销售笔数最多的员工姓名并显示出来。可以使用LOOKUP函数配合其他函数来设置公式。

案例实现

1 选中F2单元格，在编辑栏中输入公式：

`=LOOKUP(TRUE,COUNTIF(C2:C11,C2:C11)=MAX(COUNTIF(C2:C11,C2:C11)),C2:C11)`

2 按Enter键即可查找出销售笔数最多的员工姓名，如图8-8所示。

	A	B	C	D	E	F	G	H
1	序号	品名	经办人	销售金额		销售次数最多的员工		
2	1	老百年	刘纪鹏	1300		刘纪鹏		
3	2	三星迎驾	张飞虎	1155				
4	3	五粮春	刘纪鹏	1149				
5	4	新月亮	李梅	192				
6	5	新地球	刘纪鹏	1387				
7	6	四国开绿	张飞虎	2358				
8	7	新品兰十	李梅	3122				
9	8	今世缘兰地	张飞虎	2054				
10	9	珠江金小麦	刘纪鹏	2234				
11	10	张裕赤霞珠	李梅	1100				

F2 =LOOKUP(TRUE,COUNTIF(C2:C11,C2:C11)=MAX(COUNTIF(C2:C11,C2:C11)),C2:C11)

图8-8

交叉使用

　　COUNTIF函数用于计算区域中满足给定条件的单元格的个数。用法详见6.2小节函数12。

　　MAX函数用于返回数据集中的最大数值。用法详见6.3小节函数14。

函数3 LOOKUP函数（数组型）

📷 **函数功能**

　　LOOKUP函数的数组形式在数组的第一行或第一列中查找指定的值，并返回数组最后一行或最后一列内同一位置的值。

📷 **函数语法**

　　LOOKUP(lookup_value,array)

📷 **参数说明**

- lookup_value：表示LOOKUP在数组中搜索的值。lookup_value参数可以是数字、文本、逻辑值、名称或对值的引用。
- array：表示包含要与 lookup_value进行比较的文本、数字或逻辑值的单元格区域。

实例　根据员工编号自动查询相关信息（数组型语法）

Excel 2013/2010/2007/2003

▶ **案例表述**

　　通过LOOKUP函数建立公式，可以实现输入编号后即可查询相应信息（为方便显示，只列举有限条数的记录）。

▶ **案例实现**

　1 建立相应查询列标识，并输入要查询的编号。

❷ 选中B9单元格，在编辑栏中输入公式：

=LOOKUP($A$9,$A2:B6)

按Enter键即可得到员工编号为PR_004的员工姓名，如图8-9所示。

B9	▼	:	×	✓	f_x	=LOOKUP($A$9,$A2:B6)

	A	B	C	D	E
1	员工编号	员工姓名	总销售额（万）	名次	
2	PR_001	黄家	35.25	5	
3	PR_002	曲飞亚	51.5	3	
4	PR_003	江小莉	75.81	1	
5	PR_004	麦子聪	62.22	2	
6	PR_005	叶文静	45.61	4	
7					
8	查询员工编号	员工姓名	总销售额（万）	名次	
9	PR_004	麦子聪			

图8-9

❸ 选中B9单元格，向右复制公式，即可得到该编码员工的其他相关销售信息，如图8-10所示。

C9	▼	:	×	✓	f_x	=LOOKUP($A$9,$A2:C6)

	A	B	C	D
1	员工编号	员工姓名	总销售额（万）	名次
2	PR_001	黄家	35.25	5
3	PR_002	曲飞亚	51.5	3
4	PR_003	江小莉	75.81	1
5	PR_004	麦子聪	62.22	2
6	PR_005	叶文静	45.61	4
7				
8	查询员工编号	员工姓名	总销售额（万）	名次
9	PR_004	麦子聪	62.22	2

图8-10

函数4 HLOOKUP函数

🔲 **函数功能**

HLOOKUP函数在表格或数值数组的首行查找指定的数值，并在表格或数组中指定行的同一列中返回一个数值。

🔲 **函数语法**

HLOOKUP(lookup value, table_array, row_index_num, [range_lookup])

🔲 **参数说明**

- lookup_value：表示需要在表的第一行中进行查找的数值。
- table array：表示需要在其中查找数据的信息表。使用对区域或区域名称的引用。

- row_index_num：表示table array中待返回的匹配值的行序号。
- range lookup：可选。为一逻辑值，指明函数 HLOOKUP查找时是精确匹配，还是近似匹配。

实例1 根据值班日期自动返回工资标准 Excel 2013/2010/2007/2003

 案例表述

表格中列出了不同的值班类别所对应的值班工资标准，现在要根据当前值班统计表中的值班类别自动返回应计的值班工资。此时可以使用HLOOKUP函数来返回值。

▶ 案例实现

❶ 根据不同的值班类别建立工资标准表，将实际值班数据输入到工作表中，如图8-11所示。

❷ 选中E7单元格，在编辑栏中输入公式：

> =HLOOKUP(D7,$A$3:$G$4,2,0)*C7

按Enter键即可根据日期类别返回对应的工资金额，如图8-11所示。

	A	B	C	D	E	F
1	值班工资标准					
2	值班日期	双休日	1月2日-3日	5月1日-2日	5月3日-7日	2012/1/1
3	日期类型	双休日	长假后期	长假开始初	长假后期	长假开始初
4	每日工资	150	200	320	200	320
5						
6	姓名	值班日期	值班天数	日期类别	工资金额	
7	韩伟	2012/1/2	1	长假后期	200	
8	胡佳欣	2012/1/3	1	长假后期		
9	刘辉贤	2012/1/12	1	双休日		
10	邓敏杰	2012/1/13	1	双休日		
11	仲成	2012/5/1-5/2	2	长假开始初		
12	李平	2012/5/4-5/7	4	长假后期		

E7 ... fx =HLOOKUP(D7,$A$3:$G$4,2,0)*C7

图8-11

❸ 选中E7单元格，向下复制公式即可得到其他员工加班类别所对应的工资金额。如图8-12所示选中了E9单元格，读者可对公式进行比较。

	A	B	C	D	E	F
1	值班工资标准					
2	值班日期	双休日	1月2日-3日	5月1日-2日	5月3日-7日	2012/1/1
3	日期类型	双休日	长假后期	长假开始初	长假后期	长假开始初
4	每日工资	150	200	320	200	320
5						
6	姓名	值班日期	值班天数	日期类别	工资金额	
7	韩伟	2012/1/2	1	长假后期	200	
8	胡佳欣	2012/1/3	1	长假后期	200	
9	刘辉贤	2012/1/12	1	双休日	150	
10	邓敏杰	2012/1/13	1	双休日	150	
11	仲成	2012/5/1-5/2	2	长假开始初	640	
12	李平	2012/5/4-5/7	4	长假后期	800	

E9 ... fx =HLOOKUP(D9,$A$3:$G$4,2,0)*C9

图8-12

实例2　查找成绩最高的学生姓名
Excel 2013/2010/2007/2003

▶ 案例表述

　　当前表格中奇数列是学生姓名，偶数列是学生成绩，现在需要在此表中查找出最高成绩的学生姓名。可以按如下方法设置公式。

▶ 案例实现

❶ 选中A5单元格，在编辑栏中输入公式：

`=HLOOKUP(MAX(A2:J2),IF({1;0},B2:J2,A2:I2),2,FALSE)`

❷ 按Enter键即可查找出最高成绩的学生姓名，如图8-13所示。

图8-13

 交叉使用

　　MAX函数用于返回数据集中的最大数值。用法详见6.3小节函数14。

实例3　通过下拉菜单查询任意科目的成绩
Excel 2013/2010/2007/2003

▶ 案例表述

　　表格中统计了学生各科目成绩，现在想建立一个查询表，查询指定科目的成绩，此时可以使用HLOOKUP函数来设置公式。

▶ 案例实现

❶ 在工作表中建立查询表（也可以在其他工作表中建立），如图8-14所示。

	A	B	C	D	E	F	G	H	I	J
1	学号	姓名	语文	数学	英语	总分		成绩查询		数学
2	T021	黄家	615	585	615	1815		T021	黄家	语文
3	T100	曲飞亚	496	629	574	1699		T100	曲飞亚	数学
4	T058	江小丽	536	607	602	1745		T058	江小丽	英语
5	T007	麦子聪	564	607	594	1765		T007	麦子聪	总分
6	T059	叶文静	509	611	606	1726		T059	叶文静	
7	T036	刘勇	578	581	546	1705		T036	刘勇	
8	T031	张东	550	594	627	1771		T031	张东	
9	T033	李阳	523	573	554	1650		T033	李阳	
10	T060	刘丽芳	496	603	610	1709		T060	刘丽芳	
11										

图8-14

❷ 选中J3单元格，在编辑栏中输入公式：

`=HLOOKUP($J$1,$C$1:$F$10,ROW(A2),FALSE)`

按Enter键即可根据J1单元格的科目返回第一个成绩，向下复制J3单元格的公式，可依次得到其他学生成绩，如图8-15所示。

	A	B	C	D	E	F	G	H	I	J
1	学号	姓名	语文	数学	英语	总分		成绩查询		数学
2	T021	黄家	615	585	615	1815				
3	T100	曲飞亚	496	629	574	1699		T021	黄家	585
4	T058	江小丽	536	607	602	1745		T100	曲飞亚	629
5	T007	麦子聪	564	607	594	1765		T058	江小丽	607
6	T059	叶文静	509	611	606	1726		T007	麦子聪	607
7	T036	刘勇	578	581	546	1705		T059	叶文静	611
8	T031	张东	550	594	627	1771		T036	刘勇	581
9	T033	李阳	523	573	554	1650		T031	张东	594
10	T060	刘丽芳	496	603	610	1709		T033	李阳	573
11								T060	刘丽芳	603

图8-15

❸ 当需要查询其他科目成绩时，只需要在J1单元格中选择其他科目即可，如图8-16所示。

	A	B	C	D	E	F	G	H	I	J
1	学号	姓名	语文	数学	英语	总分		成绩查询		总分
2	T021	黄家	615	585	615	1815				
3	T100	曲飞亚	496	629	574	1699		T021	黄家	1815
4	T058	江小丽	536	607	602	1745		T100	曲飞亚	1699
5	T007	麦子聪	564	607	594	1765		T058	江小丽	1745
6	T059	叶文静	509	611	606	1726		T007	麦子聪	1765
7	T036	刘勇	578	581	546	1705		T059	叶文静	1726
8	T031	张东	550	594	627	1771		T036	刘勇	1705
9	T033	李阳	523	573	554	1650		T031	张东	1771
10	T060	刘丽芳	496	603	610	1709		T033	李阳	1650
11								T060	刘丽芳	1709

图8-16

提 示

ROW函数用于返回引用的行号。该函数与COLUMN函数分别返回给定引用的行号与列标。该函数用法详见8.2小节函数12。

函数5 VLOOKUP函数

🔣 **函数功能**

VLOOKUP函数在表格或数值数组的首行查找指定的数值，并由此返回表格或数组当前行中指定列处的值。

🔣 **函数语法**

VLOOKUP(lookup_value, table_array, col_index_num, [range_lookup])

🔣 **参数说明**

- lookup_value：表示要在表格或区域的第一列中搜索的值。可以是值或引用。
- table_array ：表示包含数据的单元格区域。可以使用对区域或区域名称的引用。

- col_index_num：表示table_array参数中必须返回的匹配值的列号。
- range_lookup：可选。一个逻辑值，指定希望VLOOKUP查找精确匹配值还是近似匹配值。

实例1　在销售表中自动返回产品单价　Excel 2013/2010/2007/2003

▶ 案例表述

在建立销售数据管理系统时，通常都会建立一张产品单价表，以统计所有产品的进货单价与销售单价等基本信息。有了这张表之后，在后面建立销售数据统计表时，若需要引用产品单价数据，就可以直接使用VLOOKUP函数来实现。

▶ 案例实现

① 如图8-17所示为建立好的"单价表"。

	A	B	C	D	E
1	产品名称	规格（盒/箱）	进货单价	销售单价	
2	观音饼（花生）	36	6.5	12.8	
3	观音饼（桂花）	36	6.5	12.8	
4	观音饼（绿豆沙）	36	6.5	12.8	
5	铁盒（观音饼）	20	18.2	32	
6	莲花礼盒（海苔）	16	10.92	25.6	
7	莲花礼盒（黑芝麻）	16	10.92	25.6	
8	观音饼（海苔）	36	6.5	12	
9	观音饼（芝麻）	36	6.5	12	
10	观音饼（花生）	24	6.5	12.8	
11	观音饼（海苔）	24	6.5	12.8	
12	观音饼（椰丝）	24	6.5	12.8	
13	观音饼（椒盐）	24	6.5	12.8	
14	榛果薄饼	24	4.58	7	
15	榛子椰蓉260	12	32	41.5	
16	醇香薄饼	24	4.58	7	

图8-17

② 切换到"销售表"中，选中C2单元格，在编辑栏中输入公式：

`=VLOOKUP(A2,单价表!A$1:D$18,4,FALSE)*B2`

按Enter键即可从"单价表"中提取产品的销售单价，并根据销售数量自动计算出销售金额，如图8-18所示。

	A	B	C	D	E	F	G
1	产品名称	数量	金额				
2	观音饼（桂花）	33	422.4				
3	莲花礼盒（海苔）	9					
4	莲花礼盒（黑芝麻）	18					
5	观音饼（绿豆沙）	23					
6	观音饼（桂花）	5					
7	观音饼（海苔）	10					
8	榛子椰蓉260	17					
9	观音饼（花生）	5					
10	醇香薄饼	18					
11	榛果薄饼	5					
12	观音饼（芝麻）	10					
13	观音饼（椰丝）	17					
14	杏仁薄饼	5					

图8-18

③ 选中C5单元格，光标定位到该单元格右下角，向下复制公式，即可快速计算出其他各产品的销售金额。如图8-19所示显示了C5单元格的公式，可与上面的公式相比较，以方便学习。

图8-19

实例2　将两张成绩表合并为一张成绩表　Excel 2013/2010/2007/2003

案例表述

本例中分别统计了学生的两项成绩，但是两张表格中统计顺序却不相同（表格如图8-20所示），现在要实现将两张表格合并为一张表格。

图8-20

案例实现

① 直接复制第一张表格，然后建立第二项成绩的列标识，如图8-21所示。

图8-21

② 选中I2单元格，输入公式：

=VLOOKUP(G2,$D$2:$E$10,2,FALSE)

按Enter键即可根据G2单元格中的姓名返回其"数标"成绩，如图8-22所示。

3 选中I2单元格，向下复制公式，即可得到其他学生的"数标"成绩。

I2	▼	:	×	✓	fx	=VLOOKUP(G2,$D$2:$E$10,2,FALSE)			
▲	A	B	C	D	E	F	G	H	I
1	姓名	语标		姓名	数标		姓名	语标	数标
2	黄家	615		江小莉	585		黄家	615	603
3	曲飞亚	496		刘勇	629		曲飞亚	496	607
4	江小莉	536		曲飞亚	607		江小莉	536	585
5	麦子聪	564		张东	607		麦子聪	564	611
6	叶文静	509		麦子聪	611		叶文静	509	581
7	刘勇	578		叶文静	581		刘勇	578	629
8	张东	550		李阳	594		张东	550	607
9	李阳	523		刘丽芳	573		李阳	523	594
10	刘丽芳	496		黄家	603		刘丽芳	496	573

图8-22

实例3 根据多条件计算员工年终奖
Excel 2013/2010/2007/2003

▶ **案例表述**

表格中根据员工的工龄及职位对年终奖金进行了规定，现在需要根据当前员工的工龄来自动判断该员工应获取的年终奖。

▶ **案例实现**

1 选中D2单元格，在编辑栏中输入公式：

=VLOOKUP(B2,IF(C2<=5,$F$2:$G$4,$F$7:$G$9),2,FALSE)

按Enter键即可根据B2单元格的职位与C2单元格的工龄自动判断出该员工应获得的年终奖。

2 选中D2单元格，光标定位到该单元格右下角，向下复制公式，即可快速判断出每位员工应获得的年终奖，如图8-23所示。

D2	▼	:	×	✓	fx	=VLOOKUP(B2,IF(C2<=5,$F$2:$G$4,$F$7:$G$9),2,FALSE)			
▲	A	B	C	D	E	F	G	H	I
1	姓名	职位	工龄	年终奖		5年或以下工龄			
2	韩伟	职员	2	1000		职员	1000		
3	胡佳欣	高级职员	4	2000		高级职员	2000		
4	刘辉贤	部门经理	5	5000		部门经理	5000		
5	邓骏杰	高级职员	10	5000					
6	仲成	职员	2	1000		5年以上工龄			
7	李志霄	职员	1	1000		职员	2000		
8	陶龙华	部门经理	6	10000		高级职员	5000		
9	李晓	高级职员	12	5000		部门经理	10000		
10	刘纪鹏	职员	2	1000					
11	李梅	职员	8	2000					
12									

图8-23

交叉使用

IF函数是根据指定的条件来判断其"真"（TRUE）、"假"（FALSE），从而返回其相对应的内容。用法详见第1章函数4。

提示

公式中的两个查找区域要使用绝对引用方式，因为这两个查找区域是始终不变的。此举是为了方便向下复制公式时避免出错。

实例4　使用VLOOKUP函数进行反向查询　Excel 2013/2010/2007/2003

▷ 案例表述

表格中统计了基金的相关数据。现在要根据买入基金的代码来查找最新的净值（基金的代码显示要最右列），可以使用VLOOKUP函数来实现。

▷ 案例实现

① 建立表格（查询表格可以位于其他工作表中，本例中便于读者查看，让其显示在同一张表格中）。

② 选中D10单元格，在编辑栏中输入公式：

```
=VLOOKUP(A10,IF({1,0},$D$2:$D$7,$B$2:$B$7),2,)
```

按Enter键即可根据A10单元格的基金代码从B2:B7单元格区域找到其最新净值。

③ 选中D10单元格，向下复制公式，即可得到其他基金代码的最新净值，如图8-24所示。

D10		▼	⁝	×	✓	fx	=VLOOKUP(A10,IF({1,0},$D$2:$D$7,$B$2:$B$7),2,)	
	A	B	C	D	E	F	G	H
1	日期	最新净值	累计净值	基金代码				
2	2010/1/10	1.7086	3.2486	240002				
3	2010/1/11	1.3883	3.046	240001				
4	2010/1/12	1.2288	1.3988	240003				
5	2010/1/13	1.4134	1.4134	213003				
6	2010/1/14	1.0148	2.6093	213002				
7	2010/1/15	1.1502	2.7902	213001				
8								
9	基金代码	购买金额	买入价格	市场净值	持有份额	市值	利润	
10	240003	20000.00	1.100	1.2288	5000.25	6144.31	644.03	
11	213003	5000.00	0.876	1.4134	1500.69	1522.9	208.9	
12	240002	20000.00	0.999	1.7086	5800.00	9568.16	3974.88	
13	213001	10000.00	0.994	1.1502	800.59	920.84	124.73	

图8-24

交叉使用

IF函数是根据指定的条件来判断其"真"（TRUE）、"假"（FALSE），从而返回其相对应的内容。用法详见第1章函数4。

函数6　MATCH函数

▣ 函数功能

MATCH函数用于返回在指定方式下与指定数值匹配的数组中元素的相应位置。

图 **函数语法**

MATCH(lookup_value,lookup_array,match_type)

图 **参数说明**

- lookup_value：为需要在数据表中查找的数值。
- lookup_value：可能包含所要查找数值的连续单元格区域。
- match_type：为数字–1、0或1，指明如何在lookup_array中查找lookup_value。当match_type为1或省略时，函数查找小于或等于lookup_value的最大数值，lookup_array必须按升序排列；如果match_type为0，函数查找等于lookup_value的第一个数值，lookup_array可以按任何顺序排列；如果match_type为–1，函数查找大于或等于lookup_value的最小值，lookup_array必须按降序排列。

提示

由于MATCH函数返回在指定方式下与指定数值匹配的数组中元素的相应位置，所以该函数一般与其他函数配合使用，单独使用不具备太大意义。

实例1 查询指定学号学生指定科目的成绩 Excel 2013/2010/2007/2003

▶ **案例表述**

表格中统计了学生的各科目成绩，现在要查找指定学号学生指定科目的成绩，可以按如下方法来设置公式。

▶ **案例实现**

❶ 选中B11单元格，在编辑栏中输入公式：

=INDEX($A2:$G8,MATCH($A11,$A2:$A8,0),4)

❷ 按Enter键即可得到学生编号为10201的数学成绩，如图8-25所示。

	A	B	C	D	E	F	G
B11		fx	=INDEX($A2:$G8,MATCH($A11,$A2:$A8,0),4)				
1	学号	姓名	语文	数学	英语	科学	总分
2	10401	邱浩天	112	109	119	118	458
3	10201	王璐	97	117	111.5	108	433.5
4	10313	王辰	102.5	111	112	116	441.5
5	10108	周森	104	110	117	117	448
6	10211	翁义东	101	116	109	115	441
7	10407	王梦溪	99	106	118	113	436
8	10305	徐超	97	113	109.5	119	438.5
9							
10	学号	成绩					
11	10201	117					

图8-25

交叉使用

INDEX函数用于返回表格或区域中的值或值的引用。用法详见8.1小节函数7。

实例2　查找迟到次数最多的学生　　　　Excel 2013/2010/2007/2003

案例表述

　　表格中统计了各个日期对应的迟到学生的名单，现在要查找出迟到次数最多的学生姓名。

案例实现

1 选中D2单元格，在编辑栏中输入公式：

=INDEX(B2:B12,MODE(MATCH(B2:B12,B2:B12,0)))

2 按Enter键即查找出迟到次数最多的学生姓名，如图8-26所示。

D2		▼	:	×	✓	f_x	=INDEX(B2:B12,MODE(MATCH(B2:B12,B2:B12,0)))		
	A	B	C	D	E	F

	A	B	C	D	E	F
1	日期	迟到学生		迟到次数最多的学生		
2	2012/2/1	叶依琳		周春江		
3	2012/2/2	周春江				
4	2012/2/3	吴玉				
5	2012/2/4	刘丽				
6	2012/2/7	苏彤彤				
7	2012/2/8	张佩珊				
8	2012/2/9	李梅				
9	2012/2/10	周春江				
10	2012/2/11	刘丽				
11	2012/2/14	苗雨辰				
12	2012/2/15	周春江				

图8-26

交叉使用

　　INDEX函数用于返回表格或区域中的值或值的引用。用法详见8.1小节函数7。

　　MOD函数用于求两个数值相除后的余数，其结果的正负号与除数相同。用法详见2.1小节函数2。

函数7　INDEX函数（数组型）

函数功能

　　INDEX函数返回表格或区域中的值或值的引用。函数有两种形式：数组形式和引用形式。引用形式通常返回引用，数组形式通常返回数值或数值数组。当第一个参数为数组常数时，使用数组形式。

函数语法

　　语法1（引用型）：INDEX(reference, row_num, [column_num], [area_num])

　　语法2（数组型）：INDEX(array, row_num, [column_num])

🔲 参数说明

语法1参数说明如下。

- reference：表示对一个或多个单元格区域的引用。
- row_num：表示引用中某行的行号，函数从该行返回一个引用。
- column_num：可选。引用中某列的列标，函数从该列返回一个引用。
- area_num：可选。选择引用中的一个区域，以从中返回 row_num 和 column_num 的交叉区域。选中或输入的第一个区域序号为 1，第二个为 2，依此类推。如果省略 area_num，则函数使用区域 1。

语法2参数说明如下。

- array：表示单元格区域或数组常量。
- row_num：表示选择数组中的某行，函数从该行返回数值。
- column_num：可选。选择数组中的某列，函数从该列返回数值。

实例1　查找指定学生指定科目的成绩　　　Excel 2013/2010/2007/2003

▶ 案例表述

　　表格中统计了学生的各科目成绩，现在要查找指定学生指定科目的成绩，可以使用INDEX函数来实现。

▶ 案例实现

❶ 选中C9单元格，在编辑栏中输入公式：

=INDEX(B2:F7,2,4)

按Enter键即可返回"曲飞亚"的英语成绩，如图8-27所示。

C9			× ✓ fx	=INDEX(B2:F7, 2, 4)		
◢	A	B	C	D	E	F	G
1	学号	姓名	语文	数学	英语	总分	
2	T021	黄家	615	585	615	1815	
3	T100	曲飞亚	496	629	574	1699	
4	T058	江小丽	536	607	602	1745	
5	T007	麦子聪	564	607	594	1765	
6	T059	叶文静	509	611	606	1726	
7	T036	刘勇	578	581	546	1705	
8							
9	曲飞亚的英语成绩		574				
10	麦子聪的总分						

图8-27

❷ 选中C10单元格，在编辑栏中输入公式：

=INDEX(B2:F7,4,5)

按Enter键即可返回"麦子聪"的总分，如图8-28所示。

| C10 | ▼ | : | × | ✓ | f_x | =INDEX(B2:F7,4,5) |

	A	B	C	D	E	F	G
1	学号	姓名	语文	数学	英语	总分	
2	T021	黄家	615	585	615	1815	
3	T100	曲飞亚	496	629	574	1699	
4	T058	江小丽	536	607	602	1745	
5	T007	麦子聪	564	607	594	1765	
6	T059	叶文静	509	611	606	1726	
7	T036	刘勇	578	581	546	1705	
8							
9	曲飞亚的英语成绩		574				
10	麦子聪的总分		1765				

图8-28

实例2　查找指定月份指定专柜的销售金额　Excel 2013/2010/2007/2003

▶ 案例表述

表格中统计了几个专柜1月、2月、3月的销售金额（为求解方便，只列举有限条数的记录）。现在要实现查询特定专柜、特定月份的销售金额，可以使用INDEX与MATCH函数实现双条件查询。

▶ 案例实现

❶ 首先设置好查询条件，本例在A7、B7单元格中输入要查询的专柜与月份。

❷ 选中C7单元格，在编辑栏中输入公式：

=INDEX(B2:D4,MATCH(B7,A2:A4,0),MATCH(A7,B1:D1,0))

按Enter键，可以返回"2月"、"中辰体育"的金额，如图8-29所示。

| C7 | ▼ | : | × | ✓ | f_x | =INDEX(B2:D4,MATCH(B7,A2:A4,0),
MATCH(A7,B1:D1,0)) |

	A	B	C	D	E	F	G	H
1	专柜	1月	2月	3月				
2	百大专柜	5456	8208	3283				
3	瑞景专柜	9410	7380	6952				
4	中辰体育	7320	5760	5304				
5								
6	月份	专柜	金额					
7	2月	中辰体育	5760					

图8-29

❸ 在A7、B7单元格中任意输入其他要查询的条件，则可查询其金额，如图8-30所示。

	A	B	C	D
1	专柜	1月	2月	3月
2	百大专柜	5456	8208	3283
3	瑞景专柜	9410	7380	6952
4	中辰体育	7320	5760	5304
5				
6	月份	专柜	金额	
7	3月	瑞景专柜	6952	

图8-30

交叉使用

MATCH函数用于返回在指定方式下与指定数值匹配的数组中元素的相应位置。用法详见8.1小节函数6。

实例3　查询总分最高学生对应的学号（反向查询） Excel 2013/2010/2007/2003

▶ 案例表述

表格中统计了学生各科目成绩，现在要查询出最高总分对应的学号，可以使用INDEX与MATCH函数配合来设置公式。

▶ 案例实现

❶ 选中C12单元格，在编辑栏中输入公式：

=INDEX(A2:A10,MATCH(MAX(F2:F10),F2:F10,))

❷ 按Enter键，即可得到最高总分对应的学号，如图8-31所示。

图8-31

实例4　列出指定店面的所有销售记录 Excel 2013/2010/2007/2003

▶ 案例表述

表格中统计了各个店面的销售情况（为方便显示，只列举部分记录），现在要实现将某一个店面的所有记录都依次显示出来，我们可以使用INDEX函数配合SMALL函数、ROW函数来实现。

▶ 案例实现

❶ 在工作表中建立查询表（也可以在其他工作表中建立，本例为方便读者查看所以在当前工作表中建立），如图8-32所示。

图8-32

❷ 选中F4:F11单元格区域（根据当前记录的多少来选择，比如当前销售记录非常多，为了一次显示某一店面的所有记录，则需要向下多选取一些单元格），在公式编辑栏中输入公式：

=IF(ISERROR(SMALL(IF(($A$2:$A$11=$H$1),ROW(2:11)),ROW(1:11))),"",INDEX(A:A,SMALL(IF(($A$2:$A$11=$H$1),ROW(2:11)),ROW(1:11))))

按Ctrl+Shift+Enter组合键，可一次性将A列中所有等于H1单元格中指定的店面的记录都显示出来，如图8-33所示。

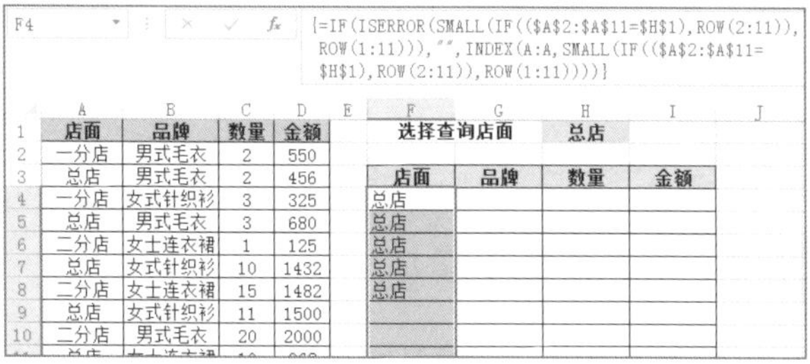
F4　{=IF(ISERROR(SMALL(IF(($A$2:$A$11=$H$1),ROW(2:11)),ROW(1:11))),"",INDEX(A:A,SMALL(IF(($A$2:$A$11=$H$1),ROW(2:11)),ROW(1:11))))}

	A	B	C	D	E	F	G	H	I
1	店面	品牌	数量	金额		选择查询店面		总店	
2	一分店	男式毛衣	2	550					
3	总店	男式毛衣	2	456		店面	品牌	数量	金额
4	一分店	女式针织衫	3	325		总店			
5	总店	男式毛衣	3	680		总店			
6	二分店	女士连衣裙	1	125		总店			
7	总店	女式针织衫	10	1432		总店			
8	二分店	女士连衣裙	15	1482		总店			
9	总店	女式针织衫	11	1500					
10	二分店	男式毛衣	20	2000					

图8-33

❸ 选中F4:F11单元格区域，将光标定位到向下角，出现黑色十字型时按住鼠标左键向右拖动，完成公式的复制（得到H1单元格中指定店面的所有记录），如图8-34所示。

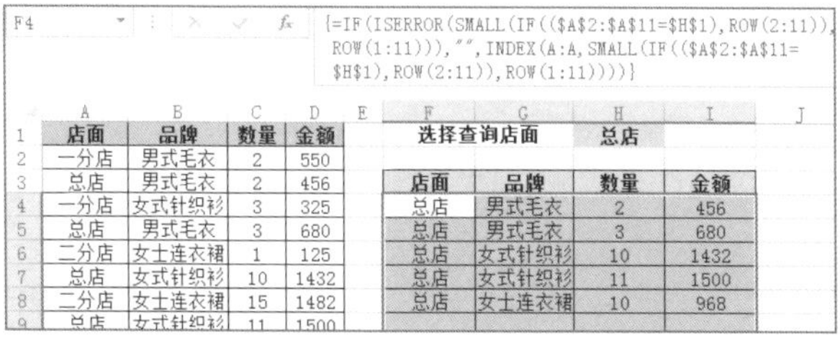
F4　{=IF(ISERROR(SMALL(IF(($A$2:$A$11=$H$1),ROW(2:11)),ROW(1:11))),"",INDEX(A:A,SMALL(IF(($A$2:$A$11=$H$1),ROW(2:11)),ROW(1:11))))}

	A	B	C	D	E	F	G	H	I
1	店面	品牌	数量	金额		选择查询店面		总店	
2	一分店	男式毛衣	2	550					
3	总店	男式毛衣	2	456		店面	品牌	数量	金额
4	一分店	女式针织衫	3	325		总店	男式毛衣	2	456
5	总店	男式毛衣	3	680		总店	男式毛衣	3	680
6	二分店	女士连衣裙	1	125		总店	女式针织衫	10	1432
7	总店	女式针织衫	10	1432		总店	女式针织衫	11	1500
8	二分店	女士连衣裙	15	1482		总店	女士连衣裙	10	968

图8-34

❹ 如果要查询其他店的销售记录，只需要在H1单元格中重新输入店面名称即可（可以通过数据有效性功能设置选择序列），如图8-35所示。

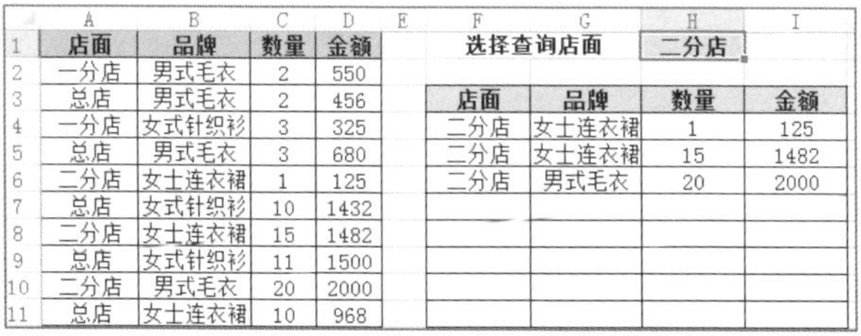

	A	B	C	D	E	F	G	H	I
1	店面	品牌	数量	金额		选择查询店面		二分店	
2	一分店	男式毛衣	2	550					
3	总店	男式毛衣	2	456		店面	品牌	数量	金额
4	一分店	女式针织衫	3	325		二分店	女士连衣裙	1	125
5	总店	男式毛衣	3	680		二分店	女士连衣裙	15	1482
6	二分店	女士连衣裙	1	125		二分店	男式毛衣	20	2000
7	总店	女式针织衫	10	1432					
8	二分店	女士连衣裙	15	1482					
9	总店	女式针织衫	11	1500					
10	二分店	男式毛衣	20	2000					
11	总店	女士连衣裙	10	968					

图8-35

⬤ **交叉使用**

　　IF函数是根据指定的条件来判断其"真"（TRUE）、"假"（FALSE），从而返回其相对应的内容。用法详见第1章函数4。

　　ISERROR函数用于判断指定数据是否为任何错误值。用法详见4.2小节函数12。

　　SMALL函数用于返回某一数据集中的某个最小值。用法详见6.3小节函数19。

　　ROW函数用于返回引用的行号。该函数与COLUMN函数分别返回给定引用的行号与列标。用法详见8.2小节函数12。

8.2　引用数据函数

函数8 ADDRESS函数

📧 **函数功能**

ADDRESS函数用于按照给定的行号和列标，建立文本类型的单元格地址。

📧 **函数语法**

ADDRESS(row_num,column_num,abs_num,a1,sheet_text)

📧 **参数说明**

- row_num：表示在单元格引用中使用的行号。
- column_num：表示在单元格引用中使用的列标。
- abs_num：表示指定返回的引用类型。当abs_num 为1或省略时，表示绝对引用；当abs_num 为2时表示绝对行号，相对列标；当abs_num 为3时，表示相对行号，绝对列标；当abs_num 为4时，表示相对引用。
- a1：用以指定a1或R1C1引用样式的逻辑值。如果a1为TRUE 或省略，函数返回a1样式的引用；如果a1为FALSE，函数ADDRESS返回R1C1样式的引用。
- sheet_text：为一文本，指定作为外部引用的工作表的名称，如果省略，则不使用任何工作表名。

实例　查找最大销售额所在位置 　　　　Excel 2013/2010/2007/2003 🔥

📖 **案例表述**

　　表格中统计了各个日期对应的销售额，现在要查找出最大销售额所在位置。

案例实现

① 选中E2单元格，在编辑栏中输入公式：

=ADDRESS(MAX(IF(C2:C11=MAX(C2:C11),ROW(2:11))),3)

② 按Ctrl+Shift+Enter组合键，即可返回最大销售额所在的单元格的位置，如图8-36所示。

E2		▼	:	×	✓	fx	{=ADDRESS(MAX(IF(C2:C11=MAX(C2:C11),ROW(2:11))),3)}
	A	B	C	D	E	F	G	H
1	日期	类别	金额		最大销售金额所在位置			
2	2012/1/1	老百年	1300		$C$8			
3	2012/1/3	三星迎驾	1155					
4	2012/1/7	五粮春	1149					
5	2012/1/8	新月亮	192					
6	2012/1/9	新地球	1387					
7	2012/1/14	四国开缘	2358					
8	2012/1/15	新品兰十	3122					
9	2012/1/17	今世缘兰地	2054					
10	2012/1/24	珠江金小麦	2234					
11	2012/1/25	张裕赤霞珠	1100					

图8-36

交叉使用

MAX函数用于返回数据集中的最大数值。用法详见6.3小节函数14。

ROW函数用于返回引用的行号。该函数与COLUMN函数分别返回给定引用的行号与列标。用法详见8.2小节函数12。

函数9 AREAS函数

函数功能

AREAS函数用于返回引用中包含的区域个数。区域表示连续的单元格区域或某个单元格。

函数语法

AREAS(reference)

参数说明

● reference：表示对某个单元格或单元格区域的引用，也可以引用多个区域。如果需要将几个引用指定为一个参数，则必须用括号括起来，以免Excel将逗号作为参数间的分隔符。

实例 查询销售分部数量   Excel 2013/2010/2007/2003

案例表述

表格中有多个销售分部，现在查询销售分部数量。

案例实现

① 选中A10单元格，在编辑栏中输入公式：

=AREAS((A1,C1,E1))

② 按Enter键，即可返回销售分部数量，如图8-37所示。

A10		× ✓ fx	=AREAS((A1,C1,E1))			
	A	B	C	D	E	F
1	销售1部	销售数量	销售2部	销售数量	销售3部	销售数量
2	黄家	615	韩伟	585	陶龙华	390
3	曲飞亚	496	胡佳欣	629	李晓	574
4	江小莉	536	刘辉贤	607	陈少军	602
5	麦子聪	564	邓敏杰	500	李梅	594
6	叶文静	509	仲成	890	刘纪鹏	606
7	李阳	578	李志霄	581	张飞虎	546
8						
9	销售分部数量					
10	3					

图8-37

函数10 COLUMNS函数

函数功能

COLUMN函数用于返回指定单元格引用的序列号。

函数语法

COLUMN([reference])

参数说明

- reference：可选，表示要返回其列号的单元格或单元格区域。如果省略或该参数为一个单元格区域，并且函数是以水平数组公式的形式输入的，则函数将以水平数组的形式返回参数reference的列号。

实例1　在一行中快速输入月份　Excel 2013/2010/2007/2003

案例实现

① 选中A1单元格，在编辑栏中输入公式：

=TEXT(COLUMN(),"0月")

② 按Enter键，选中A1单元格，将光标定位到该单元格右下角，向右复制公式，即可返回如图8-38所示的结果。

图8-38

交叉使用

TEXT函数是将数值转换为按指定数字格式表示的文本。此函数用法详见3.3小节函数34。

实例2 实现隔列求总销售金额   Excel 2013/2010/2007/2003

案例表述

COLUMN函数通常配合其他函数使用，从而达到各类计算目的。例如在进行隔列求和时就使用了COLUMN函数来指定只对特定列进行求和。

案例实现

① 选中H2单格，在编辑栏中输入公式：

`=SUM(IF(MOD(COLUMN($A2:$G2),2)=0,$B2:$G2))`

按Ctrl+Shift+Enter组合键，可统计C2、E2、G2单元格之和，如图8-39所示。

图8-39

② 选中H2单格，向下复制公式可分别计算出其他销售人员2、4、6月销售金额合计值，如图8-40所示。

图8-40

交叉使用

SUM函数用于返回某一单元格区域中所有数字之和。此函数用法详见2.1小节函数3。

IF函数是根据指定的条件来判断其"真"（TRUE）、"假"（FALSE），从而返回其相对应的内容。用法详见第1章函数4。

MOD函数用于求两个数值相除后的余数，其结果的正负号与除数相同。用法详见2.1小节函数2。

函数11 COLUMNS函数

函数功能
COLUMNS函数用于返回数组或引用的列数。

函数语法
COLUMNS(array)

参数说明
- array：表示需要得到其列数的数组或数组公式或对单元格区域的引用。

实例 返回参与考试的科目数量
Excel 2013/2010/2007/2003

案例实现

1 选中B9单元格，在编辑栏中输入公式：

=COLUMNS(C:E)

2 按Enter键，即可返回如图8-41所示的结果。

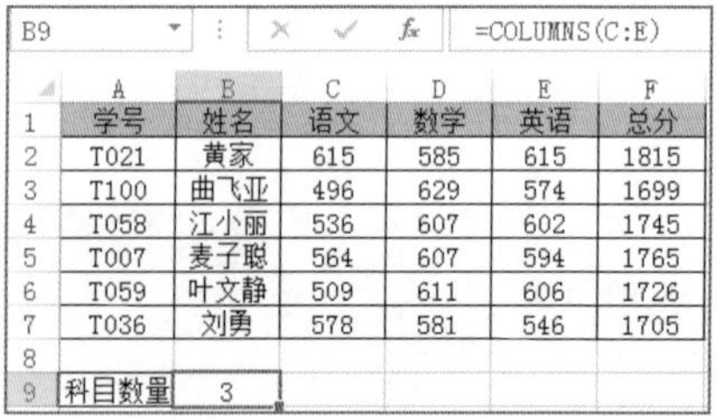

	A	B	C	D	E	F
1	学号	姓名	语文	数学	英语	总分
2	T021	黄家	615	585	615	1815
3	T100	曲飞亚	496	629	574	1699
4	T058	江小丽	536	607	602	1745
5	T007	麦子聪	564	607	594	1765
6	T059	叶文静	509	611	606	1726
7	T036	刘勇	578	581	546	1705
8						
9	科目数量	3				

B9   fx =COLUMNS(C:E)

图8-41

函数12 ROW函数

函数功能
ROW函数用于返回引用的行号。该函数与COLUMN函数分别返回给定引用的行号与列标。

函数语法
ROW (reference)

参数说明
- reference：表示需要得到其行号的单元格或单元格区域。如果省略

reference，则假定是对函数所在单元格的引用。如果reference为一个单元格区域，并且函数作为垂直数组输入，则函数将reference的行号以垂直数组的形式返回。reference不能引用多个区域。

实例1　计算全年销售额合计值

Excel 2013/2010/2007/2003

案例表述

ROW函数通常配合其他函数使用，从而达到各类计算目的。本例中在进行隔行求和时就使用了ROW函数来指定只对特定行进行求和。

案例实现

❶ 选中D6单格，在编辑栏中输入公式：

```
=SUM(IF(MOD(ROW($A1:$B17),4)=0,$B2:$B17))
```

❷ 按Ctrl+Shift+Enter组合键，可统计B5、B9、B13、B17单元格之和，如图8-42所示。

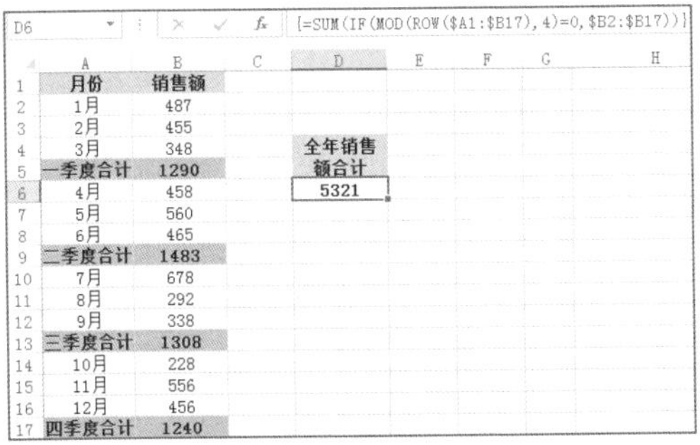
D6　{=SUM(IF(MOD(ROW($A1:$B17),4)=0,$B2:$B17))}

	A	B	C	D
1	月份	销售额		
2	1月	487		
3	2月	455		
4	3月	348		全年销售额合计
5	一季度合计	1290		
6	4月	458		5321
7	5月	560		
8	6月	465		
9	二季度合计	1483		
10	7月	678		
11	8月	292		
12	9月	338		
13	三季度合计	1308		
14	10月	228		
15	11月	556		
16	12月	456		
17	四季度合计	1240		

图8-42

交叉使用

SUM函数用于返回某一单元格区域中所有数字之和。此函数用法详见2.1小节函数3。

MOD函数用于求两个数值相除后的余数，其结果的正负号与除数相同。用法详见2.1小节函数2。

实例2　根据借款期限返回相应的年数序列

Excel 2013/2010/2007/2003

案例表述

在建立工作表时，通常需要通过公式控制某些单元格值的显示。例如，当前工作表中显示了贷款金额、贷款期限等数据，现在要根据贷款期限计算各期偿还金额，需要在工作表中建立“年份”列，进而进行计算。当贷款年限发生变化时，同时希望"年份"列的年限也做相应改变。

▶ 案例实现

1 当前工作表的B2单元格中显示了贷款期限。选中A5单元格，在编辑栏中输入公式：

=IF(ROW()-ROW($A$4)<=$B$2,ROW()-ROW($A$4),"")

按Enter键，向下复制公式（可以根据贷款年限向下多复制一些单元格），可以看到实际显示年份值与B2单元格中指定期数相等，如图8-43所示。

图8-43

2 更改B2单元格的贷款年限，"年份"列则会显示出相应的年份值，如图8-44所示。

图8-44

🔴 **交叉使用**

IF函数是根据指定的条件来判断其"真"（TRUE）、"假"（FALSE），从而返回其相对应的内容。用法详见第1章函数4。

实例3　罗列今日销售的同一产品（不同型号）列表 Excel 2013/2010/2007/2003

▶ 案例表述

表格中按时间统计了今日的销售记录，现在需要罗列出同一类别不同型号产品的列表（如统计VOV这一类别产品）。

▶ 案例实现

1 选中D2单元格，在编辑栏中输入公式：

=T(INDEX(B:B,SMALL(IF(ISERROR(FIND("VOV",B\$2:B\$13)),10^6, ROW(\$2:\$13)),ROW(1:1))))

按Ctrl+Shift+Enter组合键，显示出第一件VOV产品。

2 选中D2单元格，将光标定位到右下角，向下复制公式，可以将所有销售的VOV产品都罗列出来，如图8-45所示。

| D2 | | × ✓ fx | {=T(INDEX(B:B,SMALL(IF(ISERROR(FIND("VOV",B\$2: B\$13)),10^6,ROW(\$2:\$13)),ROW(1:1))))} | | | |

	A	B	C	D	E	F	G
1	销售时间	销售产品		今日销售的VOV产品			
2	8:00:00	VOV绿茶面膜200g		VOV绿茶面膜200g			
3	8:22:00	碧欧泉矿泉爽肤水		VOV樱桃面膜200g			
4	9:22:00	碧欧泉美白防晒霜		VOV草莓面膜200g			
5	10:00:00	VOV樱桃面膜200g					
6	10:15:00	碧欧泉美白面膜2片					
7	10:27:00	水之印美白乳液					
8	11:12:00	水之印美白隔离霜					
9	11:15:00	水之印搭配无瑕粉底					
10	14:45:00	东洋之花滋润护手霜					
11	15:32:00	水之印美白乳液					
12	16:27:00	VOV草莓面膜200g					
13	17:45:00	碧欧泉矿泉爽肤水					

图8-45

交叉使用

IF函数是根据指定的条件来判断其"真"（TRUE）、"假"（FALSE），从而返回其相对应的内容。用法详见第1章函数4。

ISERROR函数用于判断指定数据是否为任何错误值。用法详见4.2小节函数12。

SMALL函数用于返回某一数据集中的某个最小值。用法详见6.3小节函数19。

INDEX函数用于返回表格或区域中的值或值的引用。用法详见8.1小节函数7。

FIND函数用于在第二个文本串中定位第一个文本串，并返回第一个文本串的起始位置的值，该值从第二个文本串的第一个字符算起。用法详见3.2小节函数18。

提 示

本例公式中"10^6"是一个虚数，仅代表一个较大值而已，并非一定要是"10^6"，只要大于数据区域最后一行的行号即可。

函数13 ROWS函数

函数功能

ROWS函数用于返回引用或数组的行数。

◉ 函数语法

ROWS (array)

◉ 参数说明

● array：表示需要得到其行数的数组、数组公式或对单元格区域的引用。

实例　判断值班人员是否重复 Excel 2013/2010/2007/2003

▶ 案例表述

当前表格显示的是员工值班安排表，其中有些员工的值班次数不止一次，现在利用公式可以判断值班人员是否重复。

▶ 案例实现

① 选中C2单元格，在编辑栏中输入公式：

=IF(MATCH(B2,$B$2:$B$9,0)<>ROWS(B$2:B2),"重复","不重复")

按Enter键，得出判断结果。

② 选中C2单元格，将光标定位到右下角，向下复制公式，可以判断值班人员是否重复，如图8-46所示。

C2	▼ : × ✓	fx	=IF(MATCH(B2,$B$2:$B$9,0)<>ROWS(B$2:B2),"重复","不重复")			
▲	A	B	C	D	E	F
1	值班日期	姓名	是否重复值班			
2	2012/1/2	韩伟	不重复			
3	2012/1/3	胡佳欣	不重复			
4	2012/1/15	刘辉贤	不重复			
5	2012/1/16	韩伟	重复			
6	2012/1/22	邓敏杰	不重复			
7	2012/1/23	刘辉贤	重复			
8	2012/5/1-5/2	邓敏杰	重复			
9	2012/5/4-5/7	李平	不重复			

图8-46

 交叉使用

　　IF函数是根据指定的条件来判断其"真"（TRUE）、"假"（FALSE），从而返回其相对应的内容。用法详见第1章函数4。

　　MATCH函数用于返回在指定方式下与指定数值匹配的数组中元素的相应位置。用法详见8.1小节函数6。

函数14 **INDIRECT函数**

◉ 函数功能

INDIRECT函数用于返回由文本字符串指定的引用。此函数立即对引用进行计算，并显示其内容。

 函数语法

INDIRECT(ref_text,a1)

 参数说明

- ref_text：表示对单元格的引用，此单元格可以包含 A1样式的引用、R1C1样式的引用、定义为引用的名称或对文本字符串单元格的引用。如果 ref_text 是对另一个工作簿的引用（外部引用），则那个工作簿必须被打开。

- a1：表示一个逻辑值，指明包含在单元格ref_text中的引用的类型。如果a1为TRUE或省略，ref_text 被解释为A1样式的引用。如果a1为FALSE，ref_text被解释为R1C1样式的引用。

实例 返回由文本字符串指定的引用　　　　　Excel 2013/2010/2007/2003

▶ 案例实现

① 选中C2单元格，在编辑栏中输入公式：

=INDIRECT("A2")

按Enter键，直接返回双引号内的单元格内容，如图8-47所示。

C2	▼ : × ✓ fx	=INDIRECT("A2")		
	A	B	C	D	E
1			公式		
2	B4		B4		
3					
4		姓名			

图8-47

② 选中C2单元格，在编辑栏中输入公式：

=INDIRECT(A2)

按Enter键，返回该引用中的引用指向的单元格，即A2单元格中指定的B4单元格的内容，如图8-48所示。

C2	▼ : × ✓ fx	=INDIRECT(A2)		
	A	B	C	D	E
1			公式		
2	B4		姓名		
3					
4		姓名			

图8-48

函数15 OFFSET函数

函数功能

OFFSET函数以指定的引用为参照系，通过给定偏移量得到新的引用。返回的引用可以为一个单元格或单元格区域，并可以指定返回的行数或列数。

函数语法

OFFSET(reference,rows,cols,height,width)

参数说明

- reference：表示作为偏移量参照系的引用区域。reference 必须为对单元格或相连单元格区域的引用；否则，函数 OFFSET 返回错误值 #VALUE!。
- rows：表示相对于偏移量参照系的左上角单元格，上（下）偏移的行数。如果使用5作为参数rows，则说明目标引用区域的左上角单元格比reference 低5行。行数可为正数（代表在起始引用的下方）或负数（代表在起始引用的上方）。
- cols：表示相对于偏移量参照系的左上角单元格，左（右）偏移的列数。如果使用5作为参数cols，则说明目标引用区域的左上角的单元格比reference靠右5列。列数可为正数（代表在起始引用的右边）或负数（代表在起始引用的左边）。
- height：高度，即所要返回的引用区域的行数。height 必须为正数。
- width：宽度，即所要返回的引用区域的列数。width 必须为正数。

实例1　快速查询学生任意科目成绩 　　Excel 2013/2010/2007/2003

案例表述

本例中统计了学生各科目成绩，现在可以利用一个动态序号来实现各科目成绩的查询，公式的设置需要使用OFFSET函数。

案例实现

❶ 在工作表中建立查询表（也可以在其他工作表中建立），在J1单元格中输入序号"1"，如图8-49所示。

❷ 选中J3单元格，在编辑栏中输入公式：

`=OFFSET(B1,0,$J$1)`

按Enter键即可根据J1单元格中的值确定偏移量，以B1为参照，向下偏移0行，向右偏移1列，因此返回标识项"语标"，如图8-50所示。

	A	B	C	D	E	F	G	H	I	J
1	学号	姓名	语标	数标	英标	总分		成绩查询		1
2	T021	黄家	615	585	615	1815				
3	T100	曲飞亚	496	629	574	1699		学号	姓名	
4	T058	江小丽	536	607	602	1745		T021	黄家	
5	T007	麦子聪	564	607	594	1765		T100	曲飞亚	
6	T059	叶文静	509	611	606	1726		T058	江小丽	
7	T036	刘勇	578	581	546	1705		T007	麦子聪	
8	T031	张东	550	594	627	1771		T059	叶文静	
9	T033	李阳	523	573	554	1650		T036	刘勇	
10	T060	刘丽芳	496	603	610	1709		T031	张东	
11								T033	李阳	
12								T060	刘丽芳	

图8-49

J3 =OFFSET(B1,0,$J$1)

	A	B	C	D	E	F	G	H	I	J
1	学号	姓名	语标	数标	英标	总分		成绩查询		1
2	T021	黄家	615	585	615	1815				
3	T100	曲飞亚	496	629	574	1699		学号	姓名	语标
4	T058	江小丽	536	607	602	1745		T021	黄家	
5	T007	麦子聪	564	607	594	1765		T100	曲飞亚	
6	T059	叶文静	509	611	606	1726		T058	江小丽	
7	T036	刘勇	578	581	546	1705		T007	麦子聪	
8	T031	张东	550	594	627	1771		T059	叶文静	
9	T033	李阳	523	573	554	1650		T036	刘勇	
10	T060	刘丽芳	496	603	610	1709		T031	张东	
11								T033	李阳	
12								T060	刘丽芳	

图8-50

❸ 选中J3单元格，向下复制公式，即可根据J1单元格中的数值来确定偏移量，返回各学生的成绩。如图8-51所示选中了J7单元格，读者可比较一下公式。

J7 =OFFSET(B5,0,$J$1)

	A	B	C	D	E	F	G	H	I	J
1	学号	姓名	语标	数标	英标	总分		成绩查询		1
2	T021	黄家	615	585	615	1815				
3	T100	曲飞亚	496	629	574	1699		学号	姓名	语标
4	T058	江小丽	536	607	602	1745		T021	黄家	615
5	T007	麦子聪	564	607	594	1765		T100	曲飞亚	496
6	T059	叶文静	509	611	606	1726		T058	江小丽	536
7	T036	刘勇	578	581	546	1705		T007	麦子聪	564
8	T031	张东	550	594	627	1771		T059	叶文静	509
9	T033	李阳	523	573	554	1650		T036	刘勇	578
10	T060	刘丽芳	496	603	610	1709		T031	张东	550
11								T033	李阳	523
12								T060	刘丽芳	496

图8-51

❹ 完成公式的设置之后，当J1单元格中变量更改时，J3:J12单元格的值也会做相应改变（因为指定的偏移量改变了），从而实现动态查询。例如在J1单元格中输入“3”，其返回值如图8-52所示。

	A	B	C	D	E	F	G	H	I	J
1	学号	姓名	语标	数标	英标	总分		成绩查询		3
2	T021	黄家	615	585	615	1815				
3	T100	曲飞亚	496	629	574	1699		学号	姓名	英标
4	T058	江小丽	536	607	602	1745		T021	黄家	615
5	T007	麦子聪	564	607	594	1765		T100	曲飞亚	574
6	T059	叶文静	509	611	606	1726		T058	江小丽	602
7	T036	刘勇	578	581	546	1705		T007	麦子聪	594
8	T031	张东	550	594	627	1771		T059	叶文静	606
9	T033	李阳	523	573	554	1650		T036	刘勇	546
10	T060	刘丽芳	496	603	610	1709		T031	张东	627
11								T033	李阳	554
12								T060	刘丽芳	610

图8-52

▶ 案例表述

　　表格中按日统计了产品的出库量，使用OFFSET函数配合ROW函数可以实现对每日出库量累计求和。

▶ 案例实现

　　❶ 选中C2单元格，在编辑栏中输入公式：

　　=SUM(OFFSET($B$2,0,0,ROW()−1))

　　按Enter键，得出第一项累计计算结果，即B2单元格的值。

　　❷ 选中C2单元格，将光标定位到右下角，向下复制公式，可以求出每日的累计出库量，如图8−53所示。

C2	▼	:	×	✓	*fx*	=SUM(OFFSET($B$2,0,0,ROW()−1))		
▲	A	B	C	D	E	F	G
1	日期	出库数量	累计求和				
2	2012/1/1	234	234				
3	2012/1/2	122	356				
4	2012/1/3	32	388				
5	2012/1/4	200	588				
6	2012/1/5	125	713				
7	2012/1/6	132	845				
8	2012/1/7	95	940				
9	2012/1/8	200	1140				
10	2012/1/9	45	1185				
11	2012/1/10	120	1305				

图8−53

交叉使用

　　SUM函数用于返回某一单元格区域中所有数字之和。此函数用法详见2.1小节函数3。

　　ROW函数用于返回引用的行号。该函数与COLUMN函数分别返回给定引用的行号与列标。该函数用法详见8.2小节函数12。

▶ 案例表述

　　表格中按月份统计了产品的入库数量与出库数量，现在需要查询指定月份、指定项目的合计值，可以按如下方法来设置公式。

▶ 案例实现

　　❶ 在E2:G2单元格区域中设置查询的条件。

　　❷ 选中E5单元格，在编辑栏中输入公式：

　　=SUM(OFFSET(A1,E2,MATCH(G2&"数量",B1:C1,0),F2−E2+1))

按Enter键，得出4~6月份入库数量合计值，如图8-54所示。

| E5 | | | | fx | =SUM(OFFSET(A1,E2,MATCH(G2&"数量",B1:C1,0),F2-E2+1)) | | | | |

	A	B	C	D	E	F	G	H	I
1	月份	入库数量	出库数量		查询起始月	查询终止月	查询项目		
2	2012年1月	500	234		4	6	入库		
3	2012年2月	325	222						
4	2012年3月	123	32		合计值				
5	2012年4月	125	120		468				
6	2012年5月	143	125						
7	2012年6月	200	132						
8	2012年7月	150	95						
9	2012年8月	200	200						
10	2012年9月	55	45						
11	2012年10月	200	120						
12	2012年11月	453	450						
13	2012年12月	220	200						

图8-54

❸ 当需要查询其他月份其他项目的合计值时，只需要更改查询条件即可，如图8-55所示查询的是7~9月份出库数量合计值。

	A	B	C	D	E	F	G
1	月份	入库数量	出库数量		查询起始月	查询终止月	查询项目
2	2012年1月	500	234		7	9	出库
3	2012年2月	325	222				
4	2012年3月	123	32		合计值		
5	2012年4月	125	120		340		
6	2012年5月	143	125				
7	2012年6月	200	132				
8	2012年7月	150	95				
9	2012年8月	200	200				
10	2012年9月	55	45				
11	2012年10月	200	120				
12	2012年11月	453	450				
13	2012年12月	220	200				

图8-55

 交叉使用

SUM函数用于返回某一单元格区域中所有数字之和。此函数用法详见2.1小节函数3。

MATCH函数用于返回在指定方式下与指定数值匹配的数组中元素的相应位置。用法详见8.1小节函数6。

函数16 TRANSPOSE函数

▣ 函数功能

TRANSPOSE函数用于返回转置单元格区域，即将一行单元格区域转置成一列单元格区域，反之亦然。在行列数分别与数组行列数相同的区域中，必须将TRANSPOSE 输入为数组公式。使用 TRANSPOSE 可在工作表中转置数组的垂直和水平方向。

▣ 函数语法

TRANSPOSE(array)

参数说明

- array：表示需要进行转置的数组或工作表中的单元格区域。所谓数组的转置，就是将数组的第一行作为新数组的第一列，数组的第二行作为新数组的第二列，依此类推。

实例　将表格中的行列标识项相互转置　Excel 2013/2010/2007/2003

案例表述

若要将表格中的行列标识项相互转置，可以使用TRANSPOSE函数来实现。

案例实现

❶ 选中A6:D6单元格区域，在编辑栏中输入公式：

=TRANSPOSE(A1:A4)

按Ctrl+Shift+Enter组合键，即可将原行标识项转置为列标识项，如图8-56所示。

图8-56

❷ 选中A7:A9单元格区域，在公式编辑栏中输入公式：

=TRANSPOSE(B1:D1)

按Ctrl+Shift+Enter组合键，即可将原列标识项转置为行标识项，如图8-57所示。

图8-57

3 选中B7:D9单元格区域，在公式编辑栏中输入公式：

=TRANSPOSE(B2:D4)

按Ctrl+Shift+Enter组合键，即可将各表格中数据转置为如图8-58所示的效果。

	A	B	C	D	E
	B7	▼	× ✓ fx	{=TRANSPOSE(B2:D4)}	
1	品名	含毛量90%	含毛量80%	含毛量70%	
2	男士毛衣	539	432	358	
3	女式毛衣	528	416	322	
4	儿童毛衣	298	218	155	
5					
6	品名	男士毛衣	女式毛衣	儿童毛衣	
7	含毛量90%	539	528	298	
8	含毛量80%	432	416	218	
9	含毛量70%	358	322	155	

图8-58

函数17 HYPERLINK函数

函数功能

HYPERLINK函数是创建一个快捷方式（跳转），用以打开存储在网络服务器、Intranet或Internet中的文件。当单击函数HYPERLINK所在的单元格时，Excel将打开存储在link_location中的文件。

函数语法

HYPERLINK(link_location,friendly_name)

参数说明

- link_location：表示文档的路径和文件名，此文档可以作为文本打开。
- friendly_name：表示单元格中显示的跳转文本值或数字值，单元格的内容为蓝色并带有下划线。如果省略friendly_name，单元格将link_location显示为跳转文本。

实例　创建客户的E-mail电子邮件链接地址  Excel 2013/2010/2007/2003

案例表述

在企业客户信息管理表格中，创建客户的E-mail电子邮件链接地址。

案例实现

1 选中D3单元格，在公式编辑栏中输入公式：

=HYPERLINK("mailto:zhangdm@guohua.com?subject=Hello","发送E-Mail")

❷ 按Enter键即可为“国华集团”项目经理创建“发送E-Mail”超链接，如图8-59所示。

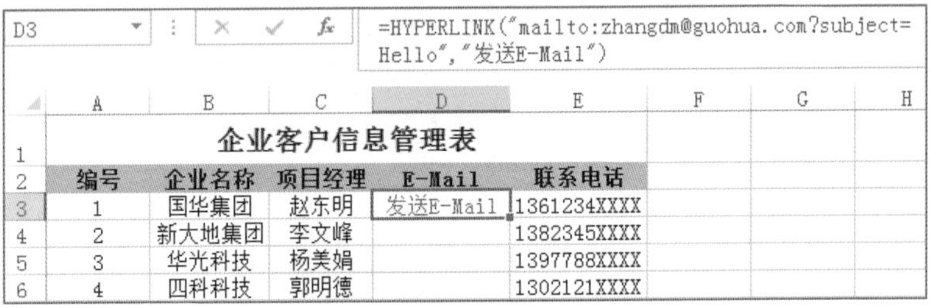

D3 =HYPERLINK("mailto:zhangdm@guohua.com?subject=Hello","发送E-Mail")

	A	B	C	D	E	F	G	H
1	企业客户信息管理表							
2	编号	企业名称	项目经理	E-Mail	联系电话			
3	1	国华集团	赵东明	发送E-Mail	1361234XXXX			
4	2	新大地集团	李文峰		1382345XXXX			
5	3	华光科技	杨美娟		1397788XXXX			
6	4	四科科技	郭明德		1302121XXXX			

图8-59

函数18 RTD函数

函数功能

RTD函数用于从支持COM自动化（COM加载项是通过添加自定义命令和指定的功能来扩展Microsoft Office程序的功能的补充程序，可在一个或多个Office程序中运行，使用文件扩展名.dll或.exe）的程序中检索实时数据。

函数语法

RTD(ProgID,server,topic1,[topic2],...)

参数说明

- progID：已安装在本地计算机上、经过注册的COM自动化加载宏的ProgID名称，该名称用引号引起来。
- server：运行加载宏的服务器的名称。如果没有服务器，程序是在本地计算机上运行，那么该参数为空白。否则，用引号（""）将服务器的名称引起来。如果在Visual Basic for Applications（VBA，Microsoft Visual Basic的宏语言版本，用于编写基于Microsoft Windows的应用程序，内置于多个Microsoft 程序中）中使用RTD，则必须用双重引号将服务器名称引起来，或对其赋予VBA NullString属性，即使该服务器在本地计算机上运行同样如此。
- topic1,topic2,...：为1~253个参数，这些参数放在一起代表一个唯一的实时数据。

函数19 FORMULATEXE函数

函数功能

FORMULATEXE函数用于以文本形式返回给定引用处的公式（以字符串的形式返回公式）。

函数语法

FORMULATEXT(reference)

参数说明

● reference：表示对单元格或单元格区域的引用。该参数可以表示另一个工作表或工作薄，当参数表示另一个未打开的工作薄时，函数返回错误值#N/A。

实例　返回当天日期

Excel 2013

▷ 案例表述

查看当日日期。

▷ 案例实现

1 选中C1单元格，在公式编辑栏中输入公式：

=FORMULATEXT(A1)

2 按Enter键即可以字符串的形式返回A1单元格中的公式，如图8-60所示。

图8-60

函数20 GETPIVOTDATA函数

函数功能

GETPIVOTDATA函数用于返回存储在数据透视表中的数据。如果汇总数据在数据透视表中可见，可以使用GETPIVOTDATA函数从数据透视表中检索汇总数据。

⊠ 函数语法

GETPIVOTDATA(data_field, pivot_table, [field1, item1, field2, item2], ...)

⊠ 参数说明

- data_field：表示要检索的数据的数据字段的名称，用引号引起来。
- pivot_table：表示数据透视表中的任何单元格、单元格区域或命名区域的引用。此信息用于确定包含要检索的数据的数据透视表。
- field1、item1、field2、item2：描述要检索的数据的1~126个字段名称对和项目名称对。这些对可按任何顺序排列。字段名称和项目名称要用引号括起来。对于OLAP 数据透视表，项目可以包含维度的源名称，也可以包含项目的源名称。OLAP 数据透视表的字段和项目对可能类似于："[产品]"、"[产品].[所有产品].[食品].[烤制食品]"。

第 9 章

数据库和
列表函数

本章中部分素材文件在光盘中对应的章节下。

9.1 常规统计

函数1 DSUM函数

🔲 函数功能

DSUM函数用于返回列表或数据库中满足指定条件的记录字段（列）中的数字之和。

🔲 函数语法

DSUM(database, field, criteria)

🔲 参数说明

- database：表示构成列表或数据库的单元格区域。数据库是包含一组相关数据的列表，其中包含相关信息的行为记录，而包含数据的列为字段。列表的第一行包含每一列的标签。
- field：表示指定函数所使用的列。输入两端带双引号的列标签，如"使用年数"或"产量"；或是代表列在列表中的位置的数字（不带引号）：1表示第一列，2表示第二列，依此类推。
- criteria：表示包含指定条件的单元格区域。可以为参数criteria指定任意区域，只要此区域包含至少一个列标签，并且列标签下方包含至少一个指定列条件的单元格。

实例1 统计特定产品的总销售数量

Excel 2013/2010/2007/2003

▶ 案例表述

在销售统计数据库中，若要统计特定产品的总销售数量，可以使用DSUM函数来实现。

▶ 案例实现

① 在C14:C15单元格区域中设置条件，其中包括列标识，产品名称为"纽曼MP4"。

② 选中D15单元格，在公式编辑栏中输入公式：

```
=DSUM(A1:F12,4,C14:C15)
```

按Enter键即可在销售报表中统计出产品名称为"纽曼MP4"的总销售数量，如图9-1所示。

图9-1

实例2 统计同时满足两个条件的产品销售数量 Excel 2013/2010/2007/2003

案例表述

要使用DSUM函数实现双条件查询，关键在于条件的设置。要统计出产品名称为"纽曼MP4"并且销售金额大于8000元的总销售数量，其操作如下。

案例实现

① 在B14:C15单元格区域中设置条件，其中要包括列标识，产品名称为"纽曼MP4"、销售金额大于8000元。

② 选中D15单元格，在公式编辑栏中输入公式：

=DSUM(A1:F12,4,B14:C15)

按Enter键即可在销售报表中统计出产品名称为"纽曼MP4"且销售金额大于8000元的总销售数量，如图9-2所示。

图9-2

实例3 统计去除某一位或多位销售员之外的销售数量

Excel 2013/2010/2007/2003

▶ 案例表述

要实现统计出去除某一位或多位销售员之外的销售数量，关键仍然在于条件的设置。

▶ 案例实现

① 在E3:G4单元格区域中设置条件。分别在F4、G4单元格中设置条件为"<>刘勇、<>马梅"，表示不统计这两位销售员的销售数量。

② 选中E6单元格，在公式编辑栏中输入公式：

=DSUM(A1:C12,2,E3:G4)

按Enter键即可计算出去除"刘勇"和"马梅"两位销售员的所有销售数量之和，如图9-3所示。

图9-3

实例4 使用通配符实现利润求和统计

Excel 2013/2010/2007/2003

▶ 案例表述

在DSUM函数中可以使用通配符来设置函数参数。使用通配符来设置函数参数，关键在于条件的设置。

▶ 案例实现

① 在A9:A10单元格区域中设置条件，使用通配符，即地区以"西部"结尾，如图9-4所示。

② 选中B10单元格，在编辑栏中输入公式：

=DSUM(A1:B7,2,A9:A10)

按Enter键，即可统计出"西部"地区利润总和，如图9-4所示。

③ 在A12:A13单元格区域中设置条件，使用通配符，即地区不以"新售点"结尾，如图9-5所示。

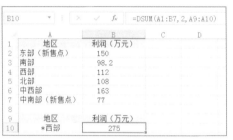

图9-4

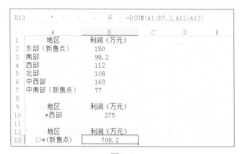

图9-5

4 选中B13单元格，在编辑栏中输入公式：

=DSUM(A1:B7,2,A12:A13)

按Enter键，即可统计新售点除外的其他地区利润总和，如图9-5所示。

实例5　避免DSUM函数的模糊匹配　　　　　Excel 2013/2010/2007/2003 ●

▶ 案例表述

所谓DSUM函数的模糊匹配（默认情况），在判断条件并进行计算时，如果查找区域中以条件单元格中的字符开头的，都将被列入计算范围。例如，如图9-6所示，设置条件为"产品编号"为B，那么统计总金额时，可以看到B列中所有产品编号以B开头的产品都被作为计算对象，而我们只想统计出"B"这一编号产品的总销售金额，此时需要按如下方法来设置公式。

1 出现这种统计错误是因为数据库函数是按模糊匹配的，设置的条件B表示以B开头的字段，因此编号B和以B开头的字段都被计算进来。此时需要完整匹配字符串。选中E9单元格（如图9-6所示），设置公式为：

="=B"

2 选中F9单元格，在公式编辑栏中输入公式：

=DSUM(A1:C10,3,E8:E9)

按Enter键得到正确的计算结果，如图9-7所示。

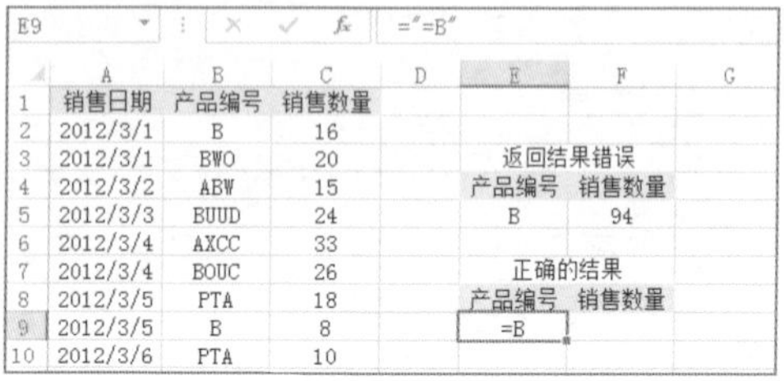

E9 ="=B"

	A	B	C	D	E	F
1	销售日期	产品编号	销售数量			
2	2012/3/1	B	16			
3	2012/3/1	BWO	20		返回结果错误	
4	2012/3/2	ABW	15		产品编号	销售数量
5	2012/3/3	BUUD	24		B	94
6	2012/3/4	AXCC	33			
7	2012/3/4	BOUC	26		正确的结果	
8	2012/3/5	PTA	18		产品编号	销售数量
9	2012/3/5	B	8		=B	
10	2012/3/6	PTA	10			

图9-6

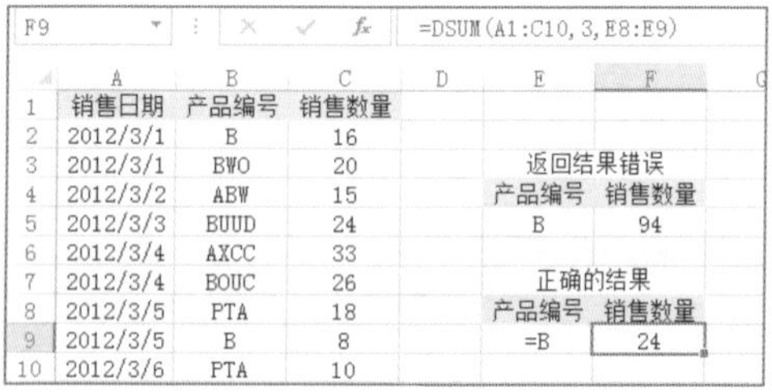

F9 =DSUM(A1:C10,3,E8:E9)

	A	B	C	D	E	F
1	销售日期	产品编号	销售数量			
2	2012/3/1	B	16			
3	2012/3/1	BWO	20		返回结果错误	
4	2012/3/2	ABW	15		产品编号	销售数量
5	2012/3/3	BUUD	24		B	94
6	2012/3/4	AXCC	33			
7	2012/3/4	BOUC	26		正确的结果	
8	2012/3/5	PTA	18		产品编号	销售数量
9	2012/3/5	B	8		=B	24
10	2012/3/6	PTA	10			

图9-7

函数2 DAVERAGE函数

函数功能

DAVERAGE函数是对列表或数据库中满足指定条件的记录字段（列）中的数值求平均值。

函数语法

DAVERAGE(database, field, criteria)

参数说明

- database：表示构成列表或数据库的单元格区域。数据库是包含一组相关数据的列表，其中包含相关信息的行为记录，包含数据的列为字段。列表的第一行包含着每一列的标志。
- field：表示指定函数所使用的列。输入两端带双引号的列标签，如“使用年数”或“产量”；或是代表列表中列位置的数字（没有引号）：1表示第一列，2 表示第二列，依此类推。
- criteria：表示包含所指定条件的单元格区域。可以为参数 criteria 指定任意区域，只要此区域包含至少一个列标签，并且列标签下方包含至少一个指定列条件的单元格。

实例1　统计指定班级平均分

Excel 2013/2010/2007/2003

案例表述

表格中统计了各班学生各科目考试成绩（为方便显示，只列举部分记录），现在要统计某一特定班级的平均分，可以使用DAVERAGE函数来实现。

案例实现

❶ 在A11:A12单元格区域中设置条件，其中包括列标识，班级名称为“1001”。

❷ 选中B12单元格，在公式编辑栏中输入公式：

```
=DAVERAGE(A1:E9,5,A11:A12)
```

按Enter键即可统计出班级为“1001”的英语平均分，如图9-8所示。

B12　=DAVERAGE(A1:E9,5,A11:A12)

	A	B	C	D	E	F
1	班级	姓名	语文	数学	英语	
2	1001	郑玉秋	608	590	620	
3	1002	黄雅莉	568	573	605	
4	1001	江静蕾	625	594	468	
5	1002	叶莉	632	608	604	
6	1002	宋彩玲	591	598	617	
7	1001	张嘉文	627	609	597	
8	1002	李谷	594	628	468	
9	1001	陈琳	480	597	558	
10						
11	班级	平均分（英语）				
12	1001	560.75				

图9-8

实例2　计算指定销售日期之前或之后的平均销售金额

Excel 2013/2010/2007/2003

案例表述

要计算出指定销售日期之前或之后平均销售金额，可以使用DAVERAGE函数来实现，关键还是在于条件的设置。

案例实现

❶ 在C14:C15单元格区域中设置条件，销售日期“>=2012-3-3”。

❷ 选中D15单元格，在公式编辑栏中输入公式：

```
=DAVERAGE(A1:F12,5,C14:C15)
```

按Enter键即可统计出销售日期大于等于2012-3-3的平均销售金额，如图9-9所示。

D15 =DAVERAGE(A1:F12,5,C14:C15)

	A	B	C	D	E	F	G
1	销售日期	产品名称	销售单价	销售数量	销售金额	销售员	
2	2012/3/1	纽曼MP4	320	16	5120	刘勇	
3	2012/3/1	飞利浦音箱	350	20	7000	马梅	
4	2012/3/2	三星显示器	1040	15	15600	吴小豪	
5	2012/3/3	飞利浦音箱	345	21	7245	唐虎	
6	2012/3/4	纽曼MP4	325	32	10400	马梅	
7	2012/3/3	三星显示器	1030	24	24720	吴小豪	
8	2012/3/4	纽曼MP4	330	33	10890	刘勇	
9	2012/3/4	飞利浦音箱	370	26	9620	吴小豪	
10	2012/3/5	纽曼MP4	335	18	6030	马梅	
11	2012/3/5	三星显示器	1045	8	8360	吴小豪	
12	2012/3/6	飞利浦音箱	350	10	3500	唐虎	
13							
14			销售日期	平均销售金额			
15			>=2012/3/3	10095.625			

图9-9

实例3 使用通配符实现利润求平均值统计 Excel 2013/2010/2007/2003

案例表述

在DAVERAGE函数中可以使用通配符来设置函数参数。本例中想统计出所有新售点的平均利润，其操作如下。

案例实现

❶ 在A9:A10单元格区域中设置条件，使用通配符，即地区以“新售点”结尾，如图9-10所示。

❷ 选中B10单元格，在编辑栏中输入公式：

```
=DAVERAGE(A1:B7,2,A9:A10)
```

按Enter键，即可统计出“新售点”的平均利润，如图9-10所示。

B10 =DAVERAGE(A1:B7,2,A9:A10)

	A	B	C	D
1	地区	利润（万元）		
2	东部（新售点）	150		
3	南部	98.2		
4	西部	112		
5	北部	108		
6	中西部	163		
7	中南部（新售点）	77		
8				
9	地区	利润（万元）		
10	<>*(新售点)	118		

图9-10

实例4 实现对各班平均成绩查询 Excel 2013/2010/2007/2003

案例表述

表格中统计了各班学生各科目考试成绩（为方便显示，只列举部分记录），现在要统计某一特定班级各个科目的平均分，从而实现查询指定班级各科目平均分。

▶ 案例实现

1 首先设置条件，如在A10:A11单元格中设置条件并建立求解标识，如图9-11所示。

2 选中B11单元格，在编辑栏中输入公式：

=DAVERAGE($A$1:$F$8,COLUMN(C1),$A$10:$A$11)

按Enter键即可统计出班级为1的语文科目平均分。

3 选中B11单元格，向右复制公式，可以得到班级为1的各个科目的平均分，如图9-11所示。

	A	B	C	D	E	F
			fx	=DAVERAGE($A$1:$F$8,COLUMN(C1),$A$10:$A$11)		
1	班级	姓名	语文	数学	英语	总分
2	1	宋艳林	615	585	615	1815
3	2	郑云	494	629	574	1697
4	1	黄雅莉	536	607	602	1745
5	2	曲飞亚	564	602	594	1760
6	1	江小丽	509	611	606	1726
7	1	麦子聪	550	594	627	1771
8	2	叶文静	523	576	554	1653
9						
10	班级	平均分（语文）	平均分（数学）	平均分（英语）	平均分（总分）	
11	1	552.5	599.25	612.5	1764.25	

图9-11

4 要想查询其他班级各科目平均分，可以直接在A11单元格中修改查询条件即可，如图9-12所示。

	A	B	C	D	E	F
A11			fx	2		
1	班级	姓名	语文	数学	英语	总分
2	1	宋艳林	615	585	615	1815
3	2	郑云	494	629	574	1697
4	1	黄雅莉	536	607	602	1745
5	2	曲飞亚	564	602	594	1760
6	1	江小丽	509	611	606	1726
7	1	麦子聪	550	594	627	1771
8	2	叶文静	523	576	554	1653
9						
10	班级	平均分（语文）	平均分（数学）	平均分（英语）	平均分（总分）	
11	2	527	602	574	1703	

图9-12

提 示

要想返回某一班级各个科目的平均分，其查询条件不改变，需要改变的只是field参数，即指定对哪一列进行求平均值。本例中为了方便对公式的复制，可以使用COLUMN(C1)公式来返回这一列数。

函数3 DCOUNT函数

📖 函数功能

DCOUNT函数用于返回列表或数据库中满足指定条件的记录字段（列）中

包含数字的单元格的个数。

函数语法

DCOUNT(database, field, criteria)

参数说明

- database：表示构成列表或数据库的单元格区域。数据库是包含一组相关数据的列表，其中包含相关信息的行为记录，包含数据的列为字段。列表的第一行包含每一列的标签。
- field：表示指定函数所使用的列。输入两端带双引号的列标签，如"使用年数"或"产量"；或是代表列在列表中的位置的数字（不带引号）：1 表示第一列，2 表示第二列，依此类推。
- criteria：表示包含所指定条件的单元格区域。可以为参数 criteria 指定任意区域，只要此区域包含至少一个列标签，并且列标签下方包含至少一个指定列条件的单元格。

实例1　统计满足条件的记录条数　　　Excel 2013/2010/2007/2003

案例表述

在销售统计数据库中，若要统计出销售数量大于20件的记录条数，可以使用DCOUNT函数来实现。

案例实现

① 在C14:C15单元格区域中设置条件，其中包括列标识和销售数量">20"。

② 选中D15单元格，在公式编辑栏中输入公式：

=DCOUNT(A1:F12,4,C14:C15)

按Enter键即可统计出销售数量大于20的记录条数，如图9-13所示。

图9-13

实例2 统计同时满足两个条件的销售记录条数 Excel 2013/2010/2007/2003

案例表述

要统计出产品销售数量大于等于20件且销售员为指定名称的记录条数，可以使用DCOUNT函数操作。

案例实现

❶ 在C14:D15单元格区域中设置条件，销售数量为“>=20”、销售员为“马梅”。

❷ 选中E15单元格，在公式编辑栏中输入公式：

```
=DCOUNT(A1:F12,4,C14:D15)
```

按Enter键即可统计出销售数量大于等于20且销售员为“马梅”的记录条数，如图9-14所示。

E15 =DCOUNT(A1:F12,4,C14:D15)

	A	B	C	D	E	F
1	销售日期	产品名称	销售单价	销售数量	销售金额	销售员
2	2012/3/1	纽曼MP4	320	16	5120	刘勇
3	2012/3/1	飞利浦音箱	350	20	7000	马梅
4	2012/3/2	三星显示器	1040	15	15600	吴小豪
5	2012/3/3	飞利浦音箱	345	21	7245	唐虎
6	2012/3/4	纽曼MP4	325	32	10400	马梅
7	2012/3/3	三星显示器	1030	24	24720	吴小豪
8	2012/3/4	纽曼MP4	330	33	10890	刘勇
9	2012/3/4	飞利浦音箱	370	26	9620	吴小豪
10	2012/3/5	纽曼MP4	335	18	6030	马梅
11	2012/3/5	三星显示器	1045	8	8360	吴小豪
12	2012/3/6	飞利浦音箱	350	10	3500	唐虎
13						
14			销售数量	销售员	记录条数	
15			>=20	马梅	2	

图9-14

实例3 从成绩表中统计出某一分数区间的人数 Excel 2013/2010/2007/2003

案例表述

要从成绩表中统计出某一分数区间的人数，可以设置该分数区间为条件，然后使用DCOUNT函数来实现。

案例实现

❶ 在D5:E6单元格区域中设置条件，包括列标识“成绩”，成绩区间为“>400”、“<500”。

❷ 选中E9单元格，在公式编辑栏中输入公式：

```
=DCOUNT(A1:B12,2,D5:E6)
```

按Enter键即可从成绩表中统计出400~500分之间的学生人数，如图9-15所示。

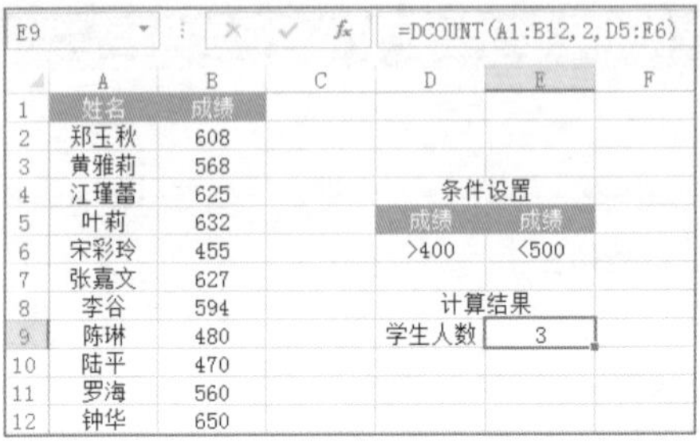

E9 =DCOUNT(A1:B12,2,D5:E6)

	A	B	C	D	E	F
1	姓名	成绩				
2	郑玉秋	608				
3	黄雅莉	568				
4	江瑾蕾	625		条件设置		
5	叶莉	632		成绩	成绩	
6	宋彩玲	455		>400	<500	
7	张嘉文	627				
8	李谷	594		计算结果		
9	陈琳	480		学生人数	3	
10	陆平	470				
11	罗海	560				
12	钟华	650				

图9-15

实例4 统计成绩小于60分（忽略0值）的人数 Excel 2013/2010/2007/2003

案例表述

要实现忽略0值统计记录条数，关键仍在于条件的设置。若想统计出成绩小于60分且忽略0值，其操作方法如下。

案例实现

1 首先设置条件，本例在D5:E6单元格区域中设置条件，包含列标识“成绩”，成绩为“<60”、“<>0”，如图9-16所示。

2 选中D9单元格，在编辑栏中输入公式：

```
=DCOUNT(A1:B12,2,D5:E6)
```

按Enter键即可从成绩表中统计出成绩小于60且不为0值的人数，如图9-16所示。

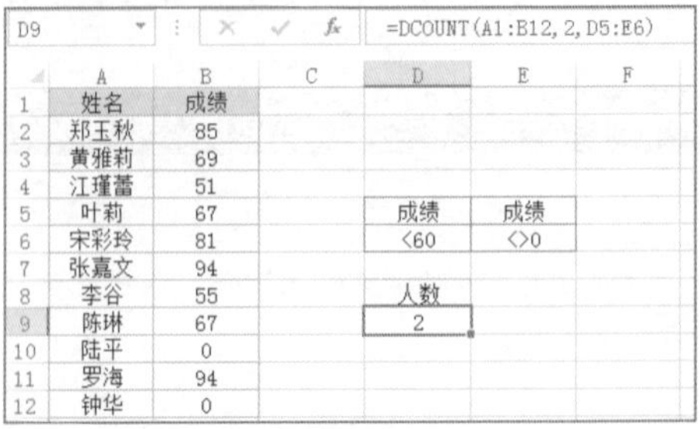

D9 =DCOUNT(A1:B12,2,D5:E6)

	A	B	C	D	E	F
1	姓名	成绩				
2	郑玉秋	85				
3	黄雅莉	69				
4	江瑾蕾	51				
5	叶莉	67		成绩	成绩	
6	宋彩玲	81		<60	<>0	
7	张嘉文	94				
8	李谷	55		人数		
9	陈琳	67		2		
10	陆平	0				
11	罗海	94				
12	钟华	0				

图9-16

函数4 DCOUNTA函数

函数功能

DCOUNTA函数用于返回列表或数据库中满足指定条件的记录字段（列）中

的非空单元格的个数。

 函数语法

DCOUNTA(database, field, criteria)

 参数说明

- database：表示构成列表或数据库的单元格区域。数据库是包含一组相关数据的列表，其中包含相关信息的行为记录，而包含数据的列为字段。列表的第一行包含每一列的标签。
- field：表示指定函数所使用的列。输入两端带双引号的列标签，如"使用年数"或"产量"；或是代表列在列表中的位置的数字（不带引号）：1表示第一列，2表示第二列，依此类推。
- criteria：表示包含所指定条件的单元格区域。可以为参数 criteria 指定任意区域，只要此区域包含至少一个列标签，并且列标签下方包含至少一个指定列条件的单元格。

实例1 统计满足指定条件的且为"文本"类型的记录条数

Excel 2013/2010/2007/2003

▶ 案例表述

在销售统计数据库中，若要统计出销售等级为"优"的销售人员，可以使用DCOUNTA函数来实现。

▶ 案例实现

① 在A14:A15单元格区域中设置条件，销售等级为"优"。

② 选中B15单元格，在公式编辑栏中输入公式：

=DCOUNTA(A1:C12,3,A14:A15)

按Enter键即可从销售报表中统计出销售等级为"优"的销售员人数，如图9-17所示。

	A	B	C	D	E	F	G
1	销售员	销售金额	销售等级				
2	刘勇	9568	优				
3	马梅	8642	优				
4	吴小豪	6780	良				
5	唐虎	9651	优				
6	姜和	10354	优				
7	钟华	6687	良				
8	周祥	5698	差				
9	徐蕾	4891	差				
10	程楠	9354	优				
11	刘晓军	4756	差				
12	邓森	5967	差				
13							
14	销售等级	销售员人数					
15	优	5					

B15 ▾ fx =DCOUNTA(A1:C12,3,A14:A15)

图9-17

实例2 统计出未参加考试人数 Excel 2013/2010/2007/2003

▶ 案例表述

在考试成绩统计数据库中，未参加考试的考生显示"缺席"字样，此时可以使用DCOUNTA函数统计出未参加考试人数。

▶ 案例实现

❶ 在D5:D6单元格区域中设置条件，成绩为"缺席"。

❷ 选中E9单元格，在公式编辑栏中输入公式：

=DCOUNTA(A1:B12,2,D5:D6)

按Enter键即可统计出未参加考试人数，如图9-18所示。

E9	▼	:	×	✓	fx	=DCOUNTA(A1:B12, 2, D5:D6)	
▲	A	B	C	D	E	F	
1	姓名	成绩					
2	郑玉秋	608					
3	黄雅莉	568					
4	江瑾蕾	缺席		条件设置			
5	叶莉	632		成绩			
6	宋彩玲	455		缺席			
7	张嘉文	627					
8	李谷	594		计算结果			
9	陈琳	缺席		缺席人数	3		
10	陆平	470					
11	罗海	缺席					
12	钟华	650					

图9-18

实例3 统计指定日期能按时交纳首付款的项目个数 Excel 2013/2010/2007/2003

▶ 案例表述

使用DCOUNTA函数也可以实现双条件统计，如要统计项目开工日期大于2010-10-1且能按时预付首付款的项目个数，其操作如下。

▶ 案例实现

❶ 在B14:C15单元格区域中设置条件，项目开工日期为">2012-10-1"、是否按时交款为"按时"。

❷ 选中D15单元格，在公式编辑栏中输入公式：

=DCOUNTA(A1:E12,5,B14:C15)

按Enter键即可统计出项目开工日期大于2012-10-1且能按时预付首付款的项目个数，如图9-19所示。

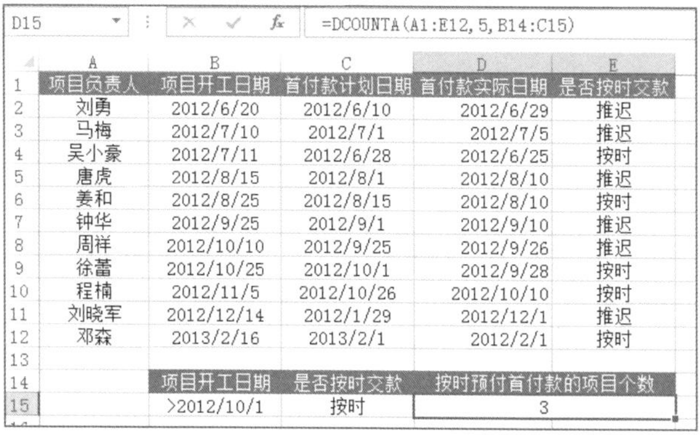

D15　=DCOUNTA(A1:E12,5,B14:C15)

	A	B	C	D	E
1	项目负责人	项目开工日期	首付款计划日期	首付款实际日期	是否按时交款
2	刘勇	2012/6/20	2012/6/10	2012/6/29	推迟
3	马梅	2012/7/10	2012/7/1	2012/7/5	推迟
4	吴小豪	2012/7/11	2012/6/28	2012/6/25	按时
5	唐虎	2012/8/15	2012/8/1	2012/8/10	推迟
6	姜和	2012/8/25	2012/8/15	2012/8/10	按时
7	钟华	2012/9/25	2012/9/1	2012/9/10	推迟
8	周祥	2012/10/10	2012/9/25	2012/9/26	推迟
9	徐蕾	2012/10/25	2012/10/1	2012/9/28	按时
10	程楠	2012/11/5	2012/10/26	2012/10/10	按时
11	刘晓军	2012/12/14	2012/1/29	2012/12/1	推迟
12	邓森	2013/2/16	2013/2/1	2012/2/1	按时
13					
14		项目开工日期	是否按时交款	按时预付首付款的项目个数	
15		>2012/10/1	按时	3	

图9-19

实例4　按条件统计来访公司或部门代表的总人数 Excel 2013/2010/2007/2003

案例表述

若要统计某一来访公司中所有部门的人数或统计所有来访公司中同一部门的人数，可以使用DCOUNTA函数来实现。

案例实现

❶ 在D1:D2单元格区域中设置条件，即公司与部门以“燕山”开头，因此使用了“燕山*”条件。

❷ 选中E2单元格，在公式编辑栏中输入公式：

```
=DCOUNTA(A1:B12,2,D1:D2)
```

按Enter键即可统计出“燕山”公司来访代表的总人数，如图9-20所示。

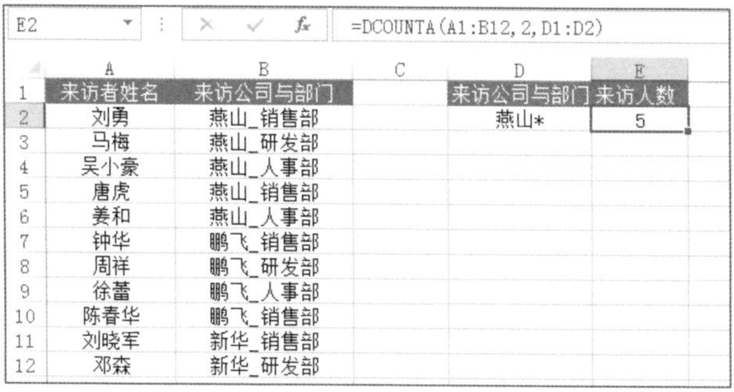

E2　=DCOUNTA(A1:B12,2,D1:D2)

	A	B	C	D	E
1	来访者姓名	来访公司与部门		来访公司与部门	来访人数
2	刘勇	燕山_销售部		燕山*	5
3	马梅	燕山_研发部			
4	吴小豪	燕山_人事部			
5	唐虎	燕山_销售部			
6	姜和	燕山_人事部			
7	钟华	鹏飞_销售部			
8	周祥	鹏飞_研发部			
9	徐蕾	鹏飞_人事部			
10	陈春华	鹏飞_销售部			
11	刘晓军	新华_销售部			
12	邓森	新华_研发部			

图9-20

❸ 在D5:D6单元格区域中设置条件，即公司与部门以“销售部”结尾，因此使用了“*销售部”条件。

❹ 选中E6单元格，在公式编辑栏中输入公式：

```
=DCOUNTA(A1:B12,2,D5:D6)
```

按Enter键即可统计出来访人员是各公司“销售部”代表的总人数，如图9-21所示。

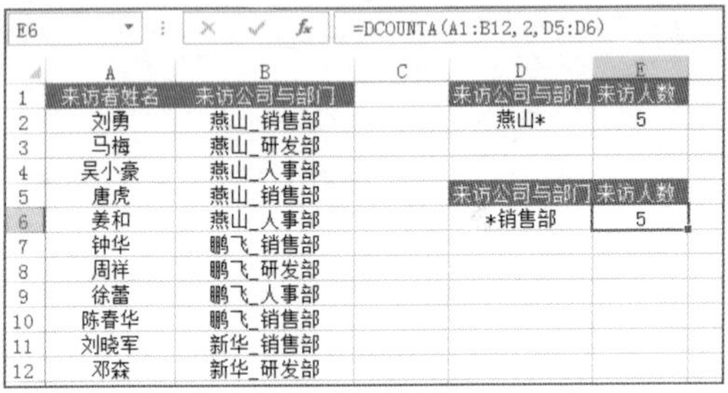

	A	B	C	D	E
1	来访者姓名	来访公司与部门		来访公司与部门	来访人数
2	刘勇	燕山_销售部		燕山*	5
3	马梅	燕山_研发部			
4	吴小豪	燕山_人事部			
5	唐虎	燕山_销售部		来访公司与部门	来访人数
6	姜和	燕山_人事部		*销售部	5
7	钟华	鹏飞_销售部			
8	周祥	鹏飞_研发部			
9	徐蕾	鹏飞_人事部			
10	陈春华	鹏飞_销售部			
11	刘晓军	新华_销售部			
12	邓森	新华_研发部			

图9-21

函数5 DMAX函数

函数功能

DMAX函数用于返回列表或数据库中满足指定条件的记录字段（列）中的最大数字。

函数语法

DMAX(database, field, criteria)

参数说明

- database：表示构成列表或数据库的单元格区域。数据库是包含一组相关数据的列表，其中包含相关信息的行为记录，而包含数据的列为字段。列表的第一行包含每一列的标签。
- field：表示指定函数所使用的列。输入两端带双引号的列标签，如“使用年数”或“产量”；或是代表列在列表中的位置的数字（不带引号）：1 表示第一列，2 表示第二列，依此类推。
- criteria：表示包含所指定条件的单元格区域。可以为参数 criteria 指定任意区域，只要此区域包含至少一个列标签，并且列标签下方包含至少一个指定列条件的单元格。

实例1 统计各班成绩最高分 Excel 2013/2010/2007/2003

案例表述

在成绩统计数据库中，若要统计各班成绩最高分，可以使用DMAX函数来实现。

案例实现

1 首先设置条件，如在A10:A11单元格中设置条件并建立求解标识。

2 选中B11单元格，在编辑栏中输入公式：

=DMAX($A$1:$F$8,COLUMN(C1),$A$10:$A$11)

按Enter键即可统计出班级为1的语文科目最高分，向右复制B11单元格的公式，可以得到班级为1的各个科目的最高分，如图9-22所示。

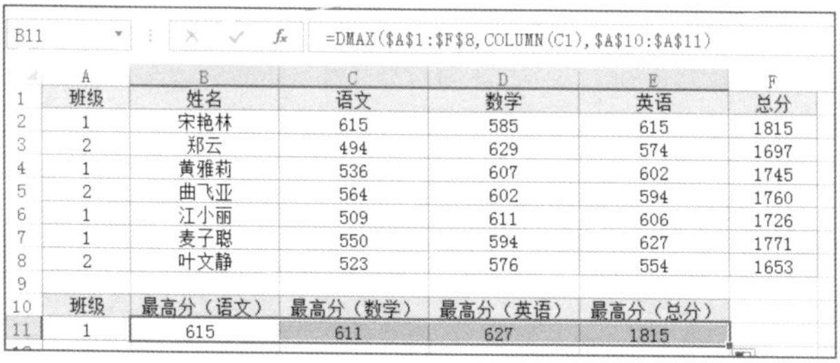

图9-22

3 要想查询其他班级各科目最高分，直接在A11单元格中查改查询条件即可，如图9-23所示。

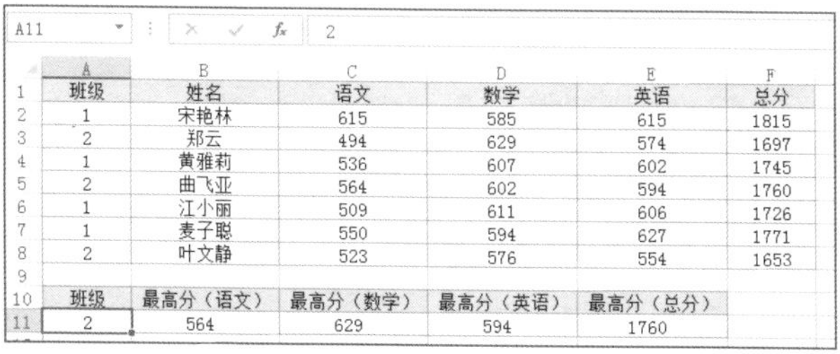

图9-23

实例2　统计某一类产品的最高出库单价　Excel 2013/2010/2007/2003

案例表述

在产品出库统计数据库中，一类产品有多个品种，如果要统计出某一类产品的多个品种中的最高出库单价，可以使用DMAX函数来实现。

案例实现

1 在F4:F5单元格区域中设置条件，即产品名称以VOV开头，因此使用了"VOV*"条件。

2 选中G5单元格，在公式编辑栏中输入公式：

=DMAX(A1:D13,4,F4:F5)

按Enter键即可统计出VOV系列产品的最高出库单价，如图9-24所示。

G5 =DMAX(A1:D13,4,F4:F5)

	A	B	C	D	E	F	G
1	日期	产品名称	出库数量	单价			
2	2012/3/1	VOV绿茶面膜200g	25	32.00			
3	2012/3/1	VOV樱桃面膜200g	18	30.00			
4	2012/3/2	碧欧泉矿泉爽肤水	16	72.00		产品名称	最高出库单价
5	2012/3/2	碧欧泉美白防晒霜	6	82.00		VOV*	32
6	2012/3/2	碧欧泉美白面膜2片	8	55.00			
7	2012/3/3	水之印美白乳液	7	89.00		产品名称	最高出库单价
8	2012/3/4	水之印美白隔离霜	5	126.00		水之印*	
9	2012/3/4	水之印无暇粉底	12	134.00			
10	2012/3/5	东洋之花滋润护手霜	15	8.00			
11	2012/3/5	水之印美白乳液	16	89.00			
12	2012/3/5	VOV樱桃面膜200g	32	30.00			
13	2012/3/5	碧欧泉矿泉爽肤水	20	72.00			

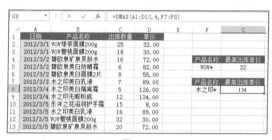

图9-24

③ 在F7:F8单元格区域中设置条件，即产品名称以“水之印”开头，因此使用了“水之印*”条件。

④ 选中G8单元格，在公式编辑栏中输入公式：

```
=DMAX(A1:D13,4,F7:F8)
```

按Enter键即可统计出“水之印”系列产品的最高出库金额，如图9-25所示。

G8 =DMAX(A1:D13,4,F7:F8)

	A	B	C	D	E	F	G
1	日期	产品名称	出库数量	单价			
2	2012/3/1	VOV绿茶面膜200g	25	32.00			
3	2012/3/1	VOV樱桃面膜200g	18	30.00			
4	2012/3/2	碧欧泉矿泉爽肤水	16	72.00		产品名称	最高出库单价
5	2012/3/2	碧欧泉美白防晒霜	6	82.00		VOV*	32
6	2012/3/2	碧欧泉美白面膜2片	8	55.00			
7	2012/3/3	水之印美白乳液	7	89.00		产品名称	最高出库单价
8	2012/3/4	水之印美白隔离霜	5	126.00		水之印*	134
9	2012/3/4	水之印无暇粉底	12	134.00			
10	2012/3/5	东洋之花滋润护手霜	15	8.00			
11	2012/3/5	水之印美白乳液	16	89.00			
12	2012/3/5	VOV樱桃面膜200g	32	30.00			
13	2012/3/5	碧欧泉矿泉爽肤水	20	72.00			

图9-25

函数6 DMIN函数

函数功能

DMIN函数用于返回列表或数据库中满足指定条件的记录字段（列）中的最小数字。

函数语法

DMIN(database, field, criteria)

参数说明

- database：表示构成列表或数据库的单元格区域。数据库是包含一组相关数据的列表，其中包含相关信息的行为记录，而包含数据的列为字段。列表的第一行包含每一列的标签。

- field：表示指定函数所使用的列。输入两端带双引号的列标签，如“使用年数”或“产量”；或是代表列在列表中的位置的数字（不带引号）：1 表示第一列，2 表示第二列，依此类推。
- criteria：表示包含所指定条件的单元格区域。可以为参数 criteria 指定任意区域，只要此区域包含至少一个列标签，并且列标签下方包含至少一个指定列条件的单元格。

实例1　统计各班成绩最低分　Excel 2013/2010/2007/2003

案例表述

在成绩统计数据库中，若要统计各班成绩最低分，可以使用DMIN函数来实现。

案例实现

❶ 首先设置条件，如本例在A10:A11单元格中设置条件并建立求解标识。

❷ 选中B11单元格，在编辑栏中输入公式：

```
=DMIN($A$1:$F$8,COLUMN(C1),$A$10:$A$11)
```

按Enter键即可统计出班级为1的语文科目最低分，向右复制B11单元格的公式，可以得到班级为1的各个科目的最低分，如图9-26所示。

B11　=DMIN($A$1:$F$8,COLUMN(C1),$A$10:$A$11)

	A	B	C	D	E	F
1	班级	姓名	语文	数学	英语	总分
2	1	宋艳林	615	585	615	1815
3	2	郑云	494	629	574	1697
4	1	黄雅莉	536	607	602	1745
5	2	曲飞亚	564	602	594	1760
6	1	江小丽	509	611	606	1726
7	1	麦子聪	550	594	627	1771
8	2	叶文静	523	576	554	1653
9						
10	班级	最低分（语文）	最低分（数学）	最低分（英语）	最低分（总分）	
11	1	509	585	602	1726	

图9-26

❸ 要想查询其他班级各科目最低分，直接在A11单元格中查改查询条件即可，如图9-27所示。

A11　2

	A	B	C	D	E	F
1	班级	姓名	语文	数学	英语	总分
2	1	宋艳林	615	585	615	1815
3	2	郑云	494	629	574	1697
4	1	黄雅莉	536	607	602	1745
5	2	曲飞亚	564	602	594	1760
6	1	江小丽	509	611	606	1726
7	1	麦子聪	550	594	627	1771
8	2	叶文静	523	576	554	1653
9						
10	班级	最低分（语文）	最低分（数学）	最低分（英语）	最低分（总分）	
11	2	494	576	554	1653	

图9-27

实例2　统计指定名称产品的最低销售数量 Excel 2013/2010/2007/2003

▶ 案例表述

在销售统计数据库中，若要统计指定名称产品的最低销售数量，可以使用DMIN函数来实现。

▶ 案例实现

❶ 在C14:C15单元格区域中设置条件，指定产品名称为"纽曼MP4"。

❷ 选中D15单元格，在公式编辑栏中输入公式：

=DMIN(A1:F12,4,C14:C15)

按Enter键即可统计出"纽曼MP4"的最低销售数量，如图9-28所示。

D15		× ✓ fx	=DMIN(A1:F12,4,C14:C15)			
	A	B	C	D	E	F
1	销售日期	产品名称	销售单价	销售数量	销售金额	销售员
2	2012/3/1	纽曼MP4	320	16	5120	刘勇
3	2012/3/1	飞利浦音箱	350	20	7000	马梅
4	2012/3/2	三星显示器	1040	15	15600	吴小豪
5	2012/3/3	飞利浦音箱	345	21	7245	唐虎
6	2012/3/4	纽曼MP4	325	32	10400	马梅
7	2012/3/3	三星显示器	1030	24	24720	吴小豪
8	2012/3/4	纽曼MP4	330	33	10890	刘勇
9	2012/3/4	飞利浦音箱	370	26	9620	吴小豪
10	2012/3/5	纽曼MP4	335	18	6030	马梅
11	2012/3/5	三星显示器	1045	8	8360	吴小豪
12	2012/3/6	飞利浦音箱	350	10	3500	唐虎
13						
14			产品名称	最低销售数量		
15			纽曼MP4	16		

图9-28

函数7　DGET函数

▣ 函数功能

DGET函数用于从列表或数据库的列中提取符合指定条件的单个值。

▣ 函数语法

DGET(database, field, criteria)

▣ 参数说明

- database：表示构成列表或数据库的单元格区域。数据库是包含一组相关数据的列表，其中包含相关信息的行为记录，包含数据的列为字段。列表的第一行包含每一列的标签。
- field：表示指定函数所使用的列。输入两端带双引号的列标签，如"使用年数"或"产量"；或是代表列在列表中的位置的数字（不带引号）：1表示第一列，2表示第二列，依此类推。
- criteria：表示包含所指定条件的单元格区域。可以为参数 criteria 指定任意区域，只要此区域包含至少一个列标签，并且列标签下方包含至少一个指定列条件的单元格。

实例　从列表或数据库的列中提取符合指定条件的单个值

Excel 2013/2010/2007/2003

▶ 案例表述

表格中显示的是学生成绩表，通过使用DGET函数可以实现按条件提取相应数据。

▶ 案例实现

1 首先设置条件，在A10:B11单元格中设置条件并建立求解标识，如图9-23所示。

2 选中C11单元格，在编辑栏中输入公式：

=DGET(A1:F8,4,A10:B11)

按Enter键即可返回班级为1且姓名为"黄雅莉"的数学成绩，如图9-29所示。

C11			fx	=DGET(A1:F8,4,A10:B11)		
	A	B	C	D	E	F
1	班级	姓名	语文	数学	英语	总分
2	1	宋艳林	615	585	615	1815
3	2	郑林	494	629	574	1697
4	1	黄雅莉	536	607	602	1745
5	2	曲飞亚	564	602	594	1760
6	1	江小丽	509	611	606	1726
7	1	麦子聪	550	594	627	1771
8	2	叶文静	523	576	554	1653
9						
10	班级	姓名	数学			
11	1	黄雅莉	607			

图9-29

函数8　**DPRODUCT函数**

▣ 函数功能

DPRODUCT函数用于返回列表或数据库中满足指定条件的记录字段（列）中的数值的乘积。

▣ 函数语法

DPRODUCT(database, field, criteria)

▣ 参数说明

● database：表示构成列表或数据库的单元格区域。数据库是包含一组相关数据的列表，其中包含相关信息的行为记录，而包含数据的列为字段。列表的第一行包含每一列的标签。

- field：表示指定函数所使用的列。输入两端带双引号的列标签，如“使用年数”或“产量”；或是代表列在列表中的位置的数字（不带引号）：1 表示第一列，2 表示第二列，依此类推。
- criteria：表示包含所指定条件的单元格区域。可以为参数 criteria 指定任意区域，只要此区域包含至少一个列标签，并且列标签下方包含至少一个指定列条件的单元格。

实例　判断指定类别与品牌的商品是否被维修过 Excel 2013/2010/2007/2003

案例表述

表格中统计了产品的销售记录，在D列中用数字0表示产品维修过，用数字1表示产品没有维修过。现在要实现查询指定类别指定品牌的商品是否被维修过。

案例实现

❶ 在F2:H3单元格区域中设置条件，指定商品类别与商品品牌。

❷ 选中F6单元格，在公式编辑栏中输入公式：

```
=DPRODUCT(A1:D11,4,F2:H3)
```

按Enter键即可判断出指定类别与品牌的商品是否被维修过，如图9-30所示。

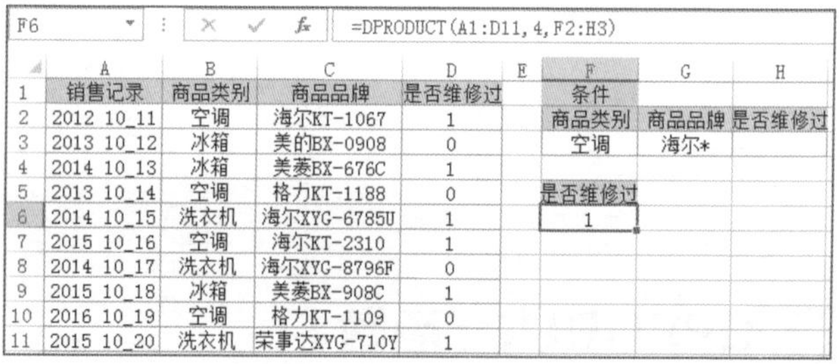
F6 =DPRODUCT(A1:D11,4,F2:H3)

	A	B	C	D	E	F	G	H
1	销售记录	商品类别	商品品牌	是否维修过		条件		
2	2012 10_11	空调	海尔KT-1067	1		商品类别	商品品牌	是否维修过
3	2013 10_12	冰箱	美的BX-0908	0		空调	海尔*	
4	2014 10_13	冰箱	美菱BX-676C	1				
5	2013 10_14	空调	格力KT-1188	0		是否维修过		
6	2014 10_15	洗衣机	海尔XYG-6785U	1		1		
7	2015 10_16	空调	海尔KT-2310	1				
8	2014 10_17	洗衣机	海尔XYG-8796F	0				
9	2015 10_18	冰箱	美菱BX-908C	1				
10	2016 10_19	空调	格力KT-1109	0				
11	2015 10_20	洗衣机	荣事达XYG-710Y	1				

图9-30

❸ 在F2:H3单元格区域中更改条件，可以得出相应的查询结果，如图9-31所示。

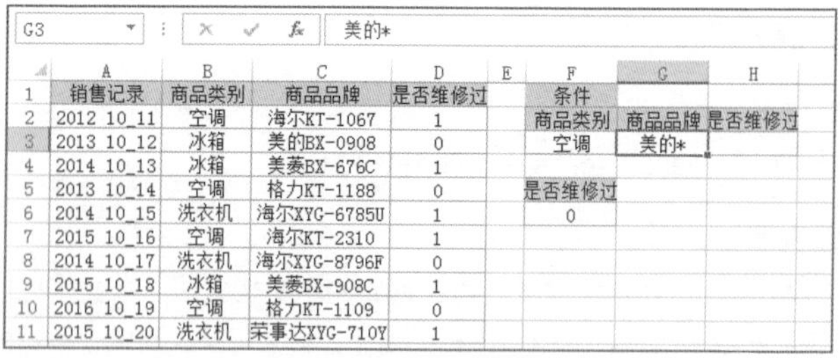
G3 美的*

	A	B	C	D	E	F	G	H
1	销售记录	商品类别	商品品牌	是否维修过		条件		
2	2012 10_11	空调	海尔KT-1067	1		商品类别	商品品牌	是否维修过
3	2013 10_12	冰箱	美的BX-0908	0		空调	美的*	
4	2014 10_13	冰箱	美菱BX-676C	1				
5	2013 10_14	空调	格力KT-1188	0		是否维修过		
6	2014 10_15	洗衣机	海尔XYG-6785U	1		0		
7	2015 10_16	空调	海尔KT-2310	1				
8	2014 10_17	洗衣机	海尔XYG-8796F	0				
9	2015 10_18	冰箱	美菱BX-908C	1				
10	2016 10_19	空调	格力KT-1109	0				
11	2015 10_20	洗衣机	荣事达XYG-710Y	1				

图9-31

9.2　散布度统计

函数9　DSTDEV函数

函数功能

DSTDEV函数用于返回利用列表或数据库中满足指定条件的记录字段（列）中的数字作为一个样本估算出的总体标准偏差。

函数语法

DSTDEV(database, field, criteria)

参数说明

- database：表示构成列表或数据库的单元格区域。数据库是包含一组相关数据的列表，其中包含相关信息的行为记录，而包含数据的列为字段。列表的第一行包含每一列的标签。
- field：表示指定函数所使用的列。输入两端带双引号的列标签，如"使用年数"或"产量"；或是代表列在列表中的位置的数字（不带引号）：1表示第一列，2表示第二列，依此类推。
- criteria：表示包含所指定条件的单元格区域。可以为参数 criteria 指定任意区域，只要此区域包含至少一个列标签，并且列标签下方包含至少一个指定列条件的单元格。

实例　计算女性员工工龄的样本标准偏差
Excel 2013/2010/2007/2003

案例表述

表格为员工档案管理表，现在计算女性员工工龄的样本标准偏差。

案例实现

① 在H1:H2单元格区域中设置条件，指定性别为"女"。

② 选中H5单元格，在公式编辑栏中输入公式：

=DSTDEV(A1:F14,6,H1:H2)

按Enter键即可计算出女性员工工龄的样本标准偏差，如图9-32所示。

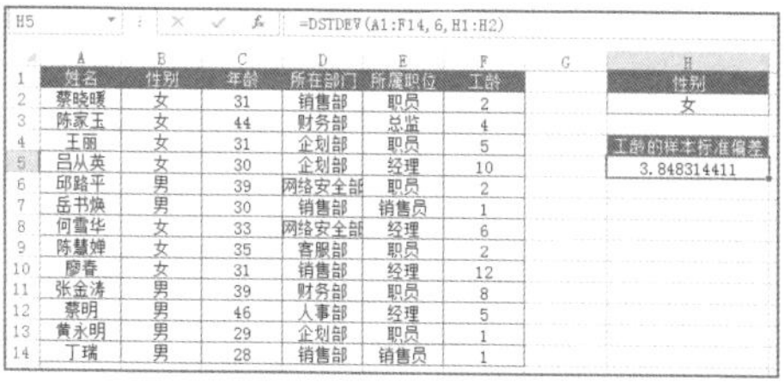

图9-32

函数10 DSTDEVP函数

函数功能
DSTDEVP函数用于返回利用列表或数据库中满足指定条件的记录字段（列）中的数字作为样本总体计算出的总体标准偏差。

函数语法
DSTDEVP(database, field, criteria)

参数说明
- database：表示构成列表或数据库的单元格区域。数据库是包含一组相关数据的列表，其中包含相关信息的行为记录，而包含数据的列为字段。列表的第一行包含每一列的标签。
- field：表示指定函数所使用的列。输入两端带双引号的列标签，如"使用年数"或"产量"；或是代表列在列表中的位置的数字（不带引号）：1表示第一列，2表示第二列，依此类推。
- criteria：表示包含所指定条件的单元格区域。可以为参数 criteria 指定任意区域，只要此区域包含至少一个列标签，并且列标签下方包含至少一个指定列条件的单元格。

实例　计算女性员工工龄的总体标准偏差 Excel 2013/2010/2007/2003

案例表述

当前表格为员工档案管理表，现在要计算女性员工工龄的总体标准偏差。

案例实现

① 在H1:H2单元格区域中设置条件，指定性别为"女"。

② 选中H5单元格，在公式编辑栏中输入公式：

`=DSTDEVP(A1:F14,6,H1:H2)`

按Enter键即可计算出女性员工工龄的总体标准偏差，如图9-33所示。

H5			✕	✓ fx	=DSTDEVP(A1:F14,6,H1:H2)		
	A	B	C	D	E	F	G	H
1	姓名	性别	年龄	所在部门	所任职位	工龄		性别
2	蔡晓暖	女	31	销售部	职员	2		女
3	陈家玉	女	44	财务部	总监	4		
4	王丽	女	31	企划部	职员	5		工龄的总体标准偏差
5	吕从英	女	30	企划部	经理	10		3.562846832
6	邱超平	男	39	网络安全部	职员	2		
7	岳书焕	男	30	销售部	职员	1		
8	何雪华	女	33	网络安全部	经理	6		
9	陈慧娟	女	35	客服部	职员	2		
10	廖香	女	31	销售部	经理	12		
11	张金涛	男	39	财务部	职员	8		
12	蔡明	男	46	人事部	经理	5		
13	黄永明	男	29	企划部	职员	1		
14	丁瑞	男	28	销售部	销售员	1		

图9-33

函数11 DVAR函数

函数功能

DVAR函数用于返回利用列表或数据库中满足指定条件的记录字段（列）中的数字作为一个样本估算出的总体方差。

函数语法

DVAR(database, field, criteria)

参数说明

● database：表示构成列表或数据库的单元格区域。数据库是包含一组相关数据的列表，其中包含相关信息的行为记录，而包含数据的列为字段。列表的第一行包含每一列的标签。

● field：表示指定函数所使用的列。输入两端带双引号的列标签，如"使用年数"或"产量"；或是代表列表中列位置的数字（不带引号）：1表示第一列，2表示第二列，依此类推。

● criteria：表示包含所指定条件的单元格区域。可以为参数指定 criteria 任意区域，只要此区域包含至少一个列标签，并且列标签下至少有一个在其中为列指定条件的单元格。

实例　计算女性员工工龄的样本总体方差　Excel 2013/2010/2007/2003

案例表述

表格为员工档案管理表，现在要计算女性员工工龄的样本总体方差。

案例实现

① 在H1:H2单元格区域中设置条件，指定性别为"女"。

② 选中H5单元格，在公式编辑栏中输入公式：

=DVAR(A1:F14,6,H1:H2)

按Enter键即可计算出女性员工工龄的样本总体方差，如图9-34所示。

图9-34

函数12 DVARP函数

函数功能

DVARP函数用于通过使用列表或数据库中满足指定条件的记录字段（列）中的数字计算样本总体的样本总体方差。

函数语法

DVARP(database, field, criteria)

参数说明

- database：表示构成列表或数据库的单元格区域。数据库是包含一组相关数据的列表，其中包含相关信息的行为记录，而包含数据的列为字段。列表的第一行包含每一列的标签。
- field：表示指定函数所使用的列。输入两端带双引号的列标签，如“使用年数”或“产量”；或是代表列表中列位置的数字（不带引号）：1表示第一列，2 表示第二列，依此类推。
- criteria：表示包含所指定条件的单元格区域。可以为参数指定 criteria 任意区域，只要此区域包含至少一个列标签，并且列标签下至少有一个在其中为列指定条件的单元格。

实例 计算女性员工工龄的总体方差 Excel 2013/2010/2007/2003

案例表述

表格为员工档案管理表，现在要计算女性员工工龄的总体方差。

案例实现

1 在H1:H2单元格区域中设置条件，指定性别为“女”。

2 选中H5单元格，在公式编辑栏中输入公式：

```
=DVARP(A1:F14,6,H1:H2)
```

按Enter键即可计算出女性员工工龄的总体方差，如图9-35所示。

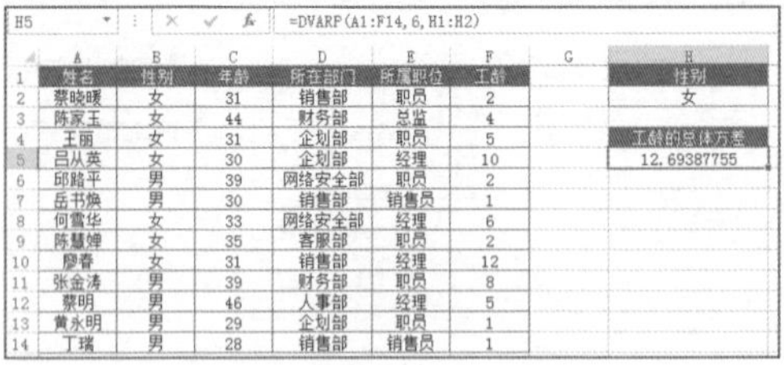
H5 =DVARP(A1:F14,6,H1:H2)

	A	B	C	D	E	F	G	H
1	姓名	性别	年龄	所在部门	所属职位	工龄		性别
2	蔡晓暖	女	31	销售部	职员	2		女
3	陈家玉	女	44	财务部	总监	4		
4	王丽	女	31	企划部	职员	5		工龄的总体方差
5	吕从英	女	30	企划部	经理	10		12.69387755
6	邱路平	男	39	网络安全部	职员	2		
7	岳书焕	男	30	销售部	销售员	1		
8	何雪华	女	33	网络安全部	经理	6		
9	陈慧婵	女	35	客服部	职员	2		
10	廖春	女	31	销售部	经理	12		
11	张金涛	男	39	财务部	职员	8		
12	蔡明	男	46	人事部	经理	5		
13	黄永明	男	29	企划部	职员	1		
14	丁瑞	男	28	销售部	销售员	1		

图9-35

第 *10* 章

工程函数

本章中部分素材文件在光盘中对应的章节下。

10.1 进制编码转换函数

函数1 BIN2OCT函数

函数功能

BIN2OCT函数是将二进制编码转换为八进制编码。

函数语法

(number,places)

参数说明

- number：表示待转换的二进制编码。位数不能多于10位，负数用二进制编码的补码表示。
- places：表示所要使用的字符数。如果省略，将用最少字符来表示。

实例 将任意二进制编码转换为八进制编码 Excel 2013/2010/2007/2003

案例实现

❶ 选中C2单元格，在编辑栏中输入公式：

=BIN2OCT(A2)

❷ 按Enter键即可将二进制编码转换为八进制编码，向下复制公式即可将A列其他二进制编码转换为八进制编码，如图10-1所示。

图10-1

函数2 BIN2DEC函数

函数功能

BIN2DEC函数是将二进制编码转换为十进制编码。

函数语法

BIN2DEC(number)

(图) 参数说明

- number：表示待转换的二进制编码。位数不能多于10位，负数用二进制编码的补码表示。

实例　将任意二进制编码转换为十进制编码 Excel 2013/2010/2007/2003

(图) 案例实现

1 选中C2单元格，在编辑栏中输入公式：

=BIN2DEC(A2)

2 按Enter键即可将二进制编码转换为十进制编码，向下复制公式即可将A列其他二进制编码转换为十进制编码，如图10-2所示。

C2	▼	:	×	✓	f_x	=BIN2DEC(A2)

	A	B	C	D
1	二进制编码	转换条件	转换结果	
2	11011001	十进制	217	
3	11011101	十进制	221	
4	11001011	十进制	203	
5				

图10-2

函数3 **BIN2HEX函数**

(图) 函数功能

BIN2HEX函数是将二进制编码转换为十六进制编码。

(图) 函数语法

BIN2HEX(number,places)

(图) 参数说明

- number：表示待转换的二进制编码。位数不能多于10位，负数用二进制编码的补码表示。
- places：表示所要使用的字符数。如果省略，将用最少字符来表示。

实例　将任意二进制编码转换为十六进制编码 Excel 2013/2010/2007/2003

1 选中C2单元格，在编辑栏中输入公式：

=BIN2HEX(A2)

② 按Enter键即可将二进制编码转换为十六进制编码，向下复制公式即可将A列其他二进制编码转换为十六进制编码，如图10-3所示。

C2		:	×	✓	fx	=BIN2HEX(A2)

	A	B	C	D
1	二进制编码	转换条件	转换结果	
2	11011001	十六进制	D9	
3	11011101	十六进制	DD	
4	11001011	十六进制	CB	

图10-3

函数4 OCT2BIN函数

函数功能

OCT2BIN函数是将八进制编码转换为二进制编码。

函数语法

OCT2BIN(number,places)

参数说明

- number：表示待转换的八进制编码。位数不能多于10位，负数用二进制编码的补码表示。
- places：表示要使用的字符数。如果省略，将用最少字符来表示。

实例　将任意八进制编码转换为二进制编码 Excel 2013/2010/2007/2003

案例实现

① 选中C2单元格，在编辑栏中输入公式：

=OCT2BIN(A2)

② 按Enter键即可将八进制编码转换为二进制编码，向下复制公式即可将A列其他八进制编码转换为二进制编码，如图10-4所示。

C2		:	×	✓	fx	=OCT2BIN(A2)

	A	B	C	D
1	八进制编码	转换条件	转换结果	
2	65	二进制	110101	
3	127	二进制	1010111	
4	201	二进制	10000001	

图10-4

函数5 OCT2DEC函数

函数功能

OCT2DEC函数是将八进制编码转换为十进制编码。

函数语法

OCT2DEC(number)

参数说明

- number：表示待转换的八进制编码。位数不能多于10位，负数用二进制编码的补码表示。

实例　将八进制编码转换为十进制编码　　　　　Excel 2013/2010/2007/2003

案例实现

1 选中C2单元格，在编辑栏中输入公式：

`=OCT2DEC(A2)`

2 按Enter键即可将八进制编码转换为十进制编码，向下复制公式即可将A列其他八进制编码转换为十进制编码，如图10-5所示。

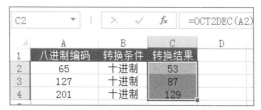

图10-5

函数6 OCT2HEX函数

函数功能

OCT2HEX函数是将八进制编码转换为十六进制编码。

函数语法

OCT2HEX(number,places)

参数说明

- number：表示待转换的八进制编码。位数不能多于10位，负数用二进制编码的补码表示。

- places：表示所要使用的字符数。如果省略，将用最少字符来表示。

实例　将八进制编码转换为十六进制编码 Excel 2013/2010/2007/2003

▶ 案例实现

❶ 选中C2单元格，在编辑栏中输入公式：

=OCT2HEX(A2)

❷ 按Enter键即可将八进制编码转换为十六进制编码，向下复制公式即可将A列其他八进制编码转换为十六进制编码，如图10-6所示。

C2	▼	⋮	×	✓	fx	=OCT2HEX(A2)

	A	B	C	D
1	八进制编码	转换条件	转换结果	
2	65	十六进制	35	
3	127	十六进制	57	
4	201	十六进制	81	

图10-6

函数7　DEC2BIN函数

▣ 函数功能

DEC2BIN函数是将十进制编码转换为二进制编码。

▣ 函数语法

DEC2BIN(number,places)

▣ 参数说明

- number：表示待转换的十进制编码，负数用二进制编码的补码表示。
- places：表示所要使用的字符数。如果省略，将用最少字符来表示。

实例　将十进制编码转换为二进制编码 Excel 2013/2010/2007/2003 ⟳

▶ 案例实现

❶ 选中C2单元格，在编辑栏中输入公式：

=DEC2BIN(A2)

❷ 按Enter键即可将十进制编码转换为二进制编码，向下复制公式即可将A列其他十进制编码转换为二进制编码，如图10-7所示。

图10-7

函数8 DEC2OCT函数

(区) 函数功能

DEC2OCT函数是将十进制编码转换为八进制编码。

(区) 函数语法

DEC2OCT(number,places)

(区) 参数说明

- number：表示待转换的十进制编码，负数用二进制编码的补码表示。
- places：表示所要使用的字符数。如果省略，将用最少字符来表示。

实例　将十进制编码转换为八进制编码　　　　　Excel 2013/2010/2007/2003

▶ 案例实现

❶ 选中C2单元格，在编辑栏中输入公式：

=DEC2OCT(A2)

❷ 按Enter键即可将十进制编码转换为八进制编码，向下复制公式即可将A列其他十进制编码转换为八进制编码，如图10-8所示。

	A	B	C	D
1	十进制编码	转换条件	转换结果	
2	65	八进制	101	
3	127	八进制	177	
4	201	八进制	311	

C2　｜　fx　=DEC2OCT(A2)

图10-8

函数9 DEC2HEX函数

(区) 函数功能

DEC2HEX函数是将十进制编码转换为十六进制编码。

📧 **函数语法**

DEC2HEX (number,places)

📧 **参数说明**

- number：表示待转换的十进制编码，负数用二进制编码的补码表示。
- places：表示所要使用的字符数。如果省略，将用最少字符来表示。

实例　将十进制编码转换为十六进制编码　Excel 2013/2010/2007/2003

▶ 案例实现

① 选中C2单元格，在编辑栏中输入公式：

=DEC2HEX(A2)

② 按Enter键即可将十进制编码转换为十六进制编码，向下复制公式即可将A列其他十进制编码转换为十六进制编码，如图10-9所示。

图10-9

函数10　HEX2BIN函数

📧 **函数功能**

HEX2BIN函数是将十六进制编码转换为二进制编码。

📧 **函数语法**

HEX2BIN (number,places)

📧 **参数说明**

- number：表示待转换的十六进制编码。位数不能多于10位，负数用二进制编码的补码表示。
- places：表示所要使用的字符数。如果省略，将用最少字符来表示。

实例　将十六进制编码转换为二进制编码　Excel 2013/2010/2007/2003

▶ 案例实现

① 选中C2单元格，在编辑栏中输入公式：

=HEX2BIN(A2)

2 按Enter键即可将十六进制编码转换为二进制编码，向下复制公式即可将A列其他十六进制编码转换为二进制编码，如图10-10所示。

	A	B	C	D
C2		fx	=HEX2BIN(A2)	
1	十六进制编码	转换条件	转换结果	
2	65	二进制	1100101	
3	4A	二进制	1001010	
4	BD	二进制	10111101	

图10-10

函数11 HEX2OCT函数

函数功能
HEX2OCT函数是将十六进制编码转换为八进制编码。

函数语法
HEX2BIN (number,places)

参数说明
- number：表示待转换的十六进制编码。位数不能多于10位，负数用二进制编码的补码表示。
- places：表示所要使用的字符数。如果省略，将用最少字符来表示。

实例　将十六进制编码转换为八进制编码　Excel 2013/2010/2007/2003

案例实现

1 选中C2单元格，在编辑栏中输入公式：

=HEX2OCT(A2)

2 按Enter键即可将十六进制编码转换为八进制编码，向下复制公式即可将A列其他十六进制编码转换为八进制编码，如图10-11所示。

	A	B	C	D
C2		fx	=HEX2OCT(A2)	
1	十六进制编码	转换条件	转换结果	
2	65	八进制	145	
3	4A	八进制	112	
4	BD	八进制	275	

图10-11

函数12 HEX2DEC函数

(图) 函数功能

HEX2DEC函数是将十六进制编码转换为十进制编码。

(图) 函数语法

HEX2DEC (number)

(图) 参数说明

- number：表示待转换的十六进制编码。位数不能多于10位，负数用二进制编码的补码表示。

实例 将十六进制编码转换为十进制编码 Excel 2013/2010/2007/2003

(▶) 案例实现

① 选中C2单元格，在编辑栏中输入公式：

=HEX2DEC(A2)

② 按Enter键即可将十六进制编码转换为十进制编码，向下复制公式即可将其他十六进制编码转换为十进制编码，如图10-12所示。

图10-12

10.2 复数计算函数

函数13 COMPLEX函数

(图) 函数功能

COMPLEX函数是将实系数及虚系数转换为x+yi或x+yj形式的复数。

(图) 函数语法

COMPLEX(real_num,i_num,suffix)

参数说明

- real_num：复数的实部。
- i_num：复数的虚部。
- suffix：复数中虚部的后缀，如果省略，则认为它为i。

实例 将实系数及虚系数转换为复数形式 Excel 2013/2010/2007/2003

案例实现

① 选中C2单元格，在编辑栏中输入公式：

```
=COMPLEX(A2,B2)
```

按Enter键即可将给定的实系数和虚系数转换为复数形式，如图10-13所示。

C2 =COMPLEX(A2, B2)

	A	B	C	D
1	实系数	虚系数	转换为复数形式	
2	1	2	1+2i	
3	5	8		
4	12	7		

图10-13

② 选中C3和C4单元格，分别在编辑栏中输入公式：

```
=COMPLEX(A3,B3,"i")
=COMPLEX(A4,B4,"j")
```

按Enter键即可将给定的实系数和虚系数转换为复数形式，如图10-14所示。

C4 =COMPLEX(A4, B4, "j")

	A	B	C	D
1	实系数	虚系数	转换为复数形式	
2	1	2	1+2i	
3	5	8	5+8i	
4	12	7	12+7j	

图10-14

函数14 IMABS函数

函数功能

IMABS函数用于返回以x+yi或x+yj文本格式表示复数的绝对值，即模。

函数语法

IMABS(Inumber)

图 参数说明

- Inumber：表示需要计算其绝对值的复数。

实例　求任意复数的模
Excel 2013/2010/2007/2003

案例实现

① 选中B2单元格，在编辑栏中输入公式：

=IMABS(A2)

② 按Enter键即可计算出复数1+2i的模值，向下复制公式即可计算出其他复数的模，如图10-15所示。

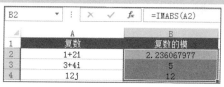

	A	B
1	复数	复数的模
2	1+2i	2.236067977
3	3+4i	5
4	12j	12

图10-15

函数15　IMREAL函数

图 函数功能

IMREAL函数是返回以x+yi或x+yj文本格式表示复数的实系数。

图 函数语法

IMREAL (Inumber)

图 参数说明

- Inumber：表示需要计算其实系数的复数。

实例　求任意复数的实系数
Excel 2013/2010/2007/2003

案例实现

① 选中B2单元格，在编辑栏中输入公式：

=IMREAL(A2)

② 按Enter键即可计算出复数1+2i的实系数，向下复制公式即可计算出A列其他复数的实系数，如图10-16所示。

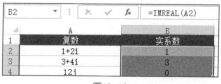

	A	B
1	复数	实系数
2	1+2i	1
3	3+4i	3
4	12j	0

图10-16

函数16 IMAGINARY函数

函数功能

IMAGINARY函数是返回以x+yi或x+yj文本格式表示复数的虚系数。

函数语法

IMAGINARY (Inumber)

参数说明

● Inumber：表示需要计算其虚系数的复数。

实例　求任意复数的虚系数

Excel 2013/2010/2007/2003

案例实现

① 选中B2单元格，在编辑栏中输入公式：

=IMAGINARY(A2)

② 按Enter键即可计算出复数1+2i的虚系数，向下复制公式即可计算出A列其他复数的虚系数，如图10-17所示。

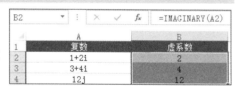

图10-17

函数17 IMCONJUGATE函数

函数功能

IMCONJUGATE函数是返回以x+yi或x+yj文本格式表示复数的共轭复数。

函数语法

IMCONJUGATE(Inumber)

参数说明

● Inumber：表示需要计算其共轭数的复数。

实例　求任意复数的共轭复数

Excel 2013/2010/2007/2003

案例实现

① 选中B2单元格，在编辑栏中输入公式：

=IMCONJUGATE(A2)

❷ 按Enter键即可计算出复数1+2i的共轭复数，向下复制公式即可计算出A列其他复数的共轭复数，如图10-18所示。

B2	▼	:	×	✓	fx	=IMCONJUGATE(A2)
		A			B	
1		复数			共轭复数	
2		1+2i			1-2i	
3		2-3i			2+3i	
4		12j			-12j	

图10-18

函数18 IMSUM函数

📊 函数功能

IMSUM函数用于返回以x+yi或x+yj文本格式表示的两个或多个复数的和。

📊 函数语法

IMSUM(inumber1,inumber2,...)

📊 参数说明

● inumber1,inumber2,...：表示1～29个需要相加的复数。

实例　求任意两个或多个复数的和　　　　Excel 2013/2010/2007/2003 🔥

 案例实现

❶ 选中D2单元格，在编辑栏中输入公式：

=IMSUM(A2,B2,C2)

❷ 按Enter键即可计算出3个复数的和，向下复制公式即可计算出其他多个复数的和，如图10-19所示。

D2	▼	:	×	✓	fx	=IMSUM(A2,B2,C2)
	A	B	C	D	E	
1	复数A	复数B	复数C	复数的和		
2	1+2i	3i	-7	-6+5i		
3	2-3i	2	4+7i	8+4i		
4	12j	8-12j	1+5j	9+5j		

图10-19

函数19　IMSUB函数

（图）函数功能

　　IMSUB函数用于返回以x+yi或x+yj文本格式表示的两个复数的差。

（图）函数语法

　　IMSUB(inumber1,inumber2)

（图）参数说明

- inumber1：表示被减（复）数。
- inumber2：表示减（复）数。

实例　求任意两个复数的差
Excel 2013/2010/2007/2003

▶ 案例实现

1 选中C2单元格，在编辑栏中输入公式：

=IMSUB(A2,B2)

2 按Enter键即可计算出两个复数的差，向下复制公式即可计算出其他两个复数的差，如图10-20所示。

	A	B	C
1	复数A	复数B	复数的和
2	1+2i	3i	1-i
3	2-3i	2	-3i
4	12j	8-12j	-8+24j

图10-20

函数20　IMDIV函数

（图）函数功能

　　IMDIV用于返回以x+yi或x+yj文本格式表示的两个复数的商。

（图）函数语法

　　IMDIV(inumber1,inumber2)

（图）参数说明

- inumber1：表示复数分子（被除数）。

- inumber2：表示复数分母（除数）。

实例　求任意两个复数的商 Excel 2013/2010/2007/2003

 案例实现

1 选中C2单元格，在编辑栏中输入公式：

=IMDIV(A2,B2)

2 按Enter键即可计算出
两个复数的商，向下复制公式
即可计算出其他两个复数的
商，如图10-21所示。

	A	B	C
		fx	=IMDIV(A2,B2)
1	复数A	复数B	复数的和
2	1+2i	2i	1-0.5i
3	2-3i	2	1-1.5i

C2

图10-21

函数21 IMPRODUCT函数

函数功能

IMPRODUCT函数返回以x+yi或x+yj文本格式表示的2～29个复数的乘积。

函数语法

IMPRODUCT(inumber1,inumber2,...)

参数说明

- inumber1,inumber2,...：表示1～29个用来相乘的复数。

实例　求任意两个或多个复数的积 Excel 2013/2010/2007/2003

案例实现

1 选中D2单元格，在编辑栏中输入公式：

=IMPRODUCT(A2,B2,C2)

2 按Enter键即可计算出3个复数的积，向下复制公式即可计算出其他几个
复数的积，如图10-22所示。

	A	B	C	D
			fx	=IMPRODUCT(A2,B2,C2)
1	复数A	复数B	复数C	复数的积
2	1+2i	3i	-7	42-21i
3	2-3i	2	4+7i	58+4i
4	12j	8-12j	1+5j	-336+816j

D2

图10-22

函数22 IMEXP函数

(▣) 函数功能

　　IMEXP用于返回以x+yi或x+yj文本格式表示的复数的指数。

(▣) 函数语法

　　IMEXP(inumber)

(▣) 参数说明

● inumber：表示需要计算其指数的复数。

(▷) 案例实现

❶ 选中B2单元格，在编辑栏中输入公式：

=IMEXP(A2)

❷ 按Enter键即可计算出复数的指数，向下复制公式即可计算出其他复数的指数，如图10-23所示。

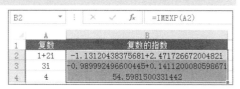

| B2 | ▼ | : | × | ✓ | fx | =IMEXP(A2) |

	A	B
1	复数	复数的指数
2	1+2i	-1.13120438375681+2.471726672004821
3	3i	-0.9899924966600445+0.1411200080598671
4	4	54.5981500331442

图10-23

函数23 IMSQRT函数

(▣) 函数功能

　　IMSQRT函数用于返回以x+yi或x+yj文本格式表示的复数的平方根。

(▣) 函数语法

　　IMSQRT(inumber)

(▣) 参数说明

● inumber：表示需要计算其平方根的复数。

(▷) 案例实现

❶ 选中B2单元格，在编辑栏中输入公式：

=IMSQRT(A2)

❷ 按Enter键即可计算出复数的平方根，向下复制公式即可计算出其他复数的平方根，如图10-24所示。

| B2 | ▼ | : | × | ✓ | fx | =IMSQRT(A2) |

	A	B
1	复数	复数的平方根
2	1+2i	1.27201964951407+0.7861513777757423i
3	9i	2.12132034355964+2.121320343559964i
4	4	2

图10-24

函数24 IMARGUMENT函数

函数功能
IMARGUMENT函数用于返回以弧度表示的角。

函数语法
IMARGUMENT(inumber)

参数说明
● Inumber：表示用来计算角度值的复数。

实例 返回以弧度表示的角 Excel 2013/2010/2007/2003

▶ 案例实现
❶ 选中B2单元格，在编辑栏中输入公式：

=IMARGUMENT(A2)

❷ 按Enter键即可返回复数5-i弧度表示的角为-0.19739556，向下复制公式即可返回其他弧度表示的角，如图10-25所示。

| B2 | ▼ | : | × | ✓ | fx | =IMARGUMENT(A2) |

	A	B
1	复数	以弧度表示的角复数
2	5-i	-0.19739556
3	3+2i	0.588002604
4	5i	1.570796327

图10-25

函数25　IMSIN函数

📧 函数功能

IMSIN函数用于返回以x+yi或x+yj文本格式表示的复数的正弦值。

📧 函数语法

IMSIN(inumber)

📧 参数说明

● inumber：表示需要计算其正弦的复数。

实例　计算复数的正弦值
Excel 2013/2010/2007/2003

 案例实现

1 选中B2单元格，在编辑栏中输入公式：

=IMSIN(A2)

2 按Enter键即可返回复数5-i的正弦值为-1.47969747848694-0.333360138947993i，向下复制公式即可返回其他复数的正弦值，如图10-26所示。

| B2 | ▼ | : | × | ✓ | f_x | =IMSIN(A2) |

▲	A	B
1	复数	复数的正弦值
2	5-i	-1.47969747848694-0.3333601389479993i
3	3+2i	0.53092108624852-3.59056458998578i
4	5i	74.20321057778888i

图10-26

函数26　IMSINH函数

📧 函数功能

IMSINH函数用于返回以x+yi或x+yj文本格式表示的复数的双曲正弦值。

📧 函数语法

IMSINH (inumber)

📧 参数说明

● inumber：表示需要计算其双曲正弦值的复数。如果inumber为非x+yi

或x+yj文本格式的值，则函数返回错误值#NUM!；如果inumber为逻辑值，则函数返回错误值#VALUE!。

▷ 案例实现

❶ 选中B2单元格，在编辑栏中输入公式：

=IMSINH(A2)

❷ 按Enter键即可返回复数4+3i的双曲正弦值-27.0168132580039+3.85373803791938i，如图10-27所示。

图10-27

函数27 IMCOS函数

🔣 函数功能

IMCOS函数用于返回以x+yi或x+yj文本格式表示的复数的余弦值。

🔣 函数语法

IMCOS(inumber)

🔣 参数说明

● inumber：表示需要计算其余弦值的复数。

▷ 案例实现

❶ 选中B2单元格，在编辑栏中输入公式：

=IMCOS(A2)

❷ 按Enter键即可返回复数5-i的余弦值为0.437713625217675-1.12692895219814i，向下复制公式即可返回其他复数的余弦值，如图10-28所示。

图10-28

函数28 IMCOSH函数

📖 **函数功能**

IMCOSH函数用于返回以x+yi或x+yj文本格式表示的复数的双曲余弦值。

📖 **函数语法**

IMCOSH (inumber)

📖 **参数说明**

● inumber：表示需要计算其双曲余弦值的复数。如果inumber为非x+yi
或x+yj文本格式的值，则函数返回错误值#NUM!；如果inumber为逻辑
值，则函数返回错误值 #VALUE! 。

实例　计算复数的双曲余弦值　　　　　　　　　　　Excel 2013 🔥

▶ **案例实现**

① 选中B2单元格，在编辑栏中输入公式：

=IMCOSH(A2)

② 按Enter键即可返回复数4+3i的双曲余弦值-27.0349456030742+3.85115333481178i，
如图10-29所示。

图10-29

函数29 IMCOT函数

📖 **函数功能**

IMCOT函数用于返回以x+yi或x+yj文本格式表示的复数的余切值。

▣ 函数语法

IMCOT (inumber)

▣ 参数说明

● inumber：表示需要计算其余切值的复数。如果inumber为非x+yi或x+yj文本格式的值，则函数返回错误值#NUM!；如果inumber为逻辑值，则函数返回错误值#VALUE!。

实例 计算复数的余切值 Excel 2013

▶ 案例实现

❶ 选中B2单元格，在编辑栏中输入公式：

`=IMCOT(A2)`

❷ 按Enter键即可返回复数4+3i的余切值0.00490118239430447-0.999266927805902i，如图10-30所示。

图10-30

函数30 IMCSC函数

▣ 函数功能

IMCSC函数用于返回以x+yi或x+yj文本格式表示的复数的余割值。

▣ 函数语法

IMCSC (inumber)

▣ 参数说明

● inumber：表示需要计算其余割值的复数。如果inumber为非x+yi或x+yj文本格式的值，则函数返回错误值#NUM!；如果inumber为逻辑值，则函数返回错误值#VALUE!。

实例 计算复数的余割值 Excel 2013

▶ 案例实现

❶ 选中B2单元格，在编辑栏中输入公式：

=IMCSC(A2)

② 按Enter键即可返回复数4+3i的余割值0.0754898329158637+0.0648774713706355 i，如图10-31所示。

图10-31

函数31 IMCSCH函数

⊠ 函数功能

IMCSCH函数用于返回以x+yi或x+yj文本格式表示的复数的双曲余割值。

⊠ 函数语法

IMCSCH (inumber)

⊠ 参数说明

● inumber：表示需要计算其双曲余割值的复数。如果inumber为非x+yi或x+yj文本格式的值，则函数返回错误值#NUM!；如果inumber为逻辑值，则函数返回错误值#VALUE! 。

实例 计算复数的双曲余割值

Excel 2013 🎨

▶ 案例实现

① 选中B2单元格，在编辑栏中输入公式：

=IMCSCH(A2)

② 按Enter键即可返回复数4+3i的双曲余割值-0.036275889628626 - 0.0051744731840194i，如图10-32所示。

图10-32

函数32 IMSEC函数

📧 函数功能

IMSEC函数用于返回以x+yi或x+yj文本格式表示的复数的正割值。

📧 函数语法

IMSEC (inumber)

📧 参数说明

● inumber：表示需要计算其正割值的复数。如果inumber为非x+yi或 x+yj 文本格式的值，则函数返回错误值#NUM!；如果inumber 为逻辑值，则 函数返回错误值#VALUE! 。

实例　计算复数的正割值　　　　　　　　　　　　　Excel 2013

▶ 案例实现

① 选中B2单元格，在编辑栏中输入公式：

=IMSEC(A2)

② 按Enter键即可返回复数4+3i的正割值−0.0652940278579471− 0.0752249603027732 i，如图10-33所示。

图10-33

函数33 IMSECH函数

📧 函数功能

IMSECH函数用于返回以x+yi或x+yj文本格式表示的复数的双曲正割值。

📧 函数语法

IMSECH (inumber)

📧 参数说明

● inumber：表示需要计算其双曲正割值的复数。如果inumber为非x+yi

或x+yj文本格式的值，则函数返回错误值#NUM!；如果inumber为逻辑值，则函数返回错误值#VALUE!。

▶ 案例实现

1 选中B2单元格，在编辑栏中输入公式：

=IMSECH(A2)

2 按Enter键即可返回复数4+3i的双曲正割值-0.0362534969158689-0.00516434460775318i，如图10-34所示。

B2	▼	:	×	✓	f_x	=IMSECH(A2)	
	A			B			
1	复数			双曲正割值			
2	4+3i			-0.0362534969158689-0.00516434460775318i			

图10-34

函数34 IMTAN函数

⊠ 函数功能

IMTAN函数用于返回以x+yi或x+yj文本格式表示的复数的正切值。

⊠ 函数语法

IMTAN (inumber)

⊠ 参数说明

● inumber：表示需要计算其正切值的复数。如果inumber为非x+yi或x+yj文本格式的值，则函数返回错误值#NUM!；如果inumber为逻辑值，则函数返回错误值#VALUE!。

▶ 案例实现

1 选中B2单元格，在编辑栏中输入公式：

=IMTAN(A2)

2 按Enter键即可返回复数4+3i的正切值0.00490825806749606+1.00070953606723i，如图10-35所示。

图10-35

函数35 IMLN函数

函数功能

IMLN函数是返回以x+yi或x+yj文本格式表示的复数的自然对数。

函数语法

IMLN(inumber)

参数说明

● inumber：表示需要计算其自然对数的复数。

实例　计算复数的自然对数   Excel 2013/2010/2007/2003

案例实现

1 选中B2单元格，在编辑栏中输入公式：

=IMLN(A2)

2 按Enter键即可返回复数5-i的自然对数为1.62904826901074-0.197395559849881i，向下复制公式即可返回其他复数的自然对数，如图10-36所示。

图10-36

函数36 IMLOG10函数

函数功能

IMLOG10函数是返回以x+yi或x+yj文本格式表示的复数的常用对数（以 10 为底数）。

◉ 函数语法

IMLOG10(inumber)

◉ 参数说明

● inumber：表示需要计算其常用对数的复数。

实例 计算复数的以10为底的对数　　Excel 2013/2010/2007/2003 ◈

▶ 案例实现

① 选中B2单元格，在编辑栏中输入公式：

=IMLOG10(A2)

② 按Enter键即可返回复数5-i以10为底的常用对数为0.707486673985409-0.0857278023950063i，向下复制公式即可返回其他复数以10为底的常用对数，如图10-37所示。

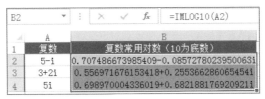

	A	B
1	复数	复数常用对数（10为底数）
2	5-i	0.707486673985409-0.08572780239500063i
3	3+2i	0.556971676153418+0.2553662860654541i
4	5i	0.698970004336019+0.6821881769209211i

图10-37

函数37 IMLOG2函数

◉ 函数功能

IMLOG2函数用于返回以x+yi或x+yj文本格式表示的复数的以2为底数的对数。

◉ 函数语法

IMLOG2(inumber)

◉ 参数说明

● inumber：表示需要计算以2为底数的对数值的复数。

实例 计算复数的以2为底的对数　　Excel 2013/2010/2007/2003 ◈

▶ 案例实现

① 选中B2单元格，在编辑栏中输入公式：

=IMLOG2(A2)

2 按Enter键即可返回复数5-i以2为底数的对数为2.35021985925143-0.284781595310842i，向下复制公式即可返回其他复数以2为底的对数，如图10-38所示。

图10-38

函数38 IMPOWER函数

函数功能

IMPOWER函数用于返回以 x+yi 或 x+yj 文本格式表示的复数的 n 次幂。

函数语法

IMPOWER(inumber,number)

参数说明

- inumber：表示需要计算其幂值的复数。
- number：表示需要计算的幂次。

实例　计算复数的n次幂
Excel 2013/2010/2007/2003

 案例实现

1 选中C2单元格，在编辑栏中输入公式：

=IMPOWER(A2,B2)

2 按Enter键即可返回复数5-i的2次幂为24-10i，向下复制公式即可返回其他复数的n次幂，如图10-39所示。

图10-39

10.3 Bessel函数

函数39 BESSELI函数

⊠ 函数功能

BESSELI函数用于返回修正Bessel函数值,它与用纯虚数参数运算时的 Bessel 函数值相等。

⊠ 函数语法

BESSELI(x,n)

⊠ 参数说明

- x:表示参数值。
- n:表示函数的阶数。如果n是非整数,则截尾取整。

实例 计算修正Bessel函数值In(X) Excel 2013/2010/2007/2003

▶ 案例实现

❶ 选中C2单元格,在编辑栏中输入公式:

`=BESSELI(A2,B2)`

❷ 按Enter键可计算出4.5的2阶修正Bessel函数值In(X),如图10-40所示。

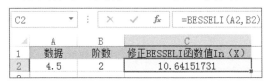

C2	▼	:	×	✓	f_x	=BESSELI(A2,B2)

	A	B	C
1	数据	阶数	修正BESSELI函数值In(X)
2	4.5	2	10.64151731

图10-40

函数40 BESSELJ函数

⊠ 函数功能

BESSELJ函数用于返回Bessel函数值。

⊠ 函数语法

BESSELJ(x,n)

⊠ 参数说明

- x:表示参数值。

● n：表示函数的阶数。如果n是非整数，则截尾取整。

实例　计算Bessel函数值Jn(X)　　　　　　　Excel 2013/2010/2007/2003

▶ 案例实现

❶ 选中C2单元格，在编辑栏中输入公式：

=BESSELJ(A2,B2)

❷ 按Enter键即可计算出4.5的2阶修正Bessel函数值Jn(X)，如图10-41所示。

C2	▼ : × ✓ *fx*	=BESSELJ(A2,B2)	
	A	B	C	D
1	数据	阶数	BESSELJ函数值Jn（X）	
2	4.5	2	0.217848984	

图10-41

函数41 BESSELK函数

▣ 函数功能

BESSELK函数用于返回修正Bessel函数值，它与用纯虚数参数运算时的Bessel 函数值相等。

▣ 函数语法

BESSELK(x,n)

▣ 参数说明

● x：表示参数值。
● n：表示函数的阶数。如果n是非整数，则截尾取整。

实例　计算修正Bessel函数值Kn(X)　　　　　Excel 2013/2010/2007/2003

 案例实现

❶ 选中C2单元格，在编辑栏中输入公式：

=BESSELK(A2,B2)

❷ 按Enter键即可计算出4.5的2阶修正Bessel函数值Kn(X)，如图10-42所示。

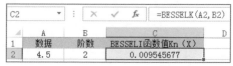

C2	▼ : × ✓ *fx*	=BESSELK(A2,B2)	
	A	B	C	D
1	数据	阶数	BESSELJ函数值Kn（X）	
2	4.5	2	0.009545677	

图10-42

函数42 BESSELY函数

函数功能

BESSELY函数用于返回Bessel函数值，也称为Weber函数或Neumann函数。

函数语法

BESSELY(x,n)

参数说明

- x：表示参数值。
- n：表示函数的阶数。如果n是非整数，则截尾取整。

实例　计算Bessel函数值Yn(X)　　　　Excel 2013/2010/2007/2003 ◐

▶ 案例实现

❶ 选中C2单元格，在编辑栏中输入公式：

=BESSELY(A2,B2)

❷ 按Enter键即可计算出4.5的2阶修正Bessel函数值Yn(X)，如图10-43所示。

C2	▼ : × ✓ fx	=BESSELY(A2,B2)	
	A	B	C	D
1	数据	阶数	BESSELI函数值Yn(X)	
2	4.5	2	0.328481596	

图10-43

10.4　其他工程函数

函数43 DELTA函数

函数功能

DELTA函数用于测试两个数值是否相等。如果number1=number2，则返回1，否则返回0。

函数语法

DELTA(number1,number2)

参数说明

- number1：表示第一个参数。
- number2：表示第二个参数。如果省略，假设值为零。

实例　判断两组数据是否相等

▶ 案例表述

要判断两组数据是否相等，可以使用DELTA函数来实现。例如在建立工资表同时，可以利用DELTA函数来核对扣除的水费、电费等金额是否正确。

▶ 案例实现

❶ 选中I3单元格，在编辑栏中输入公式：

```
=DELTA(F3,B13)
```

按Enter键得到返回值1，表明工资表中的电费金额与实际电费表单中的电费金额相等。

❷ 选中I3单元格，将光标定位到右下角，向下复制公式，可以判断工资表中其他员工电费金额与实际电缆表单中的电费是否相等（结果为0表示不相等，需要核查），如图10-44所示。

I3	▼ : × ✓ fx =DELTA(F3,B13)							
	A	B	C	D	E	F	G	H	I
1	一月份工资表								
2	姓名	基本工资	岗位津贴	交通补贴	项目奖金	扣除电费	其他扣款	实发工资	电费核查
3	刘伟	900	200	60	100	32	0	1228	1
4	张丽丽	515	100	60	600	55	15	1205	1
5	万丹	700	150	60	300	60	0	1150	1
6	张明宇	515	100	60	500	28	25	1122	1
7	李阳	680	200	60	200	35	10	1095	0
8	杜娟	515	100	60	600	40	0	1235	1
9	牛莉	800	100	60	150	46	0	1064	1
10									
11	实际电费表单								
12	姓名	1月电费	2月电费	3月电费					
13	刘伟	32	38	36					
14	张丽丽	55	50	45					
15	万丹	60	62	58					
16	张明宇	28	38	32					
17	李阳	40	43	43					
18	杜娟	40	52	29					
19	牛莉	46	38	30					

图10-44

函数44　GESTEP函数

▣ 函数功能

GESTEP函数用于比较给定参数的大小，如果number大于等于step，返回1，否则返回0。

▣ 函数语法

GESTEP(number,step)

▣ 参数说明

● number：待测试的数值。

- step：阈值。如果省略 step，则函数假设其为零。

实例 在工资表中判断奖金是否大于500元 Excel 2013/2010/2007/2003

▶ 案例表述

在员工工资表格中，可以使用GESTEP函数筛选出所需要的数据。

▶ 案例实现

① 选中J3单元格，在编辑栏中输入公式：

`=GESTEP(E3,500)`

按Enter键得到返回值0，表示E3不大于500。

② 选中J3单元格，将光标定位到右下角，向下复制公式，可以判断E列中的项目奖金是否大于500，如图10-45所示。

图10-45

函数45 ERF函数

函数功能

ERF函数用于返回误差函数在上下限之间的积分。

函数语法

ERF(lower_limit,upper_limit)

参数说明

- lower_limit：表示ERF函数的积分下限。
- upper_limit：表示ERF函数的积分上限。如果省略积分上限，ERF函数在0到下限之间进行积分。

实例 计算设计模型的误差值 Excel 2013/2010/2007/2003

▶ 案例表述

当误差下限和上限的范围规定后（可以多给出几组误差下限和上限的范围来观察更准确），如何计算其误差值呢？此时需要使用ERF函数来计算。

▶ 案例实现

❶ 选中C3单元格，在编辑栏中输入公式：

=ERF(A3,B3)

❷ 按Enter键即可计算出设计模型的误差下限a为0，误差上限b为0.8时，误差值为0.74210079。向下复制公式即可计算出误差下限a和上限b范围的误差值，如图10-46所示。

C3	⋮ × ✓ f_x	=ERF(A3,B3)	
	A	B	C
1	计算设计模型的误差值		
2	下限a	上限b	误差值f(x)
3	0	0.8	0.742100965
4	0.3	1.2	0.581687219
5	0.5	1.5	0.445605269

图10-46

函数46 ERF.PRECISE函数

▣ 函数功能

ERF.PRECISE函数用于返回误差函数。

▣ 函数语法

ERF.PRECISE (x)

▣ 参数说明

● x：表示ERF.PRECISE函数的积分下限。如果是非数值型，则函数返回错误值#VALUE!。

实例 计算积分值   Excel 2013

▶ 案例实现

❶ 选中A2单元格，在编辑栏中输入公式：

=ERF.PRECISE(0.745)

按Enter键即可计算出0~0.745之间的积分值为0.70792892，如图10-47所示。

A2	⋮ × ✓ f_x	=ERF.PRECISE(0.
	A	B
1	0-0.745之间的积分值	0-1之间的积分值
2	0.70792892	

图10-47

2 选中B2单元格，在编辑栏中输入公式：

=ERF.PRECISE(1)

按Enter键即可计算出0~1之间的积分值为0.842700793，如图10-48所示。

图10-48

函数47 ERFC函数

(图) 函数功能

ERFC函数用于返回从X~∞（无穷）积分的ERF函数的补余误差。

(图) 函数语法

ERFC(x)

(图) 参数说明

● x：表示函数的积分下限。

实例　计算设计模型的补余误差值　　　　　Excel 2013/2010/2007/2003

案例实现

如果只指定误差的下限，而不指定误差的上限，那么其余误差值是多少呢？此时需要使用ERFC函数。

案例实现

1 选中C3单元格，在编辑栏中输入公式：

=ERFC(A3)

2 按Enter键即可计算出设计模型的误差下限a为0，误差上限b为∞时，补余误差值为1。向下复制公式即可将计算出其他指定下限a和上限∞范围的补余误差值，如图10-49所示。

图10-49

函数48 ERFC.PRECISE函数

函数功能

ERFC.PRECISE函数用于返回从 x 到无穷大积分的互补 ERF 函数。

函数语法

ERFC.PRECISE (x)

参数说明

- x：表示函数的积分下限。如果x为非数值型，则返回错误值#VALUE!。

实例　返回数值1的ERF函数的补余误差值   Excel 2013

案例实现

1 选中B2单元格，在编辑栏中输入公式：

=ERFC.PRECISE(A2)

2 按Enter键即可返回数值1的ERF函数的补余误差值为0.157299207，如图10-50所示。

| B2 | ▼ | : | × | ✓ | *fx* | =ERFC.PRECISE(A2) |

▲	A	B
1	数值	数值的ERF函数的补余误差
2	1	0.157299207

图10-50

函数49 CONVERT函数

函数功能

CONVERT函数用于将数字从一个度量系统转换到另一个度量系统中。

函数语法

CONVERT(number,from_unit,to_unit)

参数说明

- number：表示以from_units为单位的需要进行转换的数值。
- from_unit：表示数值number的单位。

- to_unit：表示结果的单位。

实例　将数字从一种度量系统转换为另一种度量系统

Excel 2013/2010/2007/2003

案例表述

CONVERT函数可以将数字从一个度量系统转换到另一个度量系统中。例如将“yd”（码）度量单位转换为“m”（米）、将“in”（英寸）度量单位转换为“m”（米）、将“Nmi”（海里）度量单位转换为“m”（米）等。

案例实现

❶ 选中C3单元格，在编辑栏中输入公式：

```
=CONVERT(B3,D3,E3)
```

按Enter键即可将“in”（英寸）度量单位转换为“m”（米），如图10-51所示。

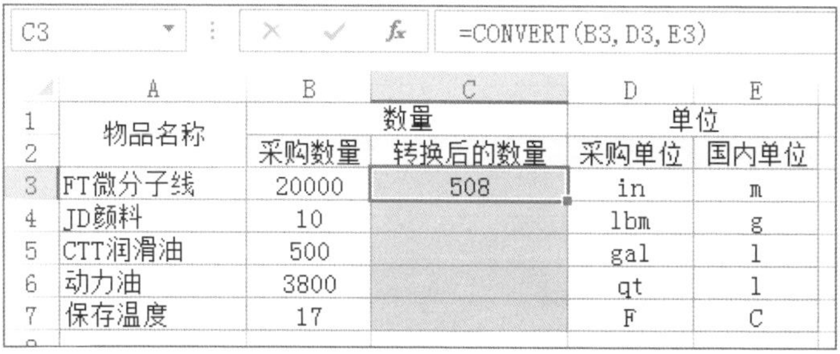

C3　=CONVERT(B3,D3,E3)

	A	B	C	D	E
1	物品名称	数量		单位	
2		采购数量	转换后的数量	采购单位	国内单位
3	FT微分子线	20000	508	in	m
4	JD颜料	10		lbm	g
5	CTT润滑油	500		gal	l
6	动力油	3800		qt	l
7	保存温度	17		F	C

图10-51

❷ 选中C3单元格，向下复制公式，即可将各物品的度量单位转换为国内单位，如图10-52所示。

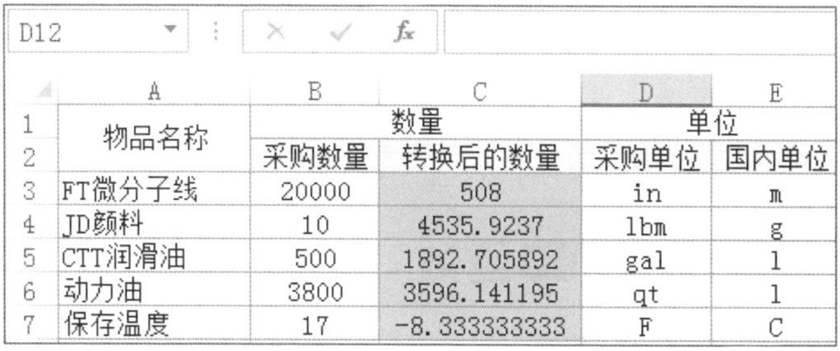

D12

	A	B	C	D	E
1	物品名称	数量		单位	
2		采购数量	转换后的数量	采购单位	国内单位
3	FT微分子线	20000	508	in	m
4	JD颜料	10	4535.9237	lbm	g
5	CTT润滑油	500	1892.705892	gal	l
6	动力油	3800	3596.141195	qt	l
7	保存温度	17	-8.333333333	F	C

图10-52

CONVERT函数中from_unit和to_unit的参数接受的文本值见表10-1。

表10-1

重量和质量	from_unit 或 to_unit	能量	from_unit
克	"g"	焦耳	"J"
斯勒格	"sg"	尔格	"e"
磅（常衡制）	"lbm"	热力学卡	"c"
U（原子质量单位）	"u"	IT	卡
盎司（常衡制）	"ozm"	电子伏	"eV"
距离	from_unit	马力–小时	"HPh"
米	"m"	瓦特–小时	"Wh"
法定英里	"mi"	英尺磅	"flb"
海里	"Nmi"	BTU	"BTU"
英寸	"in"	乘幂	from_unit
英尺	"ft"	马力	"HP"
码	"yd"	瓦特	"W"
埃	"ang"	磁	from_unit
皮卡（1/72英寸）	"Pica"	特斯拉	"T"
日期	from_unit	高斯	"ga"
年	"yr"	温度	from_unit
日	"day"	摄氏度	"C"
小时	"hr"	华氏度	"F"
分钟	"mn"	开氏温标	"K"
秒	"sec"	液体度量	from_unit
压强	from_unit	茶匙	"tsp"
帕斯卡	"Pa"	汤匙	"tbs"
大气压	"atm"	液量盎司	"oz"
毫米汞柱	"mmHg"	杯	"cup"
力	from_unit	U.S.	品脱
牛顿	"N"	U.K.	品脱
达因	"dyn"	夸脱	"qt"
磅力	"lbf"	加仑	"gal"
		升	"l"

函数50 BITAND函数

🔲 函数功能

BITAND函数用于返回两个数的按位与。

⊠ 函数语法

BITAND (number1, number2)

⊠ 参数说明

- number1：必须为十进制格式并大于或等于0。
- number2：必须为十进制格式并大于或等于0。

实例 比较两数值的二进制表示形式

Excel 2013

▶ 案例实现

1 选中A6单元格，在编辑栏中输入公式：

=BITAND(A2,B2)

按Enter键即可返回数值1与5的二进制表示形式的比较结果，如图10-53所示。

图10-53

2 向右复制公式，即可返回数值13与25的二进制表示形式的比较结果，如图10-54所示。

图10-54

函数51 BITOR函数

⊠ 函数功能

BITOR函数用于返回两个数的按位或。

📧 函数语法

BITOR (number1, number2)

📧 参数说明

- number1：必须为十进制格式并大于或等于0。
- number2：必须为十进制格式并大于或等于0。

实例　比较两个数字以二进制表示的位　　　　Excel 2013 ◐

▶ **案例实现**

① 选中C2单元格，在编辑栏中输入公式：

=BITOR(A2,B2)

② 按Enter键即可返回结果，如图10-55所示。

	A	B	C
1	数值1	数值2	两个数的按位"或"
2	23	10	31

C2 | fx | =BITOR(A2, B2)

图10-55

函数52 **BITXOR函数**

📧 函数功能

BITXOR函数用于返回两个数值的按位异或的结果。

📧 函数语法

BITXOR (number1, number2)

📧 参数说明

- number1：必须大于或等于0。
- number2：必须大于或等于0。

实例　返回每个位值按位异或比较运算总和　　　　Excel 2013 ◐

▶ **案例实现**

① 选中C4单元格，在编辑栏中输入公式：

=BITXOR(A2,B2)

② 按Enter键即可返回两个数值的按位异或结果为6，如图10-56所示。

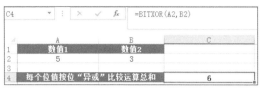

图10-56

函数53　BITLSHIFT函数

(图) 函数功能

　　BITLSHIFT函数用于返回向左或向右移动指定位数后的数值。

(图) 函数语法

　　BITLSHIFT (number, shift _amount)

(图) 参数说明

- number：必须为大于或等于0的整数。
- shift _amount：必须为整数，表示左移和右移的位数。

实例　返回右移相应位数的数值并用十进制表示　　　　Excel 2013

▶ 案例实现

① 选中B2单元格，在编辑栏中输入公式：

=BITLSHIFT(A2,2)

② 按Enter键即可删除以二进制表示的数值"13"最右边的2位数，得到返回值的十进制值，如图10-57所示。

图10-57

读书笔记

第 *11* 章

加载项和自动化函数

本章中部分素材文件在光盘中对应的章节下。

函数1 EUROCONVERT函数

函数功能

EUROCONVERT函数用于将数字由欧元形式转换为欧盟成员国货币形式，或利用欧元作为中间货币将数字由某一欧盟成员国货币转化为另一欧盟成员国货币的形式（三角转换关系）。只有采用了欧元的欧盟 (EU) 成员国货币才能进行这些转换。此函数所使用的是由欧盟 (EU) 建立的固定转换汇率。

函数语法

EUROCONVERT(number,source,target,full_precision,triangulation_precision)

参数说明

- number：表示要转换的货币值，或对包含该值的单元格的引用。
- source：表示由3个字母组成的字符串，或对包含字符串的单元格的引用，该字符串对应于源货币的 ISO代码。EUROCONVERT 函数中可以使用的货币代码如表11-1所示。

表11-1

国家/地址	基本货币单位	ISO
比利时	法郎	BEF
卢森堡	法郎	LUF
德国	德国马克	DEM
西班牙	西班牙比塞塔	ESP
法国	法郎	FRF
爱尔兰	爱尔兰磅	IEP
意大利	里拉	ITL
荷兰	荷兰盾	NLG
奥地利	奥地利先令	ATS
葡萄牙	埃斯库多	PTE
芬兰	芬兰马克	FIM
希腊	德拉克马	GRD
斯洛文尼亚	托拉尔	SIT
欧盟成员国	欧元	EUR

- target：表示由3个字母组成的字符串，或单元格引用，该字符串对应于

要将数字转换成的货币所对应的 ISO 代码。有关 ISO 代码的信息，请参阅表11-1列出的Source值。

- full_precision：表示一个逻辑值（TRUE 或 FALSE），或计算结果为

提　示

TRUE 或 FALSE 的表达式，它用于指定结果的显示方式。

FALSE表示显示用特定的货币舍入原则计算的结果，参阅表11-2。Excel将使用计算精度值来计算结果，同时使用精度值来显示结果。如果省略full_precision参数，则默认值为FALSE。TRUE表示是用通过计算得到的所有有效数字来显示结果。表11-2显示了特定的货币舍入原则，也就是说，Excel使用多少位小数来计算货币的转换结果，并使用多少位小数来显示转换结果。

表11-2

ISO	代码	计算精度
BEF	0	0
LUF	0	0
DEM	2	2
ESP	0	0
FRF	2	2
IEP	2	2
ITL	0	0
NLG	2	2
ATS	2	2
PTE	0	2
FIM	2	2
GRD	0	2
SIT	2	2
EUR	2	2

- triangulation_precision：是一个等于或大于 3 的整数，用于指定在转换两个欧盟成员国之间货币时所使用的中间欧元数值的有效位数。如果省略此参数，则 Excel 不会对中间欧元数值进行舍入。如果在将欧盟成员国货币转换为欧元时使用了此参数，则 Excel 将会计算中间结果的欧元值，然后再将此中间结果的欧元值转换为某个欧盟成员国货币。

实例1　将指定国家的货币转换为欧元货币形式 Excel 2013/2010/2007/2003

▶ 案例表述

将指定国家的货币金额转换为欧元货币形式。

▶ 案例实现

① 在使用EUROCONVERT函数前，需要加载"欧元转换工具"加载宏。在Excel 2013界面中，打开"文件"选项卡，单击"选项"按钮，打开"Excel选项"对话框，如图11-1所示。

图11-1

② 选中"加载项"标签，在右侧的"管理"后单击"转到"按钮（如图11-2所示），打开"加载宏"对话框。

③ 在打开的"加载宏"对话框中选中"欧元工具"复选框，如图11-3所示。

图11-2

图11-3

④ 单击"确定"按钮，即可加载"欧元工具"加载宏。

⑤ 选中D2单元格，在公式编辑栏中输入公式：

=EUROCONVERT(A2,B2,C2)

按Enter键即可将指定国家的货币金额转换为等效的欧元金额。

⑥ 将光标移到D2单元格的右下角，光标变成十字形状后，向下复制公式，即可将其他国家的货币金额转换为等效的欧元金额，如图11-4所示。

D2		▼	⋮	✕	✓	*fx*	=EUROCONVERT(A2,B2,C2)	
	A	B	C	D	E			
1	金额	源	目标	转换为欧元				
2	100	DEM	EUR	51.13				
3	100	NLG	EUR	45.38				
4	100	BEF	EUR	2.48				
5	100	PTE	EUR	0.5				
6	100	GRD	EUR	0.29				
7	100	ESP	EUR	0.6				
8								

图11-4

实例2　在不同国家之间进行货币转换　　　Excel 2013/2010/2007/2003

▶ 案例表述

将不同国家间的货币金额进行转换。

▶ 案例实现

① 选中D2单元格，在公式编辑栏中输入公式：

=EUROCONVERT(A2,B2,C2)

按Enter键即可将指定国家的货币金额转换为等效的其他国家的货币金额。

② 将光标移到D2单元格的右下角，光标变成十字形状后，向下复制公式，即可完成其他国家间的货币金额的转换，如图11-5所示。

D2		▼	⋮	✕	✓	*fx*	=EUROCONVERT(A2,B2,C2)	
	A	B	C	D	E	F		
1	金额	源	目标	各国货币转换				
2	100	DEM	EUR	51.13				
3	100	NLG	ATS	624.42				
4	100	BEF	PTE	497				
5	100	PTE	ATS	6.86				
6	100	GRD	NLG	0.65				
7	100	ESP	LUF	24				
8								

图11-5

函数2 CALL函数

函数功能

CALL函数用于调用动态链接库或代码源中的过程。此函数有两种语法形式，语法1只能用于已经注册的代码源，该代码源使用REGISTER函数的参数；语法2a或2b可以同时注册并调用代码源。

函数语法

语法1：CALL(register_id,argument1,...)

语法2a：CALL(module_text,procedure,type_text,argument1,...)

语法2b：CALL(file_text,resource,type_text,argument1,...)

提示

语法1需要同REGISTER函数配合使用；语法2a和语法2b可以单独使用。

参数说明

● register_id：表示以前执行REGISTER函数或REGISTER.ID函数返回的值。

● argument1, ...：表示要传递给过程的参数。

● module_text：带引号的文本，用于指定动态链接库（DLL）的名称，该链接库包含Microsoft Excel for Windows中的过程。

● file_text：包含Microsoft Excel for the Macintosh中代码源的文件的名称。

● procedure：为文本，用于指定Microsoft Excel for Windows中DLL内的函数名。还可以使用由模块定义文件（.DEF）中的EXPORTS语句为函数提供的顺序值，顺序值不可以为文本形式。

● resource：Microsoft Excel for the Macintosh中代码源的名称。也可以使用源ID号，源ID号不可以为文本形式。

● type_text：用于指定返回值的数据类型以及DLL或代码源的所有参数的数据类型的文本，type_text 的首字母指定返回值。有关type_text所使用的代码的详细信息，请参阅CALL和REGISTER函数的用法。对于独立的DLL或代码源（XLL），可以省略此参数。

实例1 在16位Microsoft Excel for Windows中注册GetTickCount函数
Excel 2013/2010/2007/2003

案例表述

在16位Microsoft Excel for Windows中，将GetTickCount函数注册到系统

中，并让GetTickCount函数以毫秒为单位返回Microsoft Windows的运行时间。

▶ 案例实现

❶ 在工作表中，选中要注册GetTickCount 函数的单元格，在公式编辑栏中输入公式：

```
=REGISTER("User","GetTickCount","J")
```

按Enter键即可完成GetTickCount 函数注册。

❷ 假设函数REGISTER在A1单元格中，选中A1单元格后，在公式编辑栏中输入公式：

```
=CALL(A1)
```

按Enter键即可返回已经运行的毫秒数。

实例2　在32位Microsoft Excel for Windows中注册GetTickCount 函数
Excel 2013/2010/2007/2003

▶ 案例表述

在32位Microsoft Excel for Windows中，将GetTickCount函数注册到系统中，并让GetTickCount函数以毫秒为单位返回Microsoft Windows的运行时间。

▶ 案例实现

❶ 在工作表中，选中要注册GetTickCount 函数的单元格，在公式编辑栏中输入公式：

```
=REGISTER("Kernel32","GetTickCount","J")
```

按Enter键即可完成GetTickCount 函数注册。

❷ 假设函数 REGISTER在A1单元格中，选中A1单元格后，在公式编辑栏中输入公式：

```
=CALL(A1)
```

按Enter键即可返回已经运行的毫秒数。

实例3　调用注册到16位Microsoft Excel for Windows中的 GetTickCount 函数
Excel 2013/2010/2007/2003

▶ 案例表述

在工作表中，可以用CALL 函数来调用注册到16位Microsoft Excel for Windows中的GetTickCount函数。

▶ 案例实现

❶ 在工作表中，选中要调用GetTickCount 函数的单元格，在公式编辑栏中

输入公式：

=CALL("User","GetTickCount","J!")

2 按Enter键即可调用GetTickCount 函数。

 提 示

公式中的 "!" 符号表示强制Microsoft Excel在每次重新计算工作表时都要重新计算CALL函数，这样每当重新计算工作表时，都会更新运行时间值。

实例4　调用注册到32位Microsoft Excel for Windows中的 GetTickCount 函数　　Excel 2013/2010/2007/2003

案例表述

在工作表中，可以用CALL函数来调用注册到32位Microsoft Excel for Windows中的GetTickCount函数。

案例实现

1 在工作表中，选中要调用GetTickCount 函数的单元格，在公式编辑栏中输入公式：

=CALL("Kernel32","GetTickCount","J!")

2 按Enter键即可调用GetTickCount 函数。

 提 示

可以使用REGISTER函数的可选参数为函数指定自定义名称。此名称将在"插入函数"对话框中出现，可通过在公式中使用自定义名称来调用函数。

函数3 REGISTER.ID函数

函数功能

REGISTER.ID函数用于返回已注册过的指定动态链接库 (DLL) 或代码源的注册号。如果 DLL 或代码源还未进行注册，该函数对 DLL 或代码源进行注册，然后返回注册号。REGISTER.ID 函数可以用于工作表（与 REGISTER 函数不同），但无法用 REGISTER.ID 函数指定函数名和参数名。

函数语法

语法1：REGISTER.ID(module_text,procedure,type_text)

语法2：REGISTER.ID(file_text,resource,type_text)

提 示

语法1是针对于Microsoft Excel for Windows系统；语法2是针对于Microsoft Excel for the Macintosh系统。

参数说明

- module_text：为文本，用于指定Microsoft Excel for Windows中的DLL名称，该DLL包含函数。
- procedure：为文本，用于指定Microsoft Excel for Windows中DLL内的函数名。还可以使用由模块定义文件（.DEF）中的EXPORTS语句为函数提供的顺序值。序数值或源ID号不能为文本形式。
- type_text：为文本，用于指定返回值的数据类型以及 DLL 的所有参数的数据类型。type_text 的首字母指定返回值。如果函数或代码源已经注册过，则可以省略该参数。
- file_text：为文本，用于指定Microsoft Excel for the Macintosh中包含代码源的文件名。
- resource：为文本，用于指定Microsoft Excel for the Macintosh中代码源内的函数名，也可以使用源ID号。序数值或源ID号不能为文本形式。

实例1　将GetTickCount函数注册到16位版本的Microsoft Windows中

Excel 2013/2010

案例表述

将GetTickCount函数注册到16位版本的Microsoft Windows中，并返回登录代码。

案例实现

① 在工作表中，选中返回登录代码的单元格（A1），在公式编辑栏中输入公式：

```
=REGISTER.ID("User", "GetTickCount", "J!")
```

② 按Enter键即可返回注册代码。

实例2　将GetTickCount函数注册到32位版本的Microsoft Windows中

Excel 2013/2010

案例表述

将GetTickCount函数注册到32位版本的Microsoft Windows中，并返回登录代码。

▶ 案例实现

① 在工作表中，选中返回注册代码的单元格A1，在公式编辑栏中输入公式：

> =REGISTER.ID("Kernel32", "GetTickCount", "J!")

② 按Enter键即可返回注册代码。

函数4 SQL.REQUEST函数

▣ 函数功能

SQL.REQUEST函数是与外部数据源连接，从工作表运行查询，然后将查询结果以数组的形式返回，而无需进行宏编程。如果没有此函数，则必须安装 Microsoft Excel ODBC 加载项程序（为Microsoft Office提供自定义命令或自定义功能的补充程序）XLODBC.XLA。可从Microsoft Office网站安装加载项。

▣ 函数语法

SQL.REQUEST(connection_string,output_ref,driver_prompt,query_text,column_names_logical)

▣ 参数说明

● connection_string：提供信息，如数据源名称、用户 ID 和密码等。这些信息对于连接数据源的驱动程序是必需的，同时它们必须满足驱动程序的格式要求。表11-3给出了用于3个不同驱动程序的3个连接字符串的示例。

表11-3

驱动程序	connection_string
dBASE	DSN=NWind;PWD=test;PWD=test
SQL	DSN=MyServer;UID=dbayer; PWD=123;Database=Pubs
ORACLE	DNS=My Oracle Data Source;DBQ=MYSER VER; UID=JohnS;PWD=Sesame

● output_ref：对用于存放完整的连接字符串的单元格的引用。如果在工作表中输入SQL.REQUEST函数，则可以忽略output_ref。

● driver_prompt：指定驱动程序对话框何时显示以及何种选项可用。该参数使用表11-4中所描述的数字之一。如果省略driver_prompt参数，SQL.REQUEST函数使用 2 作为默认值。

表11-4

driver_prompt	说　　　明
1	一直显示驱动程序对话框
2	只有在连接字符串和数据源说明所提供的信息不足以完成连接时，才显示驱动程序对话框。所有对话框选项都可用
3	只有在连接字符串和数据源说明所提供的信息不足以完成连接时，才显示驱动程序对话框。如果未指明对话框选项是必需的，这些选项变灰，不能使用
4	不显示对话框。如果连接不成功，则返回错误值

- query_text：需要在数据源中执行的 SQL 语句。
- column_names_logical：指示是否将列名作为结果的第一行返回。如果要将列名作为结果的第一行返回，将该参数设置为 TRUE。如果不需要将列名返回，则设置为 FALSE。如果省略 column_names_logical，则函数不返回列名。

 实例　从指定服务器查找满足条件的数据　　Excel 2013/2010

▶ 案例表述

从指定服务器（Buxue）上的指定库（ExP）的指定表（OrderTT）中，查找满足条件的数据返回到工作表中。

▶ 案例实现

❶ 在工作表中，选中查找结果返回数据的单元格A2，在公式编辑栏中输入公式：

　=SQL.REQUEST("DSN=Buxue;UID=tftv;PWD=tf00588;Database=ExP",2,
"Select HPrice from Rationlib WHERE TCode=A1",TRUE)

❷ 按Enter键即可从Buxue服务器上的ExP库的OrderTT表中，查找条件等于A1的内容并返回到A2的单元格中。

 提示

在使用该函数前，确定是否已经加载了Microsoft Excel 的 QDBC 加载宏（XLODBC.XLA）。如果没有加载，使用时会返回错误值#NAME？。

第 *12* 章

多维数据集函数

本章中部分素材文件在光盘中对应的章节下。

函数1 CUBEKPIMEMBER函数

▣ 函数功能

　　CUBEKPIMEMBER函数用于返回重要性能指示器 (KPI) 属性，并在单元格中显示 KPI 名称。KPI 是一种用于监控单位绩效的可计量度量值，如每月总利润或季度员工调整。

▣ 函数语法

　　CUBEKPIMEMBER(connection,kpi_name,kpi_property,caption)

▣ 参数说明

- connection：表示到多维数据集的连接的名称的文本字符串。
- kpi_name：表示多维数据集中KPI名称的文本字符串。
- kpi_property：表示返回的KPI组件。如果为kpi_property指定KPIValue，则只有kpi_name显示在单元格中。KPI组件可以是表12-1中所给出类型的值。

表12-1

整型	枚举常量	说明
1	KPIValue	实际值
2	KPIGoal	目标值
3	KPIStatus	KPI在特定时刻的状态
4	KPITrend	走向值的度量
5	KPIWeight	分配给KPI 的相对权重
6	KPICurrentTimeMember	KPI的临时根据内容

- caption：是显示在单元格中的可选文本字符串，而不是 kpi_name 和 kpi_property。

提 示

- 只有在工作簿连接到Microsoft SQL Server 2005 Analysis Services或更高版本的数据源时，才支持CUBEKPIMEMBER函数。
- 当CUBEKPIMEMBER函数求值时，它会在检索到所有数据之前在单元格中暂时显示"#GETTING_DATA…"消息。
- 要在计算中使用KPI，需将CUBEKPIMEMBER函数指定为CUBEVALUE函数中的member_expression参数。
- 如果连接名称不是存储在工作簿中的有效工作簿连接，则

CUBEKPIMEMBER函数将返回错误值#NAME?。如果联机分析处理(OLAP)服务器未运行、不可用或返回错误消息,则CUBEKPIMEMBER函数返回错误值 #NAME?。

- 当kpi_name或kpi_property无效时,CUBEKPIMEMBER返回错误值#N/A。
- CUBEKPIMEMBER在以下情况下可能返回错误值#N/A:如果在共享连接时引用数据透视表中的基于会话的对象,如计算成员或命名集,并且该数据透视表被删除了或者将该数据透视表转换为公式(方法是在"选项"选项卡"工具"组中单击"OLAP 工具",然后单击"转换为公式")。

实例　从数据库中显示KPI名称

Excel 2013/2010/2007

案例实现

① 选中C3单元格,在公式编辑栏中输入公式:

=CUBEKPIMEMBER(A1,"NewKPI",2)

② 按Enter键即可从数据库中显示KPI名称,如图12-1所示。

图12-1

函数2　CUBEMEMBER函数

函数功能

CUBEMEMBER函数用于返回多维数据集中的成员或元组,用来验证成员或元组存在于多维数据集中。

函数语法

CUBEMEMBER(connection,member_expression,caption)

参数说明

- connection:表示到多维数据集的连接的名称的文本字符串。
- member_expression:表示多维表达式(MDX)的文本字符串,用来计算出多维数据集中的唯一成员。此外,也可以将 member_expression

指定为单元格区域或数组常量的元组。

- caption：表示显示在多维数据集的单元格（而不是标题）中的文本字符串（如果定义了一个文本字符串的话）。当返回元组时，所用的标题为元组中最后一个成员的文本字符。

提 示

- 当CUBEMEMBER函数求值时，它会在检索到所有数据之前在单元格中暂时显示"#GETTING_DATA…"消息。

- 如果将CUBEMEMBER函数用做CUBE函数的参数，该CUBE函数将使用标识成员或元组的MDX表达式，而不是在CUBEMEMBER函数的单元格中显示的值。

- 如果连接名称不是存储在工作簿中的有效工作簿连接，则CUBEMEMBER函数返回错误值#NAME?。如果联机分析处理（OLAP）服务器未运行、不可用或返回错误消息，则CUBEMEMBER函数返回错误值#NAME?。

- 如果元组中至少有一个元素是无效的，则CUBEMEMBER函数返回错误值#VALUE!。

- 如果member_expression的长度大于255个字符（这是函数中参数的长度限制），则CUBEMEMBER函数将返回错误值#VALUE!。要使用长度大于255个字符的文本字符串，需在单元格中输入该文本字符串（对于单元格而言，该限制是32,767个字符），然后使用单元格引用作为参数。

- 当member_expression语法不正确、MDX文本字符串指定的成员在多维数据集中不存在、指定的值不交叉、元组无效、集合至少包含一个其维数与其他成员都不同的成员时，CUBEMEMBER函数返回错误值#N/A。

- CUBEMEMBER在以下情况下可能返回错误值#N/A：如果在共享连接时引用数据透视表中的基于会话的对象，如计算成员或命名集，并且该数据透视表被删除了或者将该数据透视表转换为公式（方法是在"选项"选项卡"工具"组中单击"OLAP工具"，然后单击"转换为公式"）。

实例 从数据库中获取订单编号   Excel 2013/2010/2007

 案例实现

❶ 选中A2单元格，在公式编辑栏中输入公式：

=CUBEMEMBER("JACKCHEN MyAnalysis MyCubeData","[Orders].[OrderID].&[10248]")

❷ 按Enter键即可从数据库中获取订单编号，如图12-2所示。

图12-2

函数3 CUBEMEMBERPROPERTY函数

(图) 函数功能

CUBEMEMBERPROPERTY函数是返回多维数据集中成员属性的值，用来验证某成员名称存在于多0维数据集中，并返回此成员的指定属性。

(图) 函数语法

CUBEMEMBERPROPERTY(connection,member_expression,property)

(图) 参数说明

- connection：表示到多维数据集的连接的名称的文本字符串。
- member_expression：表示多维数据集中成员的多维表达式（MDX）的文本字符串。
- property：表示返回的属性的名称的文本字符串或对包含属性名称的单元格的引用。

提示

- 当 CUBEMEMBERPROPERTY 函数求值时，它会在检索到所有数据之前在单元格中暂时显示"#GETTING_DATA…"消息。
- 如果连接名称不是存储在工作簿中的有效工作簿连接，则 CUBEMEMBERPROPERTY 函数返回错误值 #NAME?。如果联机分析处理 (OLAP) 服务器未运行、不可用或返回错误消息，则 CUBEMEMBERPROPERTY 函数返回错误值 #NAME?。
- 如果 member_expression 语法不正确，或者 member_expression 指定的成员在多维数据集中不存在，则 CUBEMEMBERPROPERTY 函数返回错误值 #N/A。
- CUBEMEMBERPROPERTY 在以下情况下可能返回错误值 #N/A：如果在共享连接时引用数据透视表中的基于会话的对象，如计算成员或命名集，并且该数据透视表被删除了或者将该数据透视表转换为公式（方法是在"选项"选项卡"工具"组中单击"OLAP 工具"，然后单击"转换为公式"）。

实例 从数据库中返回指定成员的属性值   Excel 2013/2010/2007 ⓐ

▶ 案例实现

① 选中单元格，在公式编辑栏中输入公式：

=CUBEMEMBERPROPERTY("Sales","[Time].[Fiscal].[2004]",$A$3)

② 按Enter键即可从数据库中返回成员的属性值。

函数4 CUBERANKEDMEMBER函数

☒ 函数功能

CUBERANKEDMEMBER函数返回集合中的第 n 个成员或排名成员，用来返回集合中的一个或多个元素，如业绩最好的销售人员或前 10 名的学生。

☒ 函数语法

CUBERANKEDMEMBER(connection,set_expression,rank,caption)

☒ 参数说明

- connection：表示到多维数据集的连接的名称的文本字符串。
- set_expression：表示集合表达式的文本字符串，如 "{[Item1].children}"，也可以是CUBESET函数，或者是对包含CUBESET函数的单元格的引用。
- rank：用于指定要返回的最高值的整型值。如果rank为1，将返回最高值；如果rank为 2，将返回第二高的值，依此类推。要返回最高的前5个值，可使用5次CUBERANKEDMEMBER函数，每一次指定1~5的不同rank。
- caption：表示显示在多维数据集的单元格（而不是标题）中的文本字符串（如果定义了一个文本字符串的话）。

📁 提示

- 当 CUBERANKEDMEMBER 函数求值时，它会在检索到所有数据之前在单元格中暂时显示"#GETTING_DATA…"消息。
- 如果连接名称不是存储在工作簿中的有效工作簿连接，则 CUBERANKEDMEMBER 函数返回错误值 #NAME?。如果联机分析处理 (OLAP) 服务器未运行、不可用或返回错误消息，则 CUBERANKEDMEMBER 函数返回错误值 #NAME?。
- 如果 set_expression 语法不正确，或者集合至少包含一个维数与其他成员都不同的成员，则 CUBERANKEDMEMBER 函数将返回错误值 #N/A。

实例 从数据库中返回第n个成员或排名成员 Excel 2013/2010/2007 ●

📹 **案例实现**

1 选中单元格，在公式编辑栏中输入公式：

=CUBERANKEDMEMBER("Sales",$D$4,1,"Top Month")

2 按Enter键即可从数据库中返回第n个成员或排名成员。

函数5 CUBESET函数

🔲 **函数功能**

CUBESET函数是定义成员或元组的计算集。方法是向服务器上的多维数据集发送一个集合表达式，此表达式创建集合，并随后将该集合返回到 Microsoft Office Excel。

🔲 **函数语法**

CUBESET(connection,set_expression,caption,sort_order,sort_by)

🔲 **参数说明**

- connection：表示到多维数据集的连接的名称的文本字符串。
- set_expression：表示产生一组成员或元组的集合表达式的文本字符串，也可以是对 Excel 区域的单元格引用，该区域包含一个或多个成员、元组或包含在集合中的集合。
- caption：表示显示在多维数据集的单元格（而不是标题）中的文本字符串（如果定义了一个文本字符串的话）。
- sort_order：表示执行的排序类型（如果存在的话），默认值为 0。对一组元组进行字母排序时，是以每个元组中最后一个元素为排序依据的。有关这些不同的排序顺序的详细信息，请参阅表12-2。

表12-2

整型	枚举常量	说明	sort_by参数
0	SortNone	按当前顺序保留集合	忽略
1	SortAscending	使用sort_by参数按升序排序	必填
2	SortDescending	使用sort_by参数按降序排序	必填
3	SortAlphaAscending	按字母升序对集合进行排序	忽略
4	Sort_Alpha_Descending	按字母降序对集合进行排序	忽略
5	Sort_Natural_Ascending	按自然升序对集合进行排序	忽略
6	Sort_Natural_Descending	按自然降序对集合进行排序	忽略

- sort_by：表示排序所依据的值的文本字符串。例如，要获得销售量最高的城市，则 set_expression 为一组城市，sort_by 为销售量。或者，要获得人口最多的城市，则 set_expression 为一组城市，sort_by 为人口量。如果 sort_order 需要 sort_by，而 sort_by 被忽略，则 CUBESET 函数返回错误消息 #VALUE!。

提 示

- 当CUBESET函数求值时，它会在检索到所有数据之前在单元格中暂时显示"#GETTING_DATA…"消息。
- 如果连接名称不是存储在工作簿中的有效工作簿连接，则CUBESET函数返回错误值#NAME?。如果联机分析处理（OLAP）服务器未运行、不可用或返回错误消息，则CUBESET函数返回错误值#NAME?。
- 如果set_expression语法不正确，或集合至少包含一个其维数与其他成员都不同的成员，CUBESET函数返回错误值#N/A。
- 如果set_expression的长度大于255个字符（这是函数中参数的长度限制），则 CUBESET 函数将返回错误值#VALUE!。要使用长度大于255个字符的文本字符串，需在单元格中输入该文本字符串（对于单元格而言，该限制是 32 767 个字符），然后使用单元格引用作为参数。
- CUBESET在以下情况下可能返回错误值#N/A：如果在共享连接时引用数据透视表中的基于会话的对象，如计算成员或命名集，并且该数据透视表被删除了或者将该数据透视表转换为公式（方法是在"选项"选项卡 "工具"组中单击"OLAP 工具"，然后单击"转换为公式"）。

实例 定义成员或元组的计算集

案例实现

① 选中单元格，在公式编辑栏中输入公式：

=CUBESET("Finance","Order([Product].[Product].[Product Category]. Members,[Measures].[Unit Sales],ASC)","Products")

② 按Enter键即可定义成员的计算集。

函数6 CUBESETCOUNT函数

函数功能

CUBESETCOUNT函数用于返回集合中的项目数。

函数语法

CUBESETCOUNT(set)

函数说明

- set：表达式的文本字符串，该表达式计算出由CUBESET函数定义的集合。Set也可以是CUBESET函数，或者是对包含CUBESET函数的单元格的引用。

提示

当CUBESETCOUNT函数求值时，它会在检索到所有数据之前在单元格中暂时显示"#GETTING_DATA…"消息。

实例　返回集合中的项目数　　　　　　　　　　Excel 2013/2010/2007

案例实现

1 选中单元格，在公式编辑栏中输入公式：

=CUBESETCOUNT(CUBESET("Sales","[Product].[All Products].Children","Products",1,"[Measures].[Sales Amount]"))

2 按Enter键即可返回集合中的项目数。

函数7　CUBEVALUE函数

函数功能

CUBEVALUE函数是从多维数据集中返回汇总值。

函数语法

CUBEVALUE(connection,member_expression1,member_expression2...)

函数说明

- connection：表示到多维数据集的连接的名称的文本字符串。
- member_expression1,member_expression2...：表示用来计算出多维数据集中的成员或元组的多维表达式（MDX）的文本字符串。另外，member_expression可以是由CUBESET函数定义的集合。使用member_expression作为切片器来定义要返回其汇总值的多维数据集部分时，如果member_expression中未指定度量值，则使用该多维数据集的默认度量值。

提 示

- 当CUBEVALUE函数求值时，它会在检索到所有数据之前在单元格中暂时显示"#GETTING_DATA…"消息。
- 如果member_expression使用单元格引用，并且该单元格引用包含CUBE 函数，则member_expression使用引用的单元格中的项目的MDX表达式，而不是显示在该引用的单元格中的值。
- 如果连接名称不是存储在工作簿中的有效工作簿连接，则CUBEVALUE函数返回错误值#NAME?。如果联机分析处理（OLAP）服务器未运行、不可用或返回错误消息，则CUBEVALUE函数返回错误值#NAME?。
- 如果元组中至少有一个元素无效，则CUBEVALUE函数返回错误值#VALUE!。
- 当member_expression语法不正确、member_expression所指定的成员在多维数据集中不存在、指定的值不交叉、元组无效、集合至少包含一个其维数与其他成员都不同的成员时，CUBEVALUE函数返回错误值#N/A。
- CUBEVALUE在以下情况下可能返回错误值#N/A：如果在共享连接时引用数据透视表中的基于会话的对象，如计算成员或命名集，并且该数据透视表被删除了或者将该数据透视表转换为公式（方法是在"选项"选项卡"工具"组中单击"OLAP 工具"，然后单击"转换为公式"）。

实例　从数据库中获取对应的数值　　Excel 2013/2010/2007

案例实现

1 选中C2单元格，在公式编辑栏中输入公式：

=CUBEVALUE("JACKCHEN MyAnalysis MyCubeData",A1,A2,A3)

2 按Enter键即可从数据库中获取对应的数值，如图12-3所示。

图12-3

第 *13* 章

兼容性函数

本章中部分素材文件在光盘中对应的章节下。

函数1 BETADIST函数

函数功能

BETADIST函数用于返回Beta概率密度函数。Beta分布通常用于研究样本中一定部分的变化情况，例如，人们一天中看电视的时间比率。

函数语法

BETADIST(x,alpha,beta,[A],[B])

参数说明

- x：用来计算其函数的值，介于值A～B之间。
- alpha：表示分布参数。alpha ≤0或beta≤0，则BETADIST返回#NUM! 错误值。
- beta：表示分布参数。
- A和B：可选。A表示x所属区间的下界；B表示x所属区间的上界。若x< A、x>B或A=B，则函数BETADIST返回#NUM!错误值；如果省略A或B值，则函数BETADIST使用标准的累积Beta分布，即A=0，B=1。

实例 返回累积Beta概率密度函数值

Excel 2013

案例实现

❶ 选中C4单元格，在编辑栏中输入公式：

```
=BETADIST(A2,B2,C2,D2,E2)
```

❷ 按Enter键，即可返回累积Beta概率密度函数值0.685470581，如图13-1所示。

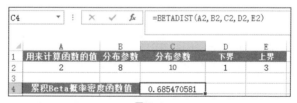

	A	B	C	D	E
1	用来计算函数的值	分布参数	分布参数	下界	上界
2	2	8	10	1	3
3					
4	累积Beta概率密度函数值		0.685470581		

C4 的公式为 =BETADIST(A2,B2,C2,D2,E2)

图13-1

函数2 BETAINV函数

函数功能

BETAINV函数是返回指定Beta分布的累积Beta概率密度函数的反函数。 也就是说，如果 probability = BETADIST(x,...)，则 BETAINV(probability,...) = x。
beta分布函数可用于项目设计，在已知预期的完成时间和变化参数后，模拟可能
的完成时间。

（图）函数语法

BETAINV(probability,alpha,beta,[A],[B])

（图）参数说明

- probability：表示与 beta 分布相关的概率。
- alpha：表示分布参数。
- beta：表示分布参数。
- A：可选。表示x 所属区间的下界。
- B：可选。表示x 所属区间的上界。

实例　返回累积Beta概率密度函数的反函数值　　　　Excel 2013

▶ 案例实现

① 选中C4单元格，在编辑栏中输入公式：

=BETAINV(A2,B2,C2,D2,E2)

② 按Enter键，即可返回累积Beta概率密度函数的反函数值2，如图13-2
所示。

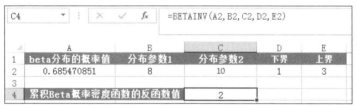

	A	B	C	D	E
1	beta分布的概率值	分布参数1	分布参数2	下界	上界
2	0.685470851	8	10	1	3
3					
4	累积Beta概率密度函数的反函数值		2		

C4 ▾ fx =BETAINV(A2,B2,C2,D2,E2)

图13-2

函数3　BINOMDIST函数

（图）函数功能

BINOMDIST函数用于返回一元二项式分布的概率。 BINOMDIST一般用于
处理固定次数的试验或实验问题，前提是任意试验的结果仅为成功或失败两种情
况，实验是独立实验，且在整个试验过程中成功的概率固定不变。 例如可以计
算3个即将出生的婴儿中两个是男孩的概率。

函数语法

BINOMDIST(number_s,trials,probability_s,cumulative)

参数说明

- number_s：表示试验的成功次数。
- trials：表示独立试验次数。
- probability_s：表示每次试验成功的概率。
- cumulative：表示决定函数形式的逻辑值。 如果cumulative为TRUE，则BINOMDIST返回累积分布函数，即最多存在number_s次成功的概率；如果为FALSE，则返回概率密度函数，即存在number_s次成功的概率。

实例　返回一元二项式分布的概率值　Excel 2013/2010

案例实现

❶ 选中C4单元格，在编辑栏中输入公式：

```
=BINOMDIST(A2,B2,C2,TRUE)
```

❷ 按Enter键，即可返回至多8次成功的概率为0.989258，如图13-3所示。

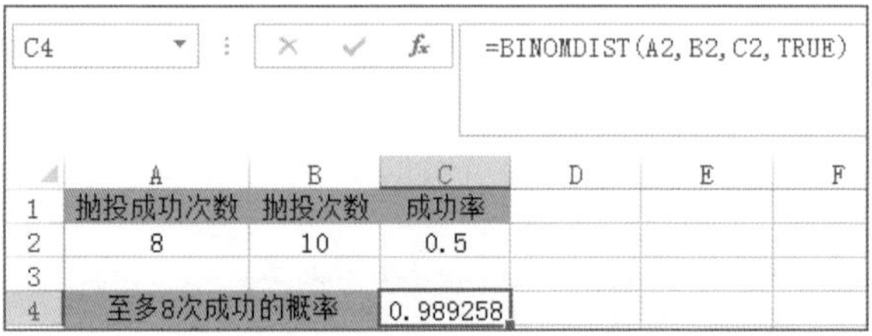
C4　=BINOMDIST(A2,B2,C2,TRUE)

	A	B	C	D	E	F
1	抛投成功次数	抛投次数	成功率			
2	8	10	0.5			
3						
4	至多8次成功的概率		0.989258			

图13-3

❸ 选中C5单元格，在编辑栏中输入公式：

```
=BINOMDIST(A2,B2,C2,FALSE)
```

❹ 按Enter键，即可返回8次成功的概率为0.043945，如图13-4所示。

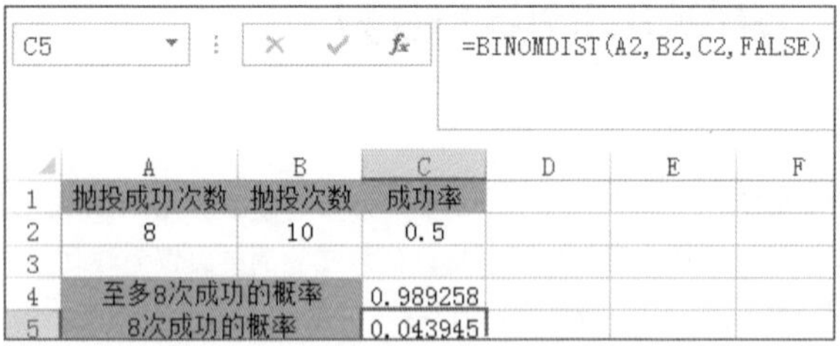
C5　=BINOMDIST(A2,B2,C2,FALSE)

	A	B	C	D	E	F
1	抛投成功次数	抛投次数	成功率			
2	8	10	0.5			
3						
4	至多8次成功的概率		0.989258			
5	8次成功的概率		0.043945			

图13-4

函数4 CHIDIST函数

函数功能

CHIDIST函数用来返回x^2分布的右尾概率。x^2分布与x^2测试相关联。 使用x^2测试可比较观察值和预期值。例如，某项遗传学实验可能假设下一代植物将呈现出某一组颜色，通过使用该函数比较观察结果和理论值，可以确定初始假设是否有效。

函数语法

CHIDIST(x,deg_freedom)

参数说明

● x：表示用来计算分布的数值。
● deg_freedom：表示自由度数。

实例 返回指定参数条件下x^2分布的单尾概率   Excel 2013

案例实现

❶ 选中C2单元格，在编辑栏中输入公式：

=CHIDIST(A2,B2)

❷ 按Enter键，即可返回指定参数条件下x^2分布的单尾概率 0.049033905，如图13-5所示。

	A	B	C
			=CHIDIST(A2,B2)
1	用来计算分布的值	自由度	x^2 分布的单尾概率
2	18.37	10	0.049033905

图13-5

函数5 CHIINV函数

函数功能

CHIINV函数是返回x^2分布的右尾概率的反函数。如果 probability = CHIDIST(x,...)，则 CHIINV(probability,...) = x。使用此函数可比较观察结果与理论值，以确定初始假设是否有效。

🔲 **函数语法**

CHIINV(probability,deg_freedom)

🔲 **参数说明**

- probability：表示与x^2分布相关联的概率。
- deg_freedom：表示自由度数。

实例 返回x^2分布的单尾概率的反函数值

Excel 2013 🌀

▶ 案例实现

1 选中C2单元格，在编辑栏中输入公式：

=CHIINV(A2,B2)

2 按Enter键，即可返回x^2分布的单尾概率的反函数值18.30697346，如图13-6所示。

C2	▼	:	×	✓	f_x	=CHIINV(A2,B2)

	A	B	C
1	与 x^2 分布相关的概	自由度	x^2 分布的单尾概率的反函数值
2	0.050001	10	18.30697346

图13-6

函数6 CHITEST函数

🔲 **函数功能**

函数CHITEST 返回卡方（x^2）分布的统计值和相应的自由度数，用于返回独立性检验值。可以使用x^2检验值确定假设结果是否经过实验验证。

🔲 **函数语法**

CHITEST(actual_range,expected_range)

🔲 **参数说明**

- actual_range：表示包含观察值的数据区域，用于检验预期值。
- expected_range：表示包含行列汇总的乘积与总计值之比率的数据区域。

实例 返回x^2检验值

Excel 2013 🌀

▶ 案例实现

1 选中B7单元格，在编辑栏中输入公式：

=CHITEST(A2:B4,C2:D4)

2️⃣ 按Enter键，即可返回x^2检验值0.000308192，如图13-7所示。

	A	B	C	D	E
1	男士（实际数）	女士（实际数）	男士（期望数）	女士（期望数）	
2	58	35	45.35	47.65	同意
3	11	25	17.56	18.44	中立
4	10	23	16.09	16.91	不同意
5					
6					
7	X^2 检验值	0.000308192			

图13-7

函数7 CONFIDENCE函数

🔲 函数功能

CONFIDENCE函数用于使用正态分布返回总体平均值的置信区间。

🔲 函数语法

CONFIDENCE(alpha,standard_dev,size)

🔲 参数说明

- alpha：用来计算置信水平的显著性水平。 置信水平等于 100*(1 – alpha)%，亦即，如果 alpha 为 0.05，则置信水平为 95%。
- standard_dev：数据区域的总体标准偏差，假定为已知。
- size：表示样本大小。

实例 返回总体平均值的置信区间   Excel 2013

▶ 案例实现

1️⃣ 选中D2单元格，在编辑栏中输入公式：

=CONFIDENCE(A2,B2,C2)

2️⃣ 按Enter键，即可返回总体平均值的置信区间 0.692951912，如图13-8 所示。

	A	B	C	D
1	显著水平参数	总体标准偏差	样本容量	总体平均值的置信区间
2	0.05	2.5	50	0.692951912

图13-8

函数8 COVAR函数

函数功能

COVAR函数用于返回协方差，即两个数据集中每对数据点的偏差乘积的平均数（成对偏差乘积的平均值）。

函数语法

COVAR(array1,array2)

参数说明

- array1：表示整数的第一个单元格区域。
- array2：表示整数的第二个单元格区域。

实例　返回每对数据点的偏差乘积的平均数 Excel 2013

案例实现

① 选中B9单元格，在编辑栏中输入公式：

=COVAR(A2:A6, B2:B6)

② 按Enter键，即可返回每对数据点的偏差乘积的平均数5.2，如图13-9所示。

B9	▼	:	×	✓	fx	=COVAR(A2:A6, B2:B6)

▲	A	B	C
1	数据 1	数据 2	
2	3	9	
3	2	7	
4	4	12	
5	5	15	
6	6	17	
7			
8			
9	协方差：	5.2	

图13-9

函数9 CRITBINOM函数

函数功能

CRITBINOM函数用于返回一个数值，它是使得累积二项式分布的函数值大于等于临界值的最小整数，此函数可用于质量检验。 例如，使用 CRITBINOM 来决定装配线上整批产品达到检验合格所允许的最多残次品个数。

(⊠) 函数语法

CRITBINOM(trials,probability_s,alpha)

(⊠) 参数说明

- trials：表示贝努利试验次数。
- probability_s：表示一次试验中成功的概率。
- alpha：表示临界值。

实例　返回使得累积二项式分布大于等于临界值的最小值 Excel 2013 ◑

▶ 案例实现

❶ 选中C5单元格，在编辑栏中输入公式：

=CRITBINOM(A2,B2,C2)

❷ 按Enter键，即可返回使得累积二项式分布大于等于临界值的最小值4，如图13-10所示。

图13-10

函数10 EXPONDIST函数

(⊠) 函数功能

EXPONDIST函数表示返回指数分布，可以建立事件之间的时间间隔模型。

(⊠) 函数语法

EXPONDIST(x,lambda,cumulative)

(⊠) 参数说明

- x：表示函数的值。
- lambda：表示参数值。

● cumulative：表示一逻辑值，指定要提供的指数函数的形式。如果 cumulative 为 TRUE，函数 EXPONDIST 返回累积分布函数；如果 cumulative 为 FALSE，返回概率密度函数。

实例　返回指数分布
Excel 2013/2010

案例实现

❶ 选中B4单元格，在编辑栏中输入公式：

`=EXPONDIST(A2,B2,TRUE)`

按Enter键，即可计算出数值0.5的累积分布函数值为0.917915，如图13-11所示。

图13-11

❷ 选中B5单元格，在编辑栏中输入公式：

`=EXPONDIST(A2,B2,FALSE)`

按Enter键，即可计算出数值0.5的概率密度数值为0.410425，如图13-12所示。

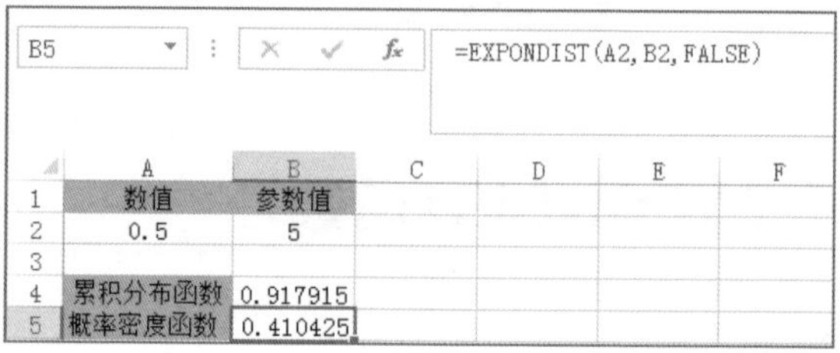

图13-12

函数11 FDIST函数

函数功能

FDIST函数用于返回两个数据集的右尾F概率分布（变化程度）。使用此函数可以确定两组数据是否存在变化程度上的不同。

(図) 函数语法

　　FDIST(x,deg_freedom1,deg_freedom2)

(図) 参数说明

- x：表示用来计算函数的值。
- deg_freedom1：表示分子自由度。
- deg_freedom2：表示分母自由度。

实例　返回F概率分布函数的函数值　　　　　　Excel 2013 ◐

▶ 案例实现

1 选中B3单元格，在编辑栏中输入公式：

　=FDIST(A2,B2,C2)

2 按Enter键，即可返回F概率分布函数的函数值0.01，如图13-13所示。

图13-13

函数12　FINV函数

(図) 函数功能

　　FINV函数用于返回 F概率分布函数的反函数。如果p=FDIST(x,...)，则 FINV(p,...)= x。在F检验中，可以使用 F 分布比较两组数据中的变化程度。例如，可以分析美国和加拿大的收入分布，判断两个国家/地区是否有相似的收入变化程度。

(図) 函数语法

　　FINV (probability,deg_freedom1,deg_freedom2)

(図) 参数说明

- probability：表示F累积分布的概率值。
- deg_freedom1：表示分子自由度。
- deg_freedom2：表示分母自由度。

实例 返回F概率分布函数的反函数值 　　　　　　Excel 2013

案例实现

❶ 选中B3单元格，在编辑栏中输入公式：

`=FINV(A2,B2,C2)`

❷ 按Enter键，即可返回F概率分布函数的反函数值15.20686486，如图13-14所示。

B3	▼ : × ✓ ƒx	=FINV(A2,B2,C2)	
	A	B	C
1	与F累积分布相关的概率值	分子的自由度	分母的自由度
2	0.01	6	4
3	F概率分布函数的反函数值	15.20686486	

图13-14

函数13 FTEST函数

函数功能

FTEST函数表示返回 F 检验的结果，即当数组 1 和数组 2 的方差无明显差异时的双尾概率。

函数语法

FTEST(array1,array2)

参数说明

- array1：表示第一个数组或数据区域。
- array2：表示第二个数组或数据区域。

实例 返回F检验的结果 　　　　　　Excel 2013/2010

案例描述

当前表格中显示的是对两位学生进行成绩测试的结果，通过两位学生的成绩测试结果返回两位学生的成绩差别程度。

案例实现

❶ 选中C10单元格区域，在编辑栏中输入公式：

`=FTEST(A2:A9,B2:B9)`

❷ 按Enter键，即可返回两位学生的成绩差别程序为，如图13-15所示。

图13-15

函数14　GAMMADIST函数

函数功能

GAMMADIST函数用于返回伽玛分布，可以使用此函数来研究偏态分布的变量。伽玛分布通常用于排队分析。

函数语法

GAMMADIST(x,alpha,beta,cumulative)

参数说明

- x：表示用来计算分布的数值。
- alpha：表示分布参数。
- beta：表示分布参数。如果beta=1，则函数返回标准伽玛分布。
- cumulative：表示决定函数形式的逻辑值。如果cumulative为TRUE，则返回累积分布函数；如果为FALSE，则返回概率密度函数。

实例　返回伽玛分布　　　　　　　　　　　　　Excel 2013/2010

案例实现

1 选中C4单元格，在编辑栏中输入公式：

`=GAMMADIST(A2,B2,C2,TRUE)`

按Enter键，即可根据指定的数值、alpha分布参数和beta分布参数，返回累计伽玛分布值为0.237225971，如图13-16所示。

2 选中C5单元格，在编辑栏中输入公式：

`=GAMMADIST(A2,B2,C2,FALSE)`

按Enter键，即可返回概率伽玛分布值为0.03766063，如图13-17所示。

图13-16

图13-17

函数15 GAMMAINV函数

⊠ **函数功能**

GAMMAINV函数用于返回伽玛累积分布的反函数。

⊠ **函数语法**

GAMMAINV(probability,alpha,beta)

⊠ **参数说明**

- probability：表示与伽玛分布相关的概率。
- alpha：表示分布参数。
- beta：表示分布参数。

实例 返回伽玛累积分布函数   Excel 2013/2010

▶ 案例实现

❶ 选中D2单元格，在编辑栏中输入公式：

=GAMMAINV(A2,B2,C2)

❷ 按Enter键，即可返回伽玛分布概率值0.312360193、alpha分布参数2和bate分布参数4.8的伽玛累积分布函数的反函数值，如图13-18所示。

图13-18

函数16 HYPGEOMDIST函数

(图) 函数功能

HYPGEOMDIST函数用于返回超几何分布。如果已知样本量、总体成功次数和总体大小，则HYPGEOMDIST返回样本取得已知成功次数的概率。用于处理有限总体问题，在该有限总体中，每次观察结果或为成功或为失败，并且已知样本量的每个子集的选取是等可能的。

(图) 函数语法

HYPGEOMDIST(sample_s,number_sample,population_s,number_pop)

(图) 参数说明

- sample_s：表示样本中成功的次数。
- number_sample：表示样本量。
- population_s：表示样本总体中成功的次数。
- number_pop：表示样本总体大小。

实例　返回样本和总体的超几何分布

Excel 2013

▶ 案例实现

❶ 选中D2单元格，在编辑栏中输入公式：

=HYPGEOMDIST(A2,B2,C2,D2)

❷ 按Enter键，即可返回单元格A2、B2、C2、D2中样本和总体的超几何分布0.363261094，如图13-19所示。

图13-19

函数17 LOGINV函数

函数功能

LOGINV函数用于返回x的对数累积分布函数的反函数值，此处的ln(x)是服从参数mean和standard_dev的正态分布。如果p=LOGNORMDIST(x,...)，则LOGINV(p,...)=x。

函数语法

LOGINV(probability, mean, standard_dev)

参数说明

- probability：表示与对数分布相关的概率。
- mean：表示ln(x) 的平均值。
- standard_dev：表示ln(x) 的标准偏差。

实例　返回对数累积分布函数的反函数值　　　　　　　Excel 2013

案例实现

1 选中B4单元格，在编辑栏中输入公式：

`=LOGINV(A2,B2,C2)`

2 按Enter键，即可返回对数累积分布函数的反函数值4.000025219，如图13-20所示。

	A	B	C
		=LOGINV(A2,B2,C2)	
1	与对数分布相关的概率	ln（x）的平均值	ln（x）的标准偏差
2	0.039084	3.5	1.2
3			
4	对数累积分布函数的反函数值	4.000025219	

图13-20

函数18 LOGNORMDIST函数

函数功能

LOGNORMDIST函数是返回 x 的对数累积分布函数的函数，此处的 ln(x) 是服从参数 mean 和 standard_dev 的正态分布。使用此函数可以分析经过对数变换的数据。

函数语法

LOGNORMDIST(x,mean,standard_dev)

参数说明

- x：用来计算函数的值。
- mean：ln(x) 的平均值。
- standard_dev：ln(x) 的标准偏差。

实例　返回对数累积分布函数值　　Excel 2013

案例实现

① 选中B4单元格，在编辑栏中输入公式：

=LOGNORMDIST(A2,B2,C2)

② 按Enter键，即可返回4的对数累积分布函数值0.039083556，如图13-21所示。

	A	B	C
1	用来计算函数的值（x）	ln（x）的平均值	ln（x）的标准偏差
2	4	3.5	1.2
3			
4	对数累积分布函数值	0.039083556	

图13-21

函数19　MODE函数

函数功能

MODE函数表示返回在某一数组或数据区域中出现频率最多的数值。

函数语法

MODE(number1,[number2],...)

参数说明

- number1：要计算其众数的第一个数字参数。
- number2,...：可选，表示要计算其众数的 2~255 个数字参数。也可以用单一数组或对某个数组的引用来代替用逗号分隔的参数。

实例　统计哪位客服人员被投诉次数最多　　Excel 2013/2010/2007/2003

案例表述

表格中统计了某一公司客服人员被投诉的记录，可以使用MODE函数统计出本月中哪位客服人员被投诉的次数最多。

案例实现

❶ 选中B13单元格，在编辑栏中输入公式：

```
=MODE(B2:B11)
```

❷ 按Enter键，即可统计出B2:B11单元格区域中出现最多的数值，投诉最多的客服编号，如图13-22所示。

B13 =MODE(B2:B11)

	A	B	C	D
1	投诉日期	客服编号	投诉原因	
2	2012/1/2	1502	……	
3	2012/1/4	1502	……	
4	2012/1/6	1501	……	
5	2012/1/9	1503		
6	2012/1/16	1502		
7	2012/1/19	1501		
8	2012/1/22	1502		
9	2012/1/28	1502		
10	2012/1/28	1503		
11	2012/1/31	1501		
12				
13	被投诉次数最多的客服编号	1502		

图13-22

函数20 NEGBINOMDIST函数

函数功能

NEGBINOMDIST函数表示返回负二项式分布值。当成功概率为常量probability_s时，NEGBINOMDIST返回在达到 number_s次成功之前，出现number_f次失败的概率。

函数语法

NEGBINOMDIST(number_f,number_s,probability_s)

参数说明

- number_f：表示失败的次数。
- number_s：表示成功次数的阈值。
- probability_s：表示成功的概率。

实例 返回负二项式分布值 Excel 2013

案例实现

❶ 选中B4单元格，在编辑栏中输入公式：

=NEGBINOMDIST(A2,B2,C2)

2 按Enter键，即可返回负二项式分布值0.05504866，如图13-23所示。

B4	▾	:	✕	✓	fx	=NEGBINOMDIST(A2,B2,C2)

	A	B	C
1	失败次数	成功的极限次数	成功的概率
2	10	5	0.25
3			
4	负二项式分布值	0.05504866	

图13-23

函数21 NORMDIST函数

（区）函数功能

NORMDIST函数表示返回指定平均值和标准偏差的正态分布函数。

（区）函数语法

NORMDIST(x,mean,standard_dev,cumulative)

（区）参数说明

- x：表示需要计算其分布的数值。
- mean：表示分布的算术平均值。
- standard_dev：表示分布的标准偏差。
- cumulative：表示决定函数形式的逻辑值。如果cumulative为TRUE，返回累积分布函数；如果为FALSE，则返回概率密度函数。

实例 返回指定平均值和标准偏差的正态分布的累积函数

Excel 2013/2010 🌑

▶ 案例实现

1 选中C4单元格，在编辑栏中输入公式：

=NORMDIST(A2,B2,C2,TRUE)

按Enter键，即可计算出数值40的正态分布的累积分布函数值为0.5，如图13-24所示。

2 选中C5单元格，在编辑栏中输入公式：

=NORMDIST(A2,B2,C2,FALSE)

按Enter键，即可计算出数值40的正态分布的概率密度函数值为1.994711402，如图13-25所示。

C4 =NORMDIST(A2,B2,C2,TRUE)

	A	B	C
1	数值	分布的算术平均值	分布的标准偏差
2	40	40	0.2
3			
4	正态分布的累积分布函数		0.5

图13-24

C5 =NORMDIST(A2,B2,C2,FALSE)

	A	B	C
1	数值	分布的算术平均值	分布的标准偏差
2	40	40	0.2
3			
4	正态分布的累积分布函数		0.5
5	正态分布的概率密度函数		1.994711402

图13-25

函数22 NORMINV函数

函数功能

NORMINV函数表示返回指定平均值和标准偏差的正态累积分布函数的反函数。

函数语法

NORMINV(probability,mean,standard_dev)

参数说明

- probability：表示对应于正态分布的概率。
- mean：表示分布的算术平均值。
- standard_dev：表示分布的标准偏差。

实例 返回正态累积分布函数的反函数 Excel 2013/2010

案例实现

❶ 选中D2单元格，在编辑栏中输入公式：

```
=NORMINV(A2,B2,C2)
```

❷ 按Enter键，即可返回正态分布概率值0.97956088、算术平均值15和标准偏差0.45的正态分布的累积函数的反函数值，如图13-26所示。

图13-26

函数23 NORMSDIST函数

(☒) 函数功能

NORMSDIST函数表示返回标准正态累积分布函数的函数。该分布的平均值为0（零），标准偏差为1。可以使用此函数代替标准正态曲线面积表。

(☒) 函数语法

NORMSDIST(z)

(☒) 参数说明

● z：表示需要计算其分布的数值。

实例　返回正态累积分布函数值　　　　　　　　　Excel 2013

▶ 案例实现

1️⃣ 选中B2单元格，在编辑栏中输入公式：

=NORMSDIST(A2)

2️⃣ 按Enter键，即可返回正态累积分布函数值0.908788726，如图13-27所示。

图13-27

函数24 NORMSINV函数

(☒) 函数功能

NORMSINV函数表示返回标准正态累积分布函数的反函数，该分布的平均值为0，标准偏差为1。

函数语法

NORMSINV(probability)

参数说明

● probability: 表示对应于正态分布的概率。

实例　返回标准正态分布累积函数的反函数　　　Excel 2013/2010

▶ 案例实现

❶ 选中B2单元格，在编辑栏中输入公式：

=NORMSINV(A2)

❷ 按Enter键，即可返回正态分布概率值0.979654088的标准正态分布累积函数的反函数值，如图13-28所示。

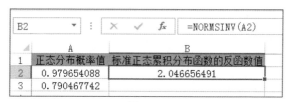

| B2 | ▼ | : | × | ✓ | fx | =NORMSINV(A2) |

	A	B
1	正态分布概率值	标准正态累积分布函数的反函数值
2	0.979654088	2.046656491
3	0.790467742	

图13-28

函数25 PERCENTILE函数

函数功能

PERCENTILE函数用于返回区域中数值的第k个百分点的值。可以使用此函数来确定接受的阈值，例如，可以决定得分高于第90个百分点的候选人。

函数语法

PERCENTILE(array,k)

参数说明

● array: 表示定义相对位置的数组或数据区域。
● k: 表示0～1之间的百分点值，包含0和1。

实例　返回区域中数值在第30个百分点的值　　　Excel 2013

▶ 案例实现

❶ 选中B2单元格，在编辑栏中输入公式：

=PERCENTILE(A2:A5,0.3)

② 按Enter键，即可返回区域中数值在第30个百分点的值1.9，如图13-29所示。

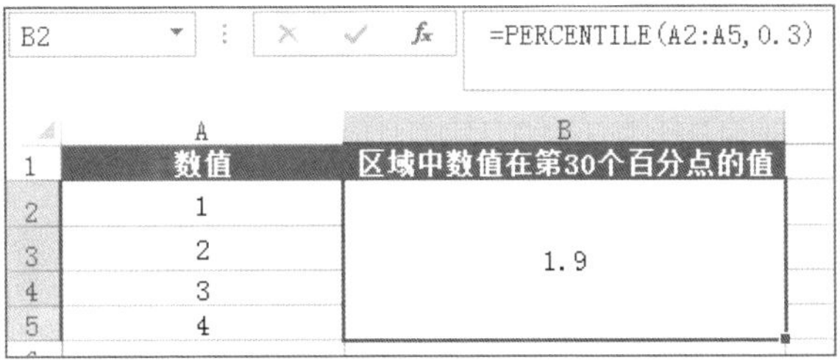

图13-29

函数26 PERCENTRANK函数

函数功能

PERCENTRANK函数将某个数值在数据集中的排位作为数据集的百分比值返回，此处的百分比值的范围为0~1。此函数可用于计算值在数据集内的相对位置，例如，可以计算能力测试得分在所有测试得分中的位置。

函数语法

PERCENTRANK (array,x,[significance])

参数说明

- array：表示定义相对位置的数值数组或数值数据区域。
- x：表示需要得到其排位的值。
- significance：表示用于标识返回的百分比值的有效位数的值。如果省略，则使用3位小数 (0.xxx)。

实例　返回数值在区域中的百分比排位   Excel 2013

案例实现

① 选中C3单元格，在编辑栏中输入公式：

=PERCENTRANK (A2:A11,2)

按Enter键，即可返回数值2在区域A2:A11中的百分比排位，如图13-30所示。

② 选中D3、E3、F3单元格，分别在编辑栏中输入公式：

```
=PERCENTRANK (A2:A11,4)
=PERCENTRANK (A2:A11,8)
=PERCENTRANK (A2:A11,5)
```

按Enter键，即可分别返回数值4、8、5在区域A2:A11中的百分比排位，如图13−31所示。

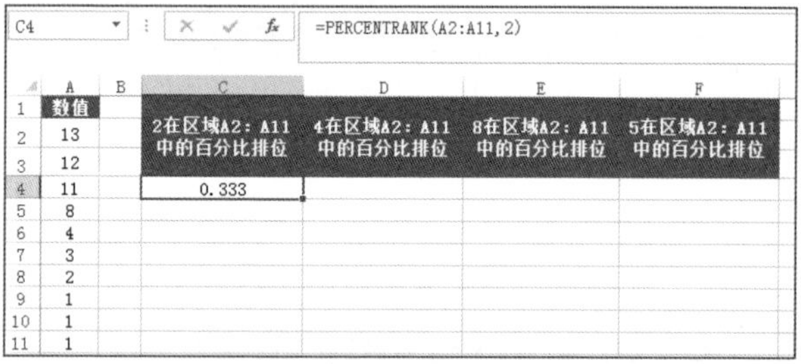

图13−30

图13−31

函数27 POISSON函数

函数功能

POISSON函数用于返回泊松分布。泊松分布的一个常见应用是预测特定时间内的事件数，例如 1 分钟内到达收费停车场的汽车数。

函数语法

POISSON(x,mean,cumulative)

参数说明

- x：表示事件数。
- mean：表示期望值。
- cumulative：表示一逻辑值，确定所返回的概率分布的形式。如果

cumulative为TRUE，则返回发生的随机事件数在零（含零）和x（含x）之间的累积泊松概率；如果为FALSE，则返回发生的事件数正好是x的泊松概率密度函数。

实例　**返回泊松累积分布和概率密度函数值**　　　　Excel 2013

▶ 案例实现

1 选中C4单元格，在编辑栏中输入公式：

=POISSON(A2,B2,TRUE)

按Enter键，即可返回泊松累积分布函数值，如图13-32所示。

图13-32

2 选中C5单元格，在编辑栏中输入公式：

=POISSON(A2,B2,FALSE)

按Enter键，即可分别返回泊松概率密度函数值，如图13-33所示。

图13-33

函数28　QUARTILE函数

▣ 函数功能

QUARTILE函数用于返回一组数据的四分位点。四分位点通常用于销售和调查数据，以对总体进行分组。例如，可以使用QUARTILE查找总体中前25%的收入值。

▣ 函数语法

QUARTILE (array,quart)

🔲 参数说明

- array：要求得四分位数值的数组或数字型单元格区域。
- quart：指定返回哪一个值。

实例　返回数值的第一个四分位数　　　　　　　　　　Excel 2013

▶ 案例实现

❶ 选中C3单元格，在编辑栏中输入公式：

=QUARTILE(A2:A9,1)

❷ 按Enter键，即可返回数值的第一个四分位数，如图13-34所示。

图13-34

函数29 RANK函数

🔲 函数功能

RANK函数用于返回一列数字的数字排位。 数字的排位是其相对于列表中其他值的大小。如果要对列表进行排序，则数字排位可作为其位置。

🔲 函数语法

RANK(number,ref,[order])

🔲 参数说明

- number：表示要找到其排位的数字。
- ref：表示数字列表的数组，或对数字列表的引用。 Ref 中的非数字值会被忽略。
- order：可选。表示一个指定数字排位方式的数字。如果order为0（零）或省略，Microsoft Excel 对数字的排位是基于ref按照降序排列的列表；如果order不为零，Microsoft Excel对数字的排位是基于ref按照升序排列的列表。

实例　返回数值的排位 Excel 2013

▶ 案例实现

❶ 选中B8单元格，在编辑栏中输入公式：

=RANK(A3,A2:A6,1)

按Enter键，即可返回数值3.5在表中的排位，如图13-35所示。

❷ 选中B9单元格，在编辑栏中输入公式：

=RANK(A2,A2:A6,1)

按Enter键，即可返回数值7在表中的排位，如图13-36所示。

图13-35

图13-36

函数30 **STDEV函数**

(📷) 函数功能

STDEV函数根据样本估计标准偏差。标准偏差可以测量值在平均值（中值）附近分布的范围大小。

(📷) 函数语法

STDEV(number1,[number2],...)

(📷) 参数说明

- number1：表示对应于总体样本的第一个数值参数。
- number2,...：可选。对应于总体样本的2～255个数值参数。也可以用单一数组或对某个数组的引用来代替用逗号分隔的参数。

实例　估计断裂强度的标准偏差 Excel 2013

▶ 案例实现

❶ 选中C2单元格，在编辑栏中输入公式：

```
=STDEV(A2:A11)
```

2 按Enter键，即可估算出断裂强度的标准偏差值，如图13-37所示。

C2	▼ : × ✓ fx	=STDEV(A2:A11)	
	A	B	C
1	强度		断裂强度的标准偏差
2	1345		27.46391572
3	1301		
4	1368		
5	1322		
6	1310		
7	1370		
8	1318		
9	1350		
10	1303		
11	1299		

图13-37

函数31 STDEVP函数

函数功能

STDEVP函数根据作为参数给定的整个总体计算标准偏差，标准偏差可以测量值在平均值（中值）附近分布的范围大小。

函数语法

STDEVP(number1,[number2],...)

参数说明

- number1：表示对应于总体的第一个数值参数。
- number2,...：可选，表示对应于总体的 2~255 个数值参数。也可以用单一数组或对某个数组的引用来代替用逗号分隔的参数。

实例 基于整个样本总体计算标准偏差
Excel 2013/2010

 案例实现

对产品的抗断强度进行10次测试，然后通过10次的抗断强度测试值估算出产品抗断强度的样本总体标准偏差。

 案例实现

1 选中C13单元格，在编辑栏中输入公式：

```
=STDEVP(A2:A11)
```

2 按Enter键，即可计算出产品强度的样本总体标准偏差为26.05456，如图13-38所示。

图13-38

函数32　TDIST函数

(图) 函数功能

　　TDIST函数用于返回学生t分布的百分点（概率），其中数字值x是用来计算百分点的t的计算值。t分布用于小型样本数据集的假设检验，可以使用该函数代替t分布的临界值表。

(图) 函数语法

　　TDIST(x,deg_freedom,tails)

(图) 参数说明

- x：表示需要计算分布的数值。
- deg_freedom：一个表示自由度数的整数。
- tails：表示指定返回的分布函数是单尾分布还是双尾分布。如果tails = 1，则TDIST返回单尾分布。如果tails = 2，则TDIST返回双尾分布。

实例　返回双尾分布、单尾分布

Excel 2013

(▶) 案例实现

① 选中B4单元格，在编辑栏中输入公式：

=TDIST(A2,B2,2)

按Enter键，即可返回双尾分布，如图13-39所示。

② 选中B5单元格，在编辑栏中输入公式：

=TDIST(A2,B2,1)

按Enter键，即可返回单尾分布，如图13-40所示。

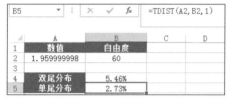

图13-39

图13-40

函数33 TINV函数

🔲 函数功能

TINV函数返回学生 t 分布的双尾反函数。

🔲 函数语法

TINV(probability,deg_freedom)

🔲 参数说明

● probability：表示与双尾学生 t 分布相关的概率。

● deg_freedom：代表分布的自由度数。

实例　根据参数算出学生 t 分布的 t 值　　　　　Excel 2013

▶ 案例实现

❶ 选中B4单元格，在编辑栏中输入公式：

=TINV(A2,B2)

❷ 按Enter键，即可算出学生 t 分布的 t 值，如图13-41所示。

图13-41

函数34　TTEST函数

函数功能

TTEST函数表示返回与学生t检验相关的概率，可以判断两个样本是否可能来自两个具有相同平均值的相同基础样本总体。

函数语法

TTEST(array1,array2,tails,type)

参数说明

- array1：表示第一个数据集。
- array2：表示第二个数据集。
- tails：表示指定分布曲线的尾数。如果tails = 1，函数使用单尾分布。如果 tails = 2，函数使用双尾分布。
- type：表示要执行的t检验的类型。

实例　返回与学生t检验相关的概率　　　Excel 2013/2010

案例实现

❶ 选中C10单元格区域，在编辑6栏中输入公式：

`=TTEST(A2:A9,B2:B9,2,1)`

按Enter键，即可返回两组数据集的成对t检验概率值为0.921041109，如图13-42所示。

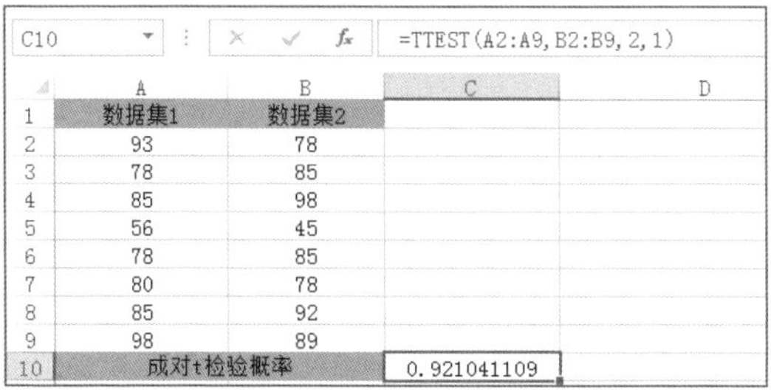

图13-42

❷ 选中C11单元格区域，在编辑栏中输入公式：

`=TTEST(A2:A9,B2:B9,1,2)`

按Enter键，即可返回两组数据集的等方差双样本t检验概率值为0.479677031，如图13-43所示。

| C11 | ▼ | : | × | ✓ | fx | =TTEST(A2:A9,B2:B9,1,2) |

	A	B	C	D
1	数据集1	数据集2		
2	93	78		
3	78	85		
4	85	98		
5	56	45		
6	78	85		
7	80	78		
8	85	92		
9	98	89		
10	成对t检验概率		0.921041109	
11	等方差双样本t检验概率		0.479677031	

图13-43

函数35 VAR函数

📧 函数功能

VAR函数用于计算基于给定样本的方差。

📧 函数语法

VAR(number1,[number2],...)

📧 参数说明

- number1：表示对应于总体样本的第一个数值参数。
- number2, ...：可选，表示对应于总体样本的2~255个数值参数。

实例　计算被测试工具的抗断强度的方差　　　　Excel 2013 ▶

▶ 案例实现

❶ 选中B13单元格，在编辑栏中输入公式：

=VAR(A2:A11)

❷ 按Enter键，即可计算出该工具的抗断强度的方差，如图13-44所示。

| B13 | ▼ | : | × | ✓ | fx | =VAR(A2:A11) |

	A	B	C
1	强度		
2	1345		
3	1301		
4	1368		
5	1322		
6	1310		
7	1370		
8	1318		
9	1350		
10	1303		
11	1299		
12			
13	工具抗断强度的的方差	754.2666667	

图13-44

函数36 VARP函数

(⊠) 函数功能

VARP函数根据整个总体计算方差。

(⊠) 函数语法

VARP(number1,[number2],...))

(⊠) 参数说明

- number1：对应于总体的第一个数值参数。
- number2,...：对应于总体的 2~255 个数值参数。

实例 计算所有工具断裂强度的方差（样本总体） Excel 2013 ⚫

▶ 案例实现

❶ 选中B13单元格，在编辑栏中输入公式：

=VARP(A2:A11)

❷ 按Enter键，即可计算出所有工具断裂强度的方差，如图13-45所示。

图13-45

函数37 WEIBULL函数

(⊠) 函数功能

WEIBULL用于返回 Weibull 分布。可以将该分布用于可靠性分析，例如计算设备出现故障的平均时间。

⊠ 函数语法

WEIBULL(x,alpha,beta,cumulative)

⊠ 参数说明

- x：表示用来计算函数的值。
- alpha：表示分布参数。
- beta：表示分布参数。
- cumulative：表示确定函数的形式。

实例　返回累积分布函数和概率密度函数　　　　　Excel 2013

▶ 案例实现

① 选中C4单元格，在编辑栏中输入公式：

=WEIBULL(A2,B2,C2,TRUE)

按Enter键，即可返回累积分布函数值，如图13-46所示。

图13-46

② 选中C5单元格，在编辑栏中输入公式：

=WEIBULL(A2,B2,C2,FALSE)

按Enter键，即可返回累积分布函数值，如图13-47所示。

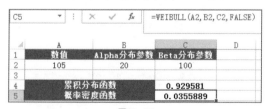

图13-47

函数38 **ZTEST函数**

⊠ 函数功能

ZTEST函数用于返回z检验的单尾概率值。对于给定的假设总体平均值

μ0，ZTEST 返回样本平均值大于数据集（数组）中观察平均值的概率，即观察样本平均值。

函数语法

ZTEST(array,x,[sigma])

参数说明

- array：表示用来检验x的数组或数据区域。
- x：表示要测试的值。
- sigma：可选，表示总体（已知）标准偏差。如果省略，则使用样本标准偏差。

实例　返回Z检验的单尾概率值　Excel 2013/2010

案例实现

❶ 选中C5单元格，在编辑栏中输入公式：

```
=ZTEST($A$2:$A$11,B2)
```

按Enter键，即可计算出学生考试成绩以80分为检验值的单尾概率值为0.279708129，如图13-48所示。

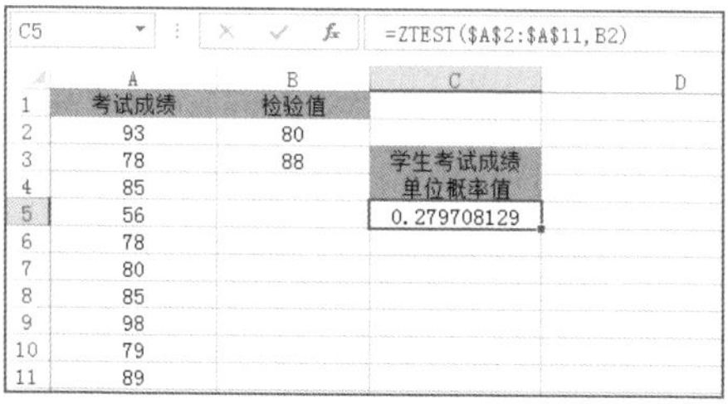

	A	B	C	D
1	考试成绩	检验值		
2	93	80		
3	78	88	学生考试成绩	
4	85		单位概率值	
5	56		0.279708129	
6	78			
7	80			
8	85			
9	98			
10	79			
11	89			

图13-48

❷ 选中C6单元格，在编辑栏中输入公式：

```
=ZTEST($A$2:$A$11,B3)
```

按Enter键，即可计算出学生考试成绩以88分为检验值的单尾概率值为0.949491565，如图13-49所示。

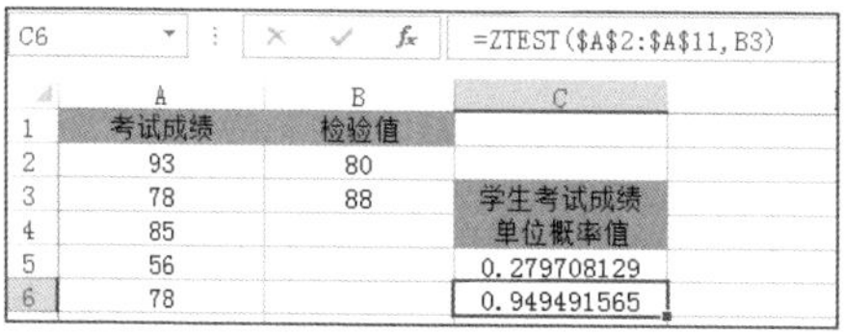

	A	B	C
1	考试成绩	检验值	
2	93	80	
3	78	88	学生考试成绩
4	85		单位概率值
5	56		0.279708129
6	78		0.949491565

图13-49

第 *14* 章

Web函数

本章中部分素材文件在光盘中对应的章节下。

函数1 WEBSERVICE函数

函数功能

WEBSERVICE函数用于返回 Intranet 或 Internet 上的Web服务数据。

函数语法

WEBSERVICE (url)

参数说明

● url：表示Web 服务的 URL。

实例 返回Web服务数据的变量

Excel 2013

案例实现

1 选中B2单元格，在公式编辑栏中输入公式：

=WEBSERVICE (A2)

2 按Enter键，即可基于查询返回变量，如图14-1所示。

图14-1

函数2 FILTERXML函数

(图) 函数功能

FILTERXML函数通过使用指定的XPath返回XML内容中的特定数据。

(图) 函数语法

FILTERXML (xml, xpath)

(图) 参数说明

- xml：表示有效XML格式中的字符串。如果XML无效或XML包含带有无效前缀的命名空间，函数返回错误值#VALUE!。
- xpath：表示标准XPath格式中的字符串。

实例　处理单元格中返回的 XML 数据
Excel 2013

(▶) 案例实现

❶ 选中B4单元格，在公式编辑栏中输入公式：

=FILTERXML(B3,"//rc/@title")

❷ 按Enter键，即可处理单元格B3中返回的XML数据，如图14-2所示。

图14-2

函数3 ENCODEURL函数

▣ 函数功能

ENCODEURL函数用于返回 URL 编码的字符串。

▣ 函数语法

ENCODEURL (text)

▣ 参数说明

- text：表示要进行 URL 编码的字符串。

实例 返回单元格中URL编码的字符串 　　　　　　　　　Excel 2013

▶ 案例实现

❶ 选中B2单元格，在公式编辑栏中输入公式：

=ENCODEURL (B1)

❷ 按Enter键，即可返回单元格B1中的URL编码的字符串，如图14-3所示。

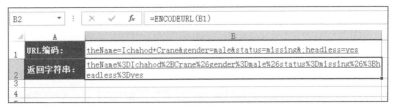

B2	▼	:	×	✓	f_x	=ENCODEURL(B1)

	A	B
1	URL编码：	theName=Ichahod+Crane&gender=male&status=missing&;headless=yes
2	返回字符串：	theName%3DIchahod%2BCrane%26gender%3Dmale%26status%3Dmissing%26%3Bheadless%3Dyes
3		
4		

图14-3

第 *15* 章

公式与函数基础

本章中部分素材文件在光盘中对应的章节下。

15.1 使用公式进行数据计算

要在Excel表格中进行数据的计算，需要用公式来完成，而在使用公式时，需要引用单元格的值进行运算，还需要使用相关的函数来完成特定的计算。在公式中使用特定的函数，可以简化公式的输入，同时完成一些特定的计算需求。

15.1.1 公式概述

公式可以说成是Excel中由用户自行设计、对工作表进行计算和处理的计算式。比如：

```
=SUM(A2:A10)*B1+100
```

这种形式的表达式就称之为公式。它要以等号"="开始（不以"="开头不能称之为公式），等号后面可以包括函数、引用、运算符和常量。上式中的"SUM(A2:A10)"是函数，"B1"则是对单元格B1值的引用（计算时使用B1单元格中显示的数据），"100"则是常量，"*"和"+"则是算术运算符。

15.1.2 函数及参数的说明

函数是应用于公式中的一个最重要的元素，有了函数的参与，可以解决非常复杂的手工运算，甚至是无法通过手工完成的运算。

函数的结构以函数名称开始，后面是左圆括号、以逗号分隔的参数、接着则是标志函数结束的右圆括号。如果函数以公式的形式出现，则需要在函数名称前面键入等号。下面的图示显示了函数的结构。

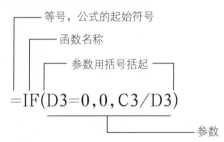

等号，公式的起始符号
函数名称
参数用括号括起

$$=IF(D3=0,0,C3/D3)$$

参数

函数分为有参数函数和无参数函数。当函数有参数时，其参数就是指函数名称后圆括号内的常量值、变量、表达式或函数，多个参数间使用逗号分隔。无参数的函数只由函数名称与括号组成，如NA()。在Excel中，绝大多数函数都是有参数的。

在使用函数时，如果想了解某个函数包含哪些参数，可以按如下方法来查看。

❶ 选中单元格，在公式编辑栏中输入"=函数名("，此时可以看到显示出函数参数名称，如图15-1所示。

图15-1

❷ 如果想更加清楚地了解每个参数该如何设置，可以单击公式编辑栏前的 fx 按钮，打开"插入函数"对话框，选择相关的函数，将光标定位到不同参数编辑框中，则可以看到该参数设置的提示文字，如图15-2所示。

图15-2

函数参数类型举例如下。

- 公式"=SUM（B2:B10）"中，括号中的"B2:B10"就是函数的参数，且是一个变量值。
- 公式"=IF(D3=0,0,C3/D3)"中，括号中"D3=0"、"0"、"C3/D3"，分别为IF函数的3个参数，且参数为常量和表达式两种类型。
- 公式"=VLOOKUP($A$9,$A$2:$D$6,COLUMN(B1))"中，除使用了变量值作为参数，还使用了函数表达式"COLUMN(B1)"作为参数（该表达式返回的值作为VLOOKUP函数的3个参数），这个公式是函数嵌套使用的例子。

15.1.3 公式的运算符

运算符是公式的基本元素，也是必不可少的元素，每一个运算符代表一种运算。在Excel 2013中有4类运算符类型，每类运算符和作用如表15-1所示。

表15-1

运算符类型	运算符	作用	示 例
算术运算符	+	加法运算	10+5 或 A1+B1
	–	减号运算	10–5或 A1–B1或 –A1
	*	乘法运算	10*5 或 A1*B1
	/	除法运算	10/5 或 A1/B1
	%	百分比运算	85.5%
	^	乘幂运算	2^3
比较运算符	=	等于运算	A1=B1
	>	大于运算	A1>B1
	<	小于运算	A1<B1
	>=	大于或等于运算	A1>=B1
	<=	小于或等于运算	A1<=B1
	<>	不等于运算	A1<>B1
文本连接运算符	&	用于连接多个单元格中的文本字符串，产生一个文本字符串	A1&B1
引用运算符	:（冒号）	特定区域引用运算	A1:D8
	,（逗号）	联合多个特定区域引用运算	SUM(A1:C2,C2:D10)
	（空格）	交叉运算，即对2个共引用区域中共有的单元格进行运算	A1:B8 B1:D8

提 示

在Excel 2013中输入公式时，注意运算符要在半角状态下输入，否则输入的公式得不到正确的结果。

15.1.4 输入公式

采用公式进行数据运算、统计、查询时，首先要学习公式的输入与编辑。

1. 配合"插入函数"向导输入公式

使用"插入函数"向导可以实现公式的输入，其操作方法如下。

第一步：打开"插入函数"对话框。

① 选中要输入公式的单元格。

2 单击公式编辑栏前的 ƒₓ 按钮（如图15-3所示），打开"插入函数"对话框。

期初数	期末数	增减	
		金额	百分比
51750.0	168280.0	116530.0	
37000.0	20200.0	-16800.0	
58100.0	81100.0	23000.0	
-1100.0	-1050.0	50.0	

图15-3

3 在"选择函数"列表中选择需要使用的函数，如图15-4所示。

图15-4

4 单击"确定"按钮，即可打开"函数参数"设置对话框，如图15-5所示。

图15-5

第二步: 设置函数参数。

❶ 将光标定位到第一参数编辑框中,设置参数,如图15-6所示。

图15-6

❷ 按相同方法设置其他参数,如图15-7所示。

图15-7

❸ 设置完成后,单击"确定"按钮即可返回正确的结果,同时在公式编辑栏中可以看到完整的公式,如图15-8所示。

D3		⁝	×	✓	fx	=IF(A3=0,0,C3/A3)	
▲	A	B	C		D	E	
1	期初数	期末数	增减				
2			金额	百分比			
3	51750.0	168280.0	116530.0	225%			
4	37000.0	20200.0	-16800.0				
5	58100.0	81100.0	23000.0				
6	-1100.0	-1050.0	50.0				

图15-8

2. 手工输入公式

在多数情况下,都是使用直接在公式编辑栏中输入公式的方法来进行计算的。在输入公式时,若需要使用运算符,则在键盘上输入;若需要引用单元格数据,用鼠标点击要引用的单元格;若需要使用函数,则必须要对该函数的用法及其参数有一定的了解。采作这种方法使用公式具有操作便利的特点,下面举例说明。

1 选中要输入公式的单元格，在公式编辑栏中输入"="号，当公式中需要使用函数时，输入函数名称与左括号，此时可以看到该函数的所有参数显示出来，同时第一个参数加粗显示，提示现在要设置的是哪一个参数，如图15-9所示。

IF			×	✓	fx	=IF(	
						IF(**logical_test**, [value_if_true], [value_if_false])	G
	A	B		C			
1	期初数	期末数	增减				
2			金额	百分比			
3	51750.0	168280.0	116530.0	=IF(			
4	37000.0	20200.0	-16800.0				
5	58100.0	81100.0	23000.0				
6	-1100.0	-1050.0	50.0				

图15-9

2 输入第一个参数，接着输入参数分隔符"，"，此时看到第二个参数加粗显示，提示现在需要设置第2个参数，如图15-10所示。

IF			×	✓	fx	=IF(A3=0,	
						IF(**logical_test**, [value_if_true], [value_if_false])	G
	A	B		C			
1	期初数	期末数	增减				
2			金额	百分比			
3	51750.0	168280.0	116530.0	(A3=0,			
4	37000.0	20200.0	-16800.0				
5	58100.0	81100.0	23000.0				
6	-1100.0	-1050.0	50.0				

图15-10

3 输入第二个参数，输入参数分隔符"，"，如图15-11所示。

IF			×	✓	fx	=IF(A3=0, 0,	
						IF(**logical_test**, [value_if_true], [value_if_false])	G
	A	B		C			
1	期初数	期末数	增减				
2			金额	百分比			
3	51750.0	168280.0	116530.0	=0, 0,			
4	37000.0	20200.0	-16800.0				
5	58100.0	81100.0	23000.0				
6	-1100.0	-1050.0	50.0				

图15-11

4 接着按相同方法依次设置每个参数。函数参数设置完成后，输入右括号表示该函数引用完成，如图15-12所示。如果公式后面还有一些需要计算的表达式，则可以接着输入运算符、表达式等，直至完成公式的输入，按Enter键即可得到计算结果。

IF			×	✓	fx	=IF(A3=0, 0, C3/A3)	
	A	B		C	D	E	
1	期初数	期末数	增减				
2			金额	百分比			
3	51750.0	168280.0	116530.0	C3/A3)			
4	37000.0	20200.0	-16800.0				
5	58100.0	81100.0	23000.0				
6	-1100.0	-1050.0	50.0				

图15-12

提 示

在输入公式时，可以采用手工输入与函数向导结合的方式来实现。例如要输入类似 "=B1*AVERAGE(A2:F2) +50" 这样的公式，则可以首先输入 "=B1*AVERAGE(" 部分，然后单击 ☎ 按钮打开 "函数参数" 对话框，完成函数参数设置后，接着再回到公式编辑栏完成公式后面部分的输入。

15.1.5 重新编辑公式

输入公式后，如果需要对公式进行更改或是发现有错误需要更改，可以利用下面的方法来重新对公式进行编辑。

- 双击法。在输入了公式且需要重新编辑公式的单元格中双击鼠标，即可进入公式编辑状态，重新编辑公式或对公式进行局部修改即可。
- 按F2键。选中需要重新编辑公式的单元格，按键盘上的F2键，即可对公式进行编辑。
- 利用公式编辑栏。选中需要重新编辑公式的单元格，在公式编辑栏中单击，即可对公式进行编辑。

15.2   公式中数据源的引用

在Excel中使用公式，一方面可以达到特定的计算目的，另一个重要的作用就是通过公式的复制来快速完成一批计算。在复制公式时，需要牵涉到数据源的引用。数据源的引用是指在使用公式进行数据运算时，除了将一些常量运用到公式中外，还引用单元格中的数据来进行计算。在引用数据源计算时，可以采用相对引用方式，也可以采用绝对引用方式，还可以引用其他工作表或工作簿中的数据。本节中将分别介绍这几种数据源的引用方式。

15.2.1   引用相对数据源及公式的复制

在编辑公式时，当选择某个单元格或单元格区域参与运算后，其默认的引用方式是相对引用方式，其显示为A1、A2:B2这种形式。采用相对方式引用的数据源，当将公式复制到其他位置时，公式中的单元格地址会随之改变。

下面举出一个实例说明相对数据源的应用场合。

第一步：引用相对数据建源立公式。

选中H3单元格，在公式编辑栏中可以看到该单元格的公式为：=IF(F3=0,0, (G3−F3)/F3)，如图15-13所示。

第二步：复制公式快速得到其他结果。

❶ 选中H3单元格，将光标定位到该单元格右下角，当出现黑色十字时按

住鼠标左键向下拖动进行公式的复制，如图15-14所示。

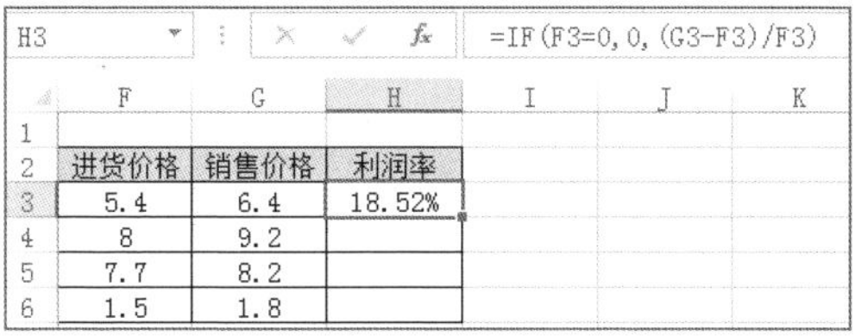

图15-13

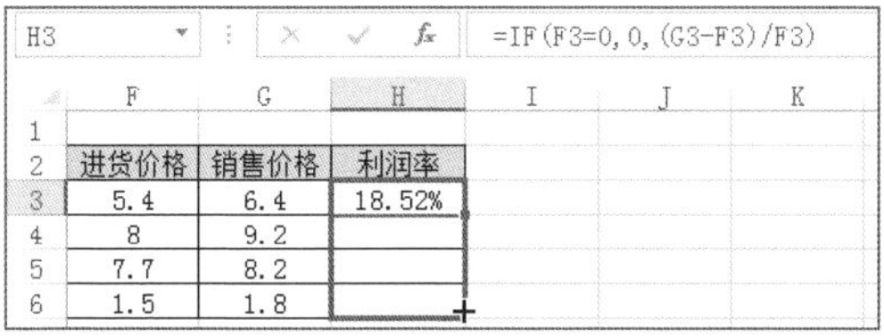

图15-14

2 选中H4单元格，在公式编辑栏中可以看到该单元格的公式为：=IF(F4=0,0,(G4-F4)/F4)，如图15-15所示；选中H5单元格，在公式编辑栏中可以看到该单元格的公式为：=IF(F5=0,0,(G5-F5)/F5)，如图15-16所示。

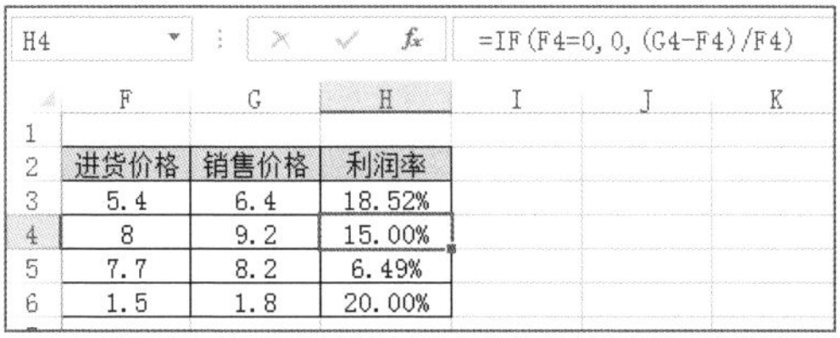

图15-15

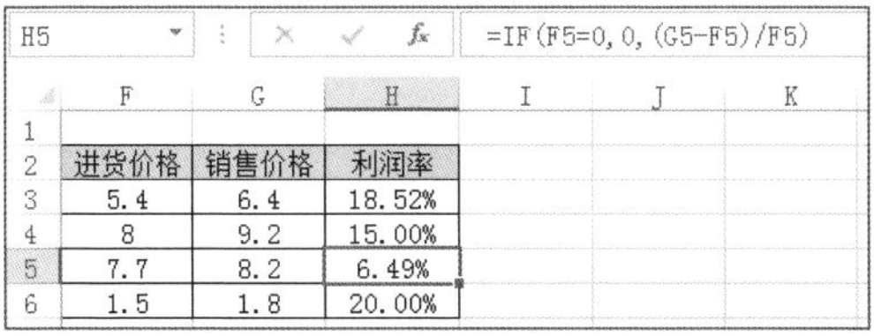

图15-16

总结

通过对比H3、H4、H5单元格的公式可以发现，当向下复制H3单元格的公式时，相对引用的数据源也发生了相应的变化，而这也正是计算其他产品利润率所需要的正确公式（复制公式是批量建立公式求值的一个最常见办法，有效避免了逐一输入公式的繁琐程序）。在这种情况下，需要使用相对引用的数据源。

15.2.2 引用绝对数据源及公式的复制

所谓数据源的绝对引用，是指把公式复制或者填入到新位置，公式中对单元格的引用保持不变。要对数据源采用绝对引用方式，需要使用“$”符号来标注，其显示为$A$1、$A$2:$B$2这种形式。

下面举一个实例说明需要使用数据源绝对引用方式的场合。

第一步：引用绝对数据源建立公式。

选中C2单元格，在公式编辑栏中可以看到该单元格的公式为（如图15-17所示）：

```
=B2/SUM($B$3:$B$6)
```

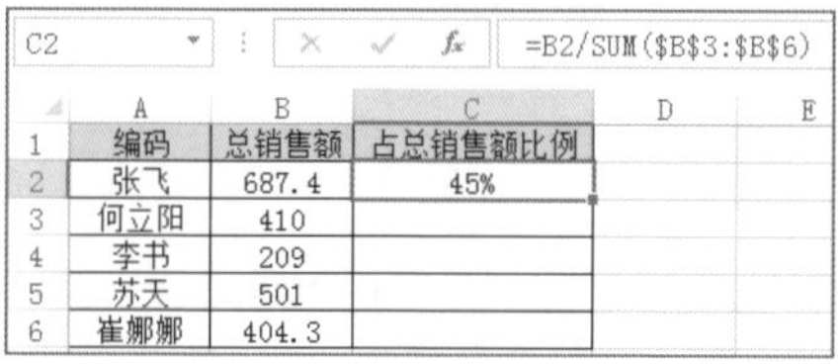

C2 =B2/SUM($B$3:$B$6)

	A	B	C	D	E
1	编码	总销售额	占总销售额比例		
2	张飞	687.4	45%		
3	何立阳	410			
4	李书	209			
5	苏天	501			
6	崔娜娜	404.3			

图15-17

第二步：复制公式快速得到其他结果。

❶ 选中C2单元格，将光标定位到该单元格右下角，当出现黑色十字时按住鼠标左键向下拖动，即可快速复制公式。

❷ 选中C3单元格，在公式编辑栏中可以看到该单元格的公式为：=B3/SUM($B$3:$B$6)，如图15-18所示；选中C4单元格，在公式编辑栏中可以看到该单元格的公式为：=B4/SUM($B$3:$B$6)，如图15-19所示。

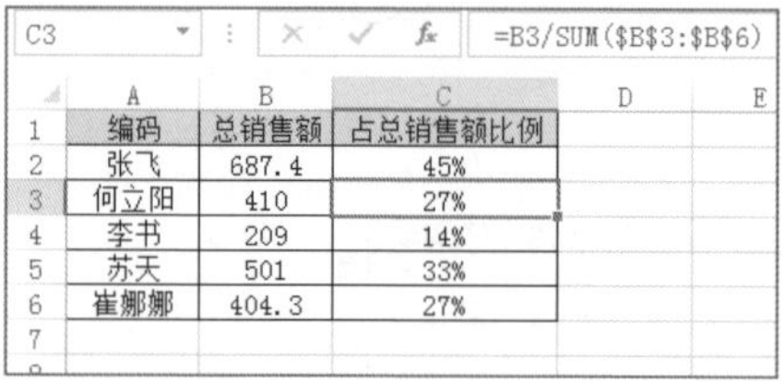

C3 =B3/SUM($B$3:$B$6)

	A	B	C	D	E
1	编码	总销售额	占总销售额比例		
2	张飞	687.4	45%		
3	何立阳	410	27%		
4	李书	209	14%		
5	苏天	501	33%		
6	崔娜娜	404.3	27%		
7					

图15-18

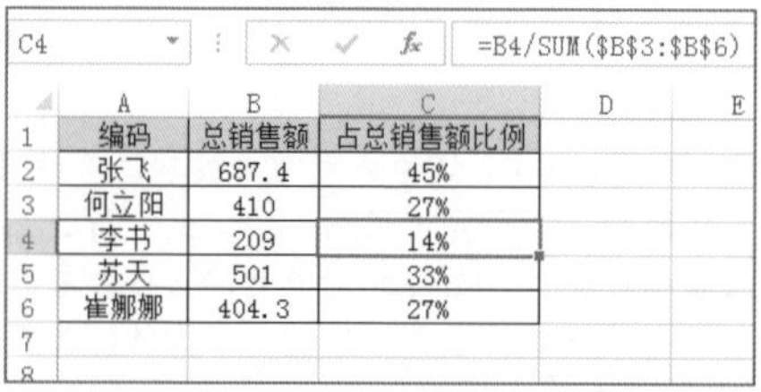

C4 =B4/SUM($B$3:$B$6)

	A	B	C	D	E
1	编码	总销售额	占总销售额比例		
2	张飞	687.4	45%		
3	何立阳	410	27%		
4	李书	209	14%		
5	苏天	501	33%		
6	崔娜娜	404.3	27%		
7					

图15-19

总　结

　　通过对比C2、C3、C4单元格的公式可以发现，当向下复制C2单元格的公式时，采用绝对引用的数据源未发生任何变化，而使用相对引用的数据源则会随着公式的复制而发生相应的变化。而在本例中设置公式求取了第一位员工的销售额占总销售额的比例后，通过复制公式求其他员工的销售额占总销售额的比例时，只需要更改公式"=B3/SUM($B$3:$B$6)"的"B3"部分的值即可，而用于求取总销售额的"SUM($B$3:$B$6)"部分不必更改，因此在公式中将"B3"采用相对引用方式，而"SUM($B$3:$B$6)"则采用绝对引用方式。

　　如果只想通过公式求取某一个单元格的值，采用绝对引用与相对引用所求取的值是相同的，但在Excel中设置公式的目的通常需要进行复制以完成批量的运算，此时则需要按上述的方法根据实际需要采用相应的引用方式。

提　示

　　在通常情况下，绝对数据源的使用都是配合相对数据源一起应用到公式或函数的函数中的。单纯使用绝对数据源，在进行公式复制时，得到的结果都是一样的，因此不具备意义。

15.2.3　引用当前工作表之外的单元格

　　在进行公式运算时，很多时候都需要使用其他工作表的数据源来参与计算。在引用其他工作表的数据来进行计算时，需要按如下格式来引用：工作表名！数据源地址。

　　在统计销售数据时，将各月份的销售数据统计到不同工作表中，现在要在另一张工作表中统计出一季度销售数据总计值，则需要引用多张工作表中的数据来进行计算。

❶ 选中要显示统计值的单元格，首先在公式编辑栏中输入等号及函数等，如此处输入：=SUM(，如图15-20所示。

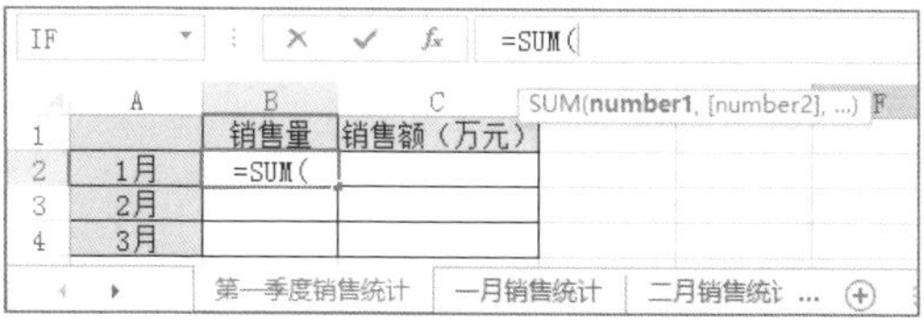

图15-20

❷ 用鼠标在"一月销售统计"工作表标签上单击，切换到"一月销售统计"工作表，选中参与计算的单元格（注意引用单元格的前面都添加了工作表名

称标识），如图15-21所示。

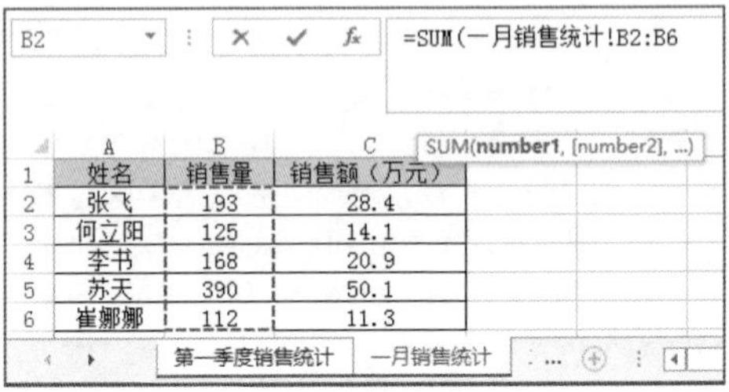

图15-21

3 再输入其他运算符，如果还需要引用其他工作表中数据进行运算，则按第2步方法再次切换到目标工作表中选择参与运算的单元格区域，完成后按Enter键得到计算结果，如图15-22所示。

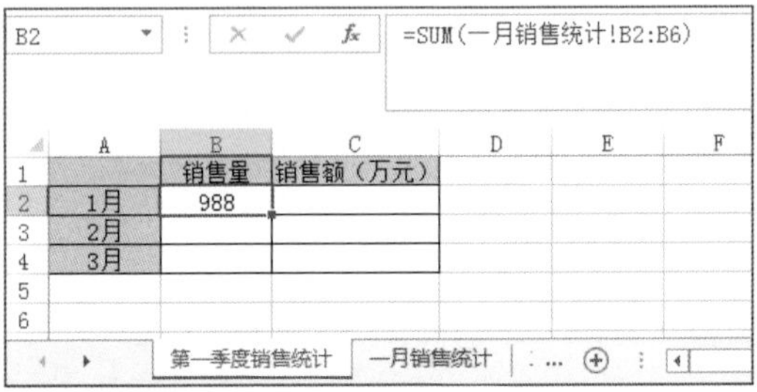

图15-22

在统计销售数据时，将各月份的销售数据统计到不同工作表中，现在要在另一张工作表中统计出一季度每位销售员的销售数据总计值，则需要引用多张工作表中的数据来进行计算。

1 选中要显示统计值的单元格，首先在公式编辑栏中输入等号及函数等，如此处输入：=SUM(，如图15-23所示。

图15-23

2 在"一月销售统计"工作表标签上单击，切换到"一月销售统计"工作表中，选中参与计算的单元格（如选中B2单元格），如图15-24所示。

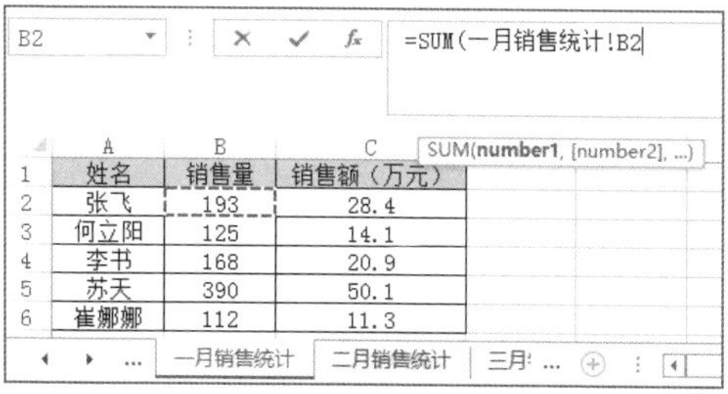

图15-24

③ 输入"+"运算符,在"二月销售统计"工作表标签上单击,切换到"二月销售统计"工作表中,选中参与计算的单元格(如选中B2单元格),如图15-25所示。

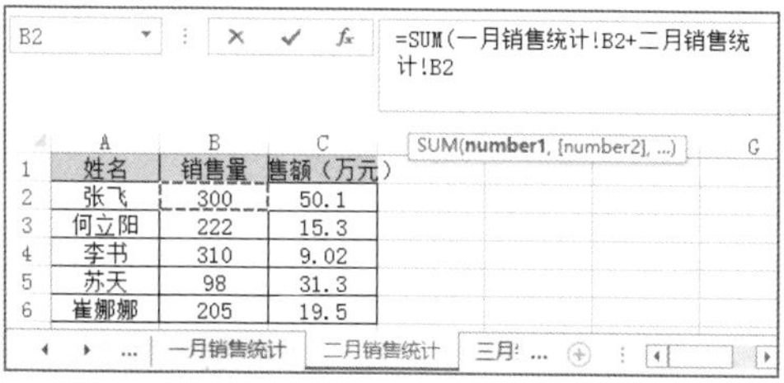

图15-25

④ 接着再输入其他运算符或函数,需要引用单元格时切换到目标工作表中选择参与运算的单元格或单元格区域,完成后按Enter键得到计算结果,如图15-26所示。

图15-26

15.2.4 在公式中引用其他工作簿数据源来进行计算

有时为了实现一些复杂的运算或是对数据进行比较,还需要引用其他工作簿中的数据进行计算才能达到求解目的。多工作簿数据源引用的格式为:[工作簿名称]工作表名!数据源地址。比如要比较下半年销售额与上半年的销售额,上半年销售额与下半年销售额分别保存在两个工作簿中,此时可以按如下方法来设置公式。

第一步：在当前工作表中输入以"="号开头的部分公式。

❶ 首先打开"销售统计（上半年）"工作簿，这张工作簿的"总销售情况"工作表的C3单元格中显示了上半年的销售金额总计值，如图15-27所示。

图15-27

❷ 在当前工作簿中选中要显示求解值的单元格，输入公式的前半部分，如图15-28所示。

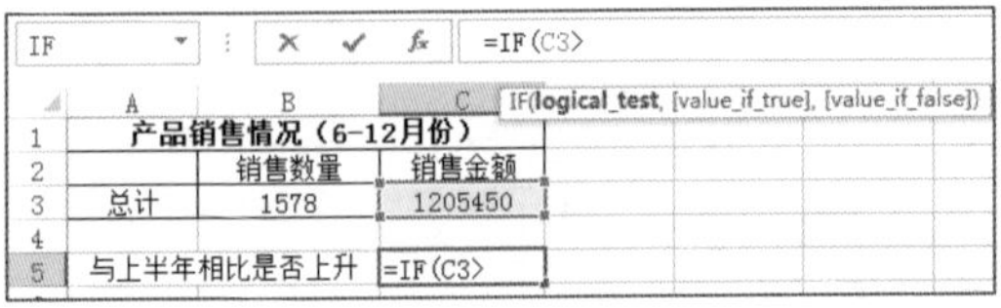

图15-28

第二步：切换到其他工作簿中选择参与运算的单元格区域。

❶ 切换到"销售统计（上半年）"工作簿，选择参与运算数据源所在工作表，然后再选择参与运算的单元格或单元格区域，此时可以在"销售统计（下半年）"工作表中看到C3单元格中的公式显示出工作簿名、工作表名，如图15-29所示。

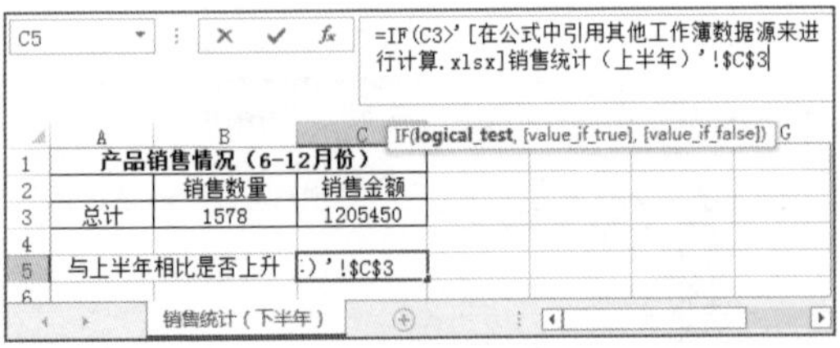

图15-29

❷ 输入公式的后面部分（如果还要引用其他工作簿的单元格，则按上一步方法引用），如图15-30所示。

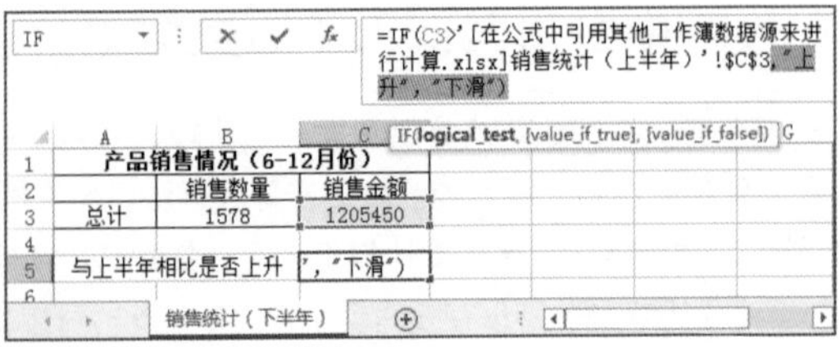

图15-30

3 按Enter键即可返回结果，如图15-31所示。

图15-31

15.3　公式中对名称的使用

在Excel 2013中，可以将单元格区域定义为名称，然后用定义的名称帮助快速搜索定位到特定的单元格区域，而定义的名称最显著的作用是作为函数的参数。使用定义的简短的名称作为函数的参数，可以代替对单元格区域的引用，尤其在公式中需要使用其他工作表中的单元格区域时，将单元格区域定义为名称，可以在很大程度上简化公式。

15.3.1　将单元格区域定义为名称

根据定义名称的类型，可以采用不同的定义方法。例如定义单元格区域为名称，可以使用名称框快速定义；如果要定义常量、公式等为名称，则需要使用"名称定义"功能来进行定义。

在定义单元格、数值、公式等名称时，需要遵循一定的规则。
- 名称的第一个字符必须是字母、汉字或下划线，其他字符可以是字母、数字、句号和下划线。
- 名称长度不能超过255个字符，字母不区分大小写。
- 名称之间不能有空格符，可以使用"."。
- 名称不能与单元格名称相同。
- 同一工作簿中定义的名称不能相同。

1. 利用名称框快速定义名称

利用名称框来定义名称具有方便快速的特点，其操作方法如下。

1 选中要自定义名称的单元格区域。将光标移到"名称框"中并单击，进入编辑状态，如图15-32所示。

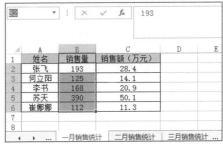

图15-32

② 输入要定义的名称，按Enter键即可完成名称的定义，如图15-33所示。

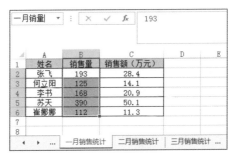

图15-33

2. 使用"名称定义"功能定义名称

使用名称框定义名称具有方便快捷的特点，另外Excel 2013还提供"名称定义"功能，利用这一功能可以全面地管理名称。

① 选中要定义为名称的单元格区域，打开"公式"选项卡，在"定义的名称"组中单击"定义名称"按钮（如图15-34所示），打开"新建名称"对话框。

② 设置名称名，如图15-35所示。

图15-34

图15-35

3 设置完成后,单击"确定"按钮,即可完成名称的定义。

15.3.2 使用定义的名称

在完成名称的定义之后,则可以使用定义的名称实现快速定位或将名称作为函数的参数来使用。

1. 通过名称实现快速定位

1 在当前工作簿的任意位置上,如果想定位到定义为某一名称的单元格区域,可以单击"名称框"下拉按钮。

2 从打开的下拉列表中单击要显示的名称,即可快速定位到该名称的单元格区域,如图15-36所示。

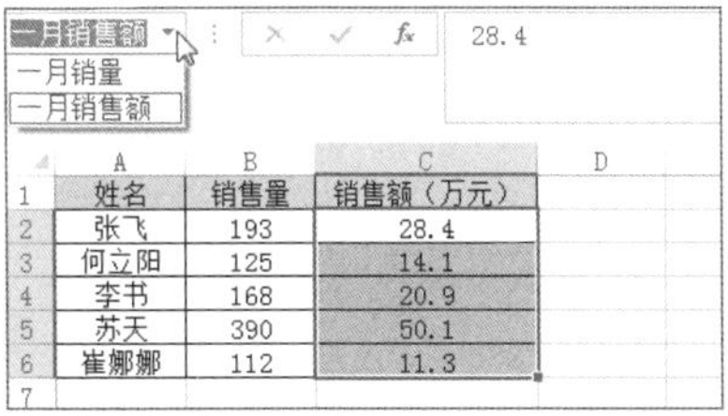

图15-36

2. 使用定义的名称进行计算

建立名称后,可以使用名称进行数据计算。本例中统计了每位员工各个月份的销售量与销售额,并且将各个月份中的销售量与销售额都定义了名称,现在可以使用所定义的名称一次性计算出每位员工销售量总和。

第一步:定义名称。

按上小节介绍的方法将"一月销售统计!B2:B6"单元格区域定义为名称"一月销量"(如图15-37所示)、将"二月销售统计!B2:B6"单元格区域定义为名称"二月销量"(如图15-38所示)、将"三月销售统计!B2:B6"单元格区域定义为名称"三月销量"(如图15-39所示)。

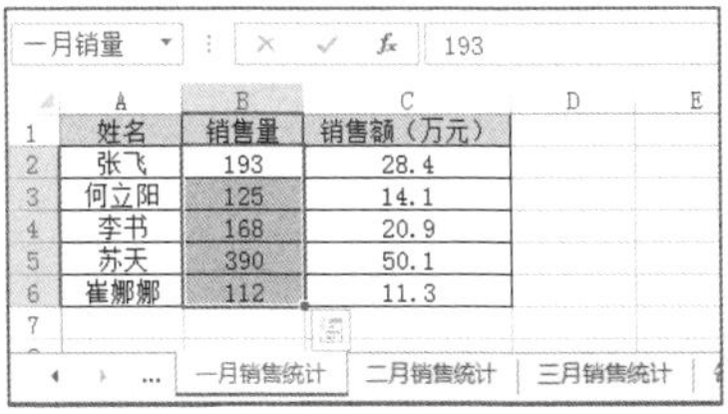

图15-37　　　　　　　　　　　　　　图15-38

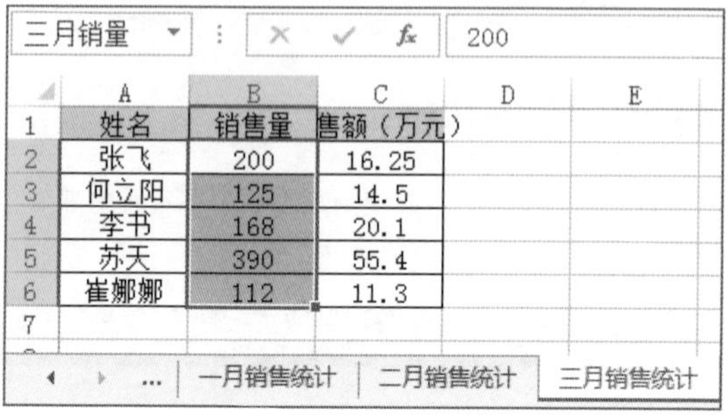

图15-39

第二步：使用定义的名称。

① 选中B2:B6单元格区域，在公式编辑栏中输入"="，切换到"公式"选项卡，在"定义的名称"组中单击"用于公式"按钮，打开下拉菜单，选择要应用的名称，如图15-40所示。

图15-40

② 单击名称之后，即可将名称插入到公式中，接着输入"+"运算符，如图15-41所示。

图15-41

③ 再次单击"用于公式"按钮，打开下拉菜单，选择要应用的名称，如图15-42所示。

④ 输入运算符，并按相同的方法引用名称，如图15-43所示。

图15-42

图15-43

⑤ 按Ctrl+Shift+Enter组合键，得到计算结果，如图15-44所示。

图15-44

 提 示

　　本例中公式"==一月销量+二月销量+三月销量"，是一个数组公式，它是将"一月销量"、"二月销量"、"三月销量"单元格区域中的第一个单元相加显示到当前工作表的B2单元格中，将"一月销量"、"二月销量"、"三月销量"单元格区域中的第二个单元相加显示到当前工作表的B3单元格中，依次类推。此类公式在返回结果时需要按Ctrl+Shift+Enter组合键才能一次性返回一组结果。

3. 使用定义的名称作为函数的参数

　　前面我们了解到，定义的名称最显著的作用是作为函数的参数来使用，下面举例说明。如要计算一月份的销售量合计值，而"一月销售统计"工作表中的"销量"列数据被定义为名称"一月销量"，其公式设置如下。

① 选中B2单元格，在公式编辑栏中输入部分公式，如此处输入了"=SUM("。

② 接着需要设置SUM函数参数。切换到"公式"选项卡，在"定义的名称"组中单击"用于公式"按钮，打开下拉菜单，选择要应用的名称，如图15-45所示。

图15-45

③ 输入右括号完成公式输入，接着可以继续完成公式的输入，按Enter键即可得到计算结果，如图15-46所示。

图15-46

15.3.3 将公式定义为名称

公式是可以定义为名称的，尤其是在进行一些复杂运算或实现某些动态数据源效果时，经常会将特定的公式定义为名称。在如图15-47所示表格中，若要计算利润值（利润值=预计销量*单位售价-总成本），此时可以定义一个名称为"毛利"，其值为"预计销量*单位售价"。

第一步：定义名称。

① 单击"公式"选项卡下的

图15-47

"定义名称"按钮,打开"新建名称"对话框。

2 输入名称为"毛利",设置引用位置为"=利润计算!\$B\$4*利润计算!\$B\$3",如图15-48所示。

第二步:使用名称进行运算。

在B5单元格设置公式为"=毛利-B2",按Enter键即可得到利润值,如图15-49所示。

图15-48

图15-49

> **提 示**
>
> 定义的常量名称、公式名称都不会显示在名称框中,这是因为常量名称与公式名称都不属于任何一个可知区域。但是它们可以直接使用,并且出现在"定义的名称"组的"用于公式"和"粘贴名称"下拉列表中。

15.3.4 名称管理

当在工作簿中定义了多个名称后,可以重新修改特定名称、删除不需要名称、重新设置名称的应用范围等。

1. 查看当前工作簿中定义的所有名称

在定义了多个名称之后,要想快速了解所有定义的名称,可以使用Excel 2013中的"名称管理器"来查看。

打开要查看其中名称的工作簿,选择"公式"选项卡,在"定义的名称"组中单击"名称管理器"按钮,打开"名称管理器"窗口,当前工作簿中的所有名称及引用位置都能清晰看到,如图15-50所示。

图15-50

2. 修改定义的名称

定义名称之后，如果需要修改名称（包含修改名称名、引用位置），只需要对其重新编辑即可，而不需要重新定义。

❶ 单击"公式"选项卡下的"名称管理器"按钮，打开"名称管理器"窗口，在列表中选中要重新编辑的名称，如图15-51所示。

❷ 单击"编辑"按钮，打开"编辑名称"对话框，如图15-52所示。

图15-51

图15-52

❸ 在"名称"框中可以重新修改名称名；在"引用位置"栏中，可以手工对需要修改的部位进行更改，也可以选中要修改的部分，然后单击右侧的拾取器按钮回到工作表中重新选择数据源。

3. 删除不再使用的名称

对于一些不需要再使用的名称，可以通过下面的操作来删除。

❶ 单击"公式"选项卡下的"名称管理器"按钮，打开"名称管理器"窗口。

❷ 在列表中选中要删除的名称，单击"删除"按钮即可删除，如图15-53所示。

图15-53

第 *16* 章

公式检测与返回
错误值解决

本章中部分素材文件在光盘中对应的章节下。

16.1 公式检测与审核

在使用公式进行数据计算时，因函数参数设置不对、数据源引用不对等，都会导致最终计算的值为错误值。为了便于用户直观地查找到错误，以及对较长公式进行分析，Excel 2013提供了"公式审核"功能。

16.1.1 查看当前工作表中的所有公式

利用Excel 2013中的"公式审核"工具可以快速显示出当前工作表中所有的公式，方法如下。

1 切换到要显示公式的工作表，单击"公式"选项卡，在"公式审核"组中单击"显示公式"按钮（如图16-1所示），即可将工作表中所有公式显示出来，如图16-2所示。

图16-1

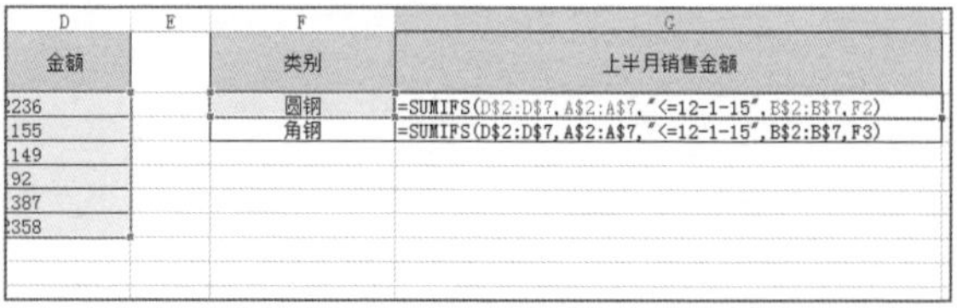

图16-2

2 如果要重新显示出数值，再次单击"显示公式"按钮即可。

16.1.2 追踪引用单元格

所谓追踪引用单元格，是指查看当前公式引用哪些单元格进行计算的。当公式有错误值时，通过该功能也可辅助查找公式错误原因。

1 选中单元格，如图16-3所示。

图16-3

❷ 在"公式"选项卡下的"公式审核"组中单击"追踪引用单元格"按钮，即可使用箭头显示数据源引用指向，如图16-4所示。

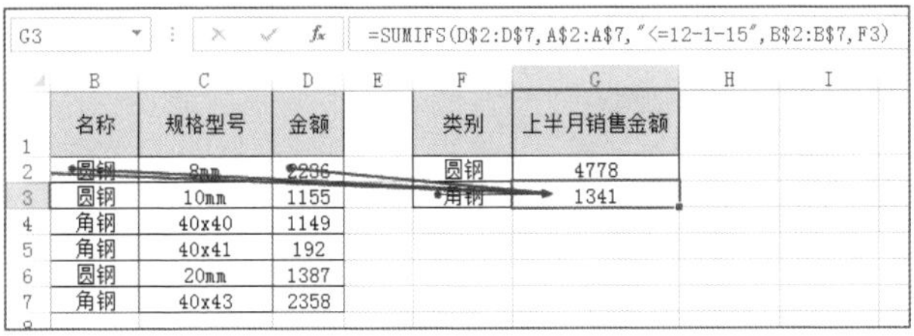

图16-4

16.1.3 追踪从属单元格

"追踪从属单元格"功能是指追踪受当前所选单元格值影响的单元格。

❶ 选中单元格。

❷ 在"公式"选项卡"公式审核"组中单击"追踪引用单元格"按钮，即可使用箭头显示受该单元格值影响的单元格，如图16-5所示。

图16-5

16.1.4 使用"错误检查"功能辅助查找公式错误原因

当公式计算结果出现错误时，可以使用"错误检查"功能来逐一对错误值进行检查，检查的同时程序还可以给出导致错误产生原因的提示。

1 选中任意单元格，在"公式"选项卡"公式审核"组中单击"错误检查"按钮，如图16-6所示。

图16-6

2 在弹出的"错误检查"对话框中可以看到提示信息，说明公式中包含不可识别的文本，如图16-7所示。

图16-7

3 找到错误原因后，即可有目的地对公式进行修改。

16.1.5 通过"公式求值"功能逐步分解公式

使用"公式求值"功能可以分步求出公式的计算结果（根据优先级求取），如果公式有错误，可以方便快速地找出错误发生在哪一步；如果公式没有错误，使用该功能可以便于对公式的理解。

1 选中显示公式的单元格，在"公式"选项卡"公式审核"组中单击"公式求值"按钮，如图16-8所示，即可弹出"公式求值"对话框。

图16-8

2 单击"求值"按钮，即可对公式中显示下划线的部分求值，即求出了B2的值，如图16-9所示。

图16-9

3 单击"求值"按钮，求出"COUNTIF($B$2:$B$10,B2)"部分的值，结果为"1"（如图16-10所示），表示判断B2:B10单元格区域中与B2单元格值相同的个数。

图16-10

4 单击"求值"按钮，求出"COUNTIF($B$2:$B$10,B2)=1"部分的值，结果为TRUE，如图16-11所示。

图16-11

⑤ 单击"求值"按钮，返回最终结果，如图16-12所示。

图16-12

16.2 公式返回错误值分析与解决

16.2.1 ####错误值

▶ **错误原因1**

在单元格输入的数字、日期或时间比单元格宽，导致输入的内容不能完全显示，就会返回####错误值，如图16-13所示。

	A	B	C	D	E	F
1	员工姓名	出生日期	性别	学历	年龄	
2	李丽	########	女	本科	45	
3	周俊逸	########	男	本科	32	
4	苏天	########	男	本科	42	
5	刘飞虎	########	男	本科	45	
6	张飞	########	男	本科	37	
7	张娴雅	########	女	本科	40	

图16-13

▶ **解决方法**

可以通过拖动列表之间的宽度来修改列宽。

错误原因2

输入的日期和时间为负数或者单元格的日期时间公式产生了一个负值，也会出现#####错误值，如图16-14所示。

B2 =-DATE(2012,1,A2)

	A	B	C	D
1	2012年的第N天	对应日期		
2	10	#############		
3	100	2012/4/9		
4	200	2012/7/18		
5	300	2012/10/26		

图16-14

解决方法

将输入的日期和时间前的负号（-）取消或重新检查计算公式，将公式更改正确。

16.2.2 #DIV>0!错误值

错误原因

公式中包含除数为0值或空白单元格所致，如图16-15所示。

解决方法

使用IF和ISERROR函数来解决。

❶ 选中C2单元格，在编辑栏中输入公式：

```
=IF(ISERROR(A2/B2),"", A2/B2)
```

按Enter键即可解决公式返回结果为#DIV/0!错误值。

❷ 将光标移到C2单元格的右下角，向下复制公式，即可解决所有公式返回结果为#DIV/0!错误值的问题，如图16-16所示。

C2 =A2/B2

	A	B	C
1	被除数	除数	商
2	120	8	15
3	120	0	#DIV/0!
4	120		#DIV/0!
5		8	0
6	0	0	#DIV/0!

图16-15

C2 =IF(ISERROR(A2/B2),"", A2/B2)

	A	B	C	D	E
1	被除数	除数	商		
2	120	8	15		
3	120	0			
4	120				
5		8	0		
6	0	0			

图16-16

16.2.3 #N>A错误值

错误原因1

省略了函数中必不可少的参数。

例如D2单元格使用的公式中，IF函数缺少了一个必要的参数，此时返回了错误值，如图16-17所示。

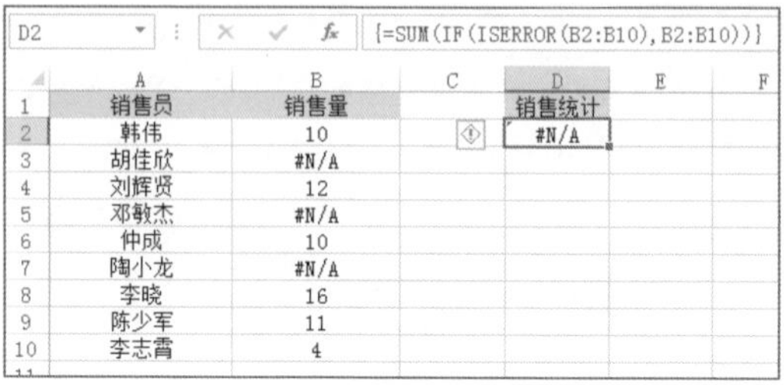

图16-17

▶ **解决方法**

❶ 正确设置IF函数的参数。选中D2单元格，重新输入公式为：

=SUM(IF(ISERROR(B2:B10),0,B2:B10))

❷ 按Ctrl+Shift+Enter组合键即可返回正确结果（因为此处为数组公式，所以需要使用这一组合键），如图16-18所示。

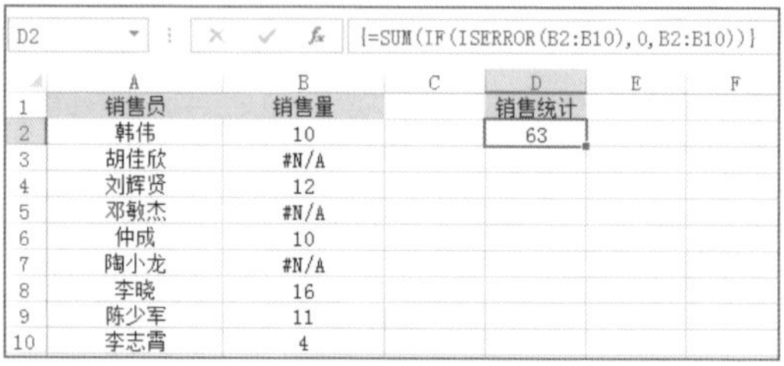

图16-18

▶ **错误原因2**

公式中引用的数据源不正确，或者不能使用。

例如在使用VLOOKUP函数或其他查找函数进行数据查找时，找不到匹配的值时就会返回#N/A错误值。如图16-19所示，在公式中引用了B10单元格的值作为查找源，而A2:A7单元格区域中并找不到B10单元格中指定的值，所以返回了错误值。

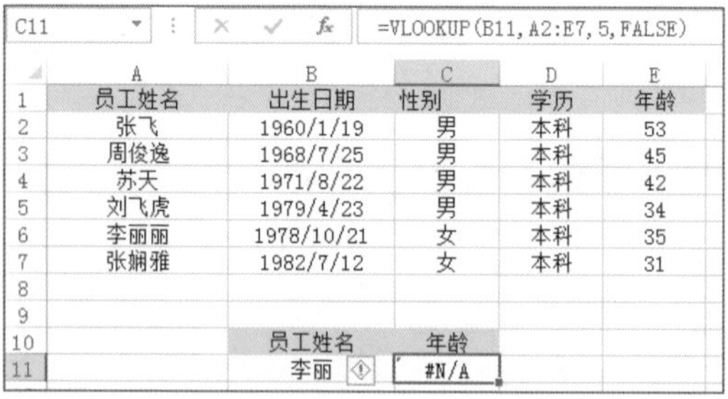

图16-19

▶ **解决方法**

引用正确的数据源。

选中B10单元格，在单元格中将错误的员工姓名更改为正确的"李丽丽"，即可解决公式返回结果为#N/A错误值的问题，如图16-20所示。

| C11 | ▼ | : | × | ✓ | fx | =VLOOKUP(B11,A2:E7,5,FALSE) |

▲	A	B	C	D	E
1	员工姓名	出生日期	性别	学历	年龄
2	张飞	1960/1/19	男	本科	53
3	周俊逸	1968/7/25	男	本科	45
4	苏天	1971/8/22	男	本科	42
5	刘飞虎	1979/4/23	男	本科	34
6	李丽丽	1978/10/21	女	本科	35
7	张娴雅	1982/7/12	女	本科	31
8					
9					
10		员工姓名	年龄		
11		李丽丽	35		

图16-20

▶ **错误原因3**

数组公式中使用的参数的行数或列数与包含数组公式的区域的行数或列数不一致。

例如在进行矩阵逆转换时，选取的目标区域的行数和列数与原本矩阵区域的行数和列数不一致，导致输入公式：=MINVERSE(A2:C4)，按Ctrl + Shift + Enter组合键后会返回#N/A错误值，如图16-21所示。

| E2 | ▼ | : | × | ✓ | fx | {=MINVERSE(A2:C4)} |

▲	A	B	C	D	E	F	G	H
1		矩阵				逆矩阵		
2	1	2	3		4.5E+15	-9.E+15	4.5E+15	#N/A
3	2	3	4		-9.E+15	1.8E+16	-9.E+15	#N/A
4	3	4	5		4.5E+15	-9.E+15	4.5E+15	#N/A
5					#N/A	#N/A	#N/A	#N/A

图16-21

▶ **解决方法**

正确选取相同的行数和列数区域。

正确选取E2:G4单元格区域后，输入公式：=MINVERSE(A2:C4)，按Ctrl + Shift + Enter组合键返回3×3行列式的逆矩阵，如图16-22所示。

| E2 | ▼ | : | × | ✓ | fx | {=MINVERSE(A2:C4)} |

▲	A	B	C	D	E	F	G
1		矩阵				逆矩阵	
2	1	2	3		4.5E+15	-9.E+15	4.5E+15
3	2	3	4		-9.E+15	1.8E+16	-9.E+15
4	3	4	5		4.5E+15	-9.E+15	4.5E+15

图16-22

16.2.4 #NAME?错误值

错误原因1

输入的函数和名称拼写错误。

例如在计算学生的平均成绩时，在公式中将AVERAGE函数错误地输入为AVEAGE时，会返回#NAME?错误值，如图16-23所示。

E2　　=AVEAGE(B2:D2)

	A	B	C	D	E	F
1	学生姓名	语文	数学	英语	平均成绩	
2	李丽	78	89	5	#NAME?	
3	周俊逸	58	55	50	#NAME?	
4	苏天	76	71	80	#NAME?	
5	刘飞虎	68	56	45	#NAME?	

图16-23

解决方法

正确输入函数和名称。

错误原因2

在公式中引用文本时没有加双引号。

例如在求某一位销售人员的总销售金额时，在公式中没有对“刘纪鹏”这样的文本常量加上双引号（半角状态下的），导致返回结果为#NAME?错误值，如图16-24所示。

F2　　=SUM((C2:C6=刘纪鹏)*D2:D6)

	A	B	C	D	E	F
1	序号	品名	经办人	销售金额		刘纪鹏的总销售金额
2	1	老百年	刘纪鹏	1300		#NAME?
3	2	三星迎驾	张飞虎	1155		
4	3	五粮春	刘纪鹏	1149		
5	4	新月亮	李梦	190		
6	5	新地球	刘纪鹏	1387		

图16-24

解决方法

正确为引用文本添加双引号。

选中F2单元格，将公式重新输入为：=SUM((C2:C6="刘纪鹏")*D2:D6)，按Ctrl+Shift+Enter组合键即可返回正确结果（因为此处为数组公式，所以需要使用这一组合键），如图16-25所示。

F2　　{=SUM((C2:C6="刘纪鹏")*D2:D6)}

	A	B	C	D	E	F
1	序号	品名	经办人	销售金额		刘纪鹏的总销售金额
2	1	老百年	刘纪鹏	1300		3836
3	2	三星迎驾	张飞虎	1155		
4	3	五粮春	刘纪鹏	1149		
5	4	新月亮	李梦	190		
6	5	新地球	刘纪鹏	1387		

图16-25

错误原因3

在公式中引用了没有定义的名称。

例如在表格中，使用公式“=SUM(第一季度)+SUM(第二季度)”来计算上半年的销售量，而公式中使用的“第一季度”或“第二季度”并未定义为名称，则会返回“#NAME?”错误值，如图16-26所示。

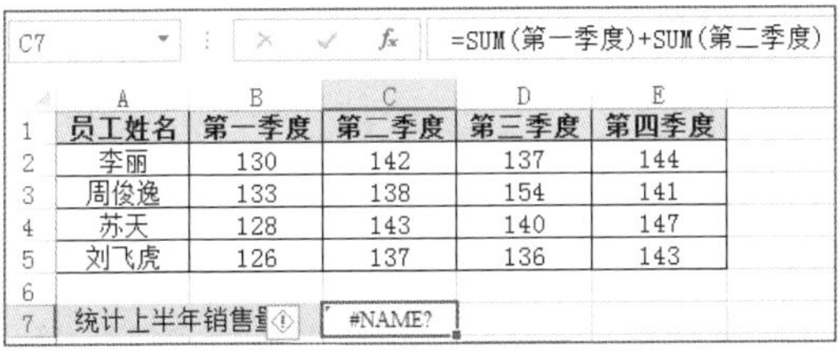

C7　=SUM(第一季度)+SUM(第二季度)

	A	B	C	D	E
1	员工姓名	第一季度	第二季度	第三季度	第四季度
2	李丽	130	142	137	144
3	周俊逸	133	138	154	141
4	苏天	128	143	140	147
5	刘飞虎	126	137	136	143
6					
7	统计上半年销售量		#NAME?		

图16-26

解决方法

首先将“第一季度”与“第二季度”定义为名称。

错误原因4

公式中引用单元格区域漏掉了冒号（:）。

例如在进行求和时，将公式“=SUM(B2:E5)”输入成“=SUM(B2E5)”（缺少冒号），按Enter键将返回#NAME?错误值，如图16-27所示。

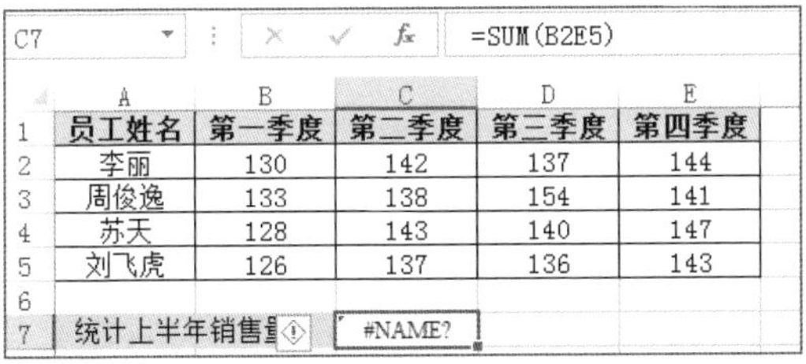

C7　=SUM(B2E5)

	A	B	C	D	E
1	员工姓名	第一季度	第二季度	第三季度	第四季度
2	李丽	130	142	137	144
3	周俊逸	133	138	154	141
4	苏天	128	143	140	147
5	刘飞虎	126	137	136	143
6					
7	统计上半年销售量		#NAME?		

图16-27

解决方法

正确引用数据源。

16.2.5　#NULL!错误值

错误原因

当使用空格运算符连接两个不相关的单元格区域时，就会返回错误值#NULL!。

解决办法

确保两个区域有重叠部分，或者改用其他引用运算符连接不同区域。

16.2.6 #NUM!错误值

 错误原因

在公式中使用的函数引用了一个无效的参数。

例如在求某数值的算术平均根，SQRT函数中引用的是A3单元格，而A3单元格中的值为负数，所以会返回#NUM!错误值，如图16-28所示。

B3		fx	=SQRT(A3)

	A	B	C	D
1	数值	算术平均值		
2	16	4		
3	-1	#NUM!		
4				

图16-28

解决方法

正确引用函数的参数。

16.2.7 #VALUE!错误值

错误原因1

在公式中，文本类型的数据参与了数值运算。

例如在计算销售员的销售金额时，参与计算的数值带上产品单位或单价单位（为文本数据），导致返回的结果出现#VALUE!错误值，如图16-29所示。

D2		fx	=B2*C2

	A	B	C	D	E
1	销售员	销售数量	销售单价	销售金额	
2	李丽	78	88	#VALUE!	
3	周俊逸	58套	90	#VALUE!	
4	苏天	76	88	6688	

图16-29

解决方法

正确设置参与运算的参数数值。

在B3和C2单元格中，分别将"套"和"元"文本去掉，即可返回的正确的计算结果，如图16-30所示。

D2		fx	=B2*C2

	A	B	C	D
1	销售员	销售数量	销售单价	销售金额
2	李丽	78	88	6864
3	周俊逸	58	90	5220
4	苏天	76	88	6688

图16-30

错误原因2

在公式中函数使用的参数与语法不一致。

在计算上半年产品销售量时，在C7单元格中输入的公式为：

=SUM(B2:B5+C2:C5)

按Enter键返回为#VALUE!错误值，如图16-31所示。

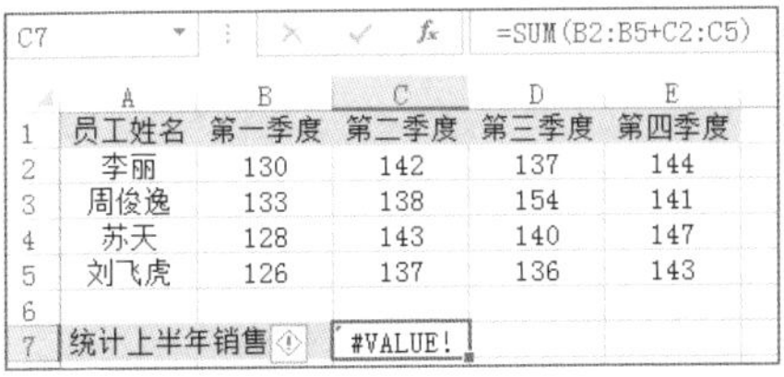
C7　=SUM(B2:B5+C2:C5)

	A	B	C	D	E
1	员工姓名	第一季度	第二季度	第三季度	第四季度
2	李丽	130	142	137	144
3	周俊逸	133	138	154	141
4	苏天	128	143	140	147
5	刘飞虎	126	137	136	143
6					
7	统计上半年销售		#VALUE!		

图16-31

解决方法

正确设置函数的参数。

选中C7单元格，在编辑栏中重新更改公式为：

=SUM(B2:B5:C2:C5)

按Enter键即可返回正确的计算结果，如图16-32所示。

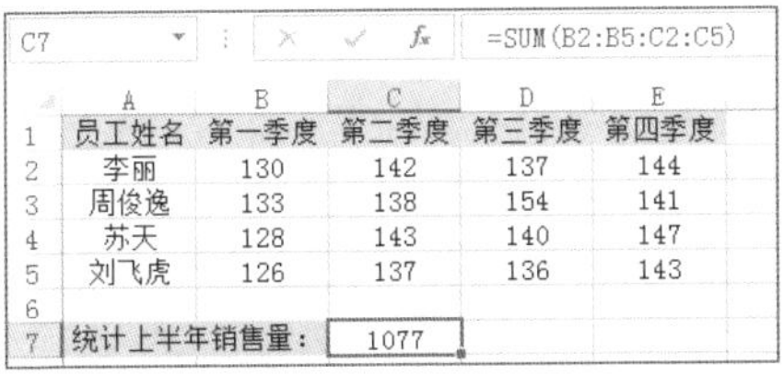
C7　=SUM(B2:B5:C2:C5)

	A	B	C	D	E
1	员工姓名	第一季度	第二季度	第三季度	第四季度
2	李丽	130	142	137	144
3	周俊逸	133	138	154	141
4	苏天	128	143	140	147
5	刘飞虎	126	137	136	143
6					
7	统计上半年销售量：		1077		

图16-32

错误原因3

进行数组运算时，没有按Ctrl + Shift + Enter组合键而直接按Enter键。

例如，在C7单元格中输入了数组公式：

=SUM(B2:B5*C2:C5)

直接按Enter键会返回#VALUE!错误值，如图16-33所示。

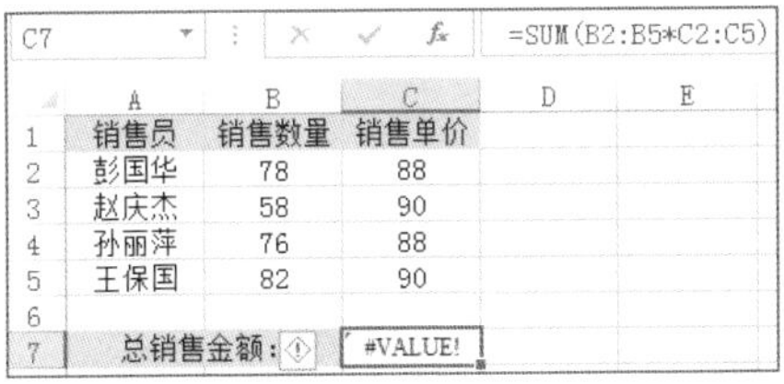
C7　=SUM(B2:B5*C2:C5)

	A	B	C	D	E
1	销售员	销售数量	销售单价		
2	彭国华	78	88		
3	赵庆杰	58	90		
4	孙丽萍	76	88		
5	王保国	82	90		
6					
7	总销售金额：		#VALUE!		

图16-33

▶ **解决方法**

数组运算公式输入完成后，按Ctrl + Shift + Enter组合键结束。

16.2.8 #REF!错误值

▶ **错误原因**

在公式计算中引用了无效的单元格。

● 如图16–34所示，在C列中建立的公式使用了B列的数据，当将B列删除时，此时公式已经找不到可以用于计算的数据，出现错误值#REF!，如图16–35所示。

C2	▼ : × ✓ *fx* =B2/SUM($B$2:$B$8)

▲	A	B	C	D
1	姓名	总销售额	占总销售额比例	
2	张飞	687.4	24%	
3	何立阳	410	14%	
4	李书	209	7%	
5	苏天	501	17%	
6	崔娜娜	404.3	14%	
7	程楠	565.4	19%	
8	孙晓	125.5	4%	
9				

图16–34

B2	▼ : × ✓ *fx* =#REF!/SUM(#REF!)

▲	A	B	C	D
1	姓名	占总销售额比例		
2	张飞	#REF!		
3	何立阳	#REF!		
4	李书	#REF!		
5	苏天	#REF!		
6	崔娜娜	#REF!		
7	程楠	#REF!		
8	孙晓	#REF!		

图16–35

● 在A工作簿中引用了B工作簿Sheet1工作表中的B5单元格数据进行运算，如果删除了B工作簿中的Sheet1工作表，会出现错误值#REF!；如果删除了B工作簿中的Sheet1工作表的B列，也会出现错误值#REF!。

第 *17* 章

函数在条件格式
与数据有效性中
的应用

本章中部分素材文件在光盘中对应的章节下。

17.1 函数在条件格式中的应用

在Excel 2013中，有一个功能非常独特的数据条件设置功能，它就是"条件格式"。通过对数据进行条件格式，可以将单元格中满足指定条件的数据以特殊的标记显示出来。例如可以选中某一单元格区域，设置当这一区域值大于特定值时显示特殊格式；或者选中某一单元格区域，设置当这一区域值高于平均值时显示特殊格式等。

选中要设置条件格式的单元格区域，单击"开始"选项卡，在"样式"组中单击"条件格式"按钮，展开下拉菜单，如图17-1所示，可以看到有几种条件格式可选，如"突出显示单元格规则"、"项目选取规则"等，将光标定位到目标位置后可以打开子菜单进行相关的操作。对于这一部分内容我们这里将不做介绍，本章重点以小实例的形式来介绍公式、函数在条件格式中的应用（要在"条件格式"下拉菜单的"新建规则"子菜单中来实现）。

图17-1

实例1 标识出两个部门不同的采购价格

▶ 案例表述

在表格中提供了两组采购价格数据，为了快速比较出同一商品的采购价格是否存在不同，可以按如下方法来设置单元格的条件格式，从而让出现不同采购价格时即显示出所设置的格式。

▶ 案例实现

❶ 选中设置数据条件格式的单元格区域，如B2:C11。

❷ 单击"开始"选项卡，在"样式"组中单击"条件格式"按钮，展开

下拉菜单。单击"新建规则"选项，如图17-2所示，打开"新建格式规则"对话框。

③ 选中"使用公式确定要设置格式的单元格"规则类型，编辑公式为（如图17-3所示）：

=NOT(EXACT($B2,$C2))

图17-2   图17-3

④ 单击"格式"按钮，打开"设置单元格格式"对话框。在"填充"选项卡中可设置特殊的填充颜色，如图17-4所示；在"字体"选项卡中可以设置特殊的文字格式，如图17-5所示。

图17-4   图17-5

⑤ 还可以切换到"数字"与"边框"选项卡下进行设置。设置完成后，关闭"设置单元格格式"对话框，回到"新建格式规则"对话框，可以看到格式预览效果，如图17-6所示。

⑥ 单击"确定"按钮，可以看到选中单元格区域中满足条件的单元格（即两个部分的采购价格不相等时）会显示所设置的格式，以达到提醒的目的，如图17-7所示。

图17-6

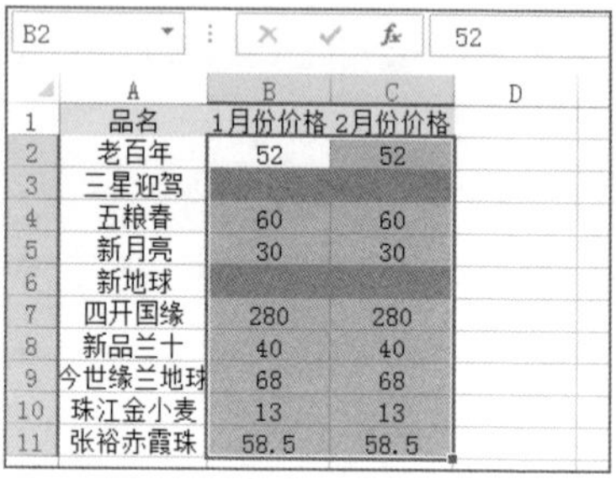

图17-7

实例2 为不包含某一特定字符的单元格设置格式

▶ 案例表述

在进行数据管理过程中，经常遇到要求包含特定字符的数据输入形式，如电子邮件地址的输入，要求包含有 "@"；若实现输入错误提醒功能，即当输入的字符串中没有包含 "@" 符号时给予提醒，则可以按如下方法来设置单元格的条件格式。

▶ 案例实现

1 选中L2:L10单元格区域，打开"新建格式规则"对话框。选中"使用公式确定要设置格式的单元格"规则类型，编辑公式为（如图17-8所示）：

=IF(ISERROR(FIND("@",L2)),TRUE,FALSE)

2 单击"格式"按钮，打开"设置单元格格式"对话框进行当满足指定条件时的单元格格式设置。设置完成后，关闭"设置单元格格式"对话框，回到"新建格式规则"对话框中，可以看到格式预览效果，如图17-9所示。

图17-8

图17-9

③ 单击"确定"按钮，可以看到选中单元格区域中满足条件的单元格（即不包含字符"@"的单元格）会显示所设置的格式，以达到提醒的目的，如图17-10所示。

	I	J	K	L
1	职务	工作时间	工龄	E-Mail
2	经理	1985/5/1	23	lgh@huaxiadd.com
3	经理	1990/3/1	18	txm@huaxiadd.com
4	经理	2002/2/1	6	dili@huaxiadd.com
5	职员	1997/1/1	11	ansj huaxiadd.com
6	经理	1993/3/1	15	gsj@huaxiadd.com
7	主管	2002/8/1	6	zll huaxiadd.com
8	职员	1999/10/1	9	vyy@huaxiadd.com
9	经理	1997/6/1	11	baih@huaxiadd.com
10	职员	2001/3/1	7	fangh@huaxiadd.com

图17-10

实例3　标识重复值班的员工

案例表述

工作表中显示的是员工的值班安排，为了快速查看哪些员工被重复安排值班，可以按如下方法来设置单元格的条件格式，从而让出现重复值班时显示为特殊格式。

案例实现

① 选中B2:B11单元格区域，打开"新建格式规则"对话框。选中"使用公式确定要设置格式的单元格"规则类型，编辑公式为（如图17-11所示）：

=COUNTIF($B:$B,B1)>1

② 单击"格式"按钮，打开"设置单元格格式"对话框进行当满足指定条件时的单元格格式设置。设置完成后，关闭"设置单元格格式"对话框，回到"新建格式规则"对话框中，可以看到格式预览效果，如图17-12所示。

图17-11

图17-12

③ 单击"确定"按钮，可以
看到选中单元格区域中满足条件的
单元格（即出现重复姓名时）会显
示所设置的格式，以达到提醒的目
的，如图17-13所示。

	A	B	C
1	值班时间	值班人员	
2	2012/2/1	邓毅成	
3	2012/2/2	许德先	
4	2012/2/3	陈杰雨	
5	2012/2/4	林伟华	
6	2012/2/5	胡佳欣	
7	2012/2/6	韩伟	
8	2012/2/7	陈杰雨	
9	2012/2/8	刘辉贤	
10	2012/2/9	仲成	
11	2012/2/10	韩伟	

图17-13

实例4 突出显示成绩前三名的学生

▶ 案例表述

工作表中显示的是学生成绩，为了快速查看前三名的学生，可以按如
下方法来设置单元格的条件格式，从而让前三名学生的姓名以特殊格式显
示出来。

▶ 案例实现

① 选中A2:A12单元格区域，打开"新建格式规则"对话框。选中"使用公
式确定要设置格式的单元格"规则类型，编辑公式为（如图17-14所示）：

=B2>LARGE($B$2:$B$12,4)

② 单击"格式"按钮，打开"设置单元格格式"对话框进行当满足指定条
件时的单元格格式设置。设置完成后，关闭"设置单元格格式"对话框，回到
"新建格式规则"对话框中，可以看到格式预览效果，如图17-15所示。

图17-14

图17-15

③ 单击"确定"按钮，可以看到选中单元格区域中满足条件的单元格（即
成绩前三名的学生姓名）会显示所设置的格式，如图17-16所示。

	A	B	C	D
1	姓名	总成绩		
2	林伟华	509		
3	邓毅成	615		
4	许德先	602		
5	陈杰雨	564		
6	胡佳欣	578		
7	韩伟	558		
8	黄珏晓	552		
9	刘辉贤	591		
10	仲成	465		
11	李志高	757		
12	陈少军	569		

图17-16

实例5 将成绩高于平均值的标注为"优"

▶ 案例表述

工作表中显示的是学生成绩，通过如下方法来设置条件格式，可以实现让所有成绩大于平均值的学生姓名显示为特殊格式。

▶ 案例实现

❶ 选中A2:A12单元格区域，打开"新建格式规则"对话框。选中"使用公式确定要设置格式的单元格"规则类型，编辑公式为（如图17-17所示）：

=(B2>AVERAGE($B$2:$B$12))*MOD(COLUMN(),2)

❷ 单击"格式"按钮，打开"设置单元格格式"对话框进行当满足指定条件时的单元格格式设置。

❸ 在"设置单元格格式"对话框中，切换到"数字"选项卡，在"分类"列表中选择"自定义"，在"类型"文本框中输入"o;o;o;@"(优)""，如图17-18所示。

图17-17

图17-18

❹ 设置完成后，关闭"设置单元格格式"对话框，回到"新建格式规则"对话框，可以看到格式预览效果，如图17-19所示。

⑤ 单击"确定"按钮，可以看到选中单元格区域中满足条件的单元格（即成绩大于平均值时）会显示所设置的格式，如图17-20所示。

图17-19

	A	B
1	姓名	总成绩
2	林伟华	509
3	邓翼成（优）	615
4	许德先（优）	602
5	陈杰雨	564
6	胡佳欣	578
7	韩伟	558
8	黄珏晓	552
9	刘辉贤（优）	591
10	仲成	465
11	李志青（优）	757
12	陈少军	569

图17-20

提示

本例单元格格式代码中的"@"表示单元格中的非数值字符，在其后添加的任意字符都可以显示在单元格的字符之后。单元格的格式代码分为四段，用分号隔开，第四段才是文本，需要添加文字"（优）"。

实例6　突出显示"缺考"或成绩显示为"--"的学生

▶ **案例表述**

工作表中显示的是学生成绩，其中有显示为"缺考"和显示为"--"两种情况，通过如下方法来设置条件格式，可以实现突出显示非数值的单元格。

▶ **案例实现**

① 选中B2:B13单元格区域，打开"新建格式规则"对话框。选中"使用公式确定要设置格式的单元格"规则类型，编辑公式为（如图17-21所示）：

=NOT(ISNUMBER(A2))*ISEVEN(COLUMN())

② 单击"格式"按钮，打开"设置单元格格式"对话框进行当满足指定条件时的单元格格式设置。设置完成后，关闭"设置单元格格式"对话框，回到"新建格式规则"对话框中，可以看到格式预览效果，如图17-22所示。

③ 单击"确定"按钮，可以看到选中单元格区域中满足条件的单元格（即显示为"缺考"或"--"等其他非

图17-21

数值时）会显示所设置的格式，如图17-23所示。

	A	B
1	姓名	总成绩
2	周韶宁	615
3	翁义东	缺考
4	王梦溪	564
5	林伟华	缺考
6	胡佳欣	578
7	韩伟	— —
8	黄珏晓	552
9	刘辉贤	581
10	仲成	— —
11	李志霄	757
12	陈少军	569
13	伍晨	700

图17-22   图17-23

实例7 突出显示奇数行

案例表述

通过如下方法来设置条件格式，可以实现将选中单元格区域的所有奇数行都突出显示出来。

案例实现

❶ 选中A1:G12单元格区域，打开"新建格式规则"对话框。选中"使用公式确定要设置格式的单元格"规则类型，编辑公式为（如图17-24所示）：

=ISODD(ROW())

❷ 单击"格式"按钮，打开"设置单元格格式"对话框进行当满足指定条件时的单元格格式设置。设置完成后，关闭"设置单元格格式"对话框，回到"新建格式规则"对话框中，可以看到格式预览效果，如图17-25所示。

图17-24

图17-25

❸ 单击"确定"按钮，可以看到选中单元格区域中满足条件的单元格（即所有奇数行）会显示所设置的格式，如图17-26所示。

	A	B	C	D	E	F	G
1	学号	姓名	语文	数学	英语	科学	总分
2	10401	邱静天	112	109	119	118	458
3	学号	姓名	语文	数学	英语	科学	总分
4	10201	王磊	97	117	111.5	108	433.5
5	学号	姓名	语文	数学	英语	科学	总分
6	10313	王辰	102.5	111	112	116	441.5
7	学号	姓名	语文	数学	英语	科学	总分
8	10108	周淼	104	110	117	117	448
9	学号	姓名	语文	数学	英语	科学	总分
10	10211	翁义东	101	116	109	115	441
11	学号	姓名	语文	数学	英语	科学	总分
12	10407	王梦溪	99	106	118	113	436

图17-26

17.2 函数在数据有效性中的应用

数据有效性的设置是指让指定单元格所输入的数据满足一定的要求，例如只输入指定范围的整数、只输入小数、只输入特定长度的文本等。根据实际情况设置数据有效性后，可以有效防止在单元格中输入无效的数据。数据有效性的常规设置就是指对值的界定。设置完成后，当输入的值不在界定范围之内时便提示错误信息；同时还可以自定义弹出错误信息的内容、鼠标指向时显示提示信息等。对于这一部分内容我们这里将不做介绍，本章重点以小实例的形式来介绍公式、函数在数据有效性设置中的应用

实例1 避免输入重复的产品编码

🔘 案例表述

数据验证条件可以设置为公式，当在设置了数据验证的单元格中输入不满足公式条件的值时，则会弹出错误提示。本例通过验证条件的设置可以实现避免输入重复的产品编码。

🔘 案例实现

❶ 选中需要设置数据验证的单元格区域（如本例选择"编码"列从C3单元格开始的单元格区域）。单击"数据"选项卡，在"数据工具"组中单击"数据验证"按钮，打开"数据验证"对话框。

❷ 在"允许"下拉列表中选中"自定义"选项，在"公式"编辑栏中输入公式（如图17-27所示）：

=COUNTIF(C:C,C3)=1

❸ 切换到"出错警告"选项卡，设置警告信息，如图17-28所示。

图17-27　　　　　　　　　　　图17-28

④ 设置完成后，单击"确定"按钮，当在设置了数据验证的单元格区域中输入了相同的产品编码时则会弹出错误提示，如图17-29所示。

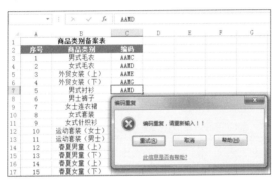

图17-29

实例2　避免输入错误日期值

▶ 案例表述

通过验证条件的设置，可以实现在指定单元格只能输入正确日期值。

▶ 案例实现

① 选中需要设置数据验证的单元格区域（如本例选择"进货日期"列从A2单元格开始的单元格区域）。单击"数据"选项卡，在"数据工具"组中单击"数据验证"按钮，打开"数据验证"对话框。

② 在"允许"下拉列表中选中"自定义"选项，在"公式"编辑栏中输入公式（如图17-30所示）：

=TYPE(A2)=1

③ 切换到"出错警告"选项卡，设置警告信息，如图17-31所示。

图17-30   图17-31

④ 设置完成后，单击"确定"按钮，当在设置了数据验证的单元格区域中输入了错误格式的日期时会弹出错误提示，如图17-32所示。

图17-32

实例3　提示出货数量大于进货数量

▶ 案例表述

本例通过验证条件的设置，可以实现避免输入的出货数量大于进货数量。

▶ 案例实现

❶ 选中需要设置数据验证的单元格区域（如本例选择"出货数量"列从F2单元格开始的单元格区域）。单击"数据"选项卡，在"数据工具"组中单击"数据验证"按钮，打开"数据验证"对话框。

❷ 在"允许"下拉列表中选中"自定义"选项，在"公式"编辑栏中输入公式（如图17-33所示）：

=IF((F2<E2),FALSE,TRUE)=FALSE

❸ 切换到"出错警告"选项卡，设置出错警告信息，如图17-34所示。

❹ 设置完成后，单击"确定"按钮，当在设置了数据验证的单元格区域中输入了大于进货数量的数值时会弹出错误提示，如图17-35所示。

图17-33

图17-34

图17-35

实例4　避免输入文本值

▶ 案例表述

本例通过验证条件的设置可以避免在特定的单元格中输入文本值。

▶ 案例实现

1 选中需要设置数据验证的单元格区域（如本例选择"销售数量"列从D5单元格开始的单元格区域）。单击"数据"选项卡，在"数据工具"组中单击"数据验证"按钮，打开"数据验证"对话框。

2 在"允许"下拉列表中选中"自定义"选项，在"公式"编辑栏中输入公式（如图17-36所示）：

图17-36

=IF(ISNONTEXT(D5),FALSE,TRUE)= FALSE

3 切换到"出错警告"选项卡，设置警告信息，如图17-37所示。

4 设置完成后，单击"确定"按钮，当在设置了数据验证的单元格区域中输入文本时会弹出错误提示，如图17-38所示。

图17-37

图17-38

实例5 设置D列中只能输入女性员工姓名

▶ 案例表述

本例通过验证条件的设置可以实现让D列中输入的员工姓名只能是女性员工姓名，否则返回错误提示。

▶ 案例实现

❶ 选中需要设置数据验证的单元格区域（如本例选择D列从D2开始的单元格区域）。单击"数据"选项卡，在"数据工具"组中单击"数据验证"按钮，打开"数据验证"对话框。

❷ 在"允许"下拉列表中选中"自定义"选项，在"公式"编辑栏中输入公式（如图17-39所示）：

> =VLOOKUP(D2,A:B,2,0)="女"

❸ 切换到"出错警告"选项卡，设置提示信息，如图17-40所示。

图17-39

图17-40

❹ 设置完成后，单击"确定"按钮，当在D列中输入女性员工姓名时可以正确显示，当输入男性员工姓名时，则会弹出错误提示，如图17-41所示。

图17-41

实例6 禁止录入不完整的产品规格

▶ 案例表述

本例通过验证条件的设置可以实现录入完整的产品规格，否则返回错误提示。

▶ 案例实现

① 选中需要设置数据验证的单元格区域（如本例选择D列从D2单元格开始的单元格区域）。单击"数据"选项卡，在"数据工具"组中单击"数据验证"按钮，打开"数据验证"对话框。

② 在"允许"下拉列表中选中"自定义"选项，在"公式"编辑栏中输入公式（如图17-42所示）：

=ISNUMBER(SEARCH("?*×?*",D2))

③ 切换到"出错警告"选项卡，设置提示信息，如图17-43所示。

图17-42

图17-43

④ 设置完成后，单击"确定"按钮，当在设置了数据有效性的单元格区域中输入非"长×宽"格式的规格时会弹出错误提示，如图17-44所示。

图17-44

读书笔记

索引目录1（按字母排列）

A

B

C

D

E

F

G

M

N

O

P

S

T

W

X

Y

Z

索引目录2（按行业划分）

行政

人事

教育

销售

仓储

其他